科学技术概论

（第三版）

周 靖 编著

南京大学出版社

图书在版编目(CIP)数据

科学技术概论 / 周靖编著. — 3 版. —南京：南
京大学出版社，2020.3(2022.8 重印)
　　ISBN 978 - 7 - 305 - 22995 - 4

　　Ⅰ. ①科… Ⅱ. ①周… Ⅲ. ①科学技术－概论 Ⅳ.
①N43

　　中国版本图书馆 CIP 数据核字(2020)第 036746 号

出版发行　南京大学出版社
社　　址　南京市汉口路 22 号　　　　　邮　编　210093
出 版 人　金鑫荣
书　　名　科学技术概论
编　著　周　靖
责任编辑　蔡文彬　　　　　　　编辑热线　025 - 83686531
照　　排　南京南琳图文制作有限公司
印　　刷　南京玉河印刷厂
开　　本　787×1092　1/16　印张 17.25　字数 431 千
版　　次　2020 年 3 月第 3 版　2022 年 8 月第 3 次印刷
ISBN 978 - 7 - 305 - 22995 - 4
定　　价　44.00 元

网址：http://www.njupco.com
官方微博：http://weibo.com/njupco
官方微信号：njupress
销售咨询热线：(025)83594756

第三版前言

高等院校为文科学生开设科学技术概论课程,其主要目的就是通过讲述古今中外科学技术的发展历史与现代高技术的发展趋势,介绍一些著名科学家的成就以及科学技术与社会生产力、社会变革和可持续发展之间的关系,培养学生的历史唯物主义和辩证唯物主义世界观,增强学生相信科学、尊重科学、热爱科学,特别是识别真伪科学的能力,全面提高学生的创新精神和科学素养。

本书在内容选择上:一是突出代表性和先进性;如古代、近代科学技术部分则以代表性为主,现代科学技术方面既考虑代表性又考虑先进性,特别注重介绍我国在计算机技术、激光技术、超导技术、克隆技术、航天技术、海洋技术等方面取得的成就。二是突出文字叙述通俗易懂;本书在文字叙述方面尽量不用或少用各种专业符号和计算公式,本书除了物理学有少量公式外,其他章节基本没有计算公式,极大地方便了读者的阅读和理解。三是突出系统性与连贯性;由于是笔者一人编写,所以在结构安排上既保证了各章节内容的系统性,又保证了前后内容的连贯性,相互照应而不重复,这是本书与多人合编同类教材的明显区别之一。四是突出对中国古代科技成就的介绍;本书以一章的篇幅对中国古代科学技术方面的一些主要成就进行了介绍,特别是中国古代的四大发明以及近数十年来的一些研究成果,如贾湖骨笛、二十八宿起源、西汉带字麻纸的发现、滤光法检验骨伤等。突出这方面的内容介绍,对于读者了解中国古代传统文化中的科技知识很有帮助。

本书此次修订,一是对教材中的一些不足之处进行了勘误与纠正,二是对教材中的一些内容作了适当的调整,并增添了一些新的内容。如:我国设计的世界最大口径的射电天文望远镜;我国的激光技术、航天技术、超导技术、计算机技术、探月工程等高新技术的发展近况;屠呦呦获得诺贝尔生理学或医学奖的由来——源自于对中医药治疟方的研究;我国在能源、交通、通讯等方面的最新进展等。通过本书,读者能对我国的科技发展近况有所了解。

原版教材与改版教材在编写、修订过程中得到了淮阴师范学院物理与电子电气工程学院、淮阴师范学院教务处的大力支持与帮助,基础物理教研室的部分老师参与了编写大纲的讨论,提出了一些有益的修改建议;俞阿龙教授对本书的编写与修订工作,给予了极大的支持,提出了许多宝贵意见。在此次修订过程中,陈亚军博士、陆红霞博士给予了很大的帮助,编者在此向他们表示衷心的感谢!

由于编者水平有限,本书不足之处或失误在所难免,欢迎读者批评指正。

编者　周靖

2019 年 10 月于淮安

目　录

第一篇　古代科学技术的形成与发展

第二篇　近代科学技术的产生与发展

第三篇　现代自然科学

第四篇　日新月异的现代高技术

第五篇　科学技术与社会

绪　论

　　科学技术的起源可以说是与人类的进化同步进行的。各种原始工具尤其是石器的出现，火的使用与保存，最终把人与动物作了彻底的划分。人类经过了漫长的旧石器时代、新石器时代、青铜时代、铁器时代、蒸汽机时代、内燃机与电气化时代、原子能时代而进入到现在的信息技术时代；人类社会亦从与之相对应的原始社会、奴隶社会、封建社会进入到当今的资本主义与社会主义共存的多极化社会。显然，人类社会的发展与科学技术的进步是密不可分的，科学技术已成为社会生产力的一个基本要素。

0.1　什么是科学？

　　"科学"一词，最初源自于中世纪的拉丁文"Scientia"，其原意是指"知识"或"学问"。当拉丁文"Scientia"衍生为英文"Science"时，其内涵已经发生了变化。英文词"Science"是natural science（自然科学）的简称①，而德文的"wissenschaft"、法文的"Scientia"的意义则仍与拉丁文相同。

　　17世纪中叶，西方文化逐渐传入我国，学者们把"Science"译为"格致"，此语出自《礼记·大学》中的"致知在格物，物格而后知至"②，其本意就是通过对事物现象的研究而获得知识。明治维新时期，日本科学启蒙大师福泽瑜吉最先把"Science"译为"科学"。1893年，康有为在翻译日本书目时，直接引用了"科学"这个词。1896年前后，严复在翻译《天演论》和《原富》这两部西方名著时，也把"Science"译成"科学"。后来的学者陆续使用"科学"这个词，以泛指西学的所有学科。

　　什么是科学？《辞海》中对"科学"一词的解释是："科学是关于自然、社会和思维的知识体系。"③法国《百科全书》中的解释是："科学首先不同于常识，科学通过分类，以寻求事物之中的条理。此外，科学通过揭示支配事物的规律，以求说明事物。"苏联《大百科全书》中的解释是："科学是人类活动的一个范畴，它的职能是总结关于客观世界的知识，并使之系统化。'科学'这个概念本身不仅包括获得新知识的活动，而且还包括这个活动的结果。"因此，要问什么是科学？这本身就是一个难以回答的问题。正如英国著名的科学史家J·D·贝尔纳（1901～1971）在《历史上的科学》一书中所说的那样："科学本来不能用定义来诠释。"④因为，科学在不同的历史时期、不同的场合有不同的内容。因此，要给"科学"下一个一劳永逸

---

　　① W·C·丹皮尔著. 科学史及其与哲学和宗教的关系[M]. 桂林：广西师范大学出版社，2001：8.
　　② 孟子等著. 四书五经[M]. 北京：中华书局，2009：452.
　　③ 辞海编辑委员会编. 辞海（1989年版）[M]. 上海：上海辞书出版社，1990：1965.
　　④ [英]贝尔纳著. 伍况甫等译. 历史上的科学[M]. 北京：科学出版社，1959：6.

的定义是相当困难的。但是,从它的表现和发展规律来看,科学的内涵大致可以归纳为以下几个方面:

0.1.1　科学是反映客观事物和规律的知识体系

首先,科学所反映的是客观事物和规律。客观是指人的意识之外的物质世界,即事物本身的属性——现象和规律在人们头脑中的反映。这种反映显然与人的主观意识无关。如人们对物质结构的认识,就是从分子、原子的众多实验现象中逐渐认识到它们的规律性,其认识过程就是科学的发现过程。

其次,科学是知识体系,是反映客观事实和规律的知识体系。人们对物质世界的一些认识,可以是零散的、点点滴滴的,这些认识不能被看作为科学。只有当这些零散的、点滴的知识形成一个完整的知识体系时,才可以称为科学。

0.1.2　科学是认识活动,是人类认识自然与社会的一种方法

科学就是事实和规律在人们头脑中的反映,是人们对自然界各种自然现象所遵循的客观规律的一种正确认识,同时又是人类认识自然与社会的一种方法。它不是单指科学的研究成果,而且还应包括认识的过程和采用的手段与方法等。有人认为:"从科学与自然、科学与社会的关系来说,科学更重要的本质含义,是它告诉人们怎样去做那些想做的事情。"这是科学最显著的特点之一。科学研究的方法是否正确、适当,会对人们的认识过程是否会取得应有的研究成果、取得成果的时间进程和成果的大小等产生最直接的影响。有些方法的创立本身就是重要的科学成果和科学进展。在某种意义上可以说:科学是以依靠不断改进其研究方法和手段为动力,推动自身向前发展的认识活动;是知识、知识发展和知识运用过程的统一;是知识体系、认识方法和社会实践活动的统一。

0.1.3　科学是一种社会建制

科学作为一种社会建制,是在科学日益向前发展的过程中逐渐显示出来的。随着人们对各种自然现象的深入研究,使得学科的分工也越来越细、越来越具体,使得科学与种种专门职业之间的联系愈来愈密切,单一学科的发展、小规模的研究活动已不适应当今科学发展的要求。因此,科学需要有一种社会建制来保证其研究活动的正常进行,并使其能取得应有的研究成果。只有这样,才能促使科学家们在科学研究过程中充分发挥个人的聪明和才智、科学群体的智慧与力量,推动科学向前发展。也就是说科学与社会体制之间的关系是密不可分的,因此,科学应该是一种社会建制。

0.1.4　科学是一种知识形态的生产力

科学上的发现一旦被应用到生产实践中去,就会产生巨大的经济效益,成为推动社会向前发展的重要生产力。正如马克思(1818～1883)所说的那样,科学上的"每一项发现都成了新的发明或生产方法的新的改进的基础。……科学获得的使命是:成为生产财富的手段,成为致富的手段"①。科学的发展历史对此说法予以了充分证明。英国物理学家法拉第(1791～

---

① 　马克思.机器、自然力和科学的应用[C].引自《马克思、恩格斯全集》第 47 卷.北京:人民出版社,1979:570.

1867)发现的电磁感应现象,导致了电动机、发电机的相继发明与广泛使用,使人类社会进入到电气化时代;德国物理学家赫兹(1857～1894)通过实验证明了麦克斯韦预言的电磁波的存在,使无线电通信成为可能,引导人们进入到无线电通信时代;美籍意大利物理学家费米(1901～1954)的原子核裂变的发现,使人类社会进入到原子能时代。这三项重大的科学发现,所产生的经济效益和社会效益是无法估量的。

0.2　什么是技术?

劳动在创造人类的同时,技术亦随之出现。从人类打制的第一个石器开始,就标志着技术的幼芽已经萌生;制陶技术的出现,则标志着原始手工业的诞生。

0.2.1　关于技术的定义

什么是技术? 这似乎又是一个难以做出公认回答的问题。"技术"这个词的英文是"Technology",1615 年开始在美国出现。它源自于希腊语"Thechhe"和"Logoye",原意为完美而实用的技艺。这个词中文译为工艺学或技术学。

中文的"技"字本身就含有"巧"、"艺"、"工匠"、"艺人"等意思。春秋战国时期成书的《考工记》中说:

"天有时,地有气,材有美,工有巧,合此四者,然后可以为良。"

这里的"工有巧"就是指工匠们优美的工艺设计和精湛的制作技能,充分体现了手工制作时代"技术"一词的内涵。

随着时代的发展,机器的广泛使用,技术的内容与手工时代相比,有了本质上的不同。18 世纪末,法国科学家狄德罗(1713～1784)在《百科全书》中最先给"技术"一词所下的定义是:"为了达到某一目的所采用的工具和规则的体系。"这个定义表明,技术就是生产工具和工艺流程的具体表现。其后,众多的学者各自从不同的角度对"技术"一词做出过数百种之多的定义。我国《辞海》中对"技术"一词的解释是:

"泛指根据生产实践经验和自然科学原理而发展的各种工艺操作方法和技能。如电工技术、焊接技术、木工技术、激光技术、作物栽培、育种技术等。除操作技能外,广义地讲,还包括相应的生产工具和其他物资设备,以及生产工艺过程或作业程序、方法。"[①]

0.2.2　技术包含的主要内容

虽然专家、学者们对"技术"一词的定义在具体描述上有所不同,但是,一般都认为,"技术"至少应包含有这三个方面的内容,即手段、方法和动力。

在技术所包含的三个主要内容中,手段和方法是构成技术的两个最基本的要素。手段主要是指物质手段,即工具、仪器等物质设备;方法是指以科学知识、科学理论和实践经验为基础的工艺,即规则、程序和组织形式。通俗地说,物质手段是技术的"硬件",而方法和组织形式则是技术的"软件"。"动力"应当看成是物质手段的一个组成部分,是"硬件"与"软件"的联系纽带,是技术功能得以充分发挥的关键所在。动力与能源的开发、利用,在一定程度

---

① 辞海编辑委员会编.辞海(1989 年版)[M].上海:上海辞书出版社,1990:758.

上体现了技术水平的发展高度。因此,我们完全可以把技术看成是一个由客观的物质手段和主观的知识、工艺技能等组合而成的规则体系。

0.3　科学与技术之间的相互关系

科学与技术之间的关系错综复杂,它们之间既有区别,更有联系。这是由科学、技术各自的特点和性质所决定的。

科学具有客观性、知识性、系统性、实践性和发展性。它的基本性质有人把它归纳为两个"特殊",即科学是特殊的意识形态;科学是特殊的生产力。

技术具有目的性、操作性、综合性和局限性。它的基本性质也有两点:技术是最直接的生产力;技术具有自然和社会的双重属性。

根据科学与技术各自的特点和性质,它们之间的区别,可以简单地归纳为两句话:科学是解答各种现象和规律"是什么"和"为什么"的问题;技术则是解答在生产实践和社会实践中"做什么"和"怎么做"的问题。

人类认识世界的目的在于利用和改造世界。正是在认识、利用和改造世界的共同目标下,科学与技术在实践基础之上得以统一,它们相互依存、相互促进和相互转化。基础理论为技术研究和开发提供科学依据,并不断开辟新的技术研究领域,为技术创新做各种知识准备;同时技术的发展又为基础理论研究准备新的探索手段和必备的物质基础。对于科学而言,技术是科学的延伸;对于技术来说,科学是技术的升华。如半导体特性的发现,为半导体器件的研制和使用提供了理论基础和研究方向;半导体器件和集成电路的广泛使用,不仅推动了无线电通信和自动化技术的空前发展,而且还推动了电子科学特别是微电子与计算机科学的飞速向前发展。从现代科学技术的发展趋势来看,科学与技术的统一,已成为现代科学技术的一大显著特点。

0.4　科学技术发展的三个时期

科学技术的发展过程,大致分为古代科学技术、近代科学技术和现代科学技术三个主要时期。

从远古到 16 世纪中叶,为古代科学技术的形成积累时期,主要以古希腊、罗马时期的科学技术成就和中国古代的科学技术成就为标志。这一时期是科学产生的萌芽时期,古希腊的几何学、静力学、天文学的发展已渐趋完善,中国古代的天文学、数学、音律学、医学等学科也已日臻成熟。劳动工具的不断改进,各种简单机械的发明与使用,是这一时期技术发展的显著特征。

从 16 世纪中叶到 19 世纪末是近代科学技术时期。波兰天文学家尼古拉·哥白尼(Nicolaus. Copernicus,1473~1543)于 1543 年发表的著作《天体运行论》,标志着人类社会已进入到近代科学技术时期。这一时期,是近代自然科学全面发展时期。数学、物理学、化学、天文学、地质学、地理学、生物学、医学等自然学科的知识体系不仅建成,而且还爆发了一场史无前例的产业技术革命。这场技术革命,不仅推动了机械、纺织、交通、矿山开采、金属冶炼等行业的飞速发展,而且还使得电力技术与内燃机技术得到了普遍应用,并成为推动社会前进的强大推动力。

从 20 世纪初的物理学革命到现在是现代科学技术时期。以模糊数学、突变理论、相对论、量子论、分子化学、结构化学、生命科学、微电子与计算机科学等为代表的现代科学体系的形成与发展,使人们对宏观世界、微观世界、生命科学等领域有了全新的认识。1942 年 12 月 4 日世界上第一座原子核反应堆的成功运行,标志着当代高技术的诞生。现代科学上的重大突破和技术渗透,加快了科学理论与各种高技术的融合速度,逐渐形成了以电子信息技术、新能源技术、新材料技术、生物技术、海洋技术、空间技术为主要标志的现代高技术领域。现代科学技术,彻底改变了人类的生存条件、生活习性和思维方式,成为推动社会向前发展的强大推动力。

对于当代的大学生来说,通过《科学技术概论》这个窗口,了解世界科学技术的发展概况,了解重大科学发现的来龙去脉,了解重大技术发明的前因后果,了解当代科学技术的前沿与发展方向,掌握物质守恒和能量守恒思想的精髓,接受科学家们锲而不舍的探究精神和人文精神的熏陶是很有必要的。这将有助于高等教育的文理渗透,拓宽读者的知识视野,加深对"科学技术是第一生产力"和"科技创新"内涵的理解;有助于培养读者的历史唯物主义和辩证唯物主义世界观,增强识别真伪科学的能力,形成尊重科学、热爱科学、相信科学、按科学规律办事,勇于探索、创新的科学态度和科学精神;有助于读者树立正确的价值观和人生观,提高自身的综合素质,努力做到与时俱进,以适应 21 世纪对高素质人才的需求。

第一篇 古代科学技术的形成与发展

古代科学技术的形成与发展,经历了一个漫长的历史时期。古代科学技术所包含的内容非常宽泛,与现在所定义的"科学"和"技术"是无法比较的。从原始人类打造石器开始,火的使用、弓箭的制作与文字的出现,使得古代科学技术的幼芽得以萌生。人类经历了旧石器时代、新石器时代、青铜时代和铁器时代。这个时期的科学正处在知识的积累初期,人们只是对一些常见的自然现象有所认识;各种生产工具的发明与使用,使得技术在人们生活中的作用与地位日益突出。古代科学技术的萌生与发展,使人类跨越了原始社会、奴隶社会而进入到封建社会,成为近代科学技术产生和发展的源泉。

第1章 原始社会的科学技术

原始社会是人类社会发展史中最长的一个历史时期,大约有 300 多万年之久。在原始社会里,人类得以生存和延续的条件只有一个——向大自然索取。经过数百万年的旧石器时期到 1 万年前的新石器时代的到来,在此漫长的索取过程中,人类对各种自然现象的认识,劳动工具与生活用具的制作,以及种植、狩猎、捕鱼等方面的经验得到了充分积累,产生了原始社会的科学与技术。

1.1 原始社会的手工技术

马克思认为:"劳动创造了人本身。"①事实上,劳动不仅创造了人类本身,而且还产生了原始社会的手工技术。据专家考证,作为最早人类的代表,距今约 300 万年更新世的东非坦桑尼亚"能人"和肯尼亚的"1470 号人",已经能制作粗糙的石器。这些石器包括可以割破兽皮的石片、带刃的砍砸器和可以敲碎骨骼的石锤等。生活在 170 万年前的我国云南"元谋人"也已经使用经过打击的粗制石器。大约生活在距今 60 万年至 20 万年的"北京人"不仅制作了大量的砍砸器、刮削器和尖状器等多种形状的石器,而且还利用动物的骨、角、蚌壳等制作了许多骨角蚌器。给石器、骨器、角器等绑上木棒,形成组合工具,这无疑是原始人类的一次技术革命。如石斧=石手斧+木棒,石箭=石镞+木棍等。组合工具的发明,不仅加长了人的手臂,增加了工具的用途,更主要的是能充分发挥人的臂力,彻底改变了原有的狩猎、

---

① 《马克思恩格斯选集》第 3 卷. 北京:人民出版社,1972:508.

采集、挖掘等生产方式。大约在 3 万年以前，人类发明了弓箭，山西朔县峙峪旧石器晚期遗址中发现的石镞，距今约 2.8 万年。把人的臂力转化为弓的弹性力，再把弓的弹性力转化为箭(石镞)的飞行动力，这是人类正确应用能量转换的最早实例。恩格斯在评价弓箭的发明时说："弓、弦、箭已经是很复杂的工具，发明这些工具需要有长期积累的经验和较发达的智力，因而也要同时熟悉其他许多发明。"[①]距今 1 万年前，人类进入到新石器时代，此时出现了大量经过磨制的专用石器，如石斧、石锛、石铲、石钺、石镞、石纺轮、石网坠等，其制作水平显然远高于旧石器时期的石器(见图 1-1)。图 1-2 所示的石磨盘、石磨棒是 7 000 多年前我国先民们用于谷物加工的工具，于 1978 年在河南省新郑县裴李岗遗址出土。

图 1-1　新石器时代石器

图 1-2　1978 年河南裴李岗文化遗址出土的石磨盘、石磨棒

　　火的使用不仅把人类与动物作了最后的划分，而且还彻底改变了人类的生存与生活方式。熟食使人类的脑容量得到增加，加快了人类智力的发展速度。利用火的高温特点来烧造陶器，这是人类继石器、骨角器等发明之后的又一项重大技术发明。在"北京人"居住过的洞穴里，发现厚度达 4～6 m、色彩鲜艳的灰烬，表明"北京人"已懂得使用火、支配火，学会了保存火种的方法，是人类由动物界跨入文明世界的重要标志。大约在距今 10 000 年至 7 000 年前的新石器时代早期，人类就已经发明了用黏土烧制陶器的制陶方法。在我国河北徐水县南庄头、江西万年县大源乡仙人洞、广东翁源(现改为英德)县亲塘、广西桂林甑皮岩等地先后发现了这一时期的陶片[②]。

　　陶器的制作过程与以往的石器、骨角器、玉器等制作方法完全不同，它不是利用现有的石、骨、角、玉等材料，通过击打、刮削、研磨、钻孔、切断等方法来制作，而是人类对水、火、土材料的创造性综合利用。首先，对陶土用水进行浆泡、搓揉、拍打，使其成为有一定黏性和强度的泥团；然后，根据需要，把加工好的陶泥制成各种陶坯，并进行晾干；最后，把晾干的陶坯装入窑内，经过一定时间的高温烘烤后就成了陶器。制陶业的出现，成为新石器时期手工技术的重要标志，其技术内涵远大于石器、骨角器等工具的制作。陶器的发明，不仅使人们有了存储谷物和水的容器，而且使人们又新添了除烧烤之外的加工食物的方法——蒸煮法，再次改变了人们的生活方式，加快了人类由狩猎逐渐向农耕社会过渡的前进步伐。制陶技术的进一步发展，又为原始的金属冶炼技术打下了必要的基础。图 1-3 的彩陶盆是仰韶时期制作的陶器，距今约 5 000～7 000 年。

---

　　①　《马克思恩格斯选集》第 4 卷.北京:人民出版社,1972:18.

　　②　卢嘉锡总主编,李家治主编.中国科学技术史·陶瓷卷[M].北京:科学出版社,1998:19.

图 1-3　仰韶文化彩陶盆

图 1-4　浙江河姆渡遗址

早期的人类大多住在天然洞穴，以此来躲避严寒、风雨和野兽的侵害。随着人口的日益增加和自然条件的改变，一些人不得不离开山区到平原谋生。由于大树可以遮挡风雨，我国传说中的有巢氏"构木为巢"，把房屋建在树上；西安仰韶时期的先民用树木、草和泥土搭建半地穴式房屋；浙江河姆渡人则搭建居住面架设在许多木桩柱上的干栏式房屋（见图 1-4），并出现了卯榫连接的木结构连接方式。大约距今 1 万年前的西亚地区建筑遗址表明，人们已经在用石块和泥砖来建筑房屋了①。房屋建筑使原始社会的手工技术得到了充分发展。

人类最初是用树叶、兽皮等披在身上御寒。1930 年，在北京周口店山顶洞人遗址出土的一枚骨针，表明 5 万年前的山顶洞人，就已经知道用动物的皮缝制成简单的衣着。在原始编席与结网技术的基础之上，出现了原始纺织技术。利用植物纤维、羊毛等制成纺织品大约始于新石器时代早期，世界各地在新石器遗址中出土了许多最原始的纺织工具——石制纺轮和陶制纺轮；在一些距今 6 000～7 000 年前的陶器上留有的纺织物印痕，是原始纺织技术的最好证明。我国在距今约 5 000 年前的浙江吴兴钱山漾遗址中，发现了苎布、一段丝带和一小块绢片②。这充分表明，我国在良渚文化时期不仅用麻类作为纺织原料，而且已经用蚕丝来纺织丝绢，这些文物充分说明，在 5 000 年前的太湖流域，桑麻种植、养蚕和丝麻纺织已经相当发达。

人类最先使用的水上交通工具不是独木舟，而是木筏或竹筏。新石器时期石刀、石斧、石锛、石凿等优良工具的出现，为独木舟的发明提供了必要条件。中国古代就有伏羲氏"刳木为舟，剡木为楫，舟楫之利，以济不通"之说。2002 年，在浙江杭州湾跨湖桥新石器遗址，出土了一艘距今约 8 000 年的独木舟，这是迄今为止所发现远古时期独木舟的最早实物。1973 年，在浙江余姚河姆渡遗址，发现了距今约 7 000 年的木桨，这批木桨共 6 支，全都用整块木板制成。有一支残长 0.6 m，宽 0.12 m，叶长 0.5 m，柄上刻有横线与斜线组成的几何形花纹（见图 1-5）。在世界的其他一些地方，也先后发现了新石器时期的独木舟。

图 1-5　河姆渡遗址木桨

车的发明显然比独木舟的发明要迟一些，在两河流域、中欧及东欧等地的新石器时期中、后期遗址，先后发现了与车有关的文字、模型和实

①　王玉仓著.科学技术史[M].北京:中国人民大学出版社,1993:201.
②　同上,14.

物。居住在两河流域的苏美尔人,在乌鲁克文化时期(约公元前 3500～前 3100 年)的泥板上,出现了表示车的象形文字。从这些文字来看,当时的车是四轮的。1974 年,在叙利亚的耶班尔·阿鲁达(Jebel Aruda)发现了一只用白垩土做的轮子模型,直径 8 cm,厚约 3 cm,是乌鲁克文化时期的作品。在德国洛纳(Lohne)的一块史前墓石上,刻有两头牛正在拉车的场面,其制作年代大约在公元前 40 世纪的后期。车的发明与使用,不仅使畜力得到了应用,提高了运输能力,而且还促进了部落之间的商品贸易,改变了人类社会发展的历史进程。

1.2　原始社会的科学萌芽

在原始手工技术出现的同时,自然科学的幼芽亦随之萌生,在这个过程中,原始思维和经验知识起到了积极的推动作用。

人类最早认识的自然科学是天文学。旧石器时期的先民,已对太阳的东升西落、月亮的阴晴圆缺、夜空的斗转星移等运行规律有了初步的认识。新石器时期,随着原始畜牧业、原始农业的出现,人们对一年四季的变化与农作物的生长规律有了初步的了解。经验和思维告诉人们,只要遵循季节的变化规律,适时地播种各种农作物,就可以获得更多的收成。人们不仅利用日出为东、日落为西来确定东西方向,而且还利用每天日影最短的位置来确定南北方向。在河南新郑裴李岗文化遗址、西安半坡仰韶文化遗址中,房屋都有一定的方向,墓穴和人骨架也都朝着一定的方向。距今约 6 500 年的河南濮阳西水坡 45 号墓葬的龙虎蚌塑及殉人葬式,据专家考证是世界上最早的星象图(见图 1-6)。图中的殉人代表了春、夏、秋、冬四神(即后来的四象说),两根腿骨和三角形蚌塑代表北斗,龙、虎蚌塑分别表示东方和西方,墓主人头部朝南,圆弧形墓坑象征着天,而脚底的方形墓坑则表示是地。1978 年,在湖北省隋县战国时期的曾侯乙墓(葬于公元前 433 年前后)中出土的漆箱盖上再现了这幅星象图(见图 1-7),为中国古代天文学中的四象说和二十八宿起源提供了文物见证。正是古人对天象的持续观测与原始思考,产生了最初的天文学知识。

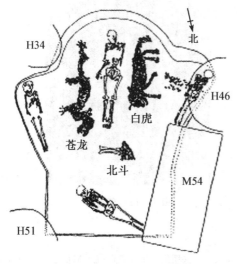

图 1-6　河南濮阳西水坡 45 号墓葬平面图

图 1-7　曾侯乙墓漆箱盖上的天文图

原始人类对物体数量多少的认识,萌生了数学知识的幼芽。在距今 6 000 多年前的仰韶文化和马家窑文化等遗址中出土的陶器上,发现了 50 余种各不相同的刻画符号①(见图 1-8)。虽然这些刻画符号到底代表了什么,至今尚不清楚,但多数研究者认为,这些刻画符号显然已具有"标记"或"标号"的性质,是中国古代文字和数字的起源,因此这些刻画符号又被称之为"陶文",是世界上出现最早的文字之一。

图 1-8　陶器上的刻画符号

居住在两河流域美索不达米亚地区的苏美尔人,在公元前 40 世纪中叶创造了象形文字体系,即用象形文字来代表动物、农产品和商品,如牛、羊、小麦、陶器等,用于记载商业交易和税收征缴。公元前 3100 年,表述专有词汇的常规符号已经在美索不达米亚广泛使用。大约从公元前 2900 年开始,苏美尔人开始用文字符号表示声音、音节和概念,同时也可以表示客观物体,并创造了把象形文字和其他符号集合在一起的一套有效的书写体系。图 1-9 是乌尔出土的楔形文字泥板,大约属于公元前 2900～前 2600 年,记录了向神庙交大麦的情况②。图 1-10 所示纸莎草纸书是公元前 2500 年以前,古埃及人用一种纸莎草(papyrus)压制黏合而成的纸所记录的文书,因其为苏格兰收藏家莱茵特收藏而称为莱茵特草纸书。现存的草纸书主要记录的是数学问题,莱茵特草纸书就是由 85 个问题组成的。图 1-11 是制作草纸的原料——纸莎草,是一种类似芦苇的水生莎草科多年生长秆草本植物。纸莎草秆茎中心有白色疏松的芯,将其剖为长条,

图 1-9　苏美尔人的楔形文字泥板

图 1-10　莱茵特草纸书

图 1-11　纸莎草

① 王玉仓著.科学技术史[M].北京:中国人民大学出版社,1993:17.
② [美]杰里·本特利,赫伯特·齐格勒著.魏凤莲等译.新全球史——文明的传承与交流(上)[M].北京:北京大学出版社,2007:46.

经过敲打、压平并粘接成片就成为可以书写的草纸了。纸莎草纸是古埃及文明的一个重要组成部分，是当时的一项重大技术成就，但它并不是真正意义上的"纸"。纸莎草纸后来成为地中海地区一种通用的书写材料，曾被希腊人、腓尼基人、罗马人、阿拉伯人使用，数千年不衰，直到真正的纸的出现。

我国已发现时代最早、体系较为完整的文字是甲骨文，19 世纪末期在殷商（公元前 14～前 11 世纪）都城遗址河南安阳发现，它是中国商代后期王室用于占卜记事而刻（或写）在龟甲和兽骨上的文字。在现有的 10 余万片有字甲骨中，已发现有 4 000 个不同字符，其中能够识别的约有 2 500 多字。图 1-12 为商代甲骨文和甲骨文拓片。

甲骨文　　　　　　　　甲骨文拓片

图 1-12　商代甲骨文与甲骨文拓片

虽然最早的文字是作为标记或符号出现的，但随着书写体系的日渐成熟，它的作用已远远超出原有保存信息的实际需要。人们利用文字的记载和传播能力，不仅创造了数学，而且还记载了许多天文学、农学、水利等方面的知识，并用这些知识来指导农业生产，有力地推动了人类社会的向前发展。

1987 年，在河南舞阳贾湖遗址墓葬中出土了一批全世界现存的最古老乐器——贾湖骨笛（见图 1-13）。这些骨笛是用鹤类的长肢骨管制成，距今已有 8 000～9 000 年的历史。其中保存最完好一支，至今尚能吹奏。经测试表明，这支骨笛已具有至少是清商六声音阶，也有可能是七声齐备的古老的下徵调音阶，后者成为此后中国传统的音阶之一[①]。这支骨笛已被河南省博物院列为九大镇院之宝之首（图 1-13 中左起第三支）。仰韶时期的陶埙、石磬，河姆渡文化时期的骨哨等，说明远古的先民已具有一定的声学知识。

图 1-13　贾湖骨笛　　　　　　　　图 1-14　仰韶时期的汲水陶罐

① 嘉锡总主编，戴念祖著. 中国科学技术史·物理学卷[M]. 北京：科学出版社，2001：272.

　　人类在制造工具和使用火的过程中,不仅对一些物理现象有所认识,而且还能加以利用。薄薄的石片有利于切割,尖尖的石镞有利于穿刺,利用绳索可以把石头远抛等,其作用过程是符合力学原理的;弓箭的发明则把力与运动紧密联系在一起;仰韶时期的汲水陶罐,明显具有"虚则敧、中则正、满则覆"的力学特点(见图 1 - 14)。火的使用使人们对温度有了认识,从初始利用火来取暖、烧烤食物,逐渐发展到烧制陶器、冶炼金属,这是原始社会应用热学知识的成功范例。

　　人类学会了用黏土烧制陶器、用矿石冶炼金属、用谷物酿造出酒、给丝麻等织物染上颜色等,这些都是在实践经验的直接启发下,经过长期摸索而获得的最早的化学工艺,但还没有形成化学知识,是化学的萌芽时期。

　　原始社会的科学,虽然以萌芽状态存在于原始技术之中,但它却充满了无比旺盛的生命力。原始科学的产生,不仅加快了新一轮技术革命的步伐,同时也促使人们去认识和思考更多的问题,并逐渐形成了古代唯物论哲学中的自然观。由于原始科学技术的迅速发展,极大地提高了社会生产力,推动了原始社会的向前发展,并最终进入到奴隶社会。

第2章　古代希腊、罗马时期的科学技术

在公元前3000多年前,居住在幼发拉底河和底格里斯河流域的苏美尔人和巴比伦人、尼罗河流域的埃及人就已进入到奴隶社会,创造了辉煌的美索不达米亚文明和古埃及文化,为古希腊文化的形成与发展创造了必备的基本条件。

古希腊文化是西方古代科学技术成就的代表,是西方文明的精神源泉。青铜器的广泛使用和字母文字的出现,快速发展的商业经济,宽松自由的学术环境,使古希腊的文化得以形成与发展。公元1世纪前后,古希腊被后来的古罗马所替代,其文化亦被罗马人所继承,所以历史上又把古希腊文化称之为希腊-罗马文化。

2.1　古希腊时期的科学技术

2.1.1　概述

古希腊除了现在的希腊半岛外,还包括东面的爱琴海和西面爱奥尼亚海的群岛及岛屿,以及今土耳其西南沿海,意大利南部及西西里东部沿岸等地区,与两河流域的美索不达米亚、尼罗河流域的古埃及相距不远。独特的地理位置与生存环境,使古希腊人易于接受古巴比伦和古埃及等其他世界文明的积极影响。

古希腊文化最早出现在希腊半岛南面的克里特岛。大约在公元前3000年前后,从西亚传入的金属冶炼技术,使克里特岛人已经用青铜做兵器,用黄金作为装饰品。克里特岛优越的地理条件,良好的气候和丰富的物产,对岛外居民具有很强的吸引力。公元前2200年前后,一批小亚细亚和叙利亚的移民来岛定居。这些带有一定生产技术的移民,在岛上建立了发达的造船业、榨油(橄榄油)业和制陶业。在公元前21~前17世纪之间,克里特岛已普遍使用青铜工具,并进入到阶级社会。大约在公元前2000年,克里特岛已开始用陶轮制作陶器,并能制作多种彩陶。在公元前1600年左右,克里特岛上开始种植橄榄,图2-1花瓶上已有克里特岛上采摘橄榄的情景。在公元前18~前15世纪,克里特文明到达鼎盛时期,出现了相当宏伟的宫殿式建筑、各种精制的工艺品及线形文字与泥板记载方式。著名的克诺索斯宫殿遗址(Knossos)就位于伊拉克里翁(见图2-2)。当年的米诺斯王正是凭借着克里特岛独特的地理位置和丰富的物产资源,称霸整个东地中海。

北方民族对希腊半岛南部的不断入侵,形成了著名的迈锡尼文化,它是由希腊半岛南端的伯罗奔尼撒半岛的迈锡尼城而得名。迈锡尼文化是希腊青铜时代晚期的文明。大约在公元前2000年左右,希腊人开始在巴尔干半岛南端定居。他们种植大麦、小麦、豌豆、蚕豆、洋葱等农作物,有相当发达的制陶业,并有了青铜器,使用了与克里特线形文字不同的另一种线形文字。公元前16~前12世纪,半岛上出现了奴隶占有制国家,迈锡尼文明进入到极盛

时期。

图 2-1　克里特岛采摘橄榄图(希腊)　　　图 2-2　克诺索斯王宫

公元前 11~前 9 世纪,大量的希腊部落从黑海沿岸和内地迁入希腊本土、爱琴海诸岛和小亚细亚沿海西岸地区。外部入侵使得克里特文明和迈锡尼文明相继灭亡,随之而来的就是古希腊文化的形成与发展时期。

古希腊的科学技术大体分为三个主要发展时期,即早期希腊(或爱尔尼亚)时期(约前 8~前 5 世纪)、雅典时期(前 5~前 3 世纪)和亚历山大(或希腊化)时期(前 3~前 1 世纪)。早期希腊时期是古希腊科学的诞生时期,爱尔尼亚的学者们试图用简单而又具体的方式来答复所有问题,如宇宙的构成、天体的运动、物质的本源等。雅典时期是古希腊科学的发展时期,科学中心由爱尔尼亚转移到了雅典,而自然哲学的研究则从唯物的一面转向唯心的一面。亚历山大时期,科学中心由雅典转移到了亚历山大城,其时的学者们通过对一些有限度的和特殊问题的研究,使原来分散的科学知识组成一个连贯的科学整体,在数学、力学、光学、天文学等方面为后来的科学发展作出了巨大贡献,欧几里德、喜帕恰斯、阿基米德是这一时期的杰出人物代表。

2.1.2　古希腊的物质观

在整个希腊时期,人们把不同意见的争论当成认识真理的有效途径。他们用唯物的眼光认识周围的物质世界,使科学从神话传统中摆脱出来,并逐渐形成了元素说和原子论的物质观思想。

2.1.2.1　元素说

最先把物质世界从神话传统中解脱出来的是爱尔尼亚学派的创始人——米利都的泰勒斯(Thales,约前 624~前 547),他是一位万物有生的唯物论者。泰勒斯认为水是万物的本原,万物起源于水又复归于水。这一基本元素说完全抛弃了造物主的创世说,为后人对物质本原的认识开辟了正确之路。泰勒斯的学生阿那克西曼德(Anaximander,前 610~前 545)以及阿那克西曼德的学生阿那克西米尼(Anaximenes,前 585~前 528)则把泰勒斯的假说加以修改,用来说明更多的现象。阿那克西米尼认为,万物的本原是空气,火是由稀薄的空气产生的,水、土都是由空气依次凝聚而成。

生于米利都附近萨摩斯岛的毕达哥拉斯(Pythagoras,约前 584~前 497),为躲避希波战争而迁居到意大利南部,在那里创建了毕达哥拉斯学派。毕达哥拉斯认为"数"是万物的本原,自然界的一切现象和规律都是由数的不同所决定的。

爱菲斯的赫拉克利特(Heraclitus,前540~前475)则认为,自然界的一切都在流动,都在不停地变化。物质的本原是永恒运动的火,他说:"一切东西换火,火换一切东西,简直像百货换金,金换百货。"[1]西西里岛的恩培多克勒(Empedocles,约前493~前433)继承了米利都学派的唯物论思想,用实验表明看不见的空气也是一种物质。万物的本原是土、水、气和火——一种固体、一种液体、一种气体、一种比气体更稀薄的物质,这四种元素的不同组合,构成了现实生活中的万物。

古希腊著名的唯心主义哲学家柏拉图(Plato,约前427~前347)在其著作《蒂迈欧》中借蒂迈欧之口,详细论述了造物主如何利用土、水、气、火这四种元素来生成万物。他说:"凡被创造出来的东西必然是有形体的也是可见的和可触知的。但若没有火,那就什么也看不见;没有固体,则无从触知,而有固体则非有土不可。因此神在创世开始时就用火与土构成宇宙的形体。"[2]

柏拉图的学生、著名古希腊科学家亚里士多德(Aristotle,约前384~前322)是古代知识的集大成者,他继承并发展了恩培多克勒、柏拉图的四元素说。他认为地上的物体是由火、气、水、土四元素组成的,而天体则是由第五种元素——以太构成的。他说:"……地在水中,水在气中,气在以太中,以太在天中,但天就不再在其他东西中了。"[3]在火、气、水、土四元素的形成过程中,冷、热、干、湿四种特性起到了决定性作用,这四种特性的两两结合才构成了火、气、水、土四种元素。如火是由热与干的组合,热与湿组合则为气,湿与冷组合则为水,冷与干组合则为土。

2.1.2.2　原子说

在探讨物质本原的过程中,米利都的留基伯(Leucippus,约前500~前440)在前人单一元素说的基础上提出了原子说的基本概念,即万物都是由不可再分的基本粒子——原子构成的。

留基伯的原子说,经过他的学生——德谟克利特(Democritus,前460~前370)的努力,使原子论得到了进一步完善,并成为古希腊的一项重要科学成就。德谟克利特的原子说思想主要有:世界是由细小的、无数的、不能再分割的看不见的微小原子和虚无的空间——虚空组成的;原子既不能被创造,也不能被毁灭,因而原子是亘古就有的,它的出现是无前因的;原子的大小和形状有多种多样,在数量上也是无限的,但在本质上却是一样的;原子在虚空中不停地做漩涡运动,原子彼此之间相互冲击、碰撞、挤压,把类似的原子聚集在一起,并依靠原子上的"钩"、"角"等形状上的差异,而机械地嵌合成复合物终致形成宇宙万物。[4]

伊壁鸠鲁(Epicurus,前341~前270)是雅典时期的一位唯物主义者和哲学家,他继承

---

① 贝尔纳著. 历史上的科学[M]. 北京:科学出版社,1959:97.

② 柏拉图著. 王晓朝译. 柏拉图全集(第三卷)[M]. 北京:人民出版社,2003:282.

③ 亚里士多德著. 苗力田主编. 亚里士多德全集(第二卷)[M]. 北京:中国人民大学出版社,1991:97.

④ 李志超著. 天人古义——中国科学史论纲[M]. 郑州:河南教育出版社,1995:156.

和发展了留基伯等人的原子论学说,并把原子论作为他的全面的伦理、心理和物理哲学的一部分。伊壁鸠鲁认为,原子不仅有形状和大小上的差异,而且还应有质量上的差异。

英国著名的科学史家丹皮尔在其著《科学史及其与哲学和宗教的关系》中对古希腊的原子论作出了如此评价:"原子哲学标志着希腊科学第一个伟大时期的最高峰。"①现在看来,希腊时期的原子论与虚空观显然不具有物理学特征,但是它给后人探讨物质的结构,特别是原子概念的重新建立,发挥了极为重要的启示作用。

2.1.3　古希腊的天文知识——宇宙模型与天体的运动

早在古希腊人之前,人们就根据各种天象,对宇宙的结构提出了各种各样的猜想。古巴比伦人认为宇宙是一个密封的箱子或小屋,大地是它的底板。埃及人心目中的宇宙与巴比伦人的宇宙模型大体相似。他们认为宇宙是一个长方形盒子,南北方向长于东西方向,底面略呈凹形,埃及就处在凹形的中心。天是一块平坦的或穹隆形的天花板,四方有四个天柱,由山峰所支撑,星星是用铁链悬挂在天上的灯。在方盒的边沿上,围着一条大河,河上有一条船载着太阳来往,尼罗河是这条河的一个支流。

古希腊天文学的一个重要内容就是构建符合各种天体运动规律的宇宙模型。爱尔尼亚学派的阿那克西曼德首先认识到天空是围绕着北极星旋转的球体,大地就处在这个球体的中心。他认为大地是一个有限的扁平圆筒,最初由水、空气和火的外衣包围着,浮游在天球之中,太阳和星星系在圆形诸天之上,并且随着圆形诸天绕地球而转动,大地则是万物的中心②。他还认为星辰和太阳是一团火,而月亮本身并不发光,只是反射太阳的光。

毕达哥拉斯从美学观念出发,最早提出了大地是球形的正确见解。他认为,在一切立体图形中最美的是球形,在一切平面图形中最美的是圆形。因此,宇宙中所有天体的形状都应该是完美的球形,它们的运动是匀速圆周运动,它们的运动轨道是完美的圆形。毕达哥拉斯之后的学者们继而提出了地球中心说和地球自转理论。他们认为地球处在宇宙的中心,每天绕轴自转一周,从而导致了天体的周日视运动。

柏拉图赞同毕达哥拉斯学派的宇宙球形说和地球中心说,并在其著《蒂迈欧》一书中阐述了这一观点。他说:"他(即创造主)把宇宙造成圆形的,就像出自车床一样圆,从中心到任何地方的边距都相等。在一切形状中,这种形状是最完美的,又是所有形状中彼此最相似的,因为创造主认为相似比不相似要好得多。……宇宙被造就为在同一地点、以它自己为范围、按照始终不变的方向旋转。"柏拉图还认为,地球不仅处在宇宙的中心,而且还绕其中心轴转动。他说:"大地是我们的保姆,随着那条纵贯宇宙的枢轴旋转,大地也是诸神中最年长的,位于天穹最内的地方,是白天与黑夜的卫士和制造者。"③

与柏拉图同一时期的天文学家欧多克斯(Eudoxus,前408?～前347)则认为,所有恒星共处一个球面上,此球半径最大,它围绕着通过地心的轴线每日旋转一周,日月行星则附着于各自的球层上被携带着运转。他用27个以地球为中心的同心球层解释了当时所观测到的天体运动现象。他的学生卡利普斯(Kallippos,公元前4世纪下半叶人),给太阳和月

---

① 丹皮尔著.李珩译.科学史及其与哲学和宗教的关系[M].南宁:广西师范大学出版社,2001:24.

② 同上,13~14.

③ 柏拉图著.王晓朝译.柏拉图全集(第三卷)[M].北京:人民出版社,2003:283~284,286~291.

亮各加上两个圆球,又给每个天体加上了一个球层,使球的总数增加到 34 个。

亚里士多德不仅认同了欧多克斯的同心球说,而且还就地球是不动的宇宙中心、大地是球形等观点进行了论证。他在《论天》一书中说:"碰巧大地的中心与宇宙的中心相同,所以重物体移向大地的中心,但这只是出于偶然,即大地的中心在宇宙的中心之中。……大地必定在中心,而且是不能被运动的。"为了能更好地解释天体围绕宇宙的中心——地球转动的视运动现象,亚里士多德在《形而上学》一书中,对欧多克斯提出的同心球模型进行了修正。他把运行的圆球和相对的圆球总数增加到了 55 个。[①]

亚里士多德之后的天文学家阿里斯塔克(Aristarchus,前 310～前 230),他第一个尝试测量地球和太阳之间的距离,并正确提出地球的面积小于太阳,他甚至提出太阳中心说,认识到地球和行星围绕太阳旋转并进行自转。

为了能更好地解释行星视运动的不均匀性,公元前 3世纪前后,亚历山大学派的阿波罗尼(Apollonius,前 262～前 190)提出了"本轮-均轮"的天体运动模型(见图 2-3)。日、月、行星均沿着各自的圆形轨道"本轮"匀速运动,而本

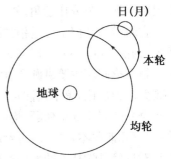

图 2-3　本轮-均轮图

轮的中心则在以地球为中心的圆形轨道"均轮"上匀速运动,那么行星和地球的距离就会有变化。通过对本轮、均轮半径和运动速度的适当选择,天体的运动不仅可以从数量上得到说明,而且还能很好地解释日、月、行星的视运动为什么会是不均匀的重要问题。

亚历山大时期的天文学家喜帕恰斯(Hipparchus,前 190～前 125)继承并发展了阿波罗尼的本轮、均轮思想。为了更好地解释太阳视运动的不均匀性,他提出了偏心圆模型,即太阳绕着地球作匀速圆周运动,但地球不在这个圆周的中心,而是稍偏一点。这样,从地球上看来,太阳就不是匀速运动,而且距离也有变化,近的时候走得快,远的时候走得慢。

2.1.4　古希腊的数学知识

古希腊的数学成就,主要体现在对一些几何学命题的研究与几何学的应用研究。这一时期,在数学方面作出杰出贡献的代表人物有泰勒斯、毕达哥拉斯、欧几里德、阿波罗尼乌斯、阿基米德等。

泰勒斯是世界上最早对几何学命题用逻辑推理方法进行证明的数学家。他把一些测量技术所依据的几何原理抽象出来,归纳成几何学命题,如"直径平分圆周"、"等腰三角形的两个底角相等"、"两直线相交,其对顶角相等"、"半圆上的圆周角是直角"、"相似三角形的对应边成比例"、"两个三角形的两个角及其夹边对应相等,则这两个三角形全等"等。他应用相似三角形对应边成比例的道理,利用自身身高等于身影长度时,测量金字塔的塔影长度,并由此推得金字塔的高度。泰勒斯在数学中引入逻辑推理方法,不仅保证了命题的正确性,令人深信不疑,而且还揭示了各定理之间的内在联系,使数学构成一个严密的体系;同时它又标志着人们对客观事物的认识从经验上升到理论,这是数学发展史上的一次极不寻常的飞跃。

毕达哥拉斯首先对勾股定理进行了证明,因此这个定理在西方被称之为毕达哥拉斯定

---

①　亚里士多德著. 苗力田主编. 亚里士多德全集(第二卷)·论天[M]. 北京:中国人民大学出版社,1991:347～351.

理。毕达哥拉斯还对整数进行了分类,提出了区分奇数、偶数和质数的方法。毕达哥拉斯学派力图用几何方法来解决实际问题,因而比泰勒斯发现了更多的几何命题。当他们遇到一个不可公度问题时,进而发现了$\sqrt{2}$这个不可公度的无理数,使得毕达哥拉斯学派企图用数来表示宇宙万物的想法面临困境。

雅典的智者学派提出了几何学中三个著名的尺规作图难题:作一正方形,使其面积与给定的圆的面积相等;求作一立方体之边,使其体积等于已知边长的立方体的体积的两倍;用直尺和圆规三等分任意角。[①]

古希腊的几何学经过柏拉图学派、亚里士多德学派的发展与完善,以亚历山大时期欧几里德(约前330~约前275)的《几何原本》问世,到达了顶峰。《几何原本》全书分为十三篇,第一篇至第四篇主要讲圆和直线的基本性质,第五篇为比例,第六篇是关于相似形,第七篇至第九篇为数论,第十篇涉及不可公度的分类,第十一篇至第十三篇是关于立体几何及穷竭法。全书共有476个命题,均由少数的定义、公式和公理演绎而得,形成了一个严密的逻辑体系。《几何原本》不仅对古希腊后期、古罗马时期的科学技术发展产生过积极的推动作用,而且对近代科学技术的发展产生过重大影响。

2.1.5　古希腊的物理学知识

古希腊的物理学成就,主要体现在对一些力学现象、光学现象的观察与描述。由于缺乏科学的实验验证,因此他们所得到的一些结论是片面的,甚至是完全错误的。这一时期,在物理学方面作出杰出贡献的代表人物有亚里士多德、阿基米德和托勒密等。

古希腊的力学知识源自于哲学上的思辨,源自于对物体的运动与变化的认识。赫拉克利特的一切都在运动的观点,遭到了意大利埃利亚的巴门尼德(Parmennids,前515~?)和他的弟子芝诺(Zeno,前490? ~前430?)为代表的唯心主义学派的竭力否定。他们认为,时间、空间和运动只不过是人的感觉而已。实在的宇宙只有一个而无变化。[②] 芝诺则提出了"二分法"、"阿基里斯与龟"、"飞箭不动"、"运动队列"四个巧妙的诘难问题,试图从逻辑上证明时间或空间既不能是连续的,也不能是不连续的,并以此来证明运动是不可能发生的。芝诺提出的疑难问题,在哲学史和数学史上产生过深远影响,并成为后人探讨空间、时间以及运动本质的主要命题。

亚里士多德在其著作《物理学》中,对芝诺提出的诘难进行了分析和批驳。他认为世界和物质是真实存在的,主张运动的真实性。亚里士多德定义的"运动"概念含义极为广泛,其中还包括有物体的形状、大小、位置、属性以及运动时间等。由于他把运动理解为事物的一般变化,所以在他的著作中,物体的自由下落、种子的发芽生长、健康与生病等也都属于运动的范畴。在亚里士多德的所有运动形式中,只有"移动"才具有物理学中的"运动"特征。他说:"……运动的最一般、最基本的形式是地点方面的变化,即我们所谓的移动。"[③]

亚里士多德把运动分为两种类型,即天空中的天体运动和地面物体的一般运动。天体的运动是在圆形轨道上的圆周运动,它无始无终永恒不变,因而是最完美的运动;至于天体

① 仓孝和. 自然科学史简编[M]. 北京:北京出版社,1988:120.
② 贝尔纳著. 历史上的科学[M]. 北京:科学出版社,1959:101.
③ 亚里士多德著. 苗力田主编. 亚里士多德全集(第二卷)[M]. 北京:中国人民大学出版社,1991:82.

为什么要做圆周运动？那是"上帝"的力量所致。地面物体的运动又分为自然运动和强迫运动。他在《论天》中说："一个给定的重在给定的时间中运动一个给定的距离；一个更大的重在更少的时间中更能运动相同的距离，时间与重有相反的比例关系。例如，如果一个重是另一个的两倍，它取一半就会覆盖给定的运动。此外，一个有限的重在某个有限时间中通过任何有限的距离。"①他认为，力是物体发生运动的内在本原。他说："既然自然是在事物自身内运动的本原，力是在他物内或作为他物的自身内运动的本原，既然运动全都或是合乎自然的，那么，合乎自然的运动（例如朝下运动之于石头）只靠力加速，但反乎自然的运动则完全靠力。"②他认为，物体下落的快慢与其自身重量的大小成正比关系。他说："因为较大量的火和较小量的火所含有的虚空与固体的比例是相同的，但较大量的火向上移动的速度显然比较小量的更快，正如较大量的金或铅比较小量的金或铅朝下移动更快；具有重的每个其他物体也一样。"③物体受到的"强迫运动"是强迫力推动的结果。如果没有强迫力的推动，物体的运动不仅不会发生，即使原来运动的物体也会停止不前。因此他断言：物体的运动必须要有外力的维持，运动的快慢与外力成正比，与受到的介质阻力成反比。

　　亚里士多德关于落体快慢与其重量关系、物体运动需要力的维持、自然界厌恶虚空等结论显然是错误的，但他是最早把力和运动联系在一起的物理学家，他的错误论点则成为后人正确认识力和运动的出发点。

　　阿基米德（Archimedes，约前 287～前 212）是古希腊著名的物理学家和数学家，静力学和流体静力学的奠基人。在静力学方面，阿基米德在总结前人经验的基础上，系统地研究了物体的重心，提出了精确确定物体重心的方法，即在物体的中心处支起来，就能使物体保持平衡。他在制作如螺旋推水器、杠杆等简单机械的过程中，发现了杠杆定律；据说阿基米德有过这样一句话："给我一个可以依靠的支点，我就能把地球挪动。"他在研究物体的密度过程中发现了浮力定律，这就是著名的阿基米德定律；这些成就分别记载在他的《论平面的平衡》、《论浮体》等著作中。

　　古希腊的光学知识源自于对各种光现象的观察和思辨。欧几里德、托勒密等人把几何学知识和实验手段应用到光现象的研究之中，打开了几何光学的知识大门。

　　古希腊的学者们最早对人的视觉原理进行了探讨，毕达哥拉斯、德谟克利特等人认为，视觉是由所见的物体射出的微粒进入到眼睛的瞳孔所引起的。恩培多克勒、柏拉图主义者和欧几里德（Euclid，约前 330～前 275）等人则主张眼球发射说，即眼睛本身发射出某种东西，一旦这些东西遇到物体发出的别的东西就产生视觉。柏拉图在《蒂迈欧》中说："在各种器官中，他们（指诸神——编者注）首先发明了能放射光芒的眼睛。……眼睛里的火不会引起燃烧，但会发出温柔的光芒，诸神取来这样的火，使之成为一种与白天的光线相似的东西。我们体内与白天光线相似的那股纯火，以柔润而浓密的光束从眼睛中发射出来，……每逢视觉之流被日光包围，那就是同类落入同类之中，两者互相结合之后，凡是体内所发之火同外界某一物体相接触的地方，就在视觉中由于性质相似而形成

---

　　①　亚里士多德著.苗力田主编.亚里士多德全集(第二卷)[M].北京:中国人民大学出版社,1991:281.

　　②　同上,360～361.

　　③　同上,381.

物体的影像。"①

　　古希腊人对光的传播、光的反射与折射现象的探讨由来已久,柏拉图学派曾经讲授过光的直线传播以及光的入射角与反射角相等的知识。欧几里德撰写的《反射光学》(Catoptrics)是世界上最早的光学著作。在这部著作中,他以光沿直线传播为依据,提出了反射定律,并以此来说明平面镜和球面镜的成像;提出了视觉、视线的理论解释,给出了关于视线的7个定义,如"从眼球发出的光线以直线传播,视线之间有彼此离开的现象"(定义1)②;最早论述了球面镜的焦点;知道了凹面镜的聚焦作用,凹面镜对准太阳时也能点火等。欧几里德的《反射光学》为几何光学的建立奠定了基础。据说,阿基米德曾利用镜面反射阳光使入侵的罗马船队起火。

　　亚历山大人希龙(Herron,前150～前100)认为,光不仅沿直线传播,而且是沿最短路径行进。他以此为出发点,利用平面镜成像,得到了入射角与反射角相等的结论,证明了反射定律。

　　西方古代文献中对静电、静磁现象的记述甚少,现在只能从一些零星记载中获得这方面的信息。据说,米利都的泰勒斯已经知道摩擦了的琥珀能吸引轻小的物体,某种天然矿物(磁石)具有引铁的能力。"电"(electricity)一词就源自于"琥珀金"(electron)。

　　古希腊著名哲学家苏格拉底(Socrates,前469～前399)曾这样来描述磁石的引铁现象,他说:"……这石不仅吸引铁环,而且还使铁环具有类似的吸引其他铁环的能力;有时你可以看到一些铁片和铁环彼此钩挂以至于形成一个十分长的链,而它们的悬吊力全都来自原磁石。"③磁石的引铁特性引起了人们的极大兴趣与遐想,文学家用此作为题材,编写了一些有趣的故事,如牧人玛格内斯(Magnes)在艾达山上,因穿着带有铁钉的皮鞋和拄有带铁尖的手杖,使他寸步难行,因而发现了磁铁矿。罗马时期的老普林尼(Pliny the Elder,23～79)记载,亚历山大城亚西诺寺庙用磁铁矿建成拱形屋顶,使皇后的铁像能够悬吊在空中。

　　亚里士多德不仅对物理学作出了巨大贡献,而且对生物学也作出了同样的贡献。他著有多种生物学、生理学和心理学方面的著作,如《动物志》、《论动物部分》、《论动物行进》、《论动物运动》、《论动物生成》、《论感觉及其对象》、《论记忆》、《论睡眠》、《论梦》、《论睡眠中的征兆》等。在他的著作中大约有三分之一是关于生物学的。④ 亚里士多德在生物学史上首创了解剖和观察的方法。他记录了近500种动物,亲自解剖了其中的50余种,并按形态、胚胎和解剖方面的差异创立了数种分类方法,这对后世动、植物的分类产生了一定的影响。

　　希波克拉底(Hippocrates,前460～前337)是古希腊最著名的医生,并被西方誉为医学之父。他一生写了许多医学著作,现存《希波克拉底文集》中就有60篇。他把医学与巫术作了彻底的分离,认为人的疾病是单纯的身体现象,与鬼神无关。他创立了"四体液说",即人体的生理是由黑胆液、黄胆液、血液和黏液的相互平衡来决定的。四体液之间相互协调人就显得健康,如果失调就会生病。他记载了许多内外科疾病的症状及其治疗方法,并在医学史最早作了详细的临床记录。希波克拉底十分重视医德,至今尚留存着他的"医生誓约"。

---

① 柏拉图著. 王晓朝译. 柏拉图全集(第三卷)[M]. 北京:人民出版社,2003:296～297.
② 李艳平,申先甲主编. 物理学史教程[M]. 北京:科学出版社,2003:72.
③ [美]弗·卡约里著. 戴念祖译. 物理学史[M]. 南宁:广西师范大学出版社,2002:12.
④ 王玉仓著. 科学技术史[M]. 北京:人民大学出版社,1993:257.

2.1.6　古希腊的技术成就

古希腊的技术成就与其在科学方面所取得的成就相比要逊色得多,古希腊的技术成就主要体现在手工制作、冶金、造船、建筑、武器和皮革等方面。

公元前 10～前 8 世纪,当希腊各部落先后进入爱琴海地区时,克里特文明和迈锡尼文明对这些新来的落后者来说,成了最大的受益者。由于希腊大多地区不宜农耕,只适宜栽植橄榄树和葡萄,所需粮食则经常从外部进口,而橄榄油和葡萄、葡萄酒则成为希腊人的主要出口商品,商品贸易成了推动希腊技术进一步发展的强大动力。橄榄油和葡萄酒的生产,带动了制陶业的发展,这一时期的陶器不仅制作精美,品种繁多,而且有些制品还饰有彩绘。公元前 5 世纪,爱琴海、黑海、地中海各地,到处都有雅典出口的陶器。

铁制工具和铁的广泛使用,有力地推动了这一地区的手工技术、造船技术和冶金技术的发展。公元前 10 世纪,希腊已有了专门打制铁器的铁匠。从公元前 8 世纪希腊人遗留下来的木工工具可以看出,此时的工匠不仅使用铁制的斧头、小锤、锯、凿、雕刻刀等,而且还使用了规尺、水准仪、圆规等划线、作图工具,并用金属钉作为木结构的连接件,当时的木工技术由此可略窥一斑。

公元前 9 世纪,在吸收了克里特和腓尼基人造船经验的基础上,希腊人已经能够建造50 名划手的大船;公元前 8 世纪末,已经能够建造有三层桨座,使用 200 名划手的远航船舰;公元前 5 世纪,希腊人已经能够建造载重 250 吨的商业帆船,建造桨帆并用的战舰。

古希腊亚历山大时期的技术成就,可以从著名美国数学史家克莱因所著的《古今数学思想》中略知:

"亚历山大人所创造的机械设备即使是按现代标准来说也是惊人的。从井槽里抽水的水泵、滑车、尖劈、渔具、联动齿轮,以及同现代汽车中使用差不多的里程计,在当时普遍采用。每年的宗教游行节日都有用蒸汽推动的车通过该城街道。庙宇祭坛里用密藏在器皿里的火加热水和空气使神像活动。虔诚的善男信女惊讶地看到神像举手向他们祝福,看到神像淌泪,并给他们倒出圣水。水力被人们用来弹奏乐器,并使泉头的人像自行移动,而且又用压缩空气来放枪。人们发明新的机械仪器——包括改进了的日晷——来作更精密的天文测量。"[①]古希腊建筑不仅为西方古典建筑奠定了基础,而且还创造出了多种建筑类型——

神庙、露天剧场、竞技场、广场和敞廊等,其中以神庙为主要类型。古希腊最早的大型建筑,主要以木材和泥砖为材料,后来逐渐转向用石材建造。古希腊建筑的主要特点是柱廊式结构,他们追求建筑的立柱与廊檐部的比例和造型,其主要类型有多里安式、爱奥尼亚式和科林斯式。现存的雅典卫城就是雅典时期的石砌建筑,屹立于卫城最高处的帕特农(雅典娜)神庙(见图 2-4),是闻名世界的七大奇迹之一,它代表了古希腊建筑

图 2-4　帕特农神庙

① 　[美]克莱因著.张里京等译.古今数学思想(第一册)[M].上海:上海科学技术出版社,2002:116.

艺术的最高成就。

2.2　古罗马时期的科学技术

在古希腊科学技术逐渐形成与发展的同时,罗马则从最初的奴隶制城邦发展成为强盛的共和国。公元前3世纪初期,罗马人的统治势力已经扩张到整个意大利半岛。从公元前2世纪中期以后的150年中,罗马人继续向外扩张,先后战胜了迦太基人和马其顿人,征服了希腊本土,公元前30年又占领了希腊人统治下的古埃及托勒密王朝,最终建成了一个横跨欧、亚、非三大洲的古罗马帝国。公元1~2世纪,罗马帝国达到极盛时期。公元395年,罗马帝国分为东、西两部,东罗马以君士坦丁堡(现为土耳其境内的伊斯坦布尔)为首都,西罗马帝国则以罗马为首都。公元476年,西罗马帝国灭亡,这不仅标志着西罗马奴隶制的终结,同时也标志着欧洲中世纪的开始。

罗马帝国依靠发达的农业和强大的军事力量维持其统治,罗马人从古希腊人和其他民族那里吸取了许多现成而直接可用的科学成果,而基督教的产生,则极大地阻碍了古罗马科学的发展。古罗马时代的科学成就虽不能与古希腊相比,但仍有值得提及的地方,如农业、天文历法、医学等。

2.2.1　古罗马的科学成就

古罗马的农业技术比较发达,早在奴隶制城邦时期,其农业和畜牧业已有相当水平,共和国时期的农业生产又有了新的发展,普遍使用牛耕和铁制农具并实行轮种耕作制。西方最早的一部农学著作出自罗马监察官加图(前234~前149)之手,书名叫《论农业》。其后的瓦罗(前116~前27)也写过一部叫《论农业》的书。

罗马帝国以前的历法相当混乱和不精确。伏尔泰(1694~1778)曾经说过:"罗马人经常打胜仗,但却不知道是在哪一天打的。"①公元前46年,罗马帝国的独裁统治者儒略·恺撒(前100~前44),依靠亚历山大城的希腊人索斯吉斯(前90~?)制定、颁布了"儒略历",结束了以往历法的混乱局面。儒略历以古埃及和古巴比伦的历法为基础,以太阳的视运行周期为依据,规定1年有365.25天,每4年一闰;一年分为12个月,单月每月31天,双月每月30天,但每年的2月份为29天。恺撒的继承人奥古斯都(前63~14)又把每年的2月取出一天,加到8月中去,儒略历进而成为奥古斯都历,为16世纪后期格利高里历的制定打下了基础。

亚历山大城的希腊人克罗狄乌斯·托勒密(85~168),不仅完全接受了古希腊先哲们提出的地球中心说思想,而且还利用前人的经验资料和自己的大量天文观测数据,撰写了《天文学大综合论》这部巨著。在这部著作中,托勒密建立了以他名字命名的托勒密地心宇宙体系,即地球处于宇宙的中心,且静止不动,居住在最高天即"原动天"的上帝推动日、月、行星和恒星环绕地球运行(图2-5)。托勒密体系虽然不能反映宇宙实际结构的数学图景,但他提出的以地球为中心的天体运行理论——本轮-均轮系统,却较为完满地解释了当时观测到的行星运动情况,并取得了航海上的实用价值。托勒密地心体系的建立代表了罗马天文学

---

① 王鸿生编著. 世界科学技术史[M]. 北京:中国人民大学出版社,1996:71.

和宇宙学思想的顶峰。在以后近 1 000 多年内,托勒密体系被教会奉为天文学的"圣经"。直到波兰著名的天文学家、日心说创立者哥白尼(Nicolaus Copernicus,1473～1543)的《天体运行论》在 1543 年问世以后,托勒密的地心说才逐渐被哥白尼的日心说所取代。

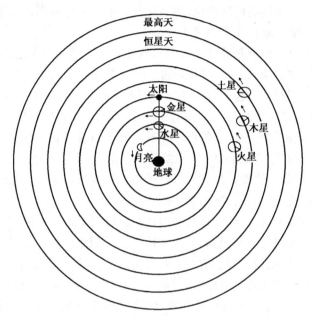

图 2-5　托勒密的地心说

　　托勒密不仅是古罗马时期杰出的天文学家,同时他还对古罗马的数学、物理学和地理学等方面均有贡献。托勒密在立体几何研究上有许多独特创见,他把三角学与天文学结合起来,发展了球面三角定理。托勒密对光的折射现象进行了研究,他通过具体的实验,测量了光线由空气入射水中时其入射角和相应折射角的大小,并发现折射角小于入射角,入射角与折射角近似成正比关系,但未能由此得出正确的折射定律。他著有《地理学指南》一书,以经纬度为依据来绘制地图。

　　出生于意大利北部的老普林尼是古罗马时期的著名学者。老普林尼一生共编撰了 7 部著作,现存长达 37 卷的巨著《博物志》(即《自然史》)是他的代表作,是他和他的助手从 2 000多部著作中,精心选择了 20 000 条内容汇编而成。[①] 这部著作汇集了古希腊、古罗马时期的宇宙论、天文学、地理学、人类学、生物学、矿物学、医学、艺术等方面的许多知识,从自然界奇事到科学认识、各种巫术等,无不兼收并蓄,被后世誉为古希腊、古罗马时期的百科全书。

　　出生于小亚细亚(今土耳其)的盖伦(Claccdices Galen,129～199)是古罗马时期著名的医学家,他集古代医学知识之大成,并把医学知识系统化,建立了西方古代的医学体系。盖伦注重对解剖学、生理学的研究,他把古希腊的解剖知识、生理知识和医学知识加以系统化,并通过对动物和一些人体的解剖研究,发现了解剖、生理、病理等方面许多新的事实。他接受了希波克拉底的"四体液说",即人体的基本构成要素是血液、黏液、黄胆汁和黑胆汁,这四

　　① ［美］戴维·林德伯格著. 王珺,刘晓峰等译. 西方科学的起源[M]. 北京:中国对外翻译出版公司,2001:147～151.

种体液共同形成了组织,组织结合成器官,器官联合构成了人体。人体的健康亦有赖于这四种体液的平衡。他最先用"三灵气说"——"自然灵气"、"活力灵气"和"灵魂灵气"全面解释人体的生理现象。盖伦一生著述的医学著作颇丰,据说有 131 部之多,现存的有 83 部。这些著作不仅总结了古代医学的传统知识,而且还对其中的一些错误论点进行了批判,从而使他成为西方古代的医学权威长达千年之久。

罗马时期的著名诗人卢克莱修(Lucretius,约前 99～约前 55)在他的哲学长诗《物性论》中,继承并发展了伊壁鸠鲁的原子论学说,提出了"无物能由无中生,无物能归于无"的唯物主义观点。他在诗中写道:"这个教导我们的规律乃开始于:未有任何事物从无中生出。……此外,自然也把一切东西再分解为它们的原初物体,没有什么东西曾彻底毁灭消失。"①他认为,组成事物的始基——原子是坚不可分永恒存在的。他说:"始基没有什么能加以毁灭,因为由于它们坚实的躯体,它们结果总是战胜。"他认为在宇宙万物之中存在虚空,没有虚空就没有运动。他说:"世界并非到处都被物体挤满堵住,因为在物体里面存在着虚空。……如果不是这样,东西就绝不能运动。"

卢克莱修还利用原子论观点,对磁石的引铁特性作出了最初的解释。他认为,磁石释放出来的原子使得磁石与铁之间形成真空,因此铁的粒子则乘虚而入,并且借不见的钩链贴住了磁石。他还发现,当把铁屑放在铜盆内,并把天然磁石放在下面时,盆内的铁屑就会"狂舞",这是关于磁铁相斥现象的最早记载,但他并没有认识到这是因磁铁的极性所致;他还认为,"磁铁"(magnet)一词与小亚细亚附近的"玛格尼西亚"(Magnesia)有关,据说在那里发现了磁铁矿。

罗马后期的著名数学家丢番图(246? ～330)被誉为西方代数学的鼻祖,他彻底改变了古希腊只注重几何学而缺乏代数学的窘况。丢番图著有三部数学著作,13 卷的《算术》(现存 6 卷)是他的代表作,这部著作在数学史中的地位可与欧几里德的《几何原本》相媲美。丢番图代数学的特点是完全脱离了几何学,用字母表示未知数和一些运算,他所编写的代数方程被称之为丢番图方程。德国数学史家韩克尔(1839～1873)认为,近代数学家在研究了丢番图的 100 个题目后,去解第 101 个题目时,仍然感到困难。②

2.2.2 古罗马的技术成就

古罗马的手工业相当发达,其中的冶铜、冶铁、制陶、制革、木工等行业在罗马城邦时期就有了一定的基础。罗马帝国的建立,辽阔疆域的丰富矿藏,东方技术的输入,古希腊各种发明创造为罗马人所应用,交通和贸易的更加方便,使许多城市成为著名的手工业中心。在意大利半岛于公元 79 年被火山爆发所埋没的庞培城遗址中,考古发掘出许多呢绒、香料、石工、珠宝、玻璃、铁器和食品加工等手工作坊,再现了古罗马手工业城市的繁荣景象。

古罗马时期最主要的技术成就是建筑,其中最著名的有罗马大角斗场(见图 2-6)、万神庙、引水渠道、公路和桥梁等。罗马大角斗场建于公元 70～82 年,用石料砌成,其平面为椭圆形,长径为 188 m,短径为 156 m,四周为看台,可容纳 5 万～8 万名观众,大角斗场残壁至今犹在。万神庙建于公元 120～124 年,这是一座顶高与直径相等的圆形穹顶建筑物,直

① 卢克莱修著. 方春书译. 物性论[M]. 北京:商务印书馆,1981:9～12,18,26,408～416.
② 王玉仓著. 科学技术史[M]. 北京:中国人民大学出版社,1993:268.

径约 43.5 m,正面为气势宏伟、浮雕装饰十分精美的科林斯式大门廊,这座古罗马人的杰作至今犹存。

图 2-6　古罗马大角斗场　　　　　　　图 2-7　罗马时期的高架水渠
　　　　　　　　　　　　　　　　　　　　　　　（位于现今法国的尼姆城）

　　从公元前 4 世纪起,罗马人开始修筑引水渠道为城市供水,他们先后修筑了 9 条总长达 90 km 的水渠。公元 97 年,他们又修筑了长达 186 km 的暗渠,其横断面积为 3～12 m²,用于缓解罗马城日益紧张的供水状态。罗马人在建造水渠过程中已经采用了渡槽、虹吸和筑坝蓄水等技术,在法国和叙利亚境内的引水渡槽离地面分别高达 48 m 和 64 m(见图 2-7)。罗马人大量修筑公路,总长约 80 000 km,并通过建造的许多大石桥把这些四通八达的公路连接在一起。古罗马著名的建筑师维特鲁维奥(前 70～前 25)撰写了世界上第一部建筑学专著《论建筑》。这部书是古希腊以来建筑经验的总结,它涉及建筑的一般理论、设计原理、建筑师的教育、建筑材料与设备、建筑施工以及建筑声学等方面的一些问题。这部著作对欧洲建筑学产生过极其深远的影响。

第3章 古代中国的科学技术

毛泽东在《中国革命与中国共产党》一书中指出："在中华民族的开化史上,有素称发达的农业和手工业,有许多伟大的思想家、科学家、发明家、政治家、军事家、文学家和艺术家,有丰富的文化典籍。在很早的时候,中国就有了指南针的发明,还在一千八百年前,已经发明了造纸法。在一千三百年前,已经发明了刻板印刷。在八百年前,更发明了活字印刷。火药的应用,也在欧洲人之前。所以,中国是世界文明发达最早的国家之一,中国已有了将近四千年的有文字可考的历史。"①这短短一百余字,向世人充分展示了中国古代的文明历程和以四大发明为代表的中国古代科技成就。正如英国著名的科学家、科学史家李约瑟(1900~1995)在评价中国古代科技成就时所说的那样:"中国的这些发现和发明往往远远超过同时代的欧洲,特别在15世纪之前更是如此。"②确实,在西方近代自然科学诞生以前,我国的科学技术在许多方面一直处于世界领先地位。

3.1 古代中国的主要科学成就

中国古代的科学成就主要体现在天文、数学、物理、化学、医药学、农学、地学等方面,这些学科体系的形成与发展,经历了漫长的历史岁月。

3.1.1 天文学

我国是世界上最早对日食、月食、月掩星、太阳黑子、彗星、新星等天文现象进行观测和记录的国家之一,其记录持续时间之长,记录内容之翔实、具体,在世界天文学史上是绝无仅有的。

从商代至清初,我国共记录的日食有1 000多次,月食有900多次。最早的日食、月食记录见于商代的甲骨卜辞。如:贞,日有食。甲寅卜又食,告。癸酉贞日夕有食,惟若。癸酉贞日夕有食,匪若。口丑卜宾贞……六日口午夕月有食乙未酒……癸未……之夕月有食。旬壬申夕月有食。据专家的考证,这几次月食是武丁世的可靠记录③。

据文字记载,中国最早的计时方法是干支纪日法。早在夏代(前2070~前1600)我国已有天干纪日法,即用甲、乙、丙、丁、戊、己、庚、辛、壬、癸十个天干周而复始地来纪日④。其后的商代又把十天干与十二地支子、丑、寅、卯、辰、巳、午、未、申、酉、戌、亥相组合,组成甲子、

---

① 毛泽东著. 中国革命与中国共产党. 引自《毛泽东选集》[M]. 北京:人民出版社,1996:616,617.

② 李约瑟著. 袁翰青等译. 中国科学技术史(第一卷导论)[M]. 北京:科学出版社;上海:上海古籍出版社,1990:2.

③ 中国天文学史整理研究小组编著. 中国天文学史[M]. 北京:科学出版社,1981:16,17.

④ 杜石然等编著. 中国科学技术史稿(上)[M]. 北京:科学出版社,1982:67.

乙丑……癸亥等六十干支,也就是通常所说的"六十甲子",并把它用于循环纪日。在许多商代甲骨卜辞中,都记有占卜之日的日干支[①]。在商王武丁(前 1250~前 1192)时期的一块牛胛骨上还刻有完整的六十干支表(见图 3-1)。

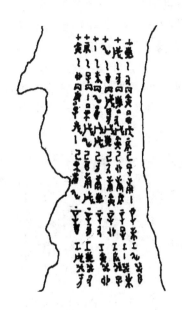

甲寅	甲辰	甲午	甲申	甲戌	甲子
乙卯	乙巳	乙未	乙酉	乙亥	乙丑
丙辰	丙午	丙申	丙戌	丙子	丙寅
丁巳	丁未	丁酉	丁亥	丁丑	丁卯
戊午	戊申	戊戌	戊子	戊寅	戊辰
己未	己酉	己亥	己丑	己卯	己巳
庚申	庚戌	庚子	庚寅	庚辰	庚午
辛酉	辛亥	辛丑	辛卯	辛巳	辛未
壬戌	壬子	壬寅	壬辰	壬午	壬申
癸亥	癸丑	癸卯	癸巳	癸未	癸酉

图 3-1　商代甲骨刻辞:六十干支表(《甲骨文合集》37986)与甲骨刻辞译文

　　我国早在商代的甲骨卜辞中,就对月掩星天象有了记录。如:丙辰卜·月比斗(乙四四〇)、庚午卜·月辛木比斗(乙一一七)、己亥卜·月庚比斗·祉雨(乙一三四)、庚子卜·月辛比斗(合二六二)、癸亥卜·月甲比斗等。经甲骨文专家姚孝遂先生考证,这里的"比"可作"掩"、"犯"或"入"解释,"斗"是指南斗。"月比斗"就是说月亮运行到了南斗天区。经初步推算,这几次天象应发生在商代的盘庚、武丁时期[②]。

　　我国是最早对太阳黑子进行连续记载的国家。1972 年在长沙马王堆的西汉初期墓葬中出土了一幅 T 形帛画,画面右上方的金色太阳中独立着一只乌鸦,这是我国关于太阳黑子的最早图像描绘(见图 3-2)。公元前 140 年左右成书的《淮南子·精神训》中已有"日中有骏鸟"之说。对太阳黑子作出明确记载的是《汉书·五行志下》:"河平元年(前 28),三月己未,日出黄,有黑气大如钱,居日中。"这是世界公认关于太阳黑子最早的明确记载。从汉河平元年到明末为止,我国共有 100 多次太阳黑子的记录。这些记录既有准确的日期,又有黑子的形状、大小、位置以及变化情况等,为太阳黑子的研究提供了极为宝贵的史料。欧洲直到公元 9 世纪才有关于太阳黑子的记录留存

图 3-2　马王堆 T 形帛画

　①　卢嘉锡总主编,陈美东著.中国科学技术史·天文学卷[M].北京:科学出版社,2003:19.
　②　周靖.甲骨文"月比斗"的历日推算[J].史学月刊,1999,(3):14~16,45.

下来。

彗星是比较罕见的天象，我国古代的先民们早就注意到了它。我国可靠的彗星记录始见于《春秋》："鲁文公十四年(前613年)秋七月，有星孛于北斗。"这里是关于哈雷彗星的最早记载。据专家考证自秦始皇七年(前240年)至清宣统二年(1910年)的两千多年里，哈雷彗星共出现过29次，每次我国都有详细的记载。图3-3为1986年哈雷彗星回归时的照片。史料表明，从殷商时代起到公元1911年，我国记录的彗星有三百多次。虽然，其中有些记载的并不是彗星而是新星、超新星或北极光等其他一些天象，但是一般记作彗星、孛星、星孛的，大多数都是彗星。在我国记载的彗星中，有些还对彗星的形状作了非常详细地描述，长沙马王堆汉墓出土的西汉初年的帛书中就有一幅十分珍贵的关于彗星的绘图(见图3-4)。

图3-3　1986年回归时拍摄的哈雷彗星

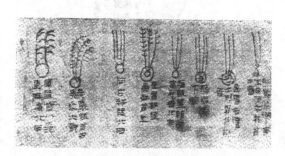

图3-4　马王堆帛画中的彗星图(临摹)

新星和超新星在我国古代被称之为"客星"，其明确记载始于汉代。据《汉书·天文志》记载："元光元年(前134年)五月客星见于房。"研究表明，这是我国关于新星和超新星的最早记载。到1700年为止，我国历史上可靠的"客星"记录有60多项，其中以1054年的记录尤为翔实可信。著名的蟹状星云就是这次超新星爆发后留下的遗迹，这些超新星的记录为现代天文学家对中子星的研究提供了难得的宝贵资料。

世界上最早的星表也出自我国。大约在公元前350年至公元前260年，战国时的甘德和石申分别著有《天文星占》和《天文》，各载有数百颗恒星的方位。长沙马王堆汉墓出土的帛书《五星占》绘制了自公元前246年至公元前177年的70年间木星、土星、金星的位置及它们在一定会合周期内的动态表，其数据相当准确，如金星会合周期为584.4日，与今天测得的金星会合周期值583.992日相差无几。敦煌石窟中发现的一卷唐代星图，大约绘制于公元8世纪初。该图是用圆筒投影的方法绘制出来的，最后再把紫微垣画在以北极为中心的圆形图上，这卷敦煌星图记有恒星1350颗(见图3-5)。绘于1094年至1096年间的苏颂(1020～1101)星图记有恒星1464颗。

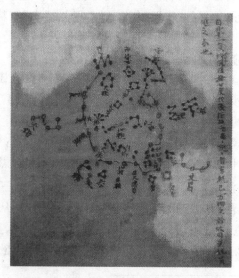

图3-5　敦煌星图甲本紫微星图(唐代)

现存于苏州博物馆的石刻星图刻于1247年，由黄裳于1190年绘制，王致远依图刻于石上，计有恒星 1 434 颗。世界上其他国家保留下来的星图,没有早于 14 世纪的,17 世纪之前的星图,恒星数没有一幅超过 1 100 颗的。

历法是人类文明史中最古老的文化之一。我国古代的历法其起源之早、种类之多可算是世界之最。据文献记载,我国早在商代就有了春分、夏至、秋分和冬至,知道了一年有 366 日,战国时期有了二十四节气,这在世界天文史上是独一无二的。公元前 5 世纪初,我国已经开始使用"四分历",即规定一年为 365.25 日,与今天的测得值相差 11 分 14.53 秒,这比古希腊早了 100 多年。南北朝(420～579)时期的祖冲之改进了观测技术,把一年定为 365.242 8 日。南宋时期的"统天历"(1199 年制定)把一年定为 365.242 5 日,与今天世界上通用的格里高利历(1528 年定)所用的数据相同。元代的郭守敬(1231～1316)用自制的高达 4 丈的巨大圭表,证实了太阳的回归年长度为 365.242 5 日,这是当时世界上最精确的测量数值。欧洲采用这一数值比我国晚了 400 年。明代的邢云路把圭表加高到六丈,于 1608 年测得的回归年长度为 365.242 190 日,与当今测得的 365.242 193 日相差只有 0.259 2 秒。我国古代对月亮的运行情况也有精确观测。具体反映在历法的制定当中,所以我国实际的历法是阴阳历,即年为阳历,而月为阴历,以月亮的圆缺,即月亮绕地球一周的时间为一个月。由于两者之间的运行周期不等,故而出现了闰月。闰月法至迟出现在商代,因为在甲骨文中早已有闰月的记载。据统计,我国历史上制定和正式颁布施行的历法大约有 100 多种,这在全世界是独一无二的。

二十四节气是我国先秦之前的一项独特实用的发明,至今已有两千多年历史。二十四节气就是把地球绕太阳运动的一个回归年等分为二十四个时区,每一个时区对应一个节气,这就是现在我们熟知的立春、雨水、惊蛰、春分等(见表 3-1)。人们只要知道是哪一个节气,就知道其物候变化、渔猎农桑等事宜,对我国古代的农业生产起到了积极的指导作用。

表 3-1　二十四节气表

春季						夏季						秋季						冬季					
立春	雨水	惊蛰	春分	清明	谷雨	立夏	小满	芒种	夏至	小暑	大暑	立秋	处暑	白露	秋分	寒露	霜降	立冬	小雪	大雪	冬至	小寒	大寒

我国最早的天文观测仪器为窥管,即细长的空心竹管,利用它并通过建立在天空中的圆形参照系——二十八宿星座,对星体的方位进行测量。

东汉时期,张衡(78～139)发明了世界上第一台自动天文观测仪——浑天仪,其精确程度很高,从而达到自动地、近似地正确演示天象的目的。观测人员只要在房间里观看仪器的转动,就可以知道任何一颗星体的东升西落情况。另外他还制作了地动仪和候风仪。

唐代僧人一行(683～727)于公元 721 年制作了黄道游仪和水运浑天仪,前者用于测量天体位置,后者用于演示天象和报时。

宋代的苏颂和韩公廉等人设计建造的水运仪象台,是中国古代最宏伟、最复杂的天文仪器,同时这也是世界上最早的天文钟,在它的传动机构中采用了最先进的擒纵机构(见图 3-6)。

元代的郭守敬对浑天仪进行了一次大改造,制成了简仪,其设

图 3-6　水运仪象台

计和制造水平领先于世界 300 年。另外,他发明的景符对精确测量太阳回归年的长度起到了极大的作用。据专家研究证实,用景符测量表影的长度,其误差在 2 mm 以内,这种准确程度在当时是空前的。[①]

对宇宙的起源和宇宙的结构,我国古代的先民们早就有了探讨,提出了数种不同的宇宙起源假说和结构假说。战国时期的老子等人认为,宇宙起源于"道",《老子·道德经》中说:"道生一、一生二、二生三、三生万物,万物负阴而抱阳,冲气以为和。"而《易经》中则认为,"太极"是宇宙的本源。《易经·卜辞》中"是故易有太极,太极生两仪,两仪生四象,四象生八卦",即宇宙起源于太极,太极生阴阳(天地),阴阳生春、夏、秋、冬四时,四时运行生成八卦,即天、地、雷、风、水、火、山、泽。

对于宇宙的结构我国古代曾先后提出过多种不同的说法,比较典型的说法有三种,即盖天说、浑天说和宣夜说。盖天说起源比较早,据《晋书·天文志》介绍,当在殷周时期。"盖天之说,即周髀是也。其本庖牺氏立周天历度,其所传则周公受于商高,周人志之,故曰周髀。"据专家考证《周髀》一书约成于公元前 100 年左右,其中曾明确提出:"天象盖笠,地法覆盘。"这是我们现在所能见到的关于"盖天说"的最早记载。

浑天说起源于东汉时期,其代表作《张衡浑仪注》中说:

　　"浑天如鸡子,天体圆如弹丸,地如鸡子中黄,孤居于内,天大而地小,天表里有水,天之包地,犹壳之裹黄。……天转如车毂之运也,周旋无端,其形浑浑,故曰浑天。"

宣夜说的产生时间大致与浑天说同时。据《晋书·天文志》中说:

　　"宣夜之书亡。惟汉秘书朗郗萌记先师相传云:天了无形质,仰而瞻之,高远无极。眼瞀精绝,故苍苍然也。……日月众星,自然浮生虚空之中,其行其上,皆需气焉,是以七曜或逝或往,或顺或逆,伏见无常,进退不同,由乎无所根系,故各异也。……若缀附天体,不得尔也。"

由此可知,宣夜说的观点十分明确,即宇宙为无限的空间,日月星体都漂浮其中,它们在"气"的推动下按照自己的运行规律而运动着。

我国很早就提出了地动说,汉代成书的《春秋纬·元命苞》中亦有"天左旋,地右动"的论述。《尚书纬·考灵曜》中不但认为地在动,而且还用运动的相对性原理加以说明:"地恒动不止,而人不知,譬如人坐巨舟中,闭牖而坐,舟行而不觉也。"这是伽利略相对性原理的最古老的描述,但时间上比伽利略提出相对论原理要早 1 600 年左右。

3.1.2　数学

数学是中国古代科学中一门重要的学科。从殷商时期到公元 14 世纪以前,我国的数学发展一直都是走在世界的前列,取得了许多令世人瞩目的辉煌成就。

---

① 中国天文学史整理研究小组编著.中国天文学史[M].北京:科学出版社,1981:180.

　　早在殷商时期我国就已使用十进位制。河南安阳出土的甲骨卜辞中不仅已有一、二、三、四、五、六、七、八、九、十的数字符号,而且还出现了"百"、"千"、"万"三个数字名,形成了较为系统的十进位制。现已发现商代最大的数字是三万。

　　我国在西周时期已有了乘法、减法和除法运算。西汉时期成书的《九章算术》,是自春秋以来各个历史时期数学发展的总结,也是我国数学体系形成的标志。《九章算术》全书采用问题集的形式编写,共收集了 246 个问题及其解法,分属于方田、粟米、衰分、少广、商功、均输、盈不足、方程和勾股九章。主要内容包括分数四则运算和比例算法、各种面积和体积的计算、线性方程组解法、勾股测量的计算等。其中的多元一次方程组解法,比印度要早 400 多年,比欧洲要早 1 300 多年。书中关于正负数概念、正负数加减法则、开平方以及一般二次方程的数值解法等在世界数学史上都是最早的。图 3-7 为《九章算术》影印本。

图 3-7　《九章算术》影印本

　　西汉后期成书的《周髀算经》,它不仅是我国现存最早的一部天文学著作,同时也是我国古代的一部重要数学著作。《周髀算经》在数学上的贡献主要有:

　　(1) 提出并证明了勾股定理:"若求斜至日者,以日下为勾,日高为股,勾股各自乘,并而开方除之,得斜至日。"

　　(2) 提出了勾股比例的数学思想及其天文测量方面的应用。

　　(3) 使用了等差数列和一次内插法的代数运算方法。

　　(4) 利用圆周率 π=3 和圆的直径计算圆的周长。

　　(5) 使用了相当繁复的分数运算和开方运算。

　　先秦、两汉时期,我国采用的圆周率都是 π=3。三国时期的刘徽在《九章算术注》中,用"割圆术"开创了我国古代计算圆周率的科学方法。他从圆内接正六边形开始算起,每次使边数加倍,直算到正一百九十二边形的面积,算得的圆周率近似为 3.14。南北朝时期的祖冲之算出的 π 值在 3.141 592 6 到 3.141 592 7 之间,这个准确记录领先于西方达千年之久。祖冲之的儿子祖暅应用"缘幂势既同,则积不容异",即等高处横截面积相等的两个立体,它们的体积也必定相等原理,导出了计算球体体积的正确公式。这个原理的提出,比西方要早 1 000 多年。

　　唐代太史令李淳风(602~670)等人选取了当时流传的 10 部数学名著,即《周髀算经》、《九章算术》、《海岛算经》、《孙子算经》、《张丘建算经》、《夏侯阳算经》、《缉古算经》、《五曹算经》、《五经算术》和《缀术》,进行编纂注释,作为算学教科书和科考用书。后来人们就把这 10 部著作统称为《算经十书》。《孙子算经》中提出的"孙子问题",即"今有物不知数,三三数之剩二,五五数之剩三,七七数之剩二,问物几何? 答曰:二十三"。这是世界上最早出现的一次同余式问题,西方直到 18 世纪才有人对这一问题进行研究。《缉古算经》中已有三次方程的数值解法。

　　宋元时期是中国数学发展的高峰期,这一时期的许多成就达到了当时世界数学的巅峰。北宋时期的数学家贾宪(11 世纪上半叶)已经能开高次方,他还归纳得出"开方作法本源图",即二项式定理系数表。在西方这个系数表被称之为"帕斯卡三角",是法国著名的数学家、物理学家帕斯卡(Blaise. Pascal,1623～1662)在 1654 年提出的,比贾宪迟了 600 多年。

南宋时期著名数学家秦九韶(1202～1261),是高次方程解法的集大成者。他在 1247 年成书的《数书九章》中,编有三次方程、四次方程和十次方程的题目及其数值解法。他提出的"大衍求一术",即联立一次同余式求解法,现在称为中国剩余定理,比西方早 500 年左右。

南宋时期生活在我国北方的著名数学家李冶(1192～1279),著有数学著作《测圆海镜》和《益古演段》。《测圆海镜》首次系统地讲述了中国古代的代数学——"天元术",即用"天元"代表某一未知量(相当于现代代数中设为某某),列出含有未知量的高次方程并求解,这是中国数学史上首次引入符号,并用符号运算来求解高次方程。此外,李冶的著作还开创了用代数方法解几何问题的先例。[①]

南宋末年的数学家杨辉,著有《详解九章算法》、《日用算法》以及《杨辉算法》。书中的内容不仅能密切联系当时社会的实际需要,而且还记载了一些已经失传了的算法,如"高次开方法"、贾宪的"开方作法本源图"等。因此,有些书籍中就把"帕斯卡三角"称为"杨辉三角"。

元代著名数学家朱世杰,著有《算学启蒙》、《四元玉鉴》两书流传于世。这两本书不仅全面地继承了秦九韶、李冶、杨辉等人的数学研究成果,而且还做出了创造性的发展,把我国古代数学推到了时代的最高峰。朱世杰对数学的贡献主要有三点:一是"四元术",他把原先的"天元术"推广成为"四元术",即用天元、地元、人元和物元来代表四个未知数,列出有待求解的多元高次联立方程组,并利用四元消元法求出结果,这一方法比西方同类方法要早 400 多年;二是"垛积法",他通过对一系列垛形的级数求和问题研究,从中归纳出"三角垛"的高阶等差数列求和公式;三是"招差术",郭守敬在 1280 年编制授时历时用到了三次(函数)内插法,朱世杰则在《四元玉鉴》中给出了四次内插法的正确公式,比西方同类方法要早 300 多年。

3.1.3 物理学

中国古代物理学成就,主要体现在对一些物理现象的描述和一些物理技术的应用。

我国早在春秋时期(前 770～前 476)就有了"时间"、"路程"和"速度"这三个运动学量的最初描述。伯乐相"千里马"故事就出自秦穆公(前 659～前 621 年在位)时期。这里的"日行千里"既是马的运动速度,又是马一天所行的路程。[②] 至迟在西汉时期的《九章算术》中,不仅有求解路程、速度或时间的匀速直线运动的算题,而且还有了与加速度有关的算题与计算方法,如"良马驽马"算题。东汉之后的一些算书如《张邱建算经》中也有与上述相类似的算例。西方与"良马驽马"相类似的异向直线变速运动的算题,直到 16 世纪才出现。[③]

什么是力?战国时期的墨家在《经上》中说:"力,刑之所以奋也。"《经说上》的解释是:"力,重之谓。下,举,重奋也。"这两句话的意思非常明确:力是改变物体运动状态的原因;力就是物体的重量,具体表现在物体的下落与上举过程之中。

春秋时期的孔子(前 551～前 479)已对"内力"的作用特点有了初步认识。《荀子·子道》中说:"子路问于孔子曰:……。孔子曰:'……。虽有国士之力,不能自举其身;非无力

① 陈美东主编. 简明中国科学技术史话[M]. 北京:中国青年出版社,1990:326.
② 周靖. 17 世纪中前期中国和西方对加速度的认识[J]. 淮阴师专学报,1997:38～41.
③ 吴文俊主编. 中国数学史大系[A]. 沈康身主编. 第二卷. 中国古代数学名著《九章算术》[C]. 北京:北京师范大学出版社 1998:399～409.

也,势不可也。'"孔子的"力不自举"思想,对后人产生了很大的影响。战国时期的韩非(约前280~前233),东汉时期的王充(27~97?)都讨论过这个问题。西方明确提出这个问题的人是牛顿(1642~1727),他在《自然哲学之数学原理》著作中写道:

> "两个或两个以上的物体的共同重心,不会因物体本身之间的作用而改变其运动或静止的状态;因此,所有相互作用着的物体(如无外来作用和阻碍),其共同重心将或者静止,或者在等速沿一直线运动。"①

这段话与孔子等人的"力不自举"相比,其物理内涵基本一致,只是在说法上略有不同,但两者之间在时间上要相差 2 000 年左右。

我国古代工匠们通过观察炉火的颜色,来判别其温度的高低。据《考工记》中记载:"凡铸金之状,金(铜)与锡,黑浊之气竭,黄白次之。黄白之气竭,清白次之。清白之气竭,青气次之,然后可铸也。"这种利用熔炼金属时炉火呈现不同颜色(光谱)的方法来判别温度高低,是符合科学道理的。当"炉火纯青"时炉中的温度已达 1 200 ℃左右,是青铜器浇铸的最佳温度。

东汉时期的王充已经认识到物态变化中的凝结、溶解和蒸发不仅与温度有关,而且还与热量的积累有关。他在其著《论衡》中说:"寒不累时则霜不降,温不兼日则冰不释。""阳温阴寒,历月乃至。……故夫河冰结合,非一日之寒。"王充最先对露的成因作出正确解释:"云雾,雨之徵也,夏则为露,冬则为霜,温则为雨,寒则为雪,雨露冻凝者,皆由地发,不从天降也。"西方直到 19 世纪末才知道露水是由地面的水蒸气凝结而成。②

墨家在《墨经》中最早对影的生成、镜面和小孔成像等现象进行了记载与分析,目前公认的有八条,其中有四条论影的,三条论平面镜、凹面镜和凸面镜成像的,一条论小孔成像的。"景倒,在午有端,与景长,说在端。"其解释是:"景,光之人煦若射。下者之人也高,高者之人也下。足蔽下光,故成景于上;首蔽上光,故成景于下。在远近有端与光,故景库内也。"(见图3-8)

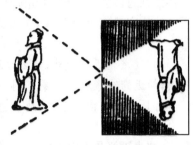

图 3 - 8　小孔成像

自《墨经》之后,关于各种面镜及其成像规律的记载比比皆是,其中具有代表性的成就如组合平面镜、冰透镜、复合透镜和西汉时期制作的透光镜等。在《淮南万毕术》中记有"高悬大镜,坐见四邻"。高诱作注说:"取大镜高悬,置水盆于其下,则见四邻矣。"这是由铜镜和水镜组成的开管式潜望镜,是近代潜望镜的始祖,也是最早的平面镜组合。《淮南万毕术》中还记载了冰透镜的制作和使用方法:"削冰令圆,举以向日,以艾承其影,则火生。"西方直到 17 世纪,才由英国的物理学家胡克造出冰透镜。

我国西汉时期制作的"透光镜"是用青铜合金制成的平面镜,它的外形与作用和其他古铜镜无异。但当太阳光照射时,被它反射到屏(或墙)上的像中会呈现出该镜背面的文饰,就好像太阳光线"透过"铜镜,把镜子背面的图案、铭文反射到屏(或墙)上似的,故而被称之为"透光

①　申先甲,张锡鑫,祁有龙编著.物理学史简编[M].济南:山东教育出版社,1985:347.
②　[美]弗·卡约里著.戴念祖译.物理学史[M].桂林:广西师范大学出版社,2002:159.

镜"。上海博物馆藏有一枚直径为 7.4 cm,重 50 g,背后的铭文为"见日之光天下大明"(见图 3-9)。"透光镜"在日本和西方被称之为"魔镜",近代科学家们花费了 100 多年的时间来探讨它的"透光"原理和制作方法。1877 年,英国的《自然》(Nature)周刊开展了关于透光镜"透光"机理的讨论。讨论中多数人认为,镜面凹凸现象是从镜背压铸而成的。事实上,无论在中国还是在日本,所有的透光镜都不是模压制成,而是用浇铸的方法制成的。1932 年,诺贝尔物理学奖获得者 W·H·布拉格(W. H. Bragg,1862~1942)以"论中国的'魔镜'"为题写了一篇有关透光镜及其"透光"机理的总结性文章,从而结束了在西方长达百年的争论。

图 3-9　西汉透光镜

　　元代的赵友钦(1260? ~1330)在《革象新书》中记载的小孔成像——"小罅光景"实验与分析最为著名。"罅"即小孔、小窍或细缝,赵友钦利用小孔成像原理,不仅证明了光的直线传播特性,而且还定性分析了光源与小孔之间的距离,小孔的大小与影的明暗、大小之间的关系。他从实验现象中得出了正确的结论:

　　　　"景之远近在窍外,烛之远近在窍内。凡景近窍者狭,景远窍者广;烛远窍者亦狭,烛近窍者景亦广。景广则淡,景狭则浓。烛虽近而光衰者景亦淡;烛虽远而光盛者景亦浓。由是察之,烛也、光也、窍也、景也,四者消长胜负,皆所当论者也。"

赵友钦的"小罅光景"实验比西方类似的实验要早数百年。

　　我国早在春秋时期就对一些大气光学现象进行了探讨。如太阳究竟在早上距地面近还是在中午距地面近的论题。据《列子·汤问》记载:

　　　　孔子东游,见两小儿辩斗,问其故,一儿曰:"我以为日始出时去人近而日中时远也。"一儿曰:"我以日初出远,而日中时近也。"一儿曰:"日初出大于车盖,及日中则与盘盂。此不为远者小而近者大乎?"一儿曰:"日初出苍苍凉凉,及日中如探汤。此不为近者热而远者凉乎?"孔子不能决也。两小儿笑曰:"孰为汝多知乎?"

"小儿辩日"是一个非常复杂的光学问题,它涉及光的折射、吸收、视幻觉与视差等方面的知识。公元 400 年前后,后秦的天文学家姜岌提出"地有游气"之说,即大气及其中的尘埃微粒对光线传播产生的影响,并以此解释了为什么太阳早初升和西落时都像巨大的红球,而中午则显得小而色白现象。对"小儿辩日"现象作出科学解释的是英国物理学家瑞利(Lord John William Rayleigh,1842~1919),他在 1871 年提出了有关气体散射的瑞利散射公式:即散射光的强度与波长的四次方成反比。这不仅解释了太阳早晚色红正午色白现象,而且还解释了天空为什么会是蓝的。我国在 2 000 多年前提出的"辩日"命题直到近代科学才得以解释,这在科学发展史中并不多见。

中国是世界上最早采用"滤光"的方法来检验尸伤痕迹的。北宋初期的皇甫牧在其著作《玉匣记》中记载道:

> "太常博士李处厚知庐州梁县,尝有殴人死者,处厚往验伤,以糟或灰汤之类薄之,都无伤迹。有一老父求见,乃邑之老书吏也。曰:'知验伤不见迹,此易辨也。以新赤油伞日中覆之,以水沃其尸,其迹必见。'处厚如其言,伤迹宛然。自此江淮之间官司往往用此法。"

利用红油雨伞"滤光",检验尸体伤痕的记载,自 20 世纪 70 年代被人们发现以来,即被人们称之为"红光验尸"法。南宋时期的宋慈(1186～1249),又把北宋时期的"红光验尸"之法,扩大到用来检验尸体的骨伤。若遇阴雨天,宋慈则采用"煮骨法"来检验。明代的王元吉,提出了用黄油雨伞罩检尸骨的"黄光检骨"之法,解决了阴雨天检验尸骨伤的司法检验难题[①]。

我国用司南作为指南工具,早在战国时期已有记载。王充在《论衡·是应篇》中对司南的形状及使用方法作了如是描述:"司南之杓,投之于地,其抵指南。"这段话的意思非常清楚,把一个磁勺投放在地盘的中央,磁勺在地磁场的作用下,其勺柄指向南方(见图 3-10)。指南针最初称为"丙午针"。1041 年,北宋司天监的杨惟德在其《茔原总录》中写道:"客主的取,宜匡四正以无差,当取丙午针,于其中处,中而隔之,取方直之正也。"这段文字是有关指南针的最早记载。同一时期的曾公亮等人在 1040～1044 年间编写的《武经总要前集》卷十五中记述了指南鱼的制作和使用方法:"若遇天景殕霾,夜色瞑黑,又不能辨方向,则当纵老马前行,令识道路,或出指南车及指南鱼,以辨方向。指南车世法不传。鱼法以薄铁叶剪裁,长二寸阔五分,首尾锐如鱼形,置炭火中烧之,候通赤,以铁钤钤鱼首出火,以尾正对子位,蘸水盆中,没尾数分则止,以密器收之。用时置水碗于无风处,平放鱼在水面令浮,其首常南向午也。"(见图 3-11)指南鱼的制作过程实际上就是将鱼形薄铁叶先在高温中绝热去磁,然后沿着地磁场的方向进行磁化。西方类似的记载直到 1 600 年才出现,比我国迟了 500 多年。

图 3-10　司南(王振铎复原模型)

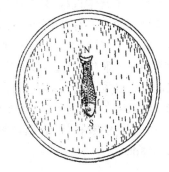

图 3-11　北宋"指南鱼"复原图

① 周靖."黄光检骨"考[J]. 自然辩证法通讯,2007,29(3):69～72.

北宋时期的沈括,在其《梦溪笔谈》中,最早对指南针的制作和使用方法作了详细论述,他说:"方家以磁石磨针锋,则能指南,然常为偏东,不全南也。水浮多摇荡,指爪及碗唇上皆可为之,运转尤速,但坚滑易坠,不若缕悬为最善。其法取新纩中独茧缕(丝),以芥子许蜡,缀于针腰,无风处悬之,则针指南(见图3-12)。其中有磨而指北者。予家指南、北者皆有之。磁石之指南,尤柏之指西,莫可原其理。"沈括的"然常为偏东,不全南也"的记载,比意大利人哥伦布在

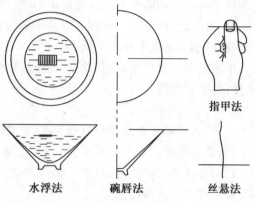

指甲法

水浮法　　　碗唇法　　　丝悬法

图 3-12　指南针的四种安装方法

1492年发现新大陆时发现的磁偏角现象要早400多年。

在杨惟德、曾公亮、沈括等人关于指南针的记载之后不久,指南针便用于航海。公元1119年,朱彧在其著《萍州可谈》中说:"舟师识地理,夜则观星,昼则观日,阴晦观指南针。或以十丈绳钩海底泥嗅之,便知所至。"此书著于宋宣和二年(1119年),它主要记述其父朱服于1099～1102年在广州的见闻,距沈括于1089年左右在《梦溪笔谈》中记述磁针的四种安装方法之后仅10年。北宋末年,徐兢于宣和五年(1123年)作为宋朝使者赴高丽。他在其著《宣和奉使高丽图经》中也对航海指南针作了记述:"舟行过蓬莱山之后,是夜洋中不可住,维视星斗前迈,若晦暝则用指南浮针以揆南北。"我国在发明指南针以后,大概于公元12世纪末到13世纪初通过海上航路传进阿拉伯,并从阿拉伯传到欧洲。

3.1.4　化学

中国古代的化学成就,主要体现在制陶、冶金、炼丹、制盐、酿酒和染色等方面的化学知识与工艺方面的应用。

3.1.4.1　陶器与瓷器

陶器是由黏土制作成型,然后经过800 ℃以上的高温烧结而成,因此,从广义上来说,陶器的烧成是一个化学过程,是人类历史上最早从事的一项化工生产。[①] 据专家考证,中国的陶器制作距今至少已有8 000年以上的历史。仰韶文化时期的彩陶,龙山文化时期的薄壳黑陶、白陶,秦始皇陵彩绘陶兵马俑等,真实记载了我国古代不同时期的制陶成就。瓷器是由瓷土或高岭土制作,经过1 200 ℃左右的高温烧成,它是我国古代的一项重大发明。瓷器与陶器的最大区别是前者的表面有一层经过高温烧成厚薄均匀、胎釉结合牢固的玻璃釉,且具有"青如天、明如镜、薄如纸、声如磬"的明显特征。我国最原始的瓷器——青瓷出现在商代中期,经过西周、春秋战国、先秦两汉的发展,至迟到东汉晚期,其时的瓷器已经达到了近代瓷器的标准。

① 卢嘉锡总主编,赵匡华,周嘉华著.中国科学技术史·化学卷[M].北京:科学出版社,1998:23.

3.1.4.2　冶金

　　我国早在夏代,就已经掌握了红铜的冷锻和铸造技术,夏末商初时期已能进行青铜冶炼和铸造,商代中期就进入了高度发展的青铜文化时期,商代遗址中出土的大量青铜器就是最好的证明。商代的青铜器主要是礼器、兵器、日用器皿和部分生产工具(包括手工工具和农具)。浑厚、庄重、质朴的司母戊大方鼎,是世界上现存的最大青铜器(见图 3-13),它重875 kg,高 133 cm,长118 cm,宽 75 cm,其后发现的司母辛大方鼎(安阳妇好墓出土)重 805 kg,是仅次于前者的大方鼎。此外,还有四羊尊等青铜器精品。

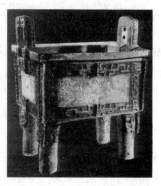

图 3-13　司母戊大方鼎

　　春秋战国时期,我国古代的青铜冶炼技术达到了高峰。冶金工人已经掌握了冶炼青铜的关键技术——铜锡等金属的比例配方和冶炼温度的判定方法。春秋末期的《考工记》一书对冶炼锡青铜提出了六种不同的配比方式——即"六齐"之术:

　　　　"金有六齐,六分其金而锡居其一,谓之钟鼎之齐;五分其金而锡居一,谓之斧斤之齐;四分其金而锡居一,谓之戈戟之齐;三分其金而锡居一,谓之大刃之齐;五分之金而锡居二,谓之削杀矢之齐;金锡半,谓之鉴燧之齐。"

　　这六种配比有两种分析结果,其一为 16.7%,20%,25%,33.3%,40%,50%或者为 14.3%,16.7%,20%,25%,28.6%,33.3%。前一种结果与实际情况较相符合。因为含锡量为 17%左右的青铜呈橘黄色,很美观,声音也很好,这正是铸造钟鼎之类所需要的双重效果。《考工记》中的记述大体上正确地反映了我国古代青铜器合金的配比规律,是世界上最早的青铜合金配比的经验性科学总结。

　　春秋战国时期的青铜器,以其器薄形巧、纹饰纤细清晰而著称。1965 年,在湖北江陵县楚墓中出土的春秋时期越王勾践的两把宝剑,其剑身正面近格处刻有两行鸟篆铭文"越王勾践,自作用剑"八个大字(见图3-14)。该剑出土时置于黑色漆木剑鞘中,至今仍毫无锈蚀,寒光逼人,锋利如常,可将二十多层纸一划而破。

图 3-14　越王勾践剑　　　　　　　　图 3-15　吴王夫差矛

在湖北江陵县还出土了一件有"吴王夫差自(乍)用"错金铭文的吴王夫差矛(见图 3-15)。在河南省洛阳市出土了一件有"越王者旨于赐"错金鸟篆铭文的越王矛。这两件矛堪称春秋末战国初的精品。随着冶铁技术的日益发展和完善,西汉以后,我国社会已经进入了铁器时代。

我国古代用铁的历史可以追溯到商代。1972 年,在河北藁(槁)城县出土了一件商代的铁刃铜钺(见图 3-16)。据

图 3-16 商代的铁刃铜钺

《左传·昭公二十九年》记载,周敬王七年(前 513),晋国铸了一个铁质刑鼎,把范宣子所作的刑书铸在上面,铸刑鼎的铁,是作为军赋向民间征收来的。这件事说明至迟在春秋末期,我国的工匠们就已经掌握了生铁冶炼技术,已出土的一些铁制品实物给予了充分证明。欧洲直到公元 14 世纪才使用铸铁,其间经历了漫长的探索过程。

我国古代的炼钢技术最初是以块炼铁为原料,通过渗碳、反复折叠锻打而发展起来的。随着生铁冶炼技术的日臻成熟,炼钢技术亦随之得到改进,百炼钢、炒钢、铸铁脱碳钢、灌钢等新技术的发明,使我国古代的炼钢技术走在了同时代的世界前列。

在我国古代的冶炼技术成就中,还有一些其他金属的冶炼技术,如白铜、黄铜、金属锌等金属的冶炼。"白铜"一词的出现最早见于东晋,其时的常璩(渠)在《华阳国志》中说:"螳螂县,因山名也。出银、铅、白铜、杂药。"据考证,此处的"白铜"应是镍白铜,古"螳螂县"位于现在的云南西北会泽、巧家和东川一带。我国生产和使用镍白铜这件事,国内外均有人研究过。有人认为早在秦汉时期,我国的白铜就运到了大夏国,大夏国则用这些白铜铸成了钱币。

18 世纪,西方许多人都极力仿制中国的白铜。直到 1823 年,英国人汤姆逊(E. Thomason)才仿制成功,次年德国人也仿制成功。关于砷白铜的冶炼,唐代的金陵子在《龙虎还丹诀》中做了极为翔实的记载,有人还就该文中的制作方法进行了验证,得到的砷白铜:"色泽银白,灿烂闪亮,再没有铜色。"[①]我国现存年代最早的白铜实物是南宋淳熙十四年(1187 年)的产物(见图 3-17)。我国至迟在

图 3-17 南宋时期(1187 年)制作的白铜实物

明代中期成功地冶炼出了金属锌,其时的宋应星(1587～1666?)在《天工开物·五金篇》中对此做了详细描述。

3.1.4.3 炼丹与火药

炼丹术是我国古代炼制丹药的一种技术,其目的就是试图以自然界的一些矿物为原料,通过人工的方法(即化学加工)加温升华,制成既可使人服之长生不老,又可点化汞、铜、铅等金属为黄金、白银的"丹药"。这种"丹药"显然不可能使人们长生不死点石成金,但炼丹术却开拓了人们的视野,观察到并发现了许多化学变化,获得了一些自然界不存在的化合物和治疗各种疾病的丹药,最初的火药就源自于道家的炼丹之术。

炼丹术是我国古代化学的一个重要组成部分,先秦时期已初现端倪,西汉时期逐步兴

---

① 卢嘉锡总主编,赵匡华,周嘉华著. 中国科学技术史·化学卷[M]. 北京:科学出版社,1998:207.

起,东汉时期得到了进一步的发展。虽然其时没有把"真金"、"仙丹"炼出来,但却制成了许多貌似黄金和白银的假金,发现了铅、汞、硫、砷等物之间的化学反应,创制了各种炼丹器具和提炼药品的方法,并有了专门的炼丹著作。东汉中期的炼丹家弧刚子首创了干馏胆矾制取硫酸的工艺——"炼石胆取精华法"[①]。东汉后期的炼丹家魏伯阳著有《周易参同契》,这是现存最早的炼丹术著作。魏伯阳把物质分为阴、阳两大类,提出要产生新物质必须要阴、阳相互配合才行,同类物质在一起是不会化合的。他还指出"若药物非种、名类不同,分剂参差、失其纪纲"时,虽有"黄帝临炉,太乙降坐,八公捣炼,淮南执火",但仍然免不了会"飞龟舞蛇,愈见乖张"而失败。魏伯阳在该书中记载了铅、汞、硫等物的化合、分解现象,如"河上姹女,灵而最神,得火则飞,不见埃尘,鬼隐龙匿,莫知所存,将欲制之,黄芽为根"。此处的"河上姹女"即水银,水银加热就会蒸发不见了。要想固定水银,就要加入黄芽(即铅黄华[②]),这时加热后就会生成红色的氧化汞。

晋代著名的炼丹家葛洪(284~364),继承了两汉时期的炼丹理论和实践,经过几十年的潜心研究,积累了丰富的炼丹经验,并把他的研究成果编入《抱朴子》一书中。葛洪在炼制水银的过程中,发现了化学反应的可逆性,他指出:"丹砂烧之成水银,积变又还成丹砂。"即用天然丹砂(硫化汞)为原料,通过加热分解出水银,水银再和硫磺化合成黑色硫化汞,黑色硫化汞经加热,又能变回到丹砂(红色硫化汞)。他还指出:"铅性白也,而赤之以为丹;丹性赤也,而白之以为铅。"即用四氧化三铅可以炼得铅,铅也能炼成四氧化三铅。葛洪还对铁、铜等置换反应作了明确记载:"以曾青涂铁,铁赤色如铜,以鸡子白化银,银黄如金。而皆外变内不化也。"

唐玄宗开元年间(713~741)纂修的《道藏》,集我国唐代以前的炼丹术著作之大成,其中的许多作品有了更实际的内容。这一时期,我国的炼金术亦已传至阿拉伯国家,促进了阿拉伯炼金术的发展。随后我国的炼金术经阿拉伯地区又传到了欧洲,并成了欧洲近代化学产生和发展的基础。

盐、硝、矾是中国古代炼丹和制药的重要原料,也是中国古代无机盐化学研究的主要对象。炼丹家、医学家对这三类物质的采集、鉴定、提纯和合成,使中国古代无机盐化学工艺得到了充分体现。中国古代的盐种类繁多,主要有石盐(又叫岩盐)、池盐、海盐和井盐。其生产方式也不尽相同,石盐是自然界中天然形成的食盐晶体,可以直接采集应用;池盐为内陆湖盐,由盐湖表面卤水晒制而成;海盐为海水中盐,通常是把海水浓缩成卤水,然后再用火锅煎制或日晒而成;井盐,凿井取地下卤水,煎炼而成。中国古代的"硝"又称之为"消"或"硝石"。道家和医学家对这些表观、外形相类似的硝类物质取了各种名字,如朴硝、硝石、芒硝、马牙硝、英硝、盐硝等,实际上它们的主要化学成分是硝酸钾和硫酸钠。中国古代不仅很早就知道如何去收集、提炼硝石,而且还对其化学性能有了更进一步的了解,并把它们作为药材用于治疗疾病。中国古代利用过的矾品种、名目繁多,按化学特点分类有明矾(白矾)、绿矾、黄矾和胆矾(石胆)。我国大约在西汉后期就从白矾石中提炼白矾,明确的记载则见于南朝陶弘景的《本草经集注》,其中有:"矾石色青白,生者名马齿矾。炼成绝白,名曰白矾。"至迟在战国时期,我国就已能制造绿矾,并用于染黑。黄矾大多是由绿矾经空气氧化而成。胆矾的使用在东汉时期已有记载,至迟在唐代我国就有了提炼胆矾的具体方法。宋代又出现

————————

①　卢嘉锡总主编,赵匡华,周嘉华著.中国科学技术史·化学卷[M].北京:科学出版社,1998:244,370.

②　同上,207.

了"硝石炼胆法"，对胆矾的提炼有了明确记载。由于古代的道家和医学家使用了盐、硝、矾这三种物料，加热后能产生硫酸、硝酸和盐酸，这就使得很多化合反应能得以顺利进行。

唐代我国古代炼丹术进入全盛时期，其中最为突出的成就就是火药最初配方的发明。唐代乾元、宝应年间问世的《诸家神品丹法》、《丹房镜源》中已有"丹经内伏硫磺法"和"碳伏火硝石法"的记载。《诸家神品丹法》说：

> "硫磺、硝石各二两，令（合）研。右用销银锅或砂罐子入上件药内。掘一地坑，放锅子入内与地平，四面却以土填实。将皂角子不蛀者三个，烧令存性，以钤（钳）逐个入之。候出尽焰，即就口上着生熟碳三斤，簇煅之。候碳消三分之一，即去余火不用，冷取之，即伏火矣。"

唐代中期的著作《铅汞甲庚至宝集成》卷二中亦有类似的记载，808 年，有个叫清虚子的道家在《伏火矾法》中写道：

> "硫二两，硝二两，马兜铃三钱半，拌匀。掘坑，入药于罐内，与地平。将熟火一块弹子大下放里面。烟渐起，以湿纸四五重盖，用方砖两片，捺（按）以土，冢之。候冷取出，其硫磺[伏]住。"

野生植物马兜铃的作用与皂角子相同，起到了木炭的作用。由此可知，组成火药的主要成分硫磺、硝石、木炭已一一具备，它的成功发明应归功于道家的炼丹术和医家对药物物性的研究。

大约在 9 世纪成书的另一本炼丹书《真元妙道要略》中则记载道："有以硫磺、雄黄合硝石并蜜烧之，烧手面及烬屋舍者。"即告诫人们，如果拿硫磺、硝石、雄黄和蜜合起来一块烧，会发生大的焰火，能把人的脸和手烧伤，还能直冲屋上，把房子也烧了。这是关于火药具有猛烈燃烧性能的最早记载。人们之所以把硫磺、硝石和木炭这三者混合而成的物质称之为"火药"，除了因为它的主要原料硫磺、硝石和木炭都是药材外，另一个原因就应该是它所特有的能迅速燃烧的特性。

北宋开宝三年（970 年），"兵部冯继升等进火箭法，命试验，且赐衣物束帛。"公元 1000 年，神卫水军队长唐福，把他研制的火箭、火球、火蒺藜献给了北宋朝廷。公元 1002 年，冀州团练使石普也制成了火箭、火球，宋真宗把他召来，并且还让他作了表演。至此，初级火器在中国亦已诞生并用于战争。公元 1023 年，北宋朝廷在开封专门设置了制作火药和初级火器的作坊，"火药"一词亦随之问世。

1040 年，北宋天章阁侍制曾公亮、参知政事丁度奉宋仁宗之命，编撰了我国官修的第一部军事百科性著作《武经总要》，他们共用了四年时间，即在 1044 年，该书才编撰成册并正式刊行。全书共 40 卷，在第 11、12 卷中，首次正式记载了配制火球、蒺藜火球和毒药烟球三种火药配方。

（1）火球火药方

> 晋州硫磺十四两、麻茹一两、砒霜一两、焰硝二斤半、干漆一两、淀粉一两、窝黄七两、竹茹一两、黄丹一两、黄蜡一两、清油一分、桐油半两、松脂十四两、浓油一分。

此方中的一斤等于 16 两(以下均与此相同)。当上述原料齐全后,工匠们便按规定一面将黄蜡、松脂、清油、桐油放在一起煎熬成膏,一面将其他各种配料分别捣碎碾细,筛选合用的粉末,放入膏中旋转和匀,成为膏状火药,然后用纸在火药外面包裹五层,用麻缚固,最后再熔化松脂,敷在外壳上。这样一份火药就配制成功了。

(2) 蒺藜火球火药方

　　硫磺一斤四两、粗炭末五两、沥青二两半、焰硝二斤半、干漆二两半、竹茹一两一分、麻茹一两一分、桐油二两半、小油二两半、蜡二两半。

先将硫磺、粗炭末、沥青、焰硝、干漆捣为粉末;竹茹、麻茹剪碎;然后把桐油、小油和蜡合在一起熔为汁,再把以上诸药加入和匀,即可成为蒺藜火球火药,尔后再配制外敷药。外敷药料有纸十二两半、麻十两、黄丹一两一分、炭末半斤,以沥青二两半、黄蜡二两半,熔汁和之,作为外壳的敷料。

(3) 毒药烟球火药方

　　硫磺十五两、焰硝一斤十四两、巴豆五两、草乌头五两、狼毒五两、桐油二两半、小油二两半、木炭末五两、沥青二两半、砒霜二两、黄蜡一两、竹茹一两一分、麻茹一两一分。

先将硫磺、焰硝、巴豆、草乌头、沥青捣碎;竹茹、麻茹剪碎;然后把桐油、小油与以上诸药和匀,捣合为球,贯之以麻绳一条,长一丈二尺,重半斤,为弦子。外敷药料有纸十二两半、麻皮十两、沥青二两半、黄蜡二两半,黄丹一两一分、炭末半斤,捣合后作为涂料,外敷于球壳上。制成一个毒药烟球,其重约五斤。

《武经总要》中所记载的上述三个火药配方,是迄今为止在世界范围内所发现的最早公布的火药配方,这在军事技术史上具有开创新时代的意义。《武经总要》中还记载了八种火药、火球类火器:火球、引火球、蒺藜火球、霹雳火球、烟球、毒药烟球、铁嘴火鹞、竹火鹞。其中的引火球、蒺藜火球、霹雳火球、铁嘴火鹞、竹火鹞等有图绘(见图 3-18)和说明。

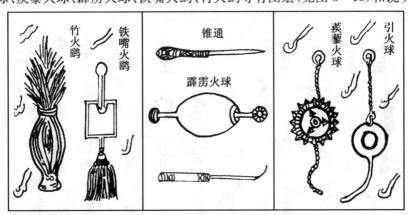

图 3-18　《武经总要》中的火鹞与火球插图

此外,酒是我国的传统饮料,也是中国古代酿造化学的杰出成果。中国古代的酿酒技术不仅源远流长,而且利用酒曲直接把粮食酿制成酒的酿造方法——淀粉发酵法也独树一帜,西方直到 19 世纪 50 年代法国化学家巴斯德揭示了发酵酿酒的原理后,人们才了解并认识到中国的酿酒方法及其科学内涵。因为西方自古以来都是用麦芽糖化谷物,然后再用酵母菌使糖发酵成酒。我国早期饮食的酒主要是用散曲发酵的醪醴之类,即带有酒糟的浊酒和滤去酒糟的清酒,后来逐渐发展到用酒曲为糖化发酵剂而制成的谷物酒——黄酒,而粮食蒸馏酒——白酒源于我国何时,目前尚无定论,比较流行的说法是在元代。我国的酒不仅种类繁多,除了粮食酒以外,还有果酒、露酒、蜜酒、滋补健身酒和治疗疾病的多种药酒,而且还赋予了厚重的文化内涵,形成了独特的中国酒文化。

3.1.5　医学

中国传统医药学是中国古代科学的一个重要组成部分。由于它不仅有系统的理论基础和具体的诊治方法,而且还有为数众多的药物、药方和良好的疗效,形成了具有鲜明中国特色的医药学科体系。因此,中国传统医药学是至今未被近现代科学所融汇,并且仍在应用和发展的学科。

我国对病理、医理的探讨源远流长,春秋时期的人们就已经认识到外界环境和疾病发生之间的关系,提出了"六气"致病之说。春秋末期的名医扁鹊(前 407～前 310)明确提出了望色、闻声、问病、切脉诊断疾病的"四诊法",奠定了中医临床诊断的基础。在疾病治疗方面,扁鹊采用了砭石、针灸、按摩、汤液、熨贴、手术、吹耳、导引等方法,以及一些病症的多种方法兼施的综合疗法。大致战国后期成书的《黄帝内经》,是我国最早流传于世的一部医学专著。全书分《素问》和《灵枢》两部分,共 18 卷 162 篇。书中不仅论述了人体解剖、生理、病理、病因诊断等基础理论,而且还论述了针灸、经络、卫生保健等内容,为中国传统医学理论体系的建立奠定了基础。

1973 年,在长沙马王堆三号西汉墓出土的医书,共有 14 种,可辨认字数约 2.3 万字。据考证,各书抄录的年代约在公元前 4～前 3 世纪,记载的内容也显然早于《黄帝内经》。其中的《五十二病方》是我国已发现的最早的医方专著,其中记载的肛门瘘管切除手术不仅比欧洲的类似手术要早 2 000 多年,而且其手术过程也比西方高明得多;《导引图》则是集气功、武术、体操和按摩为一体的最早的医疗保健图(见图 3-19)。

图 3-19　马王堆汉墓出土《导引图》(临摹)

大约成书于汉代的《神农本草经》是我国现存最早的药物学专著,也是我国先秦至两汉以来早期临床用药经验的系统总结。全书记载药物 365 种,并根据药物的性能和使用目的,分为上、中、下三品,开创中药学按功用分类之始。《神农本草经》中所记载药物的药效绝大部分都是正确的,这说明作者是经过临床实践检验后才收录这些药物的。书中收录的一些特效治疗药方如水银治疗疥疮,麻黄治咳平喘,常山治疟疾,黄连治痢疾等,不但确有实效,而且有些药方还是世界上最早的记载。

东汉末期著名的医学家张仲景(150~219),被后世誉为"医圣"。他在几十年的临床实践中,广泛收集医方,写出了传世巨著《伤寒杂病论》。这部著作的问世,是我国临床医学和方剂学日趋成熟的显著标志。他提出的"辩证施治"思想,成为中医临床的基本原则,一直被后世所遵循。

东晋时期著名的道教学者、炼丹家、医药学家葛洪(284~364),著有《抱卜子》、《肘后备急方》(见图 3-20)等著作流传于世。前者与道家的养生、炼丹术有关;后者既是中医治疗、药物方剂方面的专著,也是中国古代的第一部临床急救手册。他在《肘后备急方》一书中,最早对天花、恙虫病、脚气病以及恙螨等病症作了描述①。

图 3-20 《肘后备急方》封面

《肘后备急方》卷三——治寒热诸疟方中的治疟病方:"青蒿一握,以水二升渍,绞取汁,尽服之。"给了我国著名药学家屠呦呦极大的启发②,她以青蒿为研究对象,最终创制出新型抗疟药:青蒿素和双氢青蒿素。由于她发现了青蒿素,这种药品可以有效降低疟疾患者的死亡率。因此,她与其他两位科学家一道,分享了 2015 年诺贝尔生理学或医学奖。屠呦呦是第一位获得诺贝尔科学奖项的中国本土科学家、第一位获得诺贝尔生理医学奖的华人女科学家。这是中国医学界迄今为止获得的最高奖项,也是中医药成果获得的最高奖项。③

与张仲景几乎同时代的著名医学家华佗(约 145~208),尤其擅长外科手术,他发明的"麻沸散",对病人实施全身麻醉,成功进行一系列腹腔手术,开创了利用麻醉药物进行外科手术的世界先例。他在医疗体育方面也有着重要贡献,创编了著名的五禽戏,即模仿虎、鹿、熊、猿、鸟五种动物的形态、动作和神态,来舒展筋骨,畅通经脉。常做五禽戏可以使手足灵活,血脉通畅,还能防病祛病。他的学生吴普桑用这种方法强身,活到了 90 岁还是耳聪目明,齿发坚固。

公元 610 年,隋代的巢元方等人奉敕编修的《诸病源候论》问世。该书总结了隋代以前的医学成就,对临床各科病证进行了搜求、征集、编纂,并予系统地分类。全书 50 卷,分为 67 门,记述证候 1 739 条。这部著作不涉及治疗,专对疾病性状进行分类描述,比西方的同类著作要早 1 000 多年。

南宋的四任提刑官宋慈(1186~1249),根据前人的司法检验常识,以及自己毕生的法检经验,著有《洗冤集录》一书,并于 1247 年刊行。这部著作是我国宋代以前法医检验的经验总结,也是世界上现存最早的法医学专著,先后被译为朝、日、英、俄、法、德等各种文本,广泛

---

① 百度百科. https://baike.baidu.com/item/葛洪/28958.

② 新华网. 屠呦呦诺奖报告演讲全文. 中央政府门户网站 www.gov.cn 2015-12-18.

③ 百度百科. https://baike.baidu.com/item/屠呦呦/5567206? fr=aladdin.

流传于海外。《洗冤集录》全书分为 5 卷 53 目,约 7 万字。书中记述了人体解剖、尸体检验、现场检查、死伤原因鉴定、自杀或谋杀、各种中毒症状和急救、解毒措施等,其内容不仅涉及内科、外科、妇科、儿科等多种医学学科,而且还涉及到物理、化学、生物等方面的知识。如利用红油雨伞检验尸体、尸骨伤痕,采用的就是光学中的"滤光"方法,与现代法医利用紫外线照射检验骨伤的原理是相近的。书中所记载的如洗尸、人工呼吸法、夹板固定伤断部位,以及银针验毒、明矾蛋白解砒毒等都是合乎科学道理的。明代天启、崇祯年间(1625 年前后)的大田县令王元吉,最先在阴雨天用黄油雨伞罩检尸骨伤痕,替代了从宋代流传下来的"煮骨"验伤之法。同时还解决了"年久尸骨"或"蒸检"多次的尸骨验伤难题——"……将尸骨置之日中,将黄油雨伞罩定,则骨上伤痕朗然灿立,虽数步之外皆能见之,不特逼视而后见之也。"①

明代著名医学家李时珍(1518～1593),参考历代有关医药书籍数百余种,结合自身的行医经验,历时 27 年,编写成《本草纲目》一书,是我国 16 世纪前药物学的总结性著作。全书共 52 卷,分为 16 部,62 类,约 190 万字。所收药物 1 892 种,药方 11 096 则,并附药物形态图 1 160 幅。《本草纲目》对中国和世界都产生过极其重要的影响。

针灸疗法是我国古代流传至今的一种独特的医疗方法。它以中医的经络理论为基础,用针刺、火灸,直接作用于身体表面的"穴位",通过经络传导、刺激人体的相关部位,达到治病的目的。由于针灸疗法适用范围广、疗效迅速显著,且经济方便、安全可靠,故而数千年来深受世人的青睐,成为中国传统医学的一个重要组成部分。

针灸疗法虽源自远古,但真正走向成熟则始于与经络学说的结合。长沙马王堆西汉墓出土的医书中,有《足臂十一脉灸经》和《阴阳十一脉灸经》两书,书中记载了 11 条经脉循行路线上的各种疼痛、痉挛、麻木、肿胀等身体局部病症和灸法。《黄帝内经》中经脉已发展到 12 条,并载有 100 多个常用穴位的名称。《黄帝内经》中所记载的一百多种病症,其中绝大多数疾病都应用了针灸疗法,初步形成了以理、法、方、穴、术为一体的独特的针灸学理论体系。

西晋时,皇甫谧(215～282)写出了我国现存最早的针灸专著——《针灸甲乙经》,也是最早将以经脉学说为主体的针灸学理论与腧穴学紧密结合在一起的专著②。全书共 10 卷,128 篇。书中详细论述了脏腑、经络、腧穴、病机、诊断、治疗等,校正了当时已知的 654 个腧穴,以及各个穴位的适应症和禁忌等。《针灸甲乙经》使我国的针灸疗法开创了历史的新纪元。针灸疗法早在汉唐时就外传到朝鲜、日本等国,宋元后又相继传到阿拉伯和欧洲。20 世纪 70 年代,针刺麻醉的问世,更引起了世界医学界的关注。图 3-21 为西汉中山靖王刘胜墓出土的针灸金针。

天花,是由天花病毒引起的一种烈性传染病,其病毒不仅繁殖快,而且能以惊人的速度在空气中传播。当患者感染了天花病毒以后,身体的许多部位会出现红色斑疹,此后红色斑疹逐渐转变为丘疹、疱疹、脓疱疹。脓疱疹干缩结痂脱落后会遗留下疤痕,"天花"一词的来源即与此

图 3-21　西汉中山靖王
刘胜墓出土的针灸金针

① 周靖."黄光检骨"考[J]. 自然辩证法通讯,2007,29(3):69～72.
② 卢嘉锡总主编,廖育群,傅芳,郑金生著. 中国科学技术史·医学卷[M]. 北京:科学出版社,1998:192.

有关。由于天花病患者常伴有败血症、骨髓炎、脑炎、肺炎等并发症,所以患者的死亡率非常高,是古代的一种无药可治之病,只能靠病人自身的体质和抵抗能力去与天花病毒抗争。天花大约在汉代由战俘传入我国,此病一直为历代医家所关注。

16 世纪中叶,中国人首先应用人痘接种来预防天花。据清代医家俞茂鲲在《痘科金镜赋集解》中记载:"种痘法起于明隆庆年间(1567～1572),宁国府太平县,姓氏失考,得之异人丹徒之家,由此蔓延天下,至今种花者,宁国人居多。"明末清初的医家俞昌(1585～1664)所著《寓意草》(1643 年刊行)中,明确记有两例在北京种痘的案例。

我国发明的人痘接种预防天花的方法,很快被传到世界各地。清康熙二十七年(1688年),俄国首先派医生到北京学习种痘方法,不久种痘法又从俄国传到了土耳其。1717 年,英国驻土耳其大使夫人蒙塔古学得种痘法,此法随即传入英国及欧洲各地和印度。1796年,英国的医生琴纳(1749～1823)发明了比人痘接种法更安全的牛痘接种法。在牛痘接种法发明之后不久的 1805 年,牛痘接种法传入我国,并逐渐取代了人痘接种法。在防治天花疾病的过程中,我国的医药家们为世界医学作出了巨大贡献。

3.1.6　农学

中国是世界农业发祥地之一。传说中的神农氏炎帝已经开始种植麻、黍、稷、麦、菽等农作物,他还发明了最早的耕播工具——木耒和木耜。《易经·系辞》中说神农氏"斫木为耜,揉木为耒,耒耜之利,以教天下"。黄帝的妻子嫘祖,是养蚕、缫丝的创始者。商代的甲骨卜辞中已有不少与农作物有关的文字,出现了与牛耕有关的象形文字"犁"。自西周以来,与农学知识有关的著述和专著日渐增多。成书于周代的《尚书·尧典》已记载了一年四季中的一些物候现象。成书于春秋时期的《夏小正》,是我国现存最早的科学文献之一,也是我国现存最早的一部农事历书。书中对月历、天象与物候之间的一些现象作了记述。据不完全统计,我国古代的农书有 376 种,其中影响较大的就有数十种。

公元前 3 世纪成书的《吕氏春秋》是我国先秦时期的一部百科全书,其中就有我国现存最早的四篇农学论文:《上农》、《任地》、《辨土》和《审时》。《上农》篇是我国最早的农业政策论文,《任地》、《辨土》、《审时》三篇则是我国土壤耕作和作物栽培经验的总结。如《任地》中说"五耕五耨"可使"大草不生,又无螟蜮";《审时》中说:"夫稼,为之者人也,生之者地也,养之者天也。"则强调了农业生产过程中人的劳动与土壤、气候之间的辩证关系。这三篇文章基本奠定了我国北方农业精耕细作的理论基础。据《汉书·艺文志》记载,有农家九家,是中国历史文献上著录农书的开始。

西汉末期的农学家氾胜之著有《氾胜之书》一书。原书分 2 卷,18 篇,已佚失。现存3 000 多字是靠后来的几部农书的引述才得以流传。该书对我国北方的水稻、蚕桑、小麦、瓜果等作物的栽培技术进行了深入研究,总结推广了种麦法、种瓠法、穗选法、种瓜法、调节稻田水温法、保墒法、桑苗截干法等农业技术,其中以"区种法"和"溲种法"最为著名,这两种方法至今仍在使用。此外,书中还有关于嫁接法、轮作、间作、混作等方面的记载。《氾胜之书》对我国的农业生产起到了积极的推动作用。

北魏(386～534)时期的著名农学家贾思勰著有《齐民要术》一书,全书共 10 卷,92 篇,11 万余字。《齐民要术》引述文献 160 多种,内容涉及到农林牧渔副等各个方面,是世界现存最早最完整的农学著作,是我国古代农学的百科全书。该书系统地总结了 6 世纪以前黄河中下游地区农作物的耕作栽培与育种技术、果树林木的育苗嫁接技术、家畜饲养和农产品的加工与贮藏、野生植物的利用等。它的最大贡献在于对北方抗旱保墒耕作栽培技术进行了全面的总结,这标志着以耕、耙、耱为核心的北方旱地精耕细作技术体系的形成。这部著作对我国的农业发展产生过重大影响。

宋代农学家陈敷(1076~?)于1149年著有《陈敷农书》一部。全书分上、中、下三卷,1.2万余字。上卷14篇,总论了土壤耕作和作物栽培,是全书的主体;中卷三篇,讲牛,论其饲养管理;下卷五篇,讲蚕桑,论述种桑养蚕的有关技术。该书系统论述了土地的利用、土壤的改良和土质的保持,在肥源、保肥和施肥方法方面有创新和发展。《陈敷农书》是我国第一部关于南方稻区农业技术的农书,在我国农学史上有重要地位。

元代农学家王祯于1313年著有《王祯农书》一部。全书分《农桑通诀》、《百谷谱》和《农器图谱》三大部分与附后《杂录》,共37集,371目,约13万余字。从整体性和系统性来看,《王祯农书》显然要高于《齐民要术》。《王祯农书》明确表明的广义农业主要是粮食作物、蚕桑、畜牧、园艺、林业和渔业,而没有《齐民要术》中的酿造、腌藏、果品加工、烹饪、饼饵、饮浆、制糖等农副产品加工内容。《农桑通诀》主要论述了农田开垦、土壤、耕种、施肥、水利灌溉、田间管理和收获等农业操作的共同基本原则和措施。《百谷谱》先将农作物分成若干属(类),然后列举各属(类)的具体作物,与《齐民要术》相比,已初具农作物分类学雏形。《农器图谱》绘有306幅农器图,每种农具都附有说明,介绍其历史形制、基本构造和使用方法等。在此之后的农书和其他一些书籍中与农事有关的插图,基本上都渊源于《农器图谱》。如《三才图绘》、《农政全书》、《古今图书集成》、《天工开物》等。

明末著名科学家、农学家和政治家的徐光启(1562~1633),一生著有数部农学方面的著作,其中以《农政全书》最为著名。《农政全书》共60卷,分农本、田制、农事、水利、农器、树艺、蚕桑、蚕桑广类、种植、牧养、制造、荒政12目,每目又各分若干子目。内容虽然大量摘录前代农书和有关文献,但经作者精心剪裁,取其要旨,并用夹注、旁注或评语等形式加入了许多作者自己的精辟见解和经验体会,使该书成为一个完整的农学体系。书中以大量篇幅阐述开垦西北荒地、兴修水利、救济灾荒的各种规划、建议和技术,为历代农书所少见。另外,该书还首次介绍了由传教士带来的西方水利技术,是我国水利技术史上的重要文献。

除了直接与农、林、牧、渔、副有关的农学著作外,我国古代对茶叶的生产、养蚕等亦有专著。中国是茶叶的原产地,是世界上最早饮用茶叶的国家。唐代陆羽(733~804)著有《茶经》一部,是世界上现存最早的茶学专著。全书分上、中、下三卷,具体又分为十节,即一之源、二之具、三之造、四之器、五之煮、六之饮、七之事、八之出、九之略、十之图,约7000字。该书总结了有关茶事活动的历史,对茶树、茶叶、茶具、水、煎茶方法、饮茶功效等方面作了论述。《茶经》的诞生,对中国茶文化发展起到了积极的推动作用,并开拓了茶文化的研究之路,也是唐代茶业发展的需要和时代的产物。

宋朝秦观所著《蚕书》,是中国保存下来最早的蚕桑业专著。书中总结了中国的蚕桑技术成就,其中最有价值的是对缫丝方法和巢车形制的介绍。

3.1.7　地学

中国古代的地学成就,主要体现在地理、地质、水文、气象、交通等方面。

我国早在夏商周时期,就已经萌生了地学的幼芽。传说中的夏禹在治水成功以后,把全国分为冀、兖、青、徐、扬、荆、豫、梁、雍九州。① 据西周康王时期的《宜侯矢簋》记载,其时不仅有了地域图,而且还有了军事地图。②

春秋战国时期,我国已出现全国性、综合性的地学著作,如《山海经》、《禹贡》、《穆天子传》等。《山海经》由《山经》、《海经》、《大荒经》三部分组成,其中以《山经》中记述的自然地理内容为最多,书中记载了5 300余座山名,300余条河流,260余种动物,160余种植物,几十种矿物,是我国现存最早的地理著作。《禹贡》继承了《山海经》的写作体例,但它改变了《山海经》以山海为纲,按方位划分区域分别描述的方法,而是以行政区域的州为纲,逐一对每个州内的山川、湖泊、土壤、物产等自然环境和自然资源进行描述,其可信度远高于《山海经》,具有很高的地学价值。

我国现存最早的地图文物是战国时期的铜版兆域图,这是一幅比例尺约为1∶500的中山王陵寝墓葬的平面规划图,约绘于公元前310年。1986年,在甘肃天水放马滩一号秦墓出土了7幅绘制在松木板上的地图,据考证是放马滩一带的小区域图,是以单曲线表示河流的流向,并按照一定的比例绘制而成的。

湖南长沙马王堆三号汉墓出土了绘在帛上的三幅地图,被分别命名为地形图、驻军图(见图3-22)和城邑图。据考证,这三幅地图的测绘年代是西汉初期,其中的地形图和驻军图是在实测的基础上绘制的,已达到了相当高的水平。

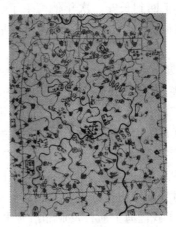

图3-22 长沙马王堆三号汉墓出土的《驻军图》(左)及其复原图(右)

《汉书·地理志》是我国第一部以"地理"命名的著作,也是我国由国家组织编撰的第一部疆域地理志,其编写体例一直延续了近两千年。从《汉书·地理志》开始,历代正史和地方志都有关于地矿资料的记载,如"豫章出石,可燃为薪"。班固(32～92)自注上郡高奴县"有洧水可燃",西河郡鸿门"有天封苑火井祠,火从地中出也"。这说明我国至迟在东汉时期就已经知道使用煤炭、石油和天然气。

魏晋时期的地图学家裴秀(223～271)创立"制图六体",即绘制地图六条原则:分率、准望、道里、高下、方邪(斜)、迂直。这标志着中国传统制图学已经发展到一个新的高度,在中

① 孟子等著.四书五经·尚书·禹贡[M].北京:中华书局,2009:224,225.
② 卢嘉锡总主编,唐锡仁,杨文衡主编.中国科学技术史·地学卷[M].北京:科学出版社,2000:115.

国地图史上具有划时代的意义。

晋代常璩编著的《华阳国志》，不仅其地理学特点非常突出，而且还记载了四川临邛使用火井煮盐、李冰开凿盐井和都江堰水利工程。

北魏的水利学家郦道元编撰的《水经注》，全书分 40 卷，30 余万字，共记载河流达 1 252 条，是我国古代记述河流最多的水文地理学著作之一。该书从河流的发源到最后的归宿，其干流、支流、河谷宽度、河床深度、水量、水位、含沙量等变化情况，以及河流沿途的伏流、瀑布、急流、湖泊等，都作了详细的记述。

唐代地图学家贾耽（730～805），于公元 801 年完成了《海内华夷图》一轴，《古今郡国县道四夷述》40 卷。《海内华夷图》广三丈，纵三丈三尺，是魏晋以来的最大一幅地图。他还用不同颜色的字体来区分古今地名，开创以朱墨两色标注地名的先河，使我国古代制图学达到了新的高峰。

唐代窦叔蒙编撰的《海涛志》（又名《海峤志》），是我国古代最早的一部潮汐学专著。全书分为六章，主要论述了海洋潮汐的成因——与月亮的圆缺有关；揭示了潮汐的运动规律，计算了相当长时间内的潮汐循环次数；最早用图表法推算潮汐时，这比欧洲最早的潮汐表——英国伦敦桥的涨潮表要早 5 个世纪；提出海防变迁思想和潮汐成围理论，代表了中国自然地理方面认识的飞跃。

唐代著名僧人玄奘（602～664）西行印度取经，前后费时 17 年，途经 100 多个国家，于公元 645 年回到长安。次年他写下了《大唐西域记》这部地理著作，并把它献给了唐太宗。全书共 12 卷，10 万余字，是我国最早记述西部疆域以及中亚、南亚次大陆等国的地理专著。

北宋时期著名科学家沈括（1031～1095），在他的《梦溪笔谈》、《补笔谈》、《续笔谈》等著作中，对一些自然地理现象作出了科学的见解。如太行山石壁的螺蚌壳与卵石层则表示"此乃昔之海滨"，而华北平原的形成"皆为浊泥所湮耳"，对于雁荡山诸多峭拔山峰"当是为谷中大水冲激"而成，沈括的这些论述比西方的"水成说"同类解释要早好几百年。

明代著名航海家郑和（1371～1435）在 1405 年至 1433 年之间，率领庞大的船队七下西洋，即现在的东南亚、南亚、西亚沿海地区以及东非沿岸地区的 30 多个国家，进行访问与交流，开创了世界航海史上的先例。郑和及其随行人员写下了六种记录航海见闻的地学图籍，极大地丰富了我国海上航行及亚非沿海国家的地理知识。

明代一大批地学家出外实地旅游考察，留下许多与地学有关的游记，其中最有名的两人是王士性与徐霞客。王士性（1547～1598）著有《五岳游草》、《广游志》、《广志译》等地学著作，其中的《广志译》被誉为"王士性对人文地理学作出杰出贡献的代表作"①。徐霞客（1587～1641）著有《徐霞客游记》一部。该书不仅对所经之处的地形、地貌、山脉、河流、气象、生物、风土人情等情况作了详细记载，而且还对中国西南地区亚热带喀斯特地貌进行了观察与研究，提出了自己的科学见解。

---

① 卢嘉锡总主编，唐锡仁，杨文衡主编. 中国科学技术史·地学卷[M]. 北京：科学出版社，2000：396.

3.2　古代中国的主要技术成就

我国古代劳动人民在长期的生产实践中,在制陶、冶金、建筑、水利、纺织、火药、造纸与印刷等方面,取得了许多辉煌的技术成就,对世界科学技术的发展起到了积极的推动作用。有关制陶、冶金、火药方面的一些成就上节中已有介绍,本节主要介绍建筑、水利、造船、纺织、造纸与印刷等方面的一些成就。

3.2.1　建筑技术

我国古代的建筑技术成就辉煌,许多建筑物至今仍能目睹到它们的雄姿。公元前 221 年,秦始皇统一中国之后,征调 30 万民力,费时 10 年,修筑了东起辽宁丹东,西至甘肃嘉峪关,绵延不断的宏伟建筑——万里长城。万里长城被列为世界八大奇迹之一,即使在太空,宇航员也能俯瞰到它的身姿。

位于河北赵县汶河之上的赵州桥(图 3-23),又名安济桥,是我国隋代工匠李春等人在大业年间(605~618)设计、建造。此桥为一敞肩单孔圆弧形石制拱桥,全长 50.82 m,拱券净跨度 37.37 m,桥面宽 9 m,桥两端宽 9.6 m,拱矢高 7.23 m,远小于半径。赵州桥历经 1 400 多年间风雨、洪水和地震考验,至今完好无损,担当南北交通要道的重负。因此,无论是桥的设计思想、建筑结构,还是桥体石材之间的连接、固定方式,赵州桥都堪称我国桥梁建筑史上的一大创举。

图 3-23　赵州桥

建于北宋时期(1053 年)福建泉州的洛阳桥,又名万安桥,全长 834 m,位于洛阳江入海口处,由当时的泉州知府蔡襄主持建造。由于采用了"伐形桥基"、"尖辟形桥墩"、"种蛎固基法"和利用潮汐架设重达 20 吨~30 吨的石梁与桥面等建桥新工艺,使得在江面平阔、水流湍急的洛阳江上架设石桥成为可能,这些架桥新技术很快就成为建造大石梁桥的经典范例。洛阳桥经历许多次地震、海啸和台风的袭击,至今仍屹立在洛阳江上。

山西应县木塔(图 3-24)建在应县佛宫寺内,真名叫释迦塔,是辽代皇帝耶律宗真下令修建的。塔完工于 1056 年,距今已有 900 多年的历史,是世界上现存最高的木结构建筑。塔的平面成八角形,底层副阶(外廊)前檐柱对边约 25 m,木塔塔身为八角九层,外观是五层(塔内有四个暗层)六檐,从底面到塔顶高 67.13 m。这座木塔不仅经受了近千年的风雨雷电以及严重地震的考验,而且还是我国唯一没有安装避雷装置的建筑物,这无论是在建筑史上还是在材料科学上都是一个奇迹。

布达拉宫位于西藏自治区首府拉萨古城西北海拔 3 700 m 的红山之上,占地 36 万余平方米,建筑总面积 10 万余平方米,其中宫殿、灵塔殿、佛殿、经堂、僧舍、庭院等一应俱全,是当今世界上海拔最高、规模最大的宫殿式木石结构建筑群(图3-25)。

图 3-24　应县木塔　　　　　　　　　　图 3-25　西藏拉萨布达拉宫

　　布达拉宫始建于公元 7 世纪,是由藏王松赞干布主持建造,后曾毁于战乱。清顺治二年(1645),经五世达赖喇嘛重建后,遂成为以后历代达赖喇嘛的冬宫居所,西藏政教合一的中心。从五世达赖喇嘛起,重大的宗教、政治仪式均在此举行,同时又是供奉历世达赖喇嘛灵塔的地方。

　　布达拉宫主楼高十三层,按外墙的颜色分为红宫、白宫两大部分。红宫居中,白宫横贯两翼。红宫,主要是供奉达赖喇嘛的灵塔殿和各类佛殿,共有 5 座存放各世达赖喇嘛法体的灵塔,其中以五世达赖喇嘛灵塔为最大。白宫,是达赖喇嘛坐床、亲政大典等重大宗教和政治活动场所,曾是原西藏地方政府的办事机构所在地。布达拉宫整个建筑群依山垒砌,错落有致,气势雄伟。宫墙红白相间,宫顶金碧辉煌,充分体现了以藏族为主,汉、蒙、满各族能工巧匠高超技艺和藏族建筑艺术的伟大成就。1961 年,布达拉宫被公布为第一批全国重点文物保护单位之一。1994 年,布达拉宫被列入世界文化遗产名录。

　　北京紫禁城——故宫,位于明、清北京城的中心,是明、清两代皇帝处理朝政和日常生活的地方。故宫筹建于明永乐(1404～1424)五年,兴建于永乐十五年至十八年,永乐十九年(1421)明成祖朱棣从南京迁都于此。1644 年,清王朝定都北京后继续沿用的 200 多年间,只是对局部进行过重建和改建,总体布局上没有变动(图 3-26)。

图 3-26　北京紫禁城——故宫

　　紫禁城是一座长方形的城池,南北长 961 m,东西宽 753 m,四周有 10 m 多高的城墙环绕,城墙外有宽 52 m 的护城河,形成一个森严壁垒的城堡。故宫的宫殿布局沿中轴线向东西两侧展开。城之南半部以太和殿、中和殿、保和殿三大殿为中心,两侧辅以文华殿、武英殿两殿,是皇帝举行朝会的地方,称为"前朝"。北半部则以乾清宫、交泰殿、坤宁宫三宫及东西六宫和御花园为中心,其外东侧有奉先、皇极等殿,西侧有养心殿、雨花阁、慈宁宫等,是皇帝和后妃们居住、举行祭祀和宗教活动以及处理日常政务的地方,称为"后寝"。城内建筑面积大约有 16 万平方米,有房近万间。所有宫殿都是砖木结构、青白石底座、黄琉璃瓦屋顶,雕梁画栋,显得气势雄伟、富丽皇堂、庄严和谐,为世所罕见。整体布局谨严,秩序井然,寸砖片瓦皆遵循着封建等级礼制,映现出天人合一、皇权至高无上的权威。故宫建筑是我国古代建筑艺术的精华,也是世界上现存规模最大、保存最为完整的古代皇家宫殿群。1987 年,故宫被联合国教科文组织列为"世界文化遗产名录"。

3.2.2　水利工程

　　春秋战国时期,以灌溉、运输和堤防为主的大规模水利工程建设蓬勃兴起,芍陂、漳水十二渠、都江堰、郑国渠、灵渠、邗沟、鸿沟等都是这一时期建成的水利灌溉工程。这些工程不仅有力地推动了当时的农业生产和交通运输业的发展,而且还恩泽后世造福子孙。

　　都江堰位于四川都江堰市(原灌县)青城山,是秦昭王(前 306～前 251 年在位)时蜀守李冰领导修建。都江堰是无坝引水枢纽,主要由鱼嘴、飞沙堰、宝瓶口三部分组成(图3-27)。渠首鱼嘴把岷江水分为外江和内江,外江是岷江的正流,而内江的水则通过金刚堤导流至宝瓶口进入灌区;飞沙堰则起溢洪、分流作用,保证流经宝瓶口的水流量满足灌区的需要。都江堰建成以后,使成都平原大约 300 万亩良田得到自流灌溉,使其成为"天府之国"。都江堰水利工程是我国古代劳动人民智慧的结晶,至今仍在造福于成都人民。

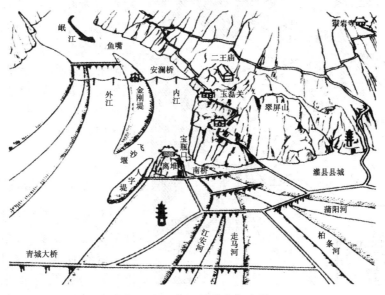

图 3-27　都江堰引水分流图

春秋末年,公元前 486 年,吴王夫差为与中原诸侯争霸,开凿了著名的人工运河——刊沟,船只可以从扬州北上直达淮阴,首次把长江与淮河水系连接起来。魏惠王(前369～前 318 年在位)为争霸中原,从河南荥阳开凿运河——鸿沟,引黄河水向东南与淮河水系沟通。

秦始皇为征服岭南的需要,于公元前 219 年开凿了广西灵渠(图 3 - 28),把长江支流的湘江水系与珠江水系的漓江连接在一起。湘、漓两水相距最近处仅 1.6 km,但水位的落差却高达 6 m。为了实现通航,古代的工匠们充分发挥了他们的聪明才智。他们以湘江为主要水源,尽量抬高湘江水进入运河的进水口高度,以缩小运河与漓江水的高差;采用人工制湾技术,逐段降低渠道的落差;选择运河与天然河

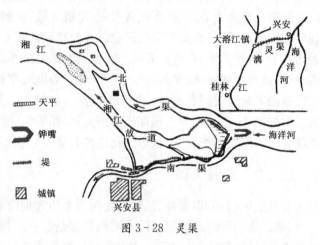

图 3 - 28　灵渠

道的最佳结合位置,尽量减少渠道的工程开挖量。灵渠建成后,打通了内地与两广地区的交流通道,成为南方重要的水上交通枢纽。

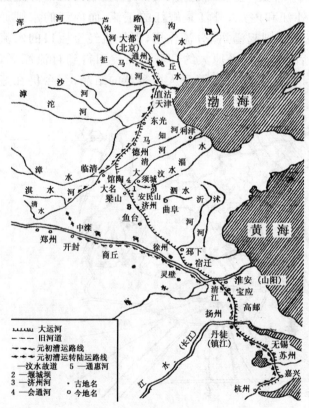

图 3 - 29　元代大运河

隋朝隋炀帝杨广(569～618)当政以后,在公元 605～610 年之间,下令开凿了长达 5 000 多里的大运河。大运河南起杭州,北通涿州(今北京),西至当时的东都洛阳。大运河充分利用原有运河,把海河、黄河、淮河、长江、钱塘江五大水系和沿途的众多湖泊联系在一起,成为我国南北交通的大动脉(图 3 - 29)。元代定都北京后,大运河由江苏直接北上经过山东进入北京,而不是由洛阳经隋代开凿的永济渠到达北京。

3.2.3　造船技术

中国古代在造船技术方面,有许多独创性发明,其中最为著名的有水密隔舱、连体船、分解船、车船以及橹、帆、舵等推进、操纵工具。这些发明不但在我国历史上曾经发挥过巨大作用,而且还对世界航运

作出了重要贡献。

　　水密隔舱就是利用木板把船舱分隔成一个个各自独立的密封舱区,这是我国在船舶结构与安全航行上的一项发明创造与重要措施。水密隔舱最显著的特点是它的独立性和密封性。如果船的某个舱区受损进水,将不会致使邻舱也进水,船舶也不会因此而沉没,货物的损失也仅此一舱而已。水密隔舱结构还增加了船体的横向强度,加大了船体的横向抗压能力,从整体上优化了船舶的结构性能。我国的"水密隔舱法"大约始于汉代,晋代的《义熙起居注》中已有明确的文字记载,大量的实物则见于考古发掘的唐代古船,欧美直到 18 世纪末才开始引进中国的水密隔舱结构。[①]

　　连体船就是把两艘以上的单体船船体相连,这不仅增加了载重量和船体宽度,提高了船只的稳定性,而且造几艘小船要比造一艘有相同载重量的大船要容易得多。我国最早的连体船大约出现在西周,使用最多的则是两船相连的"舫舟"。东晋著名画家顾恺之《洛神赋》中所绘的双体游舫,当为晋代连体船的真实写照。由于造船技术的不断发展与大型船舶的出现,"舫舟"才逐渐退出历史舞台。随着科学技术的发展,双体船的优越性再次被人们重新认识,它又被人们用于客货运输和海洋勘探等方面。

　　车船,又叫车轮船,即用木制的桨轮转动拨水,推动船只前行。车船的发明源于何时、何人,目前尚无法知晓。史籍中对车船的明确记载见于《旧唐书·李皋传》,书中说李皋(733~792)发明了一种战船,"挟二轮蹈之,翔风鼓浪,疾若挂帆席,所造省易而久固。"南宋时期车船得到了普及,并向大型化、系列化发展,出现了 4 车、6 车、8 车、20 车、24 车和 32 车等多种(图 3-30[②])。最大的车船长 114 m,宽 13 m,高 23 m,可以载 1 000 多人。车船是我国古代的一项发明,是现代轮船的始祖。1807 年,美国发明家富尔顿制造的用蒸汽机驱动木制桨轮的轮船试航成功,其桨轮和安装形式与中国古代车船基本相同。

图 3-30　南宋时期(1130 年)制造的有 23 个踏轮的车船

　　橹是我国古代发明的一种独特、高效、使用方便的船舶推进工具。橹在先秦时期就已经出现,到了汉代更有所改进。东汉后期的刘熙在《释名·释船》中就对"橹"字作过专门解释。橹的作用就是把人们推动橹把的转矩转换成船舶持续前进所必需的动力,其推进原理与现

　　① 宋正海,孙关龙主编.图说中国古代科技成就[M].杭州:浙江教育出版社,2000:163.
　　② 卢嘉锡总主编,席龙飞,杨熺,唐锡仁主编.中国科学技术史·交通卷[M].北京:科学出版社,2004:109.

代船用螺旋桨的推进原理完全相同,但在结构和驱动方式上两者之间有较大的差异。图 3-31 为摄于 20 世纪 20 年代的四橹船①。在以蒸汽机和内燃机作为船舶动力源之前的近 2 000 年里,橹一直是我国利用人力推进船只行驶的主要工具之一,这在世界船运史中是绝无仅有的②。欧洲直到 18 世纪才开始引进中国的橹。

图 3-31　四橹船(摄于 20 世纪 20 年代)　　　　　图 3-32　广州出土东汉陶船模型

　　舵是船舶航行过程中控制航向的重要工具,是我国古代航行技术上的一项重大发明。早在东汉之前,我国就有了舵。1995 年,在广州的一座东汉墓葬中出土了一只陶船模型,其船尾正中位置有一支舵(图 3-32)。《释名·释船》中说:"其尾曰柂。柂,拖也。在后见拖曳也,且言弼正船,使顺流不使他戾也。"安装尾舵是中国船的一大特点,利用它可以很方便地控制船的航向,被人们赞誉为"凌波至宝"。大约在公元 10 世纪,阿拉伯人引进使用船尾舵,12 世纪末、13 世纪初,欧洲人则从阿拉伯人那里引进了舵。

　　明代是我国造船业得到空前发展的历史时期。郑和率领庞大的船队七下西洋,这显然与当时的造船、航海技术密不可分的。郑和乘坐的最大宝船长 44 丈 4 尺(约 144.7 m)、宽 18 丈(约 57 m),总排水量达 2 万吨以上,是古代世界最大的木帆船(图 3-33)。郑和的船队与航行历程空前绝后,为世界航运史谱写了光辉的一页。

3.2.4　纺织技术

　　我国古代的纺织技术非常发达,很早就有了用野生的葛、麻制成的织物。早在五千年前就有了丝织品问世,是世界上最早利用蚕丝纺织的国家。

图 3-33　郑和宝船(仿制模型)

　　在我国殷商时期的甲骨卜辞中,不仅有"蚕"、"桑"两字,而且还有不少与蚕桑生产有关的文字,如:丝、帛、衣、裘、巾、幕、旒等。明确记载采桑养蚕的是西周时期的《诗经》,《诗经·豳风》中就歌咏了春天妇女们采桑、养蚕的情景:"……春日载阳,有鸣仓庚,女执懿筐,遵彼微行,爰求柔桑。……蚕月条桑,取彼斧斨,以伐远扬……"《诗经》中与蚕桑、

---

① 朱成梁,王跃年主编. 老照片[M]. 南京:江苏美术出版社,1999:153.

② 周靖. 欸乃一声山水绿——摇橹的力学[J]. 力学与实践,2004(6).

麻、葛、纺织有关的记载有数十处,而且还有不少与染色有关的诗句。

把蚕茧加工成能够纺织的丝线,要经过缫丝、练漂和络丝、并丝和捻丝等后续工序,使之成为可以织成丝织品的丝线。浙江吴兴钱山漾遗址出土的丝线、丝带则充分说明,在 4 700 年前,我国不仅已有完整的蚕丝初加工技术,而且还有了最初的加工工具。秦汉以来,缫丝技术得到了进一步改进与完善,出现了手摇缫车,唐宋时期又出现了脚踏缫车。

我国最早的纺纱工具是纺坠,在距今 7 000 年前的新石器时代就已经使用。纺坠是利用自身的重量和旋转时产生的扭矩做功,可以使被加工纤维因捻转与牵伸而成为粗细均匀的纱线。由已出土的纺织物可知,大约在商代,我国可能已出现手摇纺车的雏形,战国以前可能已有成型的纺车,至迟在汉代我国已有了手摇纺车和脚踏纺车,宋代又出现了以水力为动力的水力纺车。元代《王祯农书》中介绍的水转大纺车,比欧洲要早 400 多年。纺车的出现,丝、麻、葛、毛、棉等各种纤维都可以被纺成需要的纱线,进而推动了我国古代织造技术的快速发展。

我国的原始织机——腰机起源于新石器时期,这一时期的出土文物给予了充分证明。综蹑织机是带有脚踏提综开口装置纺织机的通称,这一重大技术的发明,不仅大大提高了生产效率,而且还提高了产品的质量。据专家考证,西周时期,我国已有了用提花机具织出的斜纹提花织物;至迟在战国时期,我国就有了这种织机;西汉时期我国已有了多综多蹑织机,这种织机可以生产几十种花纹花边,十几种花绫、花锦。春秋战国时期,我国已有多种丝织品问世,如出土文物中就有锦、绢、绸、纱、罗、纨、绮、缟等。汉代纺织品不仅产量大,而且品种花色也比较多,就丝织品而言,诸凡现今的一些主要丝织品种,在汉代基本上都已有了[①]。1972 年长沙马王堆一号汉墓出土的一件素纱禅衣,该衣长 128 cm,袖通长 190 cm,质量仅 49 g(见图 3 - 34)。经纬丝纤度约 10.2~11.3 旦,相当于现代缫丝技术所能达到的最精细的丝。另有一块纱料,幅宽 49 cm,长 45 cm,重仅 2.8 g。如

图 3 - 34　西汉时期的素纱禅衣

此薄如蝉翼、轻若烟雾的丝绸,是我国西汉时期纺织技术的真实写照。提花机是我国古代的一项重大发明,代表当时世界上纺织技术的最高水平。关于提花机的最早记载是东汉时期王逸(2 世纪)的《机妇赋》,赋中所描述的织机就是一种提花机。由此可知,至迟在汉代,我国已经使用提花机进行纺织了。

棉花有一年生草棉和多年生树棉两种。一年生草棉也就是现在所说的棉花,我国新疆地区最早种植,后传入甘肃河西走廊即陕西一带。《史记·货殖列传》中对新疆棉织物作了最早记载。树棉又称之为“木棉”,我国的云南、广西、广东、福建等地最先用它来织布。《南州异物志》《后汉书》《华阳国志》等书中已有云南、两广等地生产棉布的记载。从先秦以后的 1 000 多年里,棉花生产逐渐由周边地区传入内地。到宋元时期,棉花最终取代了麻苎纤维,成为与蚕丝一样重要的大宗纺织原料。元代的《农桑辑要》(1273)、《王祯农书》(1313)中已有专门的篇幅来介绍棉花的种植、管理与采摘。

① 卢嘉锡总主编,赵承泽主编.中国科学技术史·纺织卷[M].北京:科学出版社,2002;39~42.

我国著名的元代棉纺织家黄道婆(1245～1330),把自己的毕生精力贡献给了棉纺技术的改良与传播。黄道婆把她从海南岛黎族同胞那里学到的先进纺织技术毫无保留地传授给故乡人民,并对传统的纺织机械进行了革新,如去籽搅车、弹棉椎弓、三锭脚踏纺纱车等;她还结合自己的实践经验,总结成一套比较先进的"错纱、配色、综线、絜花"等织造技术,热心向人们传授。在黄道婆指导和影响下,淞江一带很快就成为我国的棉纺织业中心,历经数百年而不衰。棉织品的迅速发展,最终取代了以前的麻织品而成为大众衣料。

我国古代的丝绸何时传入西方,目前尚无定论。有报道说,德国在考古中发现了公元前500年中国丝绸衣物残片①,这说明我国的丝织物至迟在公元前5世纪就远销到欧洲,传至中亚、西亚的时期当在此之前。两汉时期,我国通向西方的"丝绸之路"已经形成,古罗马帝国正是通过这条"丝绸之路",才获得我国的丝织品,并把中国誉称为"丝之国"。

3.2.5　造纸与印刷术

造纸是中国古代四大科学技术发明之一,对中国与世界文明的发展发挥了巨大的推动作用。在纸没有发明以前,我国记录事物多靠龟甲、兽骨、金、石、竹简、木牍、缣帛之类。如商代的甲骨文,西周、春秋时期的金文,战国、秦汉时期的竹简、木牍、石刻、帛书、帛画等。简、牍阅读、保管和携带都不方便,缣帛价格昂贵。于是,古代先民们在长期的生产实践中,终于发明了用植物纤维制成的纸,从此人们有了廉价易得的新型书写材料。图3-35是1942年在甘肃居延出土的蔡伦之前的有字麻纸。②

图3-35　蔡伦之前的有字麻纸

纸是什么? 传统上所谓的纸,指植物纤维原料经机械、化学作用制成纯度较大的分散纤维,与水配成浆液,使浆液流经多孔模具帘滤去水,纤维在帘的表面形成湿的薄层,干燥后形成具有一定强度的纤维素交结成的片状物,用作书写、印刷和包装等用途的材料③。依据这一严密、科学的定义,我国在西汉时期已经有纸是肯定无疑的。现今发现最早的纸是西汉初期的放马滩纸,于1986年在甘肃天水放马滩西汉墓出土,其墓葬的年代为西汉文帝(前179～前187)、景帝(前156～前141)之时。纸的残长5.6 cm×2.6 cm,且绘有地图。经专家反复分析化验,证明是质量较好的麻纸。无论是纸的制作时间还是纸的质量,都要早于和好于1957年在西安灞桥汉墓出土的灞桥纸(前140～前87)。

东汉时期的蔡伦(63～121)改进了造纸方法,并把它献给朝廷。据《后汉书·蔡伦传》记载:"伦用树皮、麻头及敝布、渔网以为纸。元兴元年(公元105年)奏上之,帝善其能,自是莫

① 王士舫,董自励编著.科学技术发展简史[M].北京:北京大学出版社,1997:54.
② 卢嘉锡总主编,潘吉星著.中国科学技术史·造纸与印刷卷[M].北京:科学出版社,1998:49.
③ 同上,1998:3.

不用焉,故天下咸称'蔡侯纸'。"蔡伦用树皮、麻头及敝布、鱼网等植物原料,经过切、捣、沤、漂、抄、烘等工艺,制造出坚韧光滑易于书写而又价廉易得的麻纸。

　　自从蔡伦改进了造纸术之后,纸张便以新的姿态进入到社会生活的诸多方面。在魏晋南北朝时期,我国已经用桑树皮、楮树皮、藤皮为原料,制造出桑皮纸、楮皮纸和藤皮纸等皮纸,这是中国人给全世界提供的一条技术思路:凡可用于纺织目的的一切植物纤维都可以用于造纸。欧洲直到 18 世纪,生产的仍然是单一的麻纸[1]。唐宋时期我国已开始用竹子作原料生产竹纸。至迟在北宋时期,我国已开始用麦秆、稻草来制纸,西方用类似的原料生产纸是在 19 世纪的后半期。

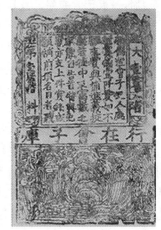

图 3-36　南宋纸币会子

　　随着纸张制作技术的不断改进与提高,纸的用途也发生了巨大变化,已由初始的书写、绘画与包装向其他方面发展。魏晋南北朝时期,纸开始逐步替代丝绢而进入日常生活,油纸伞、纸鸢(风筝)、纸花、剪纸、卫生纸等相继出现。唐代又有了纸灯笼、纸屏风、纸扇、纸刺(名片)、叶子戏(纸牌)、纸衣、纸甲以及丧葬仪品等。宋元时期,出现了世界上发行最早的纸币。南宋时期的纸币称之为"会子"(图 3-36),金、元两代把纸币称之为"交钞"、"宝钞"。早期的纸币多少含有兑换券性质,至元代才成为非兑换性的真正纸币。西方最早发行纸币的国家是瑞典,于 1661 年发行使用。

　　印刷术是我国四大发明之一,对人类文化的传播作出了巨大贡献。印刷术的发明与我国古代的印章、石刻和纺织品的印花技术密不可分。印章在我国先秦时期已有,是用金属、玉石、木、牛角、象牙等硬质材料刻成。据晋代葛洪(284~363)在《抱朴子》中说,在他之前的道家已在四寸见方的木印上,刻有 120 个字的符篆。而佛家则常将木刻的佛像及有关图案用墨印在经文上。石刻就是把文字刻在打磨平整的石材上,汉代蔡邕曾把 20 余万字的七部儒家经典《尚书》、《周易》、《诗经》、《礼记》、《春秋》、《公羊传》、《论语》等分刻于 46 块大石碑上,这为拓印提供了必要的条件。纺织品印花在我国由来已久,西汉初期已达到相当高的技术水平,已能用三套色版套色印花,长沙马王堆一号汉墓出土的印花纱就是这一时期的实物;而广州南越王墓出土的两块西汉初期的青铜凸版印花纹版,则可与马王堆一号汉墓出土的印花织品互为印证[2]。只要把纺织物换成纸张,将印花纹版换成刻字版,雕版印刷的发明也就是时间上的事了。

　　我国的雕版印刷大约出现在隋代至唐初。1906 年,在新疆吐鲁番出土唐武周刻本《妙法莲花经》残卷,据专家考证,其年代不晚于 690~699 年。1966 年在韩国庆州发现的同期另一刻本《无垢净光大陀罗尼经》,刊行年代为公元 702 年[3]。五代时期,大量古代的书籍被刻印刊行。宋代刻印的《大藏经》,仅雕版就有 13 万块之多。

　　宋代的毕昇(? ~1051)发明了活字排版印刷术,沈括在《梦溪笔谈》中作了详细记载:

　　① 卢嘉锡总主编,潘吉星著. 中国科学技术史・造纸与印刷卷[M]. 北京:科学出版社,1998:115.

　　② 卢嘉锡总主编,赵承泽主编. 中国科学技术史・纺织卷[M]. 北京:科学出版社,2002:289.

　　③ 卢嘉锡总主编,潘吉星著. 中国科学技术史・造纸与印刷卷[M]. 北京:科学出版社,1998:299.

"版印书籍,唐人尚未盛为之。自冯瀛王(冯道)始印五经,以后典籍,皆为版本。庆历中(1041~1048),有布衣毕昇又为活版。其法用胶泥刻字,薄如钱唇,每字为一印,火烧令坚。先设一铁板,其上以松脂蜡和纸灰之类冒之。欲印则以一铁范置铁板上,乃密布字印。满铁范为一板,持就火炀之,药稍熔,则以一平板按其面,则字平如砥。若止印三二本,未为简易;若印数十百千本,而极为神速。常作二铁板,一板印刷,一板已自布字。此印者才毕,则第二板已具。更互用之,瞬息可就。每一字皆有数印,如之、也等字,每字有二十余印,以备一板内有重复者。不用则以纸贴之,每韵为一贴,木格贮之。有奇字素无备者,旋刻之,以草火烧,瞬息可成。不以木为之者,木理有疏密,沾水则高下不平,兼与药相粘,不可取。不若燔土,用讫再火令药熔,以手拂之,其印自落,殊不玷污。升死,其印为余群从所得,至今保藏。"

宋代的周必大(1126~1204)用泥活字和铜版,印制自己的著作《玉堂杂记》获得成功。

元代的王祯,在其著《王祯农书》中不仅对泥活字、锡活字作了介绍,而且还对木活字印刷术作了详细介绍。他还请木匠制木活字 3 万余,于 1298 年印出了一部 6 万多字的《旌德县志》。王祯的排字、印刷方法是印刷史上的一次重大革新。王祯在活字印刷方面的工作,比西方谷登堡要早 157 年。图 3 - 37 为《王祯农书》封面。

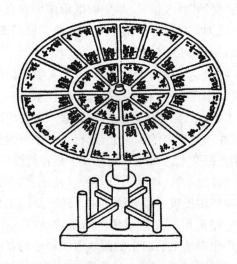

图 3 - 37　《王祯农书》封面　　　　　图 3 - 38　《王祯农书》中的活字转轮排字盘

王祯以后,木活字印刷一直在我国流行,明清时期是其大发展阶段。明代木活字本较多,多采用宋元传统技术。明万历十四年(1586 年)的《唐诗类苑》百卷、徐学谟的《世庙识余录》,正德、嘉靖年间(约 1515~1530)刊宋人刘达可辑《璧水群英待问会元》90 卷等都是木活字的印本。在清代,木活字技术获得空前的发展,金简(1724?~1794)于 1774 年组织人员刻大小枣木活字 25.3 万余个,先后印成《英武殿聚珍版丛书》134 种,共 2 389 卷,这是我国历史上规模最大的一次用木活字印书。图 3 - 38 为《王祯农书》中的活字转轮排字盘。

在木活字印刷盛行的同时,明代的铜活字、清代的陶活字、泥活字等都得到了不同程度的运用。清代的百科全书《古今图书集成》就是由铜活字印制而成的。

第4章　古代印度、阿拉伯的科学技术

4.1　古代印度的科学技术

古印度是指古代史籍中对南亚次大陆及其邻近岛屿上所有国家的统称,它包括现今的巴基斯坦、印度、孟加拉国、尼泊尔、不丹和斯里兰卡,是一个有5 000多年历史的文明古国。古印度历史上曾多次遭受外来民族的入侵,先后出现过哈拉巴文化、吠陀时代、孔雀王朝、贵霜帝国、笈多王朝、曷利沙帝国、德里苏丹国、莫卧儿帝国等历史时期。1600年,英国殖民主义者在印度成立东印度公司,开始在沿海一带建立殖民据点,并于1849年占领了整个印度地区,使其沦为英国的殖民地,古印度的历史亦由此终结。

印度河与恒河是南亚次大陆境内的两条最大的河流,其中下游地区,土地肥沃,气候宜人,适宜农作物生长。大约在公元前3000年,印度河中下游的达罗毗荼人创造了哈拉巴文化。他们发明了畜耕技术,种植大麦、小麦、水稻、豌豆、甜瓜、枣椰、胡麻和棉花等农作物;人工饲养水牛、羊、猪、狗等家畜;使用青铜制作的锄、镰等农具。大约在公元前12～前6世纪的吠陀时期,他们已掌握了农作物的人工灌溉和施肥技术,吠陀后期已使用铁器农具。

古印度是最早种植棉花的国度,也是棉纺织技术的发源地。早在哈拉巴文化时期,古印度人就已经掌握了棉花的纺纱、织布和棉布染色技术。孔雀王朝时期的棉纺织业相当发达,棉纺织品已经远销国外的许多地区。

古印度早在哈拉巴文化时期,就已经使用青铜制作的锄、镰、斧、锯、凿、剑、矛头、匕首等农具、工具和武器,使用金银制作饰物。这些出土文物表明,他们已经掌握了金属的铸造、锻打和焊接技术。公元前6世纪,古印度人已经掌握了冶铁技术。公元前4世纪已能炼钢,新德里至今尚存一根公元前5世纪笈多王朝铸造的铁柱(见图4-1)。此柱高7.25 m,重约6.5吨,至今几乎没有锈蚀。与此同一时期铸造的许多铜佛像,工艺都非常精美。

图4-1　古印度笈多王朝时期的铁柱

古印度早在吠陀时代,他们就已经把一年分为12个月,每月30天,一年共360天,所余差额用每隔五年加一闰月的方法来弥补。古印度先后出现过四部天文历法名著:《太阳悉檀多》、《圣使集》、《五大历书全书》和《历书全书头珠》。其中最著名的一部是《太阳悉檀多》,据说是公元前6世纪时的作品,并被后人增修。书中对日食、月食、分至点、行星的运动、时间的测量、大地的形状、宇宙的结构等内容已有论述。

古印度早在哈拉巴文化时期，就已经使用十进制计数法。大约在 7 世纪以后，出现了定位计数法，用空格来表示"零"。"零"的符号大约出现在 9 世纪的后期，至此，数学史上最重要的成就：十个数字符号和十进位定位数法已经完备。图 4-2 为古印度的"阿拉伯"数字。这种计数法传到中亚地区后即被许多民族采用，并经阿拉伯人对十个数字略加修改后传到欧洲，逐渐演变为现今全世界通用的"阿拉伯计数法"。大约成书于公元前 5～前 4 世纪的《准绳经》，是现存古印度最早的数学著作。该书的大量内容是讲述如何修筑祭坛，其中运用了一些几何知识，如勾股定理、矩形对角线的性质、圆周率 π＝3.09 以

图 4-2　古印度的"阿拉伯"数字

及一些作图法等。笈多王朝时期著名的天文学家圣使，著有《圣使集》一书，该书不仅提出了日月食的计算方法，而且还包括了算术运算、乘方、开方以及一些代数学、几何学和三角学的规则，采用了数字符号和十进制位置计数法。公元 7～13 世纪是古印度数学成就最辉煌的时期，这一时期出现了梵藏（约 589～?）、大雄（8 世纪）、室利驮罗（999～?）和作明（1114～?）等著名数学家。

梵藏约于公元 628 年写成《梵明满悉檀多》一书，对许多数学问题进行了深入探讨，他是古印度最早引进负数概念、并提出负数运算方法的数学家。他提出了解一般二次方程的规则，提出了求等差数列末项以及数列之和的正确公式，得出了以四边形之边长求四边形面积的正确公式。

大雄约于公元 830 年写成《计算精华》一书，对零和分数的运算提出了他的见解。他认为零乘以任何一个数都等于零，而零除任何一个数则仍等于这个数，后一结论显然是错误的。大雄已经掌握了分数除法规则，即一个分数除以另外一个分数，等于把这个分数与除数的分子分母颠倒相乘。

室利驮罗于 1020 年写成《算法概要》一书，他的主要成就是研究二次方程的解法。

11 世纪古印度著名的天文学家、数学家作明，著有《历数全书头珠》一书，书中不仅对前人的天文学知识作了阐述，而且还把古印度的数学成就推到了顶峰。作明正确地理解了零及其运算规则，零除一个数为无限大。他知道了一个数的平方根有正、负两个数，并明确地指出负数的平方根是没有意义的。他用巧妙的方法解决了许多不定方程的求解问题。他给出的圆周率 π＝3.141 6，并得出了计算球面面积和球体体积的正确公式。

古印度的医学相当发达，历史上产生和出现了许多著名的医学家和医学著作。大约成书于公元前 1 世纪左右的《阿柔吠陀》，是现存古印度最早的医学著作。书中记载有内科、外科、儿科等多种疾病的治疗方法和药物。书中提出人体有躯干、体液、胆汁、气和体腔等五大要素，与自然界中的地、水、火、风和空五大要素相对应；如果这五者之间失调，人就会生病。

大约生活于纪元前的古印度著名医生妙闻，著有《妙闻集》一书。现在流传的《妙闻集》是在 11 世纪经后人整理、修订而成的，许多内容是后人的研究成果。这部著作中记载了许

多解剖学知识,论述了生理学和病理学的许多问题;记载的内科、外科、妇产科和儿科等各类病症达1 120种,药物有760种;外科手术已有很高的水平,能够进行摘除白内障、除疝气、剖腹产、治疗膀胱结石等多种外科手术。

大约在妙闻前后的另一著名医生阇罗迦,著有《阇罗迦本集》一书,此书被誉为古印度的医学百科全书。书中对古印度的医学理论作了进一步阐述,提出了包括合理的营养、充足的睡眠和有节制的饮食摄生原则;对一些疾病的病因、病理作了进一步探讨,介绍了一系列的诊断与治疗方法,介绍了500余种药物的用法。另外,公元7世纪编成的《八科提要》和8世纪的《八科精华录》也是古印度医学的重要典籍。

此外,古印度在建筑、造船以及自然观方面亦有不少的成就和认识。始建于1632年的泰姬陵被列为古印度的十大建筑之一(见图4-3)。

图4-3 泰姬陵

4.2 古代阿拉伯的科学技术

阿拉伯半岛位于亚洲的西南部,它东靠波斯湾、阿曼湾,南临阿拉伯海,西边与非洲隔红海相望,北面与亚洲大陆主体部分相连,是世界上最大的半岛。境内有沙特阿拉伯、也门、阿曼、阿拉伯联合酋长国、卡塔尔、科威特、约旦、伊拉克等国家。

公元632年,伊斯兰教创始人穆罕默德统一了阿拉伯半岛。此后他以半岛为中心,建立了强大的阿拉伯帝国(632~1258)。到8世纪中叶,帝国的疆域东起印度洋,西临大西洋,南至撒哈拉,北迄高加索山,形成横跨亚、非、欧三大洲的帝国。阿拉伯人把希腊文的古典书籍翻译成阿拉伯文,从那里接触并吸收了希腊、罗马时期的哲学思想和科学文化,对希腊文化的传播起到了承上启下的链接作用,从东方吸收古代中国的科学技术,成为东西方文化交流的中转站。在古代东西方科学文化的影响之下,形成了阿拉伯时期的科学文化,其科学技术成就主要体现在以下几个方面。

在天文学方面,阿拉伯人从古印度和古希腊人那里学到了许多知识。从公元9世纪起,他们在巴格达、大马士革、开罗等地建立了许多天文台,并研制了诸如象限仪、浑仪、日晷、星盘、地球仪等天文观测仪器。以阿尔·花拉子密(?~850)、白塔尼(?~929)、苏非(903~986)、比鲁尼(973~1048)、宰尔嘎里(1029~1087)等人为代表的阿拉伯天文学家们所取得的成就,代表了当时世界天文学的最高水平。如阿尔·花拉子密、白塔尼绘制过天文表,苏非绘制了星图《恒星图像》,比鲁尼曾提出地球绕太阳旋转、行星的轨道为椭圆的猜想,宰尔嘎里在研究水星运动时就曾取消了它的本轮,而把它的均轮改为椭圆形。现代许多行星的命名和天文术语都源自阿拉伯人。阿拉伯人对本轮-均轮的地心说的抨击对后来哥白尼的日心说的建立有着一定的影响。①

　　阿尔·花拉子密是阿拉伯初期最主要的数学家,他编写了第一本用阿拉伯语在伊斯兰世界介绍印度数字和计数法的著作。阿尔·花拉子密大约在公元 820 年前后编撰的另一本著作《代数学》(又称《还原与对消》),书中首次出现了二次方程的一般解法。拉丁语"代数学"一词"algebra",就是由这部著作的书名演化而来的。公元 12 世纪后,印度数字、十进制值制计数法开始传入欧洲,又经过几百年的改革,这种数字成为我们今天使用的印度—阿拉伯数码。

　　三角学的建立是阿拉伯数学的另一个成就。阿尔·花拉子密运用了正弦函数,引入了正切函数。稍后的白塔尼又引入了余切函数,他还研究了球面三角。阿卜勒·维法(940～977)又引入了正割与余割函数,提出了一些重要的三角函数公式。13 世纪的纳西尔丁(1201～1274)著有一本专门介绍三角学的著作《横截线原理书》,把三角学发展成为一门独立学科,这部著作于 15 世纪传入欧洲。至此,欧洲人才把三角学看成是数学的一个分支。

　　阿拉伯人在物理方面的成就,主要体现在力学和光学方面。力学方面主要表现在对"比重"概念的发展和杠杆平衡的研究。阿勒·比鲁尼(Al Biruni,973～1048)专门设计了测量物体比重的实验,并测定了金、银、铜、铁、酒等一些物质的比重。阿勒·哈齐尼(Al-Khaziei,12世纪时人)在 1137 年写成了《智慧秤的故事》一书,在该书中描述了一根带有 5 个秤盘的杆秤,其中有的秤盘可以沿着秤杆移动,用于测定在空气和水中的物体的重量。他还指出,因空气有浮力,它可以使物体的重量减少。

　　出生在底格里斯河畔博斯拉的阿勒·哈增(Al-Hazen,965?～1038),是中世纪阿拉伯光学成就的集大成者。他的研究成果在其著作《光学》中得到了充分体现。阿勒·哈增从希腊人那里知道了反射现象中反射角与入射角相等的反射定律,他给这个定律加上了"这两个角都在同一平面上"的法则,即入射线、反射线必须在同一平面,进一步完善了光的反射定律。阿勒·哈增重复了托勒密的实验,测量了入射角与折射角,并证明了托勒密关于入射角与折射角之比是常数的说法是错误的,但他也未能发现真正的折射定律。阿勒·哈增通过对球面镜和抛物柱面镜的研究,他发现通过某一点的光线越多,则该点就越热。平行于球面镜主轴的入射光线,其反射光线亦通过主轴。从球面镜上各点反射的全部光线,都在这样一个圆面内,这个圆面垂直于轴,并且这些光线仅仅通过轴上一个相同的点。他提出了著名的"阿勒·哈增"问题:给定发光点和眼睛的位置,寻求球面镜、圆柱面镜或圆锥面镜上的发射点,他对这个问题作了详细的讨论而使其闻名欧洲。阿勒·哈增对太阳和月亮靠近地平线时其直径显著增大的现象进行了研究,他认为这是一种错觉,因为此时太阳和月亮的大小是以地面物体较小的距离作估计而造成的。阿勒·哈增赞同德谟克利特、亚里士多德等人的视觉观点,即视觉的原因来自被看见的物体。他还根据解剖学,对人眼的结构进行了研究,眼睛的一些部位名称,如"网膜"、"角膜"、"玻璃状液"(玻璃体)、"前房液"等术语,都是由他提出的。阿勒·哈增著作的拉丁语译本,通过罗吉尔·培根(Roger Becon,约 1214～约1292)与开普勒的介绍,对于西方近代科学的形成与发展产生了很大影响。

　　阿拉伯人的化学成就主要体现在金、银、铜、青铜、铁和钢等金属的冶炼,制造各种酊剂、香精和糖浆,纺织品、皮革的染色技术等,其中以炼金术最为突出。阿拉伯人从古希腊、古印

①　王玉仓著.科学技术史[M].北京:中国人民大学出版社,1993:278.

度和中国人那里获得了炼金术的初步知识,继而形成了独特的阿拉伯炼金术。阿拉伯时期著名炼金术士西班牙人吉伯(1270～?),他发现了硫酸和其他强酸,对硫—汞—铅之间的转化现象进行了分析。他认为用一种神秘的干燥物质——"点金石",可以将贱金属变成黄金。阿拉伯人改进了过去的蒸馏甑,用来制作大量香精。在阿拉伯医生阿鲁-累西的著作里,确实见到一部专讲化学操作和化学物质的广泛纲领。[①] 阿拉伯人在研究炼金过程中,发现了一些新的物质,如钾、碱、硝酸、硫酸和硝酸银等。正如英国著名科学史家 W·C·丹皮尔所说的那样,"在他们的手里炼金术发展成为化学,又由他们那里发展成为中世纪后期的欧洲化学"[②]。

　　阿拉伯医学由于受到历代统治者的重视,取得了许多令人瞩目的成就。阿拉伯人在广泛吸取古希腊、波斯、印度和中国等国的医学知识,并把这些知识用于临床实践之中。他们掌握了问、验、切等一套系统诊断方法,首创用于伤口消毒的消毒剂,在外科手术中已开始使用麻醉术,一些外科手术已经具有相当高的水平。公元 850 年,阿拉伯内科医生胡楠·伊本·伊沙克(809～873)撰写了《眼科论文十篇》,详细介绍了人眼的解剖结构、眼疾和治疗方法(见图4-4)。阿拉伯著名医学家拉齐(865～925),一生著有 100 多种医学著作,其中的《医学大全》和《天花与麻疹》是他的代表作。《医学大全》的内容非常丰富,是一部医学百科全书,这部著作曾在欧洲广泛流传。《天花与麻疹》是对天花

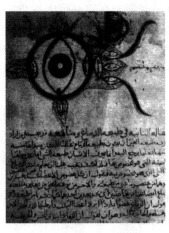

图 4-4　伊沙克眼科论文一页

和麻疹病人的病症与治疗过程的临床记录,该书被誉为"阿拉伯医学的光荣"。拉齐之后的阿维森纳(980～1037)不仅是阿拉伯时期的著名哲学家,而且还是著名的医学家。他一生著述颇丰,《论治疗》和《医典》两部著作是他的代表作。《论治疗》一书含有较多的哲学内容,而《医典》则完全是一部百科全书式的医学著作。《医典》全书共分 5 卷,长达 100 多万字。该书不仅对医学原理、诊疗方法和 760 种药物的性能作了详细的阐述,而且还记载了一些如排除膀胱结石、气管切开等外科手术。这部著作被认为是古代穆斯林全部知识的总汇,是阿拉伯文化的最高成就之一。[③] 在很长一段时间内,这部著作成为欧洲各大学的医学教科书。

　　① 贝尔纳著.伍况甫等译.历史上的科学[M].北京:科学出版社,1959:167.
　　② [英]丹皮尔著.李珩译.科学史及其与哲学和宗教的关系[M].桂林:广西师范大学出版社,2001:63,65.
　　③ [英]约翰·O·E·克拉克,迈克尔·阿拉比等著.马小茜等译.世界科学史[M].哈尔滨:黑龙江科学技术出版社,2009:82.

第 5 章　欧洲中世纪的科学技术

从公元 476 年西罗马灭亡到 1640 年英国的资产阶级革命,这段历史被称之为欧洲的中世纪时期。在罗马帝国逐步走向灭亡的过程中,基督教的势力和影响却得到了空前的扩张和迅速的增大,成为欧洲力量强大、成员广泛、最有影响的政治组织。教会的神父们用柏拉图和亚里士多德的哲学、托勒密的天文学、盖伦的医学等为基督教义进行论证,并使它们成为束缚人们思想的精神桎梏,最终使欧洲社会步入到历史上的"黑暗时代"。

5.1　欧洲中世纪的科学技术概况

从公元 5 世纪末到 11 世纪初,是欧洲历史上的最"黑暗时期"。政教合一的社会体制,强权极端的愚民政策,专横无比的宗教法庭,使得一切非基督教的异教文化和思想遭到了灭顶之灾。基督教的黑暗统治在几百年内使欧洲成为科学技术落后,学术气氛沉闷,黯然无光的黑暗世界①。这一时期的欧洲,在科学技术方面没有什么值得称道的地方。

公元 6 世纪,一个信奉伊斯兰教的阿拉伯帝国在中东崛起,在不到 100 年的时间内,阿拉伯人依靠强大的军事力量,建立起一个横跨亚、欧、非三洲的穆斯林大帝国,同时也把东方的农业、手工业等方面的先进技术传到了欧洲。

中世纪欧洲的农业比以前有较大进步,8 世纪时,带有轮子的铁头犁已普遍使用,由于改善了挽具,使畜耕效率也得到了很大的提高。在耕作制方面已普遍采用三轮耕作制,即每块土地在三年之中,两年分别种不同庄稼,一年休耕。改变以往的一年种植,一年休耕的两轮制,扩大了土地的种植面积。

从 10 世纪末开始,在罗马教皇的煽动下,西欧教、俗两界的统治者为了掠夺东方财富,以从伊斯兰教手中夺回耶路撒冷为理由,对地中海东部阿拉伯地区发动了一场历时近 200 年(1096~1291)前后八次的侵略战争,这就是历史上所说的"十字军东征"。这场侵略战争给广大劳动人民带来了巨大的灾难,但却促进了东西方文化的相互交流。欧洲开始从阿拉伯人那里了解到被埋葬了的古希腊文化,阿拉伯数字、代数学,中国的印刷术、火药和指南针等,都是在这一时期内传到西欧的。

中世纪的欧洲学者们游历四方,其中的一部分人掌握了阿拉伯语。英国哲学家阿德里亚地(约 1080~1160)就是将阿拉伯语著作翻译为拉丁语的高产翻译家之一。1142 年,他完成了欧几里德的《几何原本》的翻译,第一次把欧几里德的几何学介绍给了欧洲人。他还翻译了阿拉伯数学家穆罕默德·伊波缪萨·阿尔科瓦兹米(约 780~850)绘制的天文图,复制了其使用的阿拉伯数字。1145 年,来自英国曼彻斯特的学者罗伯特首次翻译了阿尔科瓦

---

① 王玉仓著.科学技术史[M].北京:中国人民大学出版社,1993:287.

利兹米的《利用还原与对消运算的简明算书》,用音译法引入了"代数学"和"运算法则"这两个词语。

意大利数学家莱奥纳多·斐波纳契(约 1170~1250)在 1202 年发表的《算经》一书中,解释了数字的使用规则。他还概述了在数字体系中应用位值概念的优越性;首先使用了分数线,即用一斜杠来区别分子与分母,如 1/4;他还研究了几何和数列,其中包括现在以他名字命名的斐波纳契数列:1,1,2,3,5,8,13,21,……即在这个数列中,每个数值都等于它前面两位数字之和。1225 年,他在《四艺经》一书中讨论了二级丢番图方程(以希腊数学家丢番图的名字命名的方程)。

1240 年,英国数学家乔安尼斯·德·萨克罗博斯科(又称霍利伍德的约翰,或哈利法克斯的约翰,约于 1256 年去世)发表了《天体论》,这本书在以后的几个世纪里一直作为天文学的权威教科书。1243 年,他把阿拉伯的十进位制引入了英国。

对中世纪欧洲科学技术作出杰出贡献的人物是英国的罗吉尔·培根(Roger Bacon,1220~1292)。他早年就读于牛津大学,后来又在那里教学。他曾经到法国巴黎大学从事教学与研究工作。他精通欧几里德的《几何原本》和亚里士多德的著作,通晓当时流行的各种学问。他认为观察和实验才是获得真知的唯一方法,而数学对于人的教育和训练是有力的工具,是研究其他学科的必不可少的基础知识。罗吉尔·培根对光学的研究表现出极大的兴趣,他所从事的科学实验研究,多与光学有关,有不少光学实验就是根据阿勒·哈增的著作进行的。他研究了光的反射和折射现象以及球面镜的作用和球面镜的像差;他通过研究光在眼睛中的折射规律,发现凸透镜对恢复人的视力有着重要作用,这项研究成果促进了眼镜的诞生;他研究过平凸镜片的放大效果,提出了可以用这些镜片制成望远镜和显微镜的设想;他通过实验证明了虹是太阳光照射空气中的水珠而形成的自然现象,并非是上帝所为;他还曾设想过用动力驱动的车、船、飞机等。英国科学家韦尔斯在其著《世界史纲——生物和人类的简明史》中引证了罗吉尔·培根的这一设想:

> "没有划手的船行机器是可能的,由一个人驾驶的适合在江河海洋航行的大船,可以比挤满了划手的船航行得更快。同样的,也可以制造出无须畜力拖拉的车,而由不可估量的动力来开动,有点像我们想象到的古人在上面作战的装有镰刀的战车那样。飞翔的机器也是可能的,一人坐在里面运转某个机关,人工翅膀就会像飞鸟那样腾空而起。"[1]

由于培根的科学思想远远超过了他所处的那个时代,因而不为人们所接受,尤其不为教会所允许,他曾因此被教会囚禁了 15 年之久。[2]

亚里士多德著作中关于运动的大量描述,使得中世纪的欧洲人对运动学产生了浓厚的兴趣。人们在接受亚里士多德运动学思想的同时,也对他所作出的一些结论表示异议。实际上,早在公元 6 世纪,希腊的菲劳波诺斯(Jahn Philoponus)就对亚里士多德的空气推动物体运动的说法提出了质疑,他指出亚里士多德用媒质作为强迫运动的动因是不合理的。他

①　王玉仓著.科学技术史[M].北京:中国人民大学出版社,1993:294.
②　丹皮尔著.李珩译.科学史及其与哲学和宗教的关系[M].桂林:广西师范大学出版社,2001:79.

认为抛体本身具有某种动力,推动物体前进,直到耗尽才趋于停止,即一个"无形注入的力"①迫使物体运动,这种看法后来发展为"冲力理论"。英国牛津大学的威廉·奥卡姆(约1285~1349)进一步发展了菲劳波诺斯的运动学思想,他认为运动并不需要外来的推力,一旦运动起来就要永远运动下去。他对抛射体的运动作了如此解释:"当运动物体离开投掷者后,是物体靠自己运动,而不是被任何在它里面或与之有关的动力所推动,因为无法区分运动者和被运动者。"②他认为真空并不可怕,只要给物体一个冲力,它就能够自己运动,直到这个冲力消耗完毕为止。他还以磁力的引铁作用为例,对物体间没有直接接触而发生运动的现象进行了说明。

曾担任过巴黎大学校长的让·布里丹(Buridan Jean,1300~1358)明确反对亚里士多德对物体运动动因的解释。他通过磨盘、陀螺的连续转动为例,说明物体的运动并没有排开媒质(空气),因此亚里士多德所说的媒质填补真空才使物体向前运动的说法是不成立的。他认为:"推动者在推动一物体运动时,便对它施加某种冲力或某种动力。"威廉和布里丹都认为,天体是由于受到了上帝的一个初始推动作用而开始运动,只是由于天上没有阻力,所以冲力对天体所产生的运动可以永不停息地持续下去。

"冲力说"在阿尔伯特(Albert,约1316~1390)和奥雷斯姆(Nicholas Oresme,1320~1382)的推动下得到了发展。阿尔伯特以物体在通过地心的直通隧道中的自由下落运动为例,说明冲力对落体运动产生的影响。大约在1350年前后,奥雷斯姆在《论性质的构形》书中对平均速度定理给出了最完美的证明。如图5-1所示,他用一根水平线 AB 代

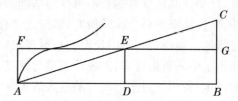

图5-1　奥雷斯姆用几何图形表示运动

表时间,AB 之间的点代表时刻,用通过 AB 线上某一点垂线的长度表示此时刻速度,而不同时刻速度线端点的连线所围的面积就是物体在这两个时刻之间的运动距离;长方形表明运动是均匀的,三角形表明运动是规则不均匀的,曲线则表明运动是不规则且不均匀的。奥雷斯姆最先把几何学成功引入力学研究之中,他的证明在14~15世纪的欧洲广为人知,这对以后的伽利略、笛卡尔等人关于运动的研究产生了一定的影响。

使运动学研究步入正确轨道是英国牛津大学的一批学者,他们在14世纪早期,就定义了匀速运动和匀加速运动。对匀速运动,他们的定义是:任何相等的时间间隔内通过相等的距离。对匀加速运动给出的定义是:在所有相等的任意长度的时间间隔内获得一个相等的速度增量。后来的伽利略就直接利用了这些定义③。

中世纪欧洲的技术成就主要体现在城堡与桥梁建筑、风车的使用、钟和表的制作、枪和火药的制作以及航海观测仪器的设计、制作等。图5-2所示为1209年建成的英国伦敦泰晤士河上的伦敦桥,桥面上拥有多排房屋和店铺。图5-3是欧洲中世纪的陆地风车。欧洲的风车出现在12世纪,有研究者认为,可能是十字军东征时在阿拉伯地区看到了风车的运作,于是就把风车的设计理念带到了欧洲,用于灌溉和粮食加工。

---

① 转引自李艳平,申先甲主编.物理学史教程[M].北京:科学出版社,2003:77.
② 转引自郭奕玲,沈慧君编著.物理学史(第2版)[M].北京:清华大学出版社,2005:10,11.
③ 李艳平,申先甲主编.物理学史教程[M].北京:科学出版社,2003:79.

图 5-2　1209 年建成的英国伦敦泰晤士河上的伦敦桥　　　　图 5-3　中世纪欧洲的风车

5.2　经院哲学对自然科学的影响

在 3 世纪末至 4 世纪初,罗马帝国分为东、西两个部分。随着地区分裂的日渐加剧,拉丁西方逐渐失去了与希腊东方的联系。所以,在中世纪最初的几百年中(400～1000),西欧对希腊的自然哲学和数学科学几乎没有原创性的贡献。基督教的兴起,教会成了西欧封建社会的一个重要组成部分。罗马教皇不仅有权任命各国主教,甚至发展到可以废黜国王和皇帝。教会一方面利用各种手段禁锢人们的思想,千方百计地使人民处于蒙昧无知的状态,教皇格里高利一世(590～604 年在位)就曾说过:"不学无术是信仰虔诚之母。"另一方面则从古希腊的哲学、逻辑学中寻找有用的东西,为阐述基督教教义提供理论证据,这就是经院哲学的产生与发展动因。

对欧洲中世纪早期科学或自然哲学作出贡献的有两人,一是曾担任过塞维尔大主教的伊西多尔(Isidore of Seville,约 560～636),另一是英国的修道士比德(the Venerable Bede,672～735)。伊西多尔著有两部与自然哲学有关的著作:《物性论》和《语源学》,它们传播了一种简单浅显的希腊自然哲学。"《语源学》(它是整个中世纪最流行的书籍之一)存在于一千多份手抄本中,通过对各种事物的名称进行辞源学分析,对这些事物提供了一个百科全书式的描述。[①]"书中的内容主要有人文七艺、医学、人类学、地理学、矿物学、农学、计时和历法、宇宙论、神学等。比德一生写了很多书,包括当时僧侣们学习用的教科书,其中最有名的一部著作是《英格兰人教会史》。

从 11 世纪开始,一些著名的大学在欧洲相继建立,如波伦亚大学(1087 年)、牛津大学(1096 年)、巴黎大学(1160 年)、剑桥大学(1209 年)等。大学的出现不仅打破了教会对教育的垄断,而且还使人们从古希腊人那里了解到许多前所未闻的自然科学知识,从"经院哲学"的精神桎梏中解脱出来。大学成了市民阶层的思想文化阵地,成为人们进行学术讨论、学习新思想和新技术的场所。

12 世纪,古希腊论著的阿拉伯文本以及阿拉伯的科学著作被大量翻译,亚里士多德、托

---

①　[美]戴维·林德伯格著. 王珺,刘晓峰等译. 西方科学的起源[M]. 北京:中国对外翻译出版公司,2001:158～159.

勒密等人的著作在欧洲得到了广泛传播。罗马教会为了巩固基督教在人们心目中的地位，他们不得不改变以往禁止学习和传播亚里士多德学说的做法，而是采取了歪曲、同化手法，把亚里士多德学说中的僵化思想改造融合到经院哲学体系中，其集大成者是意大利神学家、经院哲学家托马斯·阿奎那(Thomas Aquinas，约 1225～1274)，他把亚里士多德哲学同天主教神学巧妙地融合在一起，为上帝创世说找到了"理论"依据。他的代表作有《神学大全》和《箴俗哲学大全》，他在《神学大全》中，从五个方面论证了上帝的存在。因此，《神学大全》随即成了基督教的百科全书，成为《经院哲学》的主体。哲学在阿奎那手中最终成了神学的婢女，科学则成为哲学的一小部分而已，亚里士多德哲学中的糟粕成了神学的奴婢，连带托勒密的天文学和盖伦的医学等都被阿奎那作为上帝造物的证据而被肯定。他们的著作被认为具有至高无上的权威，谁敢否认谁就会大祸临头。

在罗马教会为了巩固自己至高无上的权势，对基督教义持有不同看法的派别和人员往往被判为异端或异教徒。对于这些异端分子和异教徒，罗马教会除了采用武装镇压、从思想上进行笼络、分化瓦解外，还成立了异端裁判所来搜捕、审判异端分子。1206 年，罗马教皇英诺森三世(1160～1216)，组成了讨伐阿尔比派的十字军，对法国南部的阿尔比派进行了疯狂的血腥镇压。最初的异端裁判所都掌握在地方教会手里。1229 年，教皇格里高利九世(1227～1241 年在位)发布通谕，建立了罗马教皇的直属机构——异端裁判所，专门迫害异端教徒、进步思想家、科学家和一切有异端行为的人。异端裁判所的分支遍布西欧各地，而且不受地方主教管辖。异端裁判所有一套严酷的搜捕、审判和折磨的程序。如审讯条例规定：① 在法庭上，被控告人不能知悉控告人、见证人的姓名；② 任何罪犯恶棍都可充当控告人、见证人，有两人作证，控告即成立；③ 被控告人如不承认"罪行"，就反复拷问，不仅要承认自己的罪行，还要举出同伙和可疑分子；④ 一切有利于被控告人的证词都不能成立，任何人从事有利于被告人的活动，都要予以最严厉的惩罚；⑤ 任何人对被控告人给予法律援助或为他请求减刑，即予以革除出教；⑥ 被告可以不经审讯便予以处死，若承认异端罪行，表示悔改，则判处终身监禁；⑦ 被告认罪之后，如又否认，即不再审讯，予以烧死；⑧ 被判为异端的，没收全部财产。①

异端裁判所前后活动达 500 年之久，被判处为异端者不可胜数，许多人被处以火刑而被烧死。英国的罗吉尔·培根曾因他的新思想、新学说和新方法而被教会监狱囚禁多年。比利时著名医生、解剖学家维萨留斯(A. Vesalius，1514～1564)，因在 1543 年发表了《人体的构造》一书，指出了盖伦医学中的许多错误而被解职，此后又被责令去耶路撒冷朝拜赎罪而死于途中。西班牙医生塞尔维特(Michael Servetus，1511～1553)、意大利思想家布鲁诺(G. Bruno，1548～1600)都因被指控为异教徒而被活活烧死。意大利著名的物理和天文学家伽利略(Galileo Galilei，1564～1642)，因支持哥白尼的日心说，不得不在异端裁判所中签字认错，遭受长期监禁，直至病逝。

任何事物都有两重性，经院哲学也是如此。柏拉图、亚里士多德、托勒密、盖伦等人的言论，为经院哲学所引用，则成为中世纪束缚人们思想的精神桎梏，阻碍了当时科学技术的向前发展；但却开拓人们的知识视野，为人们探讨真理、明辨是非提供了研究对象和研究方向，为欧洲的文艺复兴营造了浓郁的学术氛围，为近代科学技术的诞生奠定了必备基础。

第6章　近代科学技术的产生

近代科学技术是在打破宗教神学的精神桎梏、批判吸收古希腊科学思想的基础上逐渐形成起来的。近代科学的最大特点是采用实验方法和数学手段,实现人类与自然界的对话。即通过对各种自然现象与规律的研究、分析、归纳和总结,形成系统的知识体系。这一时期的天文学、物理学、数学、化学、生物学、地质学等都得到了系统的发展,直接构成了现代科学的基础。在近代科学兴起的同时,技术也得到了全面的发展。

6.1　近代科学技术产生的前奏

从公元5世纪至15世纪中叶长达1000多年的时间,世界发展史上统称为中世纪。这一时期的欧洲,一方面由于自给自足的封闭式自然经济的束缚和宗教的残酷统治,完全阻碍了古希腊文化艺术的传播与科学技术的发展,因而被称为"黑暗的中世纪";另一方面,由于阿拉伯人的西扩,使中世纪欧洲人接触到了东方文明以及被阿拉伯人改造过的古希腊罗马文化。历时200余年的十字军东征与蒙古人的西扩,进一步加快了东西方文化的交流,同时也带去了中国的先进技术,如养蚕和制丝、造纸术、活字印刷、指南针、火药与火器、熔炼铸铁技术等。东方文化与先进技术的传入,对欧洲的航海探险起到了积极的推动作用。当欧洲社会发展进入到中世纪后期,资本主义的生产方式、航海探险与地理大发现、欧洲的文艺复兴等,为近代自然科学的产生准备了条件。

公元14~15世纪,资本主义生产方式的萌芽首先在意大利的佛罗伦萨破土而出,并迅速在地中海沿岸的一些发达城市如威尼斯、热那亚等地兴起。这种由家庭手工业发展起来的手工工场,不仅有了最初的技术分工与较高的技术水平,而且还有了专业工人——受雇于资本家的一无所有的劳动者。这种新型的生产方式不久就传到英、法等国,随后又传入西欧的一些国家。并由最初用于纺织业,逐渐发展到造船、玻璃制造、采矿、金属冶炼、造纸、酿酒等多个领域。1525年,德国的采矿工人达10万人。1546年,英国已拥有2 000多工人的纺织工厂。资本主义生产方式的兴起,为近代科学技术的诞生提供了条件。

造船工业的迅速发展,有力地促进了地中海沿岸国家的航海和商业贸易的发展,同时也为航海地理大发现创造了条件。尤其是东方世界的丝绸、茶叶、瓷器、香料和黄金等产品以及美丽富饶的传说,对西方社会产生了极大影响,同时也引起了一些冒险家对东方财富的贪婪而进行的航海探险。

1487年,葡萄牙人迪亚士(1450~1500)奉葡萄牙国王若奥二世之命,在地球是圆形的思想指导下,探寻绕过非洲大陆最南端通往印度的航道。他率领两艘轻快帆船和一艘运输船自里斯本出发,经非洲西海岸的佛德角群岛向南航行,到达非洲西南端一个风暴多而大的岬角——"好望角"之后而返回。迪亚士最先将此岬角命名为"风暴角",国王若奥二世则认为绕过这个海角就可以实现到达印度的愿望,而将它改名为"好望角"并沿用至今(见图6-1)。

图6-1　非洲好望角

1492年8月,意大利航海家哥伦布(约1451~1506),在西班牙国王授予他"海军大将"军衔,预封他为"新发现土地"的"世袭总督",以及新领地1/10财富归其所有的允诺之下,率领三艘帆船(其中最大一艘的载重量为130吨)和88名水手组成的船队[①](见图6-2),从西班牙巴罗斯港扬帆出大西洋,直向正西航去。经七十多天的艰苦航行,他们终于到达了中美洲巴哈马群岛的华特林、古巴和海地等岛屿。哥伦布以为这里就是印度,故而把当地的居民称作"印第安人"。此后,哥伦布又三次西航到美洲,陆续发现了牙买加、波多黎各、多米尼加等,并到达中美洲的洪都拉斯和巴拿马等地。哥伦布四次远航中美洲,不仅没有给当地土著居民带来任何好处,而是把他们推入到被杀戮、被奴役的灾难之中。哥伦布直到临死,一直都认为他所发现的地方就是亚洲边缘地区,而不知道那是他们所不知道的"新大陆"。"新大陆"是由意大利商人阿美利哥(1451~1521)经实地考证后得出的结论。

图6-2　哥伦布的探险船队

---

① 百度百科.哥伦布. http://baike.baidu.com/view/2079.html.

1497 年,葡萄牙贵族伽马(Gama,1460～1524)率领一支船队,沿着迪亚士的航线,绕过好望角,穿过马达加斯加海峡,并在阿拉伯人的帮助下,成功到达印度。他也同样没有给印度人带去任何福音,带去的只有疯狂的掠夺和血腥的屠杀。

1519 年 9 月,葡萄牙航海家麦哲伦(Magalhaes,1480～1521)在西班牙国王查理一世的支持和资助下,率领一支由 5 艘帆船、265 名船员的船队,横渡大西洋,然后南下经南美大陆和火地岛之间的海峡(后称麦哲伦海峡),进入太平洋,于 1521 年 3 月到达菲律宾群岛,麦哲伦本人因卷入当地的土著人纠纷而被杀。当船队继续向西经印度,绕过好望角,沿非洲西海岸北上,于 1522 年 9 月回到西班牙时,仅有一艘帆船和 18 名船员,但他们最终完成了人类历史上的第一次环球航行一周、证明地球是圆形的伟大壮举。图 6 - 3 中箭头所示为麦哲伦航海路线图。

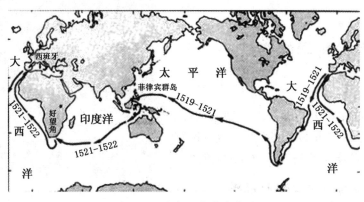

图 6 - 3　麦哲伦航海路线图

在 14～16 世纪期间,欧洲新生的资产阶级在意识形态领域发动了一场反封建、反宗教的文化运动——文艺复兴运动。文艺复兴运动始于意大利,后来逐渐扩大至欧洲诸国。文艺复兴提倡"以人为中心"的个性解放、重视现实生活、崇尚理性和知识,竭力反对教会宣扬的"以神为中心"的来世思想以及全能的上帝主宰一切和贬低个人作用的传统观念。文艺复兴推动了欧洲文化思想领域的繁荣,促进了西欧一些国家的宗教、经济、政治和教育的改革,为欧洲资本主义社会的产生奠定了思想文化基础。

达·芬奇(Leonardo da Vinci,1452～1519)是意大利欧洲文艺复兴时期著名的画家和科学家,他不仅给后人留下了众多传世名画,而且还留下了许多科学技术方面的研究成果和设想。他广泛地研究与绘画有关的光学、数学、地质学、生物学、人体解剖学等多种学科,创作了多幅著名绘画和许多素描作品,同时还设计了防御工事、城市规划和一些机械草图,是当时有名的建筑师和工程师。1506 年,他曾被法国国王路易十二世聘用,后来他在弗朗西斯一世(1515～1547 在位)的资助下,带着"国王首席画家、建筑师及工程师"的头衔来到法国的安布罗斯,并在那里度过了他最后的余生。在科学技术方面,他发明了测量船速和风力的仪器;描绘了滑轮以及传输动力的带子、一种踏板控制的车床、一种明轮船和一种用来打磨和抛光玻璃的机器;他设计了一种螺旋切割机、车辆行驶里程表、水泵、开挖运河的挖掘机、金字塔形降落伞等;他还有在当时是理想化的设计如乌龟型的坦克、潜水艇和直升飞机;他还设计了靠人力驱动的扑翼飞行器——靠扑打机翼飞行的比空气重的飞机(见图 6 - 4)。达·芬奇的艺术实践和科学探索精神对近代科学技术的形成与发展产生了重大而深远的影响。

　　文艺复兴和大学宽泛自由的学术环境、强调理性的逻辑思维和实验验证方法,为近代自然科学的诞生创造了良好的文化氛围和提供了优秀的人才,古希腊、罗马时期大量著作的翻译与诠释,为学者们提供了许多学习、讨论的命题。特别是手工工场的生产方式与各种产品,航海探险与指南针、星图与星表的绘制、船只与火炮的制造等现实问题,为近代科学的兴起提供了研究对象和研究方法,为技术的全面发展提供了前进方向。

6.2　近代科学的突破——天文学革命

　　近代科学首先在天文学领域得到革命性突破,并以哥白尼 1543 年发表的《天体运行论》为主要标志,近代科学由此进入形成与发展时期。

6.2.1　哥白尼与日心说的创立

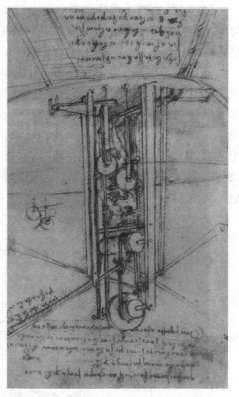

图 6-4　达·芬奇设计的飞行器手稿

　　哥白尼(Nicolaus Copernicus,1473~1543)是波兰著名的天文学家、日心说的创立者、近代天文学的奠基人。哥白尼 18 岁时进入波兰的一所大学习医,在此期间对天文学产生了兴趣。1495 年,大学毕业后的哥白尼来到意大利,继续学习法律、医学和神学,同时也研究天文学。1506 年他回到波兰家乡,在担任教士的同时,继续进行天文研究与天文观测,他确信古希腊哲学家阿里斯塔克(公元前 3 世纪)提出的地球和其他行星都围绕太阳运动的说法是正确的。哥白尼经过 6 年的观察和计算,证明了他的判定是正确的,即地球与行星绕太阳运动,并以此为出发点完成了《天球运行论》的初稿。迫于教会的强大压力,哥白尼只好一边不断修改书稿,一边等待时机。直到 30 年后的 1543 年 5 月,这部著作才在德国的纽伦堡出版问世,而这位伟人于 5 月 24 日也走完了他的人生道路。

　　《天球运行论》一书共分 6 卷,分别论述了哥白尼日心体系的基本观点与宇宙结构,地球是太阳的一颗行星,用几何学知识解释天体在地球上的视运动,以及太阳、月亮和行星运动及计算方法等内容。由于哥白尼的日心说直接击中了经院哲学的要害,彻底改变了上帝以托勒密地心说对宇宙体系的安排。因此,哥白尼的著作被教会列为禁书。凡是信仰和支持日心说的人都要受到教会的迫害。意大利的布鲁诺、伽利略都因支持哥白尼的日心说而被教会分别处以火刑和终身监禁。

6.2.2　开普勒——"天空的立法者"

　　开普勒(Johannes Kepler,1571~1630)是德国著名的天体物理学家,由于他提出了行星运动三定律而被后人誉为"天空的立法者"。开普勒出生在德国威尔的一个贫寒家庭。他幼时体弱多病,得过天花和猩红热,疾病使他视力衰弱,一只手半残。他12岁时入修道院学习,成绩一直名列前茅。16岁进入哥廷根大学学习。毕业后被聘请到格拉茨新教神学院担任教师。1596年,开普勒发表了《宇宙的奥秘》一书。这本书引起了著名天文学家第谷(1546~1601)的注意。1600年,开普勒应第谷的邀请,前往布拉格担任第谷的助手,一起从事天文观测工作。1年后第谷去世,开普勒接替第谷的工作,开始了他的天文学研究,并取得了丰硕成果。

1609年,开普勒出版了《新天文学》一书,提出了行星运动的第一和第二定律。

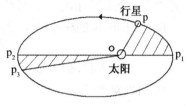

图 6-5　行星运行轨道图

行星运动的第一定律:所有行星绕太阳运转的轨道是椭圆的,其大小不一,太阳位于这些椭圆的一个焦点上(见图6-5)。

行星运动的第二定律:行星与太阳的连线在相等的时间里扫过的面积相等(图6-5中所示阴影部分)。这个定律又叫等面积定律。由此得出行星绕太阳的运动是不等速的,彻底推翻了唯心主义的宇宙和谐理论。

1619年,开普勒出版了《宇宙的和谐》一书,提出了行星运动的第三定律:行星公转周期的平方与它们各自轨道半长轴的立方成正比。这一定律又称为行星运动的周期定律。

开普勒利用行星运动三定律,将太阳系变成了一个统一的运动体系。至于行星为什么要绕太阳作椭圆运动,其时的开普勒没有而且也不可能对此问题作出说明。

6.2.3　牛顿万有引力定律的发现

万有引力定律的发现并非是牛顿在苹果树下看到苹果下落而产生灵感提出来的,在牛顿之前,已经有人开始对这个问题进行研究。

惠更斯(Christiaan Huygens,1629~1695)是荷兰著名的物理学家、天文学家和数学家。他在发明摆钟的过程中发现:物体保持圆周运动需要一种指向圆心的力——向心力,并得出了向心加速度公式 $a=v^2/R$。只要把这个公式代入开普勒的行星运动第三定律,就可以得到圆周运动的向心加速度之比与其运动半径的平方成反比,也就是向心力的大小与距离的平方成反比。遗憾的是他未能做到这一步。

1674年,英国的物理和天文学家罗伯特·胡克(Robert Hooke,1635~1703)在他的《从观察角度证明地球周年运动的尝试》一文中,提出了关于天体引力问题的三个假设。其中与引力有关的假设是:离引力中心越近,引力就越大。后来他虽认识到引力大小与距离的平方成反比,但最终也没有能明确提出。

1687年,英国著名的科学家牛顿(Isaac Newton,1642~1727)在《自然哲学的数学原理》一书中,明确提出了万有引力定律:物体间引力的大小与两个物体的质量 m_1、m_2 成正比,与两个物体间的距离 r 的平方成反比,即

$$F=G\frac{m_1m_2}{r^2} \qquad\qquad (6-1)$$

式中 G 为引力常数。由这个公式可以推导出开普勒的三个行星运动定律,同样也可以由行星运动定律导出万有引力定律。牛顿的万有引力定律为太阳系中各个天体的运动规律找到

了科学的依据,但他没有说明产生这种运动规律的原因是什么,因为他认为在"这个极其美丽的太阳、行星和彗星系统"中明显存在一个"智慧超群而且无所不能的上帝"①。

6.2.4　对宇宙的初始认识

宇宙是由空间、时间、物质和能量所组成的统一体,是一切空间和时间的综合。我国早在战国时期,就给出了"宇宙"的定义:"四方上下曰宇,古往今来曰宙。""四方上下"是指整个空间,"古往今来"是指时间。近代天文学中的宇宙,一般泛指天空中的天体。

我国战国时期的屈原曾在《天问》中对中国古代的宇宙(天地)形成之说提出疑问:

　　"遂古之初,谁传道之? 上下未形,何由考之? 冥昭瞢闇,谁能极之? 冯翼惟像,何以识之?"

在他那个年代,这些问题自然是无法回答的。

1644 年,法国著名哲学家、科学家笛卡尔(R. Descartes,1596～1650)在他的《哲学原理》一书中,详尽地阐述了他的日心漩涡理论。他认为,宇宙中充满一种被称为以太的物质,而这种物质中形成许多巨大的漩涡,正是这些漩涡带动着卫星围绕行星运转,并带动围绕太阳转动②。笛卡尔最先使太阳系的形成由神学问题转变为科学问题。

1750 年,英国天文学家莱特(Thomas Wright,1711～1786)出版了《宇宙起源理论》一书,对宇宙的起源和银河系的结构提出了看法。他认为恒星是"以某种规则的秩序"分布的。他认为宇宙的特征是存在超自然的星系中心,而在这个"创生的中心",他"愿意引入初始的源泉,它永恒而神奇地流淌,孕育出所有的自然规律"。因而,他提出了两种银河系的可能结构:或者是围绕银河中心分布的恒星环,类似于土星环;或者是以那中心为中心的恒星球层,从它的一个切平面看到的恒星,组成银河系。③

在 1749～1788 年,法国著名的博物学家布丰(George Buffon,1707～1788)在他编撰的博物学巨著《自然史》(36 卷)中,最早描绘了宇宙、太阳系和地球的演化。他认为地球是太阳与彗星相撞击而分离出的一个块体,逐渐冷却而成。这一思想在他 1779 年发表的《自然纪元》一书中得到进一步阐述。他还认为,地球的诞生比《圣经》创世纪所说的公元前 4004 年要早得多,地球的年龄起码有 10 万年以上。④ 布丰关于地球起源于灾变的假说,为人们探索太阳系的起源起到了启蒙作用。

1775 年,德国著名的哲学家和天文学家康德(I. Kant,1724～1804),在他发表的《自然通史和天体论》一书中,首先提出太阳系起源于星云的假说⑤。康德认为:太阳系是由大小不等的固体微粒组成的团状星云,在引力的作用下演变而来的。他的这一假说在当时并没有引起人们的注意。

---

① ［美］詹姆斯·E·麦克莱伦第三,哈罗德·多恩著. 王鸣阳译. 世界史上的科学技术[M]. 上海:上海科技教育出版社,2003;304,284,285.

② ［美］爱德华·哈里森著. 李红杰,姜田,李泳译. 宇宙学[M]. 长沙:湖南科学技术出版社,2008;76.

③ 同上,77.

④ 百度百科. 布丰. http://baike. baidu. com/view/60776. html.

⑤ 百度百科. 康德. http://baike. baidu. com/view/3899. html.

　　1796 年,法国著名数学和天文学家拉普拉斯(P. S. Laplace,1749～1827)在他的《宇宙体系论》一书中,独立地提出了另一种太阳系起源的星云假说,人们才想起 41 年前康德已经提出过这一假说。虽然都是星云假说,但他们建立假说的出发点显然是不同的。康德的星云说是从哲学角度提出的,而拉普拉斯则从数学和力学的角度去论述的。后来,人们就把此学说称为康德-拉普拉斯星云假说,并在天文学中占有一定的地位。

6.2.5　赫歇耳对银河系的研究

　　威廉·赫歇尔(F. W. Herschel,1738～1822)是德籍英国天文学家、古典作曲家和音乐家、恒星天文学的创始人。1738 年,威廉·赫歇尔出生在德国汉诺威的一个音乐世家。1758 年迁居英国,他的音乐天才使他成为有一定知名度的演奏家、作曲家和音乐家。他在演出、作曲之余,对天文观测产生了浓厚兴趣。1781 年 3 月 13 日晚,他利用自制的天文望远镜发现了天王星(见图 6 - 6),后又发现了天王星和土星各自的两颗卫星。此后,他放弃了演奏和作曲,专门从事天文观测与研究,在他的妹妹天文学家卡罗琳·赫歇尔(Caroline Herschel,1750～1848)的帮助下,威廉·赫歇尔在银河系、星团、星云、双星等天体的观测与研究方面取得了巨大的成就。他发现了太阳的空间运动,太阳光中的红外辐射等现象;他汇编了 3 部星云和星团表,一共记载了 2 500 个星云和星团,其中仅有 100 多个为前人已知;他用统计法首次确认了银河系为扁平状圆盘的假说,确定了银河系的形状大小和星数。1785 年,赫歇尔发表了自己的天体演化理论。他指出,在广阔无垠的太空中,恒星最初是分散的,但随着引力的作用,渐渐聚集起来,形成更加密集的星团[①]。由于他在天文学特别是恒星观察方面作出的巨大贡献,被后人誉为"恒星天文学之父"。

图 6 - 6　1781 年 3 月 13 日夜晚,英国天文学家威廉·赫歇尔(中)与他的妹妹天文
学家卡罗琳·赫歇尔在院子里用自制的反射式望远镜发现了天王星

6.3　经典物理学的产生

　　经典物理学的建立与发展大致经历了两个阶段:从 15 世纪到 17 世纪为第一阶段,主要标志是经典力学体系的建立,热学、光学、电磁学等学科亦已完成基础性工作;从 18 世纪到

---

　　① 百度百科. 威廉·赫歇尔. http://baike. baidu. com/view/67973. html.

19 世纪末是第二阶段,是光学、热学、电磁学等学科的理论体系完善。

6.3.1　经典力学的建立

6.3.1.1　伽利略对经典力学的贡献

伽利略(Galileo Galilei,1564～1642)是意大利文艺复兴后期著名的天文学家、物理学家、哲学家和数学家,近代实验科学的开拓者。他对近代科学的贡献主要集中在《星际使者》、《关于太阳黑子的书信》、《关于托勒密和哥白尼两大世界体系的对话》、《关于两门新科学的对话》、《试验者》等著作和一些手稿之中。他对经典力学的贡献主要有:

(1) 提出了匀速运动和变速运动的分类方法。他对匀速运动的定义是:"在任何相等的时间间隔内,运动质点走过的距离是相等的。"①对匀加速运动的定义是:"如果一个运动由静止开始,它在相等的时间间隔中获得相等的速度增量,则称这个运动是匀加速的。"②证明了沿斜面下降的物体所做的运动是匀加速运动。

(2) 发现了自由落体定律。伽利略利用小球沿光滑斜面的自由下滑实验,发现了无论小球的质量和大小如何,它们在相同时间内都滚过相同的距离。伽利略虽然没有给出加速度的精确数据,但已假定,落体运动是匀加速运动。尤其是等高度落体末速度相同的结论,完全证明了亚里士多德的重物比轻物先落地的观点是错误的。

(3) 发现了惯性运动。伽利略利用小球沿斜面运动实验,发现了物体的惯性运动,他在《关于两门新科学的对话》中写道:"任何速度一旦被赋予一个运动的物体,将严格地保持下去,只要去掉加速或减速的外部原因,这是仅在水平面的情形下碰到的一个条件,因为在向下倾斜的平面的情形存在加速的原因,而在向上倾斜的平面的情形存在减速的原因,由此得出沿着一个水平面的运动是永恒的。"③

(4) 对抛体运动轨迹的研究。伽利略以运动的独立性和叠加性作为研究抛射体运动的依据,假设物体以某一水平初速度被抛出,这时物体将同时参与一个匀速的水平运动和一个匀加速的下落运动。他还用数学方法证明了抛射体以仰角 45° 抛射时射程最远。

(5) 相对性原理。伽利略在《关于托勒密和哥白尼两大世界体系的对话》中,借谈话人萨尔维阿蒂之口,对运动的相对性进行了描述,得出了在匀速直线运动的船舱里,所做的任何力学实验都不能判断出船是静止还是匀速前进的原理性结论。伽利略的运动理论为后来牛顿建立经典力学体系奠定了坚实的基础。

6.3.1.2　碰撞的研究

在经典力学形成之前,人们除了对落体运动研究之外,还对碰撞运动进行了研究。正是人们对这两种运动的研究,打开了经典力学的大门。笛卡儿、惠更斯对碰撞运动的研究作出了重要贡献。

笛卡儿对碰撞现象进行了系统观察和研究。他认为,机械运动是物质的唯一运动形式,

---

① ［意］伽利略著. 武际可译. 关于两门新科学的对话[M]. 北京:北京大学出版社,2006:142.

② 同上,149.

③ 同上,200.

物体间的相互作用都只能通过挤压和碰撞发生。他从碰撞实验现象中归纳出三条定律,并为特定类型的碰撞总结了七条规律。第一定律、第二定律是对惯性定律的原始描述,第三定律是关于碰撞过程中的运动传递规律。他把运动的终极原因归咎于上帝,得到了动量守恒的结论。他在《哲学原理》中写道:"上帝在创造物质的时候,就赋予物质各部分以不同的运动,而且使所有物质保持创造出来的那个时候所处的方式和状态。所以,上帝也就使这些物质保持着原来的运动的量。"这表明,虽然当时还没有"质量"概念,但他已经把动量作为运动的量度。

1668 年,英国皇家学会就碰撞问题的研究悬赏征文,有三位学者向学会提交了应征论文。一位作者明确阐述了冲量和动量的概念以及它们的联系,解决了完全非弹性的一维碰撞问题,并考虑到速度的方向性,得出了非弹性碰撞的动量守恒结论。另一位作者正确地叙述了计算弹性碰撞的规则,但没有给出证明。惠更斯对完全弹性碰撞的过程和现象作了详细的讨论,其中最为突出的一是给出了动量守恒定律的完善表述,二是提出了 mv^2 这个物理量,最早发现完全弹性碰撞过程中的机械能守恒:"在两个物体的碰撞中,它们的质量和速度平方乘积的总和,在碰撞前后保持不变。"

6.3.1.3　牛顿对经典力学的综合

1687 年,牛顿的《自然哲学的数学原理》出版,这部著作分为两大部分:第一部分仿照欧几里得的方法,首先提出了定义和动力学原理,为建立力学的逻辑体系提供前提,如定义质量、动量、惯性、力以及说明绝对时间和绝对空间的含义等;第二部分是这些基本原理的运用,主要讨论了万有引力定律、向心力运动、物体在有阻力的介质中的运动、天体的运动、潮汐现象的解释等。在第一部分中牛顿提出了机械运动的三个基本定律:

定律 1. 每个物体继续保持其静止或沿一直线作等速运动的状态,除非有力加于其上迫使它改变这种状态。

这个定律是在伽利略发现的惯性运动原理基础上扩展而成的。

定律 2. 运动的改变和所加的动力成正比,并且发生在所加的力的那个直线方向上。

这是牛顿在定义了质量的概念,并通过实验归纳、总结出来的力(F)的作用同动量(mv)的变化成正比,即

$$F \propto \Delta(mv)$$

1750 年,瑞士数学家和物理学家欧拉(Leonhard Euler,1707~1783)才指出应该把力同动量的变化率联系起来。

定律 3. 每一个作用总是有一个相等的反作用和它相对抗;或者说,两物体彼此之间的相互作用永远相等,并且各自指向对方。

这是牛顿在笛卡尔、惠更斯等人对碰撞研究的基础上得到的结果。以上三个定律是牛顿的原始描述,与现在通常的文字表述略有差异,但物理内涵是一脉相承的。其后,牛顿以三个定律为出发点,接着提出了六个推论,其中包括力的合成与分解、运动的叠加原理和力学的相对性原理。

牛顿的《自然哲学的数学原理》的问世,标志着经典力学体系的建立,尤其是地面力学与天体力学的统一,完成了近代科学史上的第一次大综合。

6.3.1.4　经典力学的发展

牛顿之后,经典力学得到了进一步发展,具体表现在三大守恒定律的建立和分析力学的问世。

三大守恒定律是指质心运动守恒定律、动量矩守恒定律和活力守恒定律。实际上,这三个定律都是在笛卡尔、惠更斯、牛顿等人的研究成果上逐步完善起来的。牛顿在《自然哲学的数学原理》中已经对"质心运动守恒定律"作了明确表述,但未能将其归纳为守恒定律而推广运用。开普勒第二定律实质上就是动量矩守恒定律,牛顿用万有引力定律进行了证明。1745年,D·伯努利和欧拉等人以不同的形式分别提出这个原理以及与此原理相应的动量矩定理。莱布尼茨首先引进了"活力(mv^2)"概念,并认为宇宙中的"活力守恒"。他发现力和路程的乘积与"活力"的变化成正比。直到科里奥利用$\frac{1}{2}mv^2$代替mv^2后,莱布尼茨的发现才得到准确的表述。

6.3.2　热力学的形成

热力学的形成是从人们对各种热现象的观察与研究开始的。蒸汽机的发明、使用与改进,计温学和量热学的建立,使热现象的研究走上了科学实验道路。热力学定律与气体分子动力论的建立,使热力学成为一门独立学科而得以建立。

对热现象的实验研究是从测量物体的温度开始的。伽利略利用水和酒精的热胀冷缩现象制成了世界上最早的温度计。这支温度计实际上是一个温度气压计,虽然没有多大的实用价值,但给后来的温度计制作者提供了努力方向。1659年,法国天文学家博里奥第一个制成了用水银作为测温物质的温度计。

1709年,荷兰的德国玻璃工华伦海特(G. D. Fahrenheit,1686～1736)制成第一支实用的酒精温度计。1714年他又制成了水银温度计,并把冰、水、氨水和盐的混合物平衡温定为0 ℉,冰的熔点定为32 ℉,而人体的温度为96 ℉,1724年,他又把水的沸点定在212 ℉,后人称这一温标为华氏温标。

1742年,瑞典天文学家摄尔修斯(A. Celsius,1701～1744)制成水银温度计,他把水的沸点定为0 ℃,冰的熔点定为100 ℃,与现行的摄氏温标正好相反。8年之后,施特默尔(M. Stromer)把这两个固定点作了对调,这就是摄氏温标。

1848年,英国物理学家威廉·汤姆逊(即开尔文勋爵)(1824～1907)建立了一种新的温度标度——绝对温标,并得到国际计量委员会的认可(1887年)。绝对温标的分度距离同摄氏温标的分度距离相同,它的绝对零度为摄氏零下273.15度,它的量度单位称为开尔文,简称为K。温度计的出现,使得人们对热现象的研究有了必备工具。量热学的研究最终把温度和热量作了明确区分,并导致比热、热容量等概念的形成。对热的本质的认识,为热力学定律的建立创造了条件。

6.3.3　电磁学的形成与发展

电磁学的建立是从静电和静磁现象的认识开始的,从第一台手摇式摩擦起电机发明到麦克斯韦电磁场理论的建立,大约经历了两个世纪。

静电、静磁的引物、引铁现象早就为古代先民所知,然而对这两种现象进行系统研究则是从 16 世纪开始的。英国女王伊丽莎白的御医吉尔伯特(Gilbert,1540~1603)在 1600 年出版了《论磁、磁体和地球作为一个巨大磁体的新的自然哲学论》一书,提出了磁石的两极成对存在、不可分离的理论;磁石同极性相互排斥,异极性相互吸引;他把地球设想成为一个大磁体;磁石吸引铁块的力与磁石的大小成正比等。他发现不仅摩擦后的琥珀有吸引轻小物体的性质,其他一些物体如金刚石、蓝宝石、水晶、硫磺、明矾、树脂等也有这种性质,并把这种性质称为电性。

1660 年左右,德国人格里凯(Guericke,1602~1686)发明了能产生大量电荷的摩擦起电机——用手与转动的硫磺球摩擦,结果人体和硫磺球都带上了电。1709 年,德国人豪客斯比(1688~1673)把硫磺球换成玻璃球,制成了玻璃球起电机。起电机的发明为人们研究静电提供了稳定的研究对象,使得电实验变得越来越普及。

1729 年,英国人格雷(1670~1736)用实验证明金属丝和人体都能导电,并发现带电体上的电荷分布在物体的表面。法国人杜菲(1698~1739)发现自然界存在两种电,即皮毛与树脂摩擦得到的树脂电(负电荷)和丝绸与玻璃棒摩擦得到的玻璃电(正电荷)。

1745 年,德国人克莱斯特(Kleist,约 1700~1748)在一次实验中用传导方法使装在玻璃瓶内的铁钉与起电机接触,当他一手拿着玻璃瓶,另一只手接触到铁钉时,他感到臂膀和手臂受到一下猛击。受到这个启发,他在实验中用装有酒精或水银的玻璃瓶储存电荷,效果很好。

1746 年,荷兰莱顿大学的穆欣布罗克(Musschenbrock,1692~1761)试图用起电机使装在玻璃瓶内的水带电,在实验中他感受到了玻璃瓶放电产生的强烈电击(见图 6-7)。最早的电容器——莱顿瓶是一个玻璃瓶,瓶里瓶外分别贴有锡箔,瓶里的锡箔通过金属链跟金属棒连接,棒的上端是一个金属球,这就构成以瓶子玻璃为电介质的电容器。由于它是在莱顿大学发明的,所以叫做莱顿瓶。莱顿瓶的发明为静电研究提供了一种储存静电的有效方法,对电学知识的传播和应用起到了重要作用。

图 6-7　莱顿瓶放电实验

莱顿瓶的发明很快就在欧洲引起了强烈的反响。电学家们不仅利用它们做了大量的实验,而且做了大量的示范表演,有人用它来点燃酒精和火药。其中最壮观的是法国人诺莱特在巴黎一座大教堂前所作的表演,诺莱特邀请了路易十五的皇室成员临场观看莱顿瓶的表演,他让 700 名修道士手拉手排成一行,队伍全长达 900 英尺(约 275 m)。然后,诺莱特让排头的修道士用手握住莱顿瓶,让排尾的修道士握瓶的引线,一瞬间,700 名修道士,因受电击几乎同时跳起来,在场的人无不为之目瞪口呆,诺莱特以令人信服的证据向人们展示了电的巨大威力。

1752 年,美国发明家本杰明·富兰克林(Benjamin Franklin,1706~1790)通过风筝实验,证明了雷电与摩擦起电具有同样性质。他从尖端放电现象发明了避雷针,最先使用了"电荷"、"正电"和"负电"这几个术语,并对电荷守恒定律作了最初的描述。

1791 年,意大利解剖学家伽伐尼(A. Galvani,1737~1798)在《肌肉运动中的电力》一文中,记述了他在解剖青蛙时发现的电流现象,他把青蛙身体上的电流称为"动物电"。

伽伐尼的发现引起意大利物理学家伏特(A. Volta,1745~1827)的极大兴趣。1800 年春,伏特公布了他用一块锌板和一块铜板作为电极的伏特"电堆"——最早的直流电池。伏特的发明为 19 世纪电学的实验和发展提供了重要工具,并把电学的研究由静电引入到动电。

6.3.4 光学的形成与光的本性之争

近代光学的形成首先是从验证托勒密(古罗马)提出的折射定律开始的。光的反射定律和折射定律的建立,为几何光学奠定了基础。对光的本性的争论成为 17~18 世纪推动光学向前发展的动力。

6.3.4.1 几何光学的形成

1611 年,开普勒汇集前人的光学知识与他本人的研究成果,出版了《屈光学》一书。他在这本书中介绍了测量入射角和折射角的方法,描述了近似的折射定律和光的全反射现象,首先引入了几何光学中的"焦点"、"光轴"等一些基本概念。

1621 年,荷兰物理学家斯涅耳(W. Snell,1591~1626)得出了光的折射定律的正确表述。斯涅耳在世时未曾公布他的发现,是惠更斯从他的遗稿中发现了这条定律。

1637 年,笛卡尔首先用正弦之比取代了斯涅耳的余割之比,使得折射定律具有了现代表述形式,即入射角的正弦与折射角的正弦之比等于常数。他还得出一个错误结论:光在密媒质中的速度大于疏媒质中的速度。

1661 年,法国数学家费马(Pierre Fermat,1601~1665)认为:光沿着所需时间为极值的路径传播,并得出了与笛卡尔相反的结论:光在密媒质中的速度小于光在疏媒质中速度,得到了正确的折射定律公式。

在人们研究光的折反射现象的同时,许多光学仪器的发明为光学的研究提供了工具。望远镜与显微镜的发明,使人们可以观察到更远和更小的物体,扩大了人们的视野和观察、研究对象。同时,也为几何光学中的成像问题提供了更多研究课题。

1666 年,牛顿通过棱镜色散实验,第一次证明了白光是由具有不同折射率的单色光复合而成的,提出了颜色形成理论,并揭示了透镜产生色差的原因。

6.3.4.2 关于光的本性之争

光的本性是什么? 在光学发展过程中曾出现过两种截然不同的观点。一是以惠更斯为代表的波动说,另一是以牛顿为代表的微粒说。

笛卡尔在他的《屈光学》一书中首次提出了光具有波动性的猜想。意大利物理学家格里马尔第(Grimaldi,1618～1663)首先观察到光的衍射现象,他认为产生这种现象与投石击水产生的水波相似。胡克在《显微术》一书中也持有与此相同的观点,并曾提出光是横波的假设。

1690 年,惠更斯出版了《论光》一书,书中提出了著名的惠更斯原理:在波传播的物质中每一个粒子,应该不仅是把它的运动传给跟它位于由发光点引出的同一直线上的下一个粒子,而且也必须把一部分运动给予跟它接触的一切其他粒子,于是围绕着每一个粒子都形成一个以那粒子为中心的波。惠更斯应用这个原理成功地解释了光的反射、折射和光的独立传播现象,并得出光密媒质中的光速小于光疏媒质中的光速的正确结论。用惠更斯原理可以很好地解释方解石的双折射现象。

首次明确提出光是微粒说的是笛卡尔。他以媒质中运动着的小球作类比来解释光的折射和反射现象。

牛顿是持微粒说的,他在《自然哲学的数学原理》中写道:"在我的关于光的粒子结构的理论中,作出的结论是正确的。但我作这个结论并没有绝对的肯定。"1704 年,他在《光学》一书中则明确指出:

> "光是发光物体所传播出来的某种与以太振动不同的东西。……可以想象光是一种细微的、大小不同的而又迅速运动的粒子。这些粒子从远处发光物体那里一个一个地发射出来。"

牛顿用他的微粒说较好地解释了光的直线传播、影的生成和反射现象;解释了光的折射、双折射、衍射以及他所发现的色散现象和牛顿环。由于牛顿的影响,在整个 18 世纪中光的微粒说一直占统治地位。

6.4　其他自然科学的进展

在天文学革命、经典物理学兴起的同时,其他的自然科学也悄然兴起,并得到快速发展。

6.4.1　数学的发展

17 世纪天文学和力学的发展,航海、工业生产以及社会生活的需要,促进和带动了数学的发展,导致了解析几何和微积分的建立。

6.4.1.1　解析几何的建立

解析几何的建立归功于笛卡尔。1637 年,笛卡尔出版了《方法论》一书,在该书的《几何学》中,首次将几何问题转化为代数问题,并提出用尺规作图问题。在讨论曲线性质问题时,笛卡尔表现出了他的新思想和新方法。他首先建立了数学史上的第一个坐标系——以 A 为坐标原点,$AP = x$,$PC = y$ 为坐标轴的斜坐标系(见图 6-8)。其次,他把坐标平面上的点(如 C 点)与作为坐标的数对(x,y)对应,并把平面曲线与含两个未知数的方程 $f(x,y) = 0$ 对应。正如他所说:

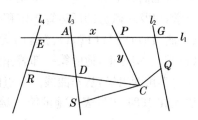

图 6-8　笛卡尔建立的斜坐标系

"曲线是任何具体代数方程的轨迹。"[①]我们现在所用到关于坐标的几个术语如坐标、纵坐标和横坐标是莱布尼茨在 1692 年提出的。由于笛卡尔借助于坐标系把"数"与"形"统一起来，使得人们可以用代数方法解决几何问题，也可以用几何方法解决代数问题。笛卡尔的《几何学》问世，标志着解析几何的诞生与近代数学的开始。恩格斯对此评价说："数学中的转折点是笛卡尔的变数，有了变数，运动进入了数学，辩证法进入了数学。"[②]

6.4.1.2　函数概念的产生与发展

函数概念的产生源于 14 世纪，法国的奥雷斯姆在《论性质的构形》一书中用一根水平线上的点代表时间 t，用通过水平线上某一点垂线的长度表示此时刻的速度，得到了匀速直线运动的路程 x 随时间 t 的变化关系。这一思想被后来的开普勒和伽利略用于天体运动研究之中。

在开普勒提出的三个行星运动规律中，第二、第三定律都是用函数关系来描述的。伽利略在《两门新科学》一书中，用文字和比例的语言表达了路程、速度随时间变化的函数关系。笛卡尔在他的解析几何中，已经注意到了一个变量对于另一个变量的依赖关系，但由于当时尚未意识到需要提炼一般的函数概念，因此直到 17 世纪后期牛顿、莱布尼兹建立微积分的时候，数学家还没有明确函数的一般意义，绝大部分函数是被当作曲线来研究的。如莱布尼茨在 1673 年的一篇手稿中，把任何一个随着曲线上的点变动而变动的几何量，如切线、法线、点的纵坐标都称为函数，并且强调这条曲线是由一个方程式给出的。

1718 年约翰·贝努利(Johann Bernoulli,1667~1748)在莱布尼茨函数概念的基础上，对函数概念进行了明确定义："一个变量的函数是指由这个变量和常数以任一形式所构成的量。"贝努利把变量 x 和常量按任何方式构成的量叫做"x 的函数"，用 y 表示。其在函数概念中所说的任一形式，包括代数式子和超越式子。

18 世纪中叶，瑞士科学家欧拉(L. Euler,1707~1783)给出了非常形象的，一直沿用至今的函数符号 $f(x)$。欧拉给出的定义是："一个变量的函数是由这个变量和一些数即常数以任何方式组成的解析表达式。"他还把约翰·贝努利给出的函数定义称为解析函数，并进一步把它区分为代数函数和超越函数。此外，他还考虑了"随意函数"(表示任意画出曲线的函数)。因此，欧拉给出的函数定义比约翰·贝努利的定义更普遍、更具有广泛意义。

6.4.1.3　微积分学的建立

微积分学起源于对曲线切线和曲边形面积的研究。微积分学的建立归功于牛顿和莱布尼茨，他们各自独立建立了微积分学体系。牛顿从运动学角度出发，以速度为模型建立了微分学，以及求微分的反运算不定积分。牛顿的微积分理论主要体现在他的三部著作之中，即《求曲边形面积》(1704)、《运用无穷多项方程得分析学》(1711)、《流数术和无穷级数》(1736)。实际上，他的第一部著作完成于 1676 年，第三部著作完成于 1671 年。莱布尼茨从几何学角度出发，从作曲线上一点的切线开始建立微分学，把积分理解为求微分的和。莱布尼茨在 1684 年发表了他的第一篇微分学论文《一种求极大与极小值和求切线的新方法》，

①　张红主编. 数学简史[M]. 北京:科学出版社,2007:178.
②　恩格斯. 自然辩证法[M]. 北京:人民出版社. 1971:236.

1686年他发表了第一篇积分学论文《深奥的几何与不可分量及无限的分析》。莱布尼茨还创立了微积分的运算符号如微分符号"dx"、"dy",积分符号"$\int$"等,提出了一些数学名词如"微分学"、"积分学"、"函数"、"坐标"等,这些运算符号和名词至今仍在使用。微积分学的建立,为现代数学的诞生打下了坚实的基础。

6.4.2　近代化学的形成

化学是在原子、分子层面上研究和揭示物质的组成、结构、性质及其变化规律的科学。在由物质组成的世界里,化学是人类认识和改造物质世界的主要方法和手段之一,是一门历史悠久而又富有活力的科学。近代化学的形成与发展有力地推动了人类社会的前进。

6.4.2.1　近代化学的初期进展

近代化学是从古代炼金术和炼丹术逐步演变成医学化学,历经燃素说的盛衰以及对化学元素和大量化学反应现象的深入了解,化学终于在17世纪中叶被确立为一门科学。随着化学基本定律的建立、有机化学的产生和元素周期表的确定,使近代化学得到了进一步完善。

从16世纪开始,欧洲的工业生产蓬勃兴起,推动了医药化学和冶金化学的创立和发展,使炼丹术、炼金术逐步转向生活和实际应用。瑞士医生巴拉塞尔士(Paracelsus,1493~1541)力图把医学和金丹术结合在一起。他认为:化学研究(主要指金丹术的实验研究)的目的不在于点金,而应该是制药。他呼吁医生们去努力研究化学,把化学知识运用于医疗实践。[1] 在理论上,他相信四元素说,但他认为构成物体的三要素是盐、硫磺和水银。

1597年,德国的医疗化学家安德雷·李巴乌(A. Libau,约1540~1616)出版了《炼金术》一书,该书由于包罗了当时分散在金丹术、制药学、冶金学以及相近学科的有关化学的要点,而成为第一本真正的化学教科书。他在另一本著作《工艺大全》中为医药化学增添了不少新的内容,向人们进一步展示了实用化学的作用。

比利时医生J·B·范·海尔孟(J. B. Van Helmont,1579~1644)在化学的定量研究方面作出了贡献。他清楚地表述了物质不灭定律,强调金属溶解于酸以后并没有被消灭,还可以用适当方法使其复原。他最先清楚地认识到各种化学反应过程中气体的产生,并对数十种气体的颜色、气味和产生方法等进行了论述,首先提出了"气体"这个词。他通过实验证明水是一种元素,而土、火、空气都不是元素。范·海尔孟的化学成就代表了从炼金术到化学的过渡阶段。[2]

1661年,英国科学家罗伯特·波义耳(Robert Boyle,1627~1691)出版了他的代表作《怀疑的化学家》一书,为近代化学奠定了基础。他对近代化学的贡献有三:第一,他认识到化学值得为其自身目的去研究,而不是为了医学或炼金术去研究;第二,他把严密的实验方法引入化学之中;第三,他给元素下了一个清楚的定义,即元素是"指某种原始的、简单的、一点也没有掺杂的物体。元素不能用任何其他物体造成,也不能彼此相互制造。元素是直接

---

① 周嘉华,张黎,苏永能著.世界化学史[M].长春:吉林教育出版社,1998.
② [英]J. R. 柏廷顿著. 胡作玄译. 化学简史[M]. 桂林:广西师范大学出版社,2003:41,61.

合成所谓完全混合物的成分,也是完全混合物最终分解成的要素"。他认为,可以根据构成元素的粒子大小、形状和运动状态来解释元素的性质,而且还可以根据这些粒子的重新排列来解释化学反应。

6.4.2.2　燃素说与氧化燃烧理论的形成

17 世纪的化学家们曾通过大量的燃烧实验来探索燃烧的本质。1665 年,玻义耳的学生胡克在他的《显微术》一书中提出了包括 12 个命题的燃烧学说。另一位英国人约翰·梅猷(J. Mayow,1641~1679)在 1674 年出版的《医学哲学五论》书中,提出了一个得到实验证实的燃烧理论——燃烧和呼吸学说。他推断空气中含有两种粒子,其中一种叫火-气粒子或硝-气粒子或硝气精,是它们在支持燃烧和呼吸过程。

1669 年,德国化学家贝歇尔(J. J. Becher,1635~1682)出版了《地下的自然哲学》一书,最先提出了燃素说。他认为物质是由空气、水和三种土组成。这三种土分别是可燃的油状土、汞状土和可熔的或玻璃状的石土,燃烧时油状土被烧掉,而留下的是汞土和石土。

1703 年,德国化学家斯塔尔(G. E. Stahl,1660~1734)重印了贝歇尔的著作,并作了评注。他用"燃素"代替了贝歇尔的油状土,并认为燃素是一种很细微的物质,只有当它离开某种含有它的物质时才可以检测到,这时它表现为火、热和光。

由于燃素说能很好地解释当时所发现的一些化学现象,很快就被人们所接受。到 18 世纪中叶,燃素说已经占据了化学的主导地位,被奉为化学的基本原理,统治人们的思想长达 100 多年。

英国化学家普列斯特列(J. Priestley,1733~1804)与瑞典化学家舍勒(C. W. Scheele,1742~1786)几乎同时发现了氧。普列斯特列把氧气称为"脱燃素空气";舍勒则把氧气称为"火气",并证明了燃烧时消耗掉的就是这种气体。由于他们都信奉燃素说,因而失去了唾手可得的真理。

1777 年,法国著名化学家、近代化学的奠基人之一拉瓦锡(A. L. Lavoisier,1743~1794)在向巴黎科学院提交的《燃烧概论》论文中,通过金属煅烧实验,提出了氧化燃烧理论。拉瓦锡把普列斯特列的"脱燃素空气"称为"可呼吸空气",并将其定义为"氧"。1789 年,拉瓦锡出版了《化学概要》一书,对已发现的 33 种化学元素进行了分类,提出了氧化学燃烧理论,强调实验的重要性并介绍了一些化学仪器和使用方法。这部著作在化学中的地位与牛顿的《自然哲学的数学原理》在物理学中的地位完全相似。

18 世纪后期的法国大革命,彻底中断了这位化学大师的一切生命。1794 年 11 月 8 日,拉瓦锡在巴黎被送上了断头台。与拉瓦锡同时代的法国科学家拉格朗日曾对此评论说:"把拉瓦锡的头切断只要一瞬间,但要有与他同样的脑袋必须要等待 100 年。"

6.4.3　人体血液循环理论的确立

从 16 世纪开始,人们开始对人体的血液循环问题进行探索,经过科学家们不畏艰辛的努力,到 17 世纪后期,终于使人体血液循环理论得以确立。

对人体血液循环的研究是从解剖学开始的。1543 年,比利时医生维萨留斯发表了《人体的结构》一书,对人体的骨骼结构、肌肉、内脏器官、静脉与动脉以及神经系统等作了详细论述,并对古罗马医生盖伦的一些错误观点进行了猛烈抨击。他通过解剖,确定了男女的肋骨数目相等,都是 24 条,并不像《圣经》上说的女人是用男人的一条肋骨创造的,因而男人比女人少一条肋骨;也不存在宗教所宣扬的人体有一根永不毁坏的"复活骨"。维萨留斯的言论很快就遭到教会和世俗两方面的强烈反对,最终他不得不放弃自己的研究与医学教授生涯,在去圣城耶路撒冷朝拜赎罪途中病逝。

1553 年,西班牙医生塞尔维特(Servetus,1511～1553)出版了《基督教的复兴》一书,提出了血液小循环理论和肺循环理论,批判了盖伦的"三灵气说",并以抨击加尔文的神学观点作为结尾。塞尔维特因此而被天主教处以死刑,由于他逃出了监狱,最后只好烧了他的模拟稻草人来代替。不久,他在日内瓦再次被捕,被耶稣教会判处火刑。在烧死前他被活活烤了两个小时。

1628 年,英国医生哈维(Harver,1578～1657)出版了《心血循环运动论》一书,系统地阐述了人体血液大循环理论。哈维证明了"在动物体内,血液被驱动着进行不停地循环运动;这正是心脏通过脉搏所执行的功能;而搏动则是心脏运动和收缩的唯一结果。"[1]哈维的血液大循环发现,奠定了生物学发展基础,并使生理学成为一门科学。

光学显微镜的发明,为生物学研究提供了强有力的观察工具。意大利解剖学家马尔比基(M. Malpighi,1628～1694)被誉为动物和植物材料显微技术的创始人[2]。他的研究是多方面的,主要有:血液循环与毛细血管、肺和肾的细微结构、大脑皮层、植物微解剖学、无脊椎动物学等。荷兰科学家列文虎克(1632～1723)通过显微镜观察,证实了马尔比基关于毛细血管的发现;证明了毛细血管连接着动脉和静脉;发现了血液从动脉流向静脉的通路;发现了寄生虫卵和细胞等。他们两人的工作,使哈维的血液循环理论得到了进一步完善。

1665 年英国科学家胡克出版了《显微图像》一书,最先提出了细胞一词。1669 年,荷兰科学家施旺麦丹(J. Swammerdam,1637～1680)出版了一本用荷兰语写的昆虫通史的书。他对昆虫的研究成果直到他诞生 100 年后才以《自然的圣经》为名而出版,但它仍然是 18 世纪所能得到的最好的昆虫显微解剖著作。

6.5　第一次产业技术革命

发生于 18 世纪的第一次技术革命,它是以纺织机的技术革新为起点、蒸汽机的发明与使用为标志。第一次技术革命有力地推动了社会生产力的大发展,并使传统的产业结构发生了革命性变化。

6.5.1　产业革命的源头——纺织技术的革新

英国的毛纺织业在 16 世纪就已经形成,而棉纺织则是在 17 世纪才从荷兰引进,并处于艰难的发展之中。因为,其时的棉纺产品不仅在国内市场上要受到传统毛纺产品的排挤,而且在国际市场上还要受到印度产品的竞争。因此,要使纺织业能够生存下去,改变传统生产方式和提高生产效率成为当务之急。

1733 年,英国钟表匠凯伊(J. Kay,1704～1774)发明了纺织飞梭(见图 6-9),这项技术

①　[美]洛伊斯·N·玛格纳著.生命科学史[M].李难等译.天津:百花文艺出版社,2002:130.

②　同上,229.

发明直到 18 世纪 60 年代后期才被广泛使用。纺织飞梭不仅可以使织布效率提高一倍,而且还可以使布面加宽。更为重要的是打破了过去纺纱与织布之间的平衡,发生了棉纱短缺的"纱荒",同时也使得棉纱的价格不断上涨。"纱荒"产生的经济效益,促使人们在提高棉纱产量的同时,推动了人们去改进纺纱技术。

图 6-9　纺织飞梭

图 6-10　珍妮纺纱机

1764 年,曾当过木工的织布工人哈格里沃斯(J. Hargreaves 约 1720～1778)发明了带有 8 个纺锭的竖锭纺车,功效一下提高了 8 倍,后来纺锭增加到 18 个。他以女儿的名字命名新纺车为"珍妮机"(见图 6-10),并于 1770 年登记了专利。珍妮机纺出的纱虽然不结实但很均匀。珍妮机消除了纺纱和织布的不平衡状态,成了产业革命的火种。1788 年,英国纱厂中已有 2 万台这样的机器。

随着珍妮机纱锭的逐渐增多,以人力为驱动力明显有所不足。1768 年,理发师阿克赖特(1733～1792)发明了水力带动的滚筒纺纱机,纺出了粗细不够均匀但很结实的纱。1769 年,他申请了发明专利。

1779 年,克隆普顿(1753～1827)综合了珍妮机与阿克赖特滚筒纺纱机的优点,发明了水力带动的新纺纱机——骡机(见图 6-11),纺出了既结实又均匀的纱线。骡机装有 400 个纱锭,后来又增加到 800 个,使纺纱效率得到了大大提高。

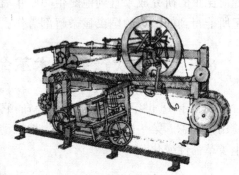

图 6-11　骡机

骡机的发明促使了织布机的改进,1785 年,英国牧师卡特赖特(1743～1823)发明了用蒸汽机带动的自动织布机。1804 年,法国的杰夸(1752～1834)发明了能织各种花纹的彩色织机。后来,英国的霍尔勒夸斯又把木制织机换成了铁制。1834 年,仅英国的蒸汽织机就达到 10 万台。

6.5.2　产业革命的标志——蒸汽机的发明与使用

早在蒸汽机发明之前,包尔塔的蒸汽压力实验、托里拆利和帕斯卡的大气压力实验、格里凯的真空作用实验为蒸汽机的发明奠定了实验基础。

1690 年,法国著名物理学家、工程师巴本(Denis Papin,1647～1712)发明了带有活塞和汽缸的蒸汽泵。虽然巴本的蒸汽泵是实验性的,没有什么实用价值,但是它以蒸汽为工作物质和工作循环方式,为蒸汽机的改进开辟了道路。

　　1696 年,英国的矿山技师托马斯·赛维里(Thomas Savery,1650~1715)发明了第一部可以应用于矿井提水的蒸汽机,并于 1698 年申请了专利。赛维里蒸汽机与巴本蒸汽机的区别在于没有活塞,直接依靠蒸汽冷却产生的真空把水吸上来,通过排水管道排出。由于赛维里蒸汽机需要很大的蒸汽压力和较浅的矿井,所以在经济实用和安全方面没有多少价值。

　　1705 年,英国铁匠托马斯·纽可门(Thomas Newcomen,1663~1729)在研究了巴本、赛维里蒸汽机之后,在赛维里的蒸汽机中引入了巴本的活塞装置,研制成纽可门蒸汽机(见图 6-12)。在蒸汽压力、大气压力和真空的交互作用下推动活塞上下运动,就可以带动唧筒式抽水机抽水。到 18 世纪 20 年代,纽可门蒸汽机已得到广泛应用。

图 6-12　纽可门蒸汽机　　　　　　　　　图 6-13　瓦特改良的蒸汽机

　　纽可门蒸汽机的效率很低,产生一马力需要耗煤 25 kg。为了提高蒸汽机的效率,必须要对蒸汽机的结构作彻底改进,英国格拉斯哥大学的仪器修理工瓦特(James Watt,1736~1819)对纽可门蒸汽机的改进作出了重要贡献。他把纽可门蒸汽机的冷凝过程从汽缸内分离出来,即在汽缸外单独加一个冷凝器而使汽缸始终保持在高温状态,这一设想在 1769 年获得成功。1782 年,瓦特又制造出了使高压蒸汽轮流从汽缸两端进入汽缸,推动活塞往返运动的双向通用蒸汽机。在曲柄连杆机构专利发明到期之后,他把曲柄连杆机构引入到他的蒸汽机中,使活塞的往复运动转变为飞轮的连续转动,并增加了飞轮和离心调速装置,具有了现代蒸汽机的结构形式(见图 6-13)。

　　英国的纺织业和蒸汽机革命带动了其他产业的技术革命。各种工具机如车床、刨床、钻床、磨床的相继出现,以及纺织、采矿、冶金、运输等各种作业机械的出现,有力地推动了英国的工业化进程和资本主义制度的确立。从 1770 年到 1840 年的 70 年间,英国的平均生产率提高了 20 倍。英国因此而成为这一时期世界科学技术的中心。

第7章 近代科学技术的全面发展

第一次产业革命充分显示了科学技术的巨大威力。它不仅为资本家带来丰厚的剩余价值，推动了资本主义社会的快速发展；同时也为自然科学的深入研究，推动科学技术的全面发展提供了条件。热机效率的研究、电磁场理论的建立为第二次产业革命打下了坚实的科学理论基础。

7.1 天文学的进展

近代天文学的进展主要体现在对宇宙结构的认识、海王星的发现、天体物理学、天体化学的形成与发展等方面。

7.1.1 19世纪的宇宙模型和海王星的发现

18世纪的天文观测发现，使得新的宇宙模型——孤岛宇宙应运而生。在这个孤岛宇宙中，碰巧的是，地球和太阳被安置在银河的中心——宇宙的大陆——四面包围着一个个小岛。银河系内由大量的恒星、星团和星云组成。银河系外是无限延伸的神秘虚空，它不是天文学家的对象，而是神学家们发挥想象的地方。这个模型在成千上万的天文学普及读物里夸耀，在每一个讲坛宣扬，令无数的欧洲人和北美人惊叹和激动。

海王星的发现是19世纪中期的一项重大天文发现。它的发现显示了天体力学的威力，被誉为"笔尖下的发现"。1781年，威廉·赫歇尔发现了天王星之后，人们利用天体力学理论进行了计算，发现它的理论位置总是和实测位置不能很好地符合，使人联想到在其周围是否还有一颗未知的行星存在。1845年，英国年轻的天文研究者亚当斯(John Couch Adams，1819~1892)率先计算出这颗行星的运行轨道和质量，并于当年的9~10月向英国剑桥大学天文台长查理斯和英国皇家天文台长艾里报告了他对这颗行星的预报位置，希望能得到观察验证，但未能如愿。

1846年，法国天文学家勒威耶(Urbain Le Verrier，1811~1877)利用有关天王星的观测资料，通过计算，得出了对天王星起摄动作用的未知行星的轨道和质量，并且预测了它的位置。他将计算结果呈送给法国科学院，与此同时他还写信给当时拥有较大望远镜的几个天文学家，请求帮助观测。他的工作在法国同行中受到了冷遇，但却引起了柏林天文台副台长、天文学家J. G. 伽勒的注意。1846年9月25伽勒收到勒威耶信，当天晚上他就在勒威耶告知的天区找到了这颗未知行星。由于海王星的发现，英国皇家学会授予勒威耶柯普利奖章。亚当斯虽然没有得到发现海王星的优先权，但现在天文界都公认他和勒威耶是海王星的共同发现者。海王星的发现肯定了牛顿万有引力定律的正确性。

宇宙的年龄到底有多大？直到18世纪，犹太、基督和穆斯林的信徒们还相信宇宙只有几千年。威廉·赫歇尔在 1802 年写道:"一个能透过空间的望远镜,如我那 40 英尺的望远镜,也可以说能穿过时间的过去。"事实上,来自某个遥远星云的光线必然"至少在路上经历200 万年了,因此,在那么多年之前,那物体就已经存在于恒星的天空,才可能发出那些我们感觉的光线"。这在当时能写下"200 万年"这些话是需要胆略和勇气的。他的儿子天文学家约翰·赫歇尔则比较谨慎,他在 1830 年的《天文学论说》中写道:"在望远镜里看到的无数恒星当中,必然有许多的光线至少经过了一千年才到达我们,当我们观察它们的位置,关注它们的变化时,其实是在解读它们被神奇记录下来的一千年前的历史。"

7.1.2　天体物理学的形成与发展

19 世纪天文学的最大特征是物理学知识在天文学方面得到充分运用。海王星的发现就是一典型例证。1725 年,英国天文学家布拉德雷(F. H. Bradley,1846～1924)首先发现了"光行差"——恒星视差现象。恒星视差是哥白尼提出的日心说的要点之一:如果地球绕太阳运动,在地球上不同的季节和不同的时间观测远处的恒星时,应当能看到它们在天球上的视位置有微小的变化,这就是恒星视差。1864 年,俄国天文学家斯特鲁维(1793～1864)找到了织女星的视差。此后不久,德国和英国的天文学家又测出了其他两颗恒星的视差,再次证实了恒星视差的存在。

1868 年,英国天文学家哈根斯(William Huggins,1824～1910)首先利用多普勒效应,根据恒星的谱线位移测定天狼星正以 46 km/s 的视行速度远离我们而去。哈根斯首创的运用多普勒效应测量恒星视行速度的方法在后来的天文观测中被广为运用。

7.1.3　天体化学的兴起

人们在地球上可以观察到天体发出的光线,那么天体的物理状况和化学组成又是如何,这在 19 世纪之前是难以想象的。19 世纪的物理与化学测量技术,使人们了解遥远天体的物理状况和化学组成成为可能。

1814 年,德国物理学家夫琅和费(Fraunhofer,1787～1826)利用分光镜发现在太阳、月亮和恒星的光谱中有许多暗线。这些暗线说明了什么? 这个问题的解答是由德国物理学家基尔霍夫(1824～1887)做出的。1859 年,他在研究火焰和金属蒸气的光谱时,终于明白了光谱中出现暗线的原因。基尔霍夫和其他科学家一道,开创了研究物质世界的新方法——光谱分析法,这是研究发光物体的化学构成的有效方法。因为每一种化学元素都具有自身的特殊光谱,光谱的谱线与发光体的形态、温度和压力有关。如气体能够吸收透过它的光,这时在那些明线的位置上出现暗线。通过光谱分析法,人们很容易知道了太阳上有在地球上常见的钠、铁、钙、镍等元素,证实了天体与地球具有同样的化学组成。

1868 年,瑞典物理学家昂格斯特罗姆(1814～1874)公布了太阳光谱中的 1 000 条谱线的波长,并以他的姓来命名他所采用的波长单位:1 Å(埃)=10^{-10} m。同年,英国天文学家洛克耶(J. N. Lockyer,1836～1920)从日珥的光谱线中发现了一条橙黄色的明线,这与当时已知元素的任何谱线都不相合,认为这条谱线一定是地球中不存在,是太阳中特有的元素,于是他把这种元素称之为"氦"。氦的发现彻底打破了法国实证论哲学创始人孔德

（A. Comte，1798～1857)在 1856 年的断言：天体的化学成分是人类永远不能认识的[①]。地球矿物中的氦是英国化学家拉姆塞(W. Ramsay，1852～1916)在 1895 年发现的。

1865 年，哈根斯通过恒星光谱的研究，认证出一些亮星的光谱里有钠、铁、钙、镁、铋等元素的谱线。意大利天文学家塞奇（A. Secchi，1818～1878)从 1864 年到 1868 年研究了 4 000 颗恒星的光谱。首次发现了不同恒星之间除了在位置、亮度和颜色这几个方面以外，也还有别的差异。由于基尔霍夫已经明确了光谱线的含义，所以恒星光谱的这种差别就意味着它们的化学组成有所不同。1867 年，塞奇提出了光谱分类的建议，他将恒星分为白色星、黄色星、橙色和红色星、暗红色星四类，为后来天文光谱学的深入发展开辟了道路。

7.2　物理学的进展

物理学的进展主要体现在分析力学的建立、能量守恒定律的提出、电磁场理论以及波动光学的建立。

7.2.1　力学的进展

分析力学是指用数学分析的方法来分析处理力学问题。1788 年，法国科学家拉格朗日(J. L. Lagrange，1735～1813)出版了《分析力学》一书。他在前人研究的基础上，引入了虚位移、广义坐标、动能和势能等概念，用数学分析的方法建立了以广义坐标和动能、势能为函数的拉格朗日方程，奠定了分析力学的基础。1834 年，英国科学家哈密顿(W. R. Hamilton，1805～1865)提出用坐标和动量为独立变量，建立了哈密顿正则方程。1843 年他又运用变分法提出了与牛顿定律和拉格朗日方程等价的哈密顿原理，使分析力学变得更加完整。

由于分析力学所注重的不是力和加速度，而是具有更为广泛意义的广义坐标、能量和力学的普遍原理。因此，分析力学的方法与结论，不仅适用于力学问题的研究，而且还适用于物理学的其他领域。

7.2.2　热力学定律的建立

热力学第一定律是包括热量传递在内的能量守恒和转换定律，它把自然界的各种物质运动形式，如机械运动、热、光、声、电和磁等联系在一起，实现了物理学的又一次大综合。德国医生罗伯特·迈尔(Robert Mayer，1814～1878)和英国物理学家焦耳(J. P. Joule，1818～1889)对此作出了重要贡献。

罗伯特·迈尔在 1840 年 2 月到 1841 年 2 月担任一艘开往东印度的荷兰轮船的随船医生。在航行中给生病船员放血时，发现热带地区人的静脉血如同动脉血那样鲜红。还听海员介绍，暴风雨时海水比较热等情况，使他想到食物中含有化学能，它可以像机械能一样转化为热能。在高温的热带地区，肌体只需要消耗食物中较少的能量，使肌体中食物的氧化过程减弱，因此静脉血中留有较多的氧气而使血呈鲜红色。而暴风雨中，雨滴降落所得的"活

① 李佩珊，许良英主编. 20 世纪科学技术简史(第二版)[M]. 北京：科学出版社，1999：18.

力"也会产生热使船体温度升高。1841 年 7 月,迈尔在《论力的量和质的测定》一文中指出:
机械运动、热、电等可以归结为一种"力"(即能量)的现象,并按一定规律相互转化,但文章未
能发表。1842 年,他的论文《论无机界的力》得到发表,论文中提出了"无不生有,有不变无,
力是不能破坏,但能转化"的思想和热功当量概念。1845 年,迈尔又写了《与有机运动相联
系的新陈代谢》一文,进一步指出:"力的转化与守恒定律是支配宇宙的普遍规律。"具体地论
述了机械能、热能、化学能、电磁能、光和辐射能的转化,并把能量守恒与转换看作是支配宇
宙的普遍规律。

1840 年,焦耳和俄国物理学家楞次分别独立地发现了通电导体放出的热量同电阻及电
流强度平方之积成正比。这就是焦耳-楞次定律。随后,焦耳开始研究功和热之间的定量
关系。1843 年,他发表了《论磁电的热效应和热的机械值》和《论水电解时产生的热》两篇论
文。明确指出:"自然界的能是不能消灭的,哪里消耗了机械能,总能得到相应的热,热只是
能的一种形式。"1847 年,焦耳测得热功当量为 428.9 千克力米/千卡,与现在的公认值已经
很接近了。

1847 年,德国物理学家亥姆霍兹(Helmholtz,1821～1894)发表了《论力的守恒》著名论
文,提出了"不能无中生有地不断创造一个永久的运动力"的普遍性原理。

1851 年,威廉·汤姆逊在《热的动力》论文中提出了热力学第一定律的表述形式:

$$\Delta U = Q + W \tag{7-1}$$

式中:U 表示热力学系统的内能;Q 为系统从外界吸收的热量;W 为系统对外所做的
功。热力学第一定律的建立,彻底宣告了第一类永动机——不消耗任何能量而对外做功的
机器是不可实现的。

热力学第二定律的建立是从热机的效率研究开始的。
法国工程师萨迪·卡诺(Sadi Carnot,1796～1832)设计了
一个理想的循环过程,使热机在加热器和冷却器之间工作
(见图 7-1),得出了有关热机效率的卡诺定理:"所有工作
于同温热源与同温冷卡诺源之间的热机,其效率都不能超
过可逆机。"

能量守恒定律的确立,表明卡诺的热质说是错误的,就像
威廉·汤姆逊所指出的那样,卡诺关于热只能在机器中重新
分配而并不消耗的观点是不正确的,但是如果抛弃了卡诺关
于热转化为功的条件的结论,那就会遇到不可逾越的困难,因
此,热的理论需要从根本上进行改造。威廉·汤姆逊和克劳修斯对此做出了巨大的贡献。

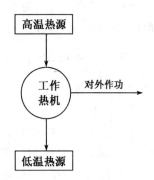

图 7-1　卡诺热机工作流程图

1850 年,德国物理学家克劳修斯(Clausius,1822～1888)提出了热力学第二定律的克劳
修斯表述:热量不可能自动地从低温物体传到高温物体而不发生其他任何变化。并据此证
明了卡诺定理。

1851 年,威廉·汤姆逊独立地从热功转化方面总结了卡诺的工作,提出了热力学第二
定律的另一种表述:"从单一热源吸取热量使之完全变为有用的功而不产生其他影响是不可
能的。"他还指出,如果上述表述不成立,那么应该存在第二种永动机,它可以借助于海水或
土壤冷却而无限制地得到机械功。

这两种表述虽然不同,但是可以证明它们是相互一致、彼此等价的。热力学第二定律的建立,彻底宣告了第二类永动机是不可能实现的。

7.2.3 分子运动理论的发展

分子运动理论是热学的一种微观理论。它是基于两个基本假设:① 物质是由大量分子或原子组成的;② 热现象是这些分子做无规则运动的表现形式。法国科学家伽桑狄(Gassendi,1592~1655)、英国化学家罗伯特·波义耳(Robert Boyle,1627~1691)、德国化学家克里尼希(A. K. Kroig,1822~1879)以及克劳修斯等人作出了重要贡献。

1827 年,英国植物学家 R·布朗(Robert Brown,1773~1858)观察到悬浮在水中的花粉微粒总是在不停地做无规则运动——布朗运动。后来证明,布朗运动是水分子不停运动并与花粉微粒发生碰撞的结果。因此,布朗运动是分子运动的间接证明。

1857 年,克劳修斯发表了题为《论热运动形式》的论文,在该文中他以十分明晰的方式发展了分子运动理论的基本思想。

1860 年,英国著名物理学家麦克斯韦(Maxwell,1831~1879)用概率统计的方法,导出了气体分子运动的麦克斯韦速率分布律。

奥地利物理学家玻尔兹曼(Boltzmann,1844~1906)在 1868 年发表的论文中指出:研究运动理论必须引进统计学,并证明不仅单原子气休遵循麦克斯韦速率分布,而且凡是能看作质点系的多原子在平衡态中也遵循麦克斯韦速率分布。1871 年,在他发表的两篇论文中把麦克斯韦速率分布律推广到有外场作用的情况,提出了分子按能量大小分布的规律——玻尔兹曼分布律。他还用分子运动论观点对熵做了统计解释。

分子运动论的研究与麦克斯韦速率分布律、玻尔兹曼分布律的提出,标志经典统计理论的形成,为现代统计理论的发展奠定了基础。

7.2.4 电磁学的发展

19 世纪中期,库仑定律、高斯定理、安培定律以及法拉第电磁感应定律的相继问世,以及法拉第提出了"场"和"力线"的概念,创立电磁场理论的条件已趋成熟。

电磁场理论的建立归功于麦克斯韦。1856 年,麦克斯韦发表了名为《论法拉第的力线》的论文,把流线的数学表达式应用到静电学中。1860 年,麦克斯韦到伦敦皇家学院去任教,并与法拉第进行一次难忘的历史性会晤。当麦克斯韦就他的论文《论法拉第的力线》请教法拉第时,法拉第做了如此回答:"这是一篇出色的论文。但是,你不应该停留在用数学来解释我的观点,你应该突破它!"这使麦克斯韦得到了极大的鼓舞和启迪。1862 年,麦克斯韦在英国《哲学杂志》发表了第二篇电磁学论文《论物理力线》。在这篇论文中,他明确提出了位移电流概念并预言了电磁波的存在。1865 年,麦克斯韦发表了第三篇电磁学论文《电磁场的动力学理论》。在这篇论文中,麦克斯韦利用拉格朗日和哈密顿创立的数学方法,直接推导出了电场和磁场的波动方程。1868 年,麦克斯韦发表了《关于光的电磁理论》一文,明确提出了光的电磁波学说,把电学、磁学、光学结合起来,实现了物理学上又一个伟大综合。1873 年,麦克斯韦出版了《电磁学通论》这部著名著作,全面、系统地阐述了电磁场理论。这部著作的问世,标志了电磁场理论的确立,是经典物理学发展中的又一重要里程碑。

麦克斯韦所预言的电磁波,还需要强有力的实验证据。在麦克斯韦去世的 1879 年,德国柏林科学院向科学界悬奖征求对麦克斯韦电磁理论的实验验证。1888 年,德国物理学家赫兹(H. R. Hertz,1857~1894)在一次放电实验中偶然发现了由电磁波产生的电火花,成功地证实了电磁波的存在。他还发现电磁波与光波有类似的性质,如反射、折射、衍射、偏振等,从而证明了麦克斯韦理论的正确性。赫兹的发现为后人利用无线电奠定了实验基础。

7.2.5　波动光学的建立

波动说的复兴首先要归功于英国科学家托马斯·杨(Thomas Young,1773~1829)。1800 年,他发表了《关于光和声的实验和问题》一文,对光的微粒说提出了不同看法。1801 年,他在《论光和颜色的理论》论文中,提出了著名的干涉原理:"从不同的两个波源发出的两列波动,当它们在方向上一致或大体一致时,其合成效果是属于各自运动的集合。"1802 年,托马斯·杨用自行设计的双缝干涉实验,证明了光的波动理论的正确性。他还导出了计算光波波长的公式,并首次成功地测出了红光和紫光的波长,其值分别为 0.7 μm 和 0.42 μm。1807 年,托马斯·杨把他的研究成果汇集在《关于自然哲学和机械技术》一书中出版。由于他所提出的理论不仅没有得到世人的认可,反而受到了微粒说信奉者对他的攻击和讥讽,他不得不一度中断对光学的研究。

1815 年,法国物理学家菲涅尔(Fresnel,1788~1872)在不知托马斯·杨工作的情况下,通过实验,重新发现了干涉原理。为了消除人们的疑虑,他设计了双面镜干涉实验,从而证明了托马斯·杨发现的光的干涉现象的存在。此后,菲涅尔又相继设计了菲涅尔衍射实验,提出了惠更斯-菲涅尔原理,环形半波带计算法,提出了光的衍射理论,提出了光的反射、折射的振幅比公式——菲涅尔公式,证明了光是以横波形式向前传播等。尤其是圆盘衍射图样的中心亮斑——泊松亮斑的证实,使波动说首次从理论分析—定量计算—实验验证三个方面获得全面成功。

由于众多科学家们长期坚持不懈的努力工作,特别是托马斯·杨和菲涅尔所作出的杰出贡献,使得波动光学得以成功建立,并为光学的进一步发展打下坚实的理论基础和实验基础。

7.3　化学的进展

近代化学的进展主要体现在原子、分子论、元素周期表以及有机化学的建立。

7.3.1　原子-分子论的建立

原子的概念虽然很早就被提出,但是原子-分子论的真正建立则是从英国科学家约翰·道尔顿(John Dalton,1766~1844)的研究开始的。1802 年,他在曼彻斯特哲学会议上宣读的论文中提出了混合气体的分压定律。1803 年,他在《论水对气体的吸收》论文中提出了原子论,认为物质是由原子组成的,并根据一些化学实验的计算,给出了"气体和其他物体的基本粒子的相对质量表"——一张最早的原子量表。他以氢原子量为1,得出了其他 17 种原子的质量。

1808 年,道尔顿在其著作《化学哲学的新体系》中系统地提出了原子学说。他认为原子是组成物质的最小单元;原子在化学反应过程中保持原性质不变;同种元素原子的形状、性质和质量相同,不同种元素则不同;物质的化合是不同元素的原子按简单数目的比例相结合。他还用符号来表示各种元素以及化合物的化学式,从而能表示分子中有多少原子。

道尔顿的原子-分子理论经 T·汤姆逊(1773~1852)的大力宣传,阿伏伽德罗(1776~1856)的修正,特别是意大利化学家坎尼查罗(1826~1910)等人的努力,终于在 19 世纪得到了化学家们的普遍认可。

7.3.2　元素周期律的建立

道尔顿原子与原子量概念的提出,使人们开始了对元素原子量的测定,并发现了化学元素的周期律关系。

英国医生普劳特(Prout,1785~1850)在 1815 年和 1816 年发表的两篇论文中指出:所有相对原子质量均为氢原子质量的整数倍,氢是原始物质或"第一物质"。

1829 年,德国化学家德贝莱纳(1780~1849)提出了"三元素组"分类法。在每一个"三元素组"中,居中的元素其原子量近似于前后两个元素原子量之和的平均值。此后,又有不少研究者提出了不同的分类方法,如 1863 年法国地质学家尚古多(1820~1866)提出的"螺旋图"分类法;1864 年德国化学家迈耶尔(Meyer,1837~1898)提出的"六元素表";英国化学家奥德林(Odeling,1829~1921)发表了一个按原子量顺序排列的元素表,并在第二年进行了修正,这与后来门捷列夫在 1869 年提出的元素周期表非常相近[①];1865 年,英国化学家纽兰兹(1837~1898)提出了"八音律"分类法等,他们已经走到了发现化学元素周期律的边缘但没有获得最后的成功。

化学元素周期律的建立归功于俄国化学家门捷列夫(1834~1907)。1869 年,门捷列夫在《元素属性和原子量的关系》的论文中,将元素按原子量的大小顺序,排出了第一张元素周期表,并阐述了他的元素周期律的观点:按原子量大小顺序排列各个元素,其性质具有明显的周期性;原子量的大小决定元素的性质,元素的性质是其原子量的周期性函数;化学性质相似的元素,其原子量值相似;周期律可以预言一些新元素的存在,如类铝、类硅元素;可以对一些元素的原子量作修改等。两年后,他又发表了《化学元素的周期性依赖关系》一文,给出了经过修改和完善的第二个元素周期表,并预言类硼元素的存在。当门捷列夫预言的类铝元素——镓、类硼元素——钪、类硅元素——锗分别在 1875 年、1879 年和 1885 年被发现后,门捷列夫的元素周期表得到了世界公认,并为化学的研究提供了新的理论基础。

7.3.3　有机化学的建立

有机化学又称为碳化合物化学,是研究有机化合物的结构、性质和制备的学科,是化学中的一个重要分支。1806 年,瑞典化学家贝采里乌斯(J. J. Berzelius,1779~1848)首先提出了"有机化学"这一名词,他是相对于"无机化学"的对立物而提出的。

实际上人们对有机化学的研究早在此前就开始了。1780 年,人们已经知道了四种有机酸:甲酸、乙酸、苯甲酸和丁二酸。瑞典著名化学家舍勒(Scheele,1742~1786)从植物和水果中发现了许多有机酸,如乙二酸、酒石酸、柠檬酸、乳酸等。但是当时的化学家们都认为,碳氢化合物是由有"生命力"的动植物有机体合成,而不可能由无生命的无机化合物合成。

---

① [英]J. R. 柏廷顿著. 胡作玄译. 化学简史[M]. 桂林:广西师范大学出版社,2003:284.

　　1824 年,德国化学家弗里德里希·维勒(1800～1882)通过实验,利用无机物氰与水作用可生成有机物草酸。1828 年,他在实验室中用无机物氰与氨溶液成功合成了有机物尿素,彻底打破了有机化合物只能来源于有生命体的传统学说。此后,乙酸、醋酸、葡萄酸、柠檬酸、苹果酸、油脂类、糖类等由无机物合成的有机化合物,为有机化学的形成奠定了基石,同时也开始了无机化学的已知规律向有机物领域的渗透。

　　有机化合物的大量出现,促使了有机结构理论的产生与发展。因为人们迫切想要知道:有机物质有哪些种类,有机物中的各个组分为什么要以一定的比例,以及有机物是如何构成等问题。1832 年,德国著名化学家李比希(Liebig,1803～1873)与维勒一道,共同发现了“安息香基”,并提出“基团”理论。他们认为有机化合物是由一系列“基”组成的。1834 年法国化学家杜马(1800～1884)在系统研究了有机化合物的取代反应,提出了按化学性质和化学式进行分类的“类型论”。1838 年,李比希对“基”进行了定义:基是一系列化合物中共同的、稳定的组成部分;基可以与其他简单物结合;基与某简单物结合后,此简单物可被等当量的其他简单物代替。1839 年,法国化学家热拉尔(1816～1856)提出了“渣余”理论,他发现当两个分子起反应时,每个分子都消去一部分,化合成简单的化合物(水、氢氯酸等),同时“渣余”或“基”也化合在一起。1843 年他又提出了“同系列”概念。他认为有机化合物存在多个系列,每个系列都有自己的代数组成式,同系列中任意两个化合物的分子之差为 CH_2 的整数倍。1853 年,热拉尔把当时已知的化合物分为水型、氢型、氯化氢型和氨型四种类型,并认为有机化合物都是由这四种类型衍生出来的。在这些理论模型中,虽然没有触及化学反应的内在实质——有机结构,但已为有机结构理论的诞生创造了条件。

　　有机结构理论的产生是以原子价概念的建立为标志。1852 年,英国化学家富兰克兰(E. Frankland,1825～1899)提出,不论化合物原子的性质如何,吸引元素的化合力总是要相同数目的原子才能满足。他把这个达到一定数目的能力叫做“饱和能力”(化合力)。

　　1857 年,德国化学家凯库勒(1829～1896)把“化合力”改为原子数,提出了含义更加明确的“亲和力单位”概念,他认为不同元素的原子相化合时总是倾向于遵循亲和力单位数等价的原则,这是原子价概念形成过程中最重要的突破。他把氢的亲和力单位数(即现在的“原子价”)定为 1。从而确定了氯、溴的亲和力单位数也为 1;氧、硫为 2;氮、磷、砷为 3;碳为 4。碳原子不仅能与其他种类的原子化合,而且各碳原子之间也可以相互结合成碳链。凯库勒的研究为原子量的正确测定、元素周期律的发现以及有机化学的结构探索打开了通路。1865 年,凯库勒提出了苯的环状结构看法,这对于芳香族有机化合物的利用和合成有重要的指导作用,为有机化学的建立奠定了基础。

　　1861 年,俄国化学家布列特洛夫(Meyer,1828～1886)首次提出“化学结构”一词。他认为:一种化合物只能有一个合理的表达式,当我们找到能够说明化学性质取决于化学结构的通用定律时,这种表达式就可以表示出所有的化学性质。他的理论对有机化学的发展起到了积极的推动作用。

　　经过众多化学家的努力,到 19 世纪下半叶,有机化学已经有了较为完整的结构理论和成千上万的有机化合物,并形成了新型产业——有机化学工业,为人类提供各种工业原料、药品和生活用品。

7.4　生物学的进展

生物学经过 17 世纪、18 世纪科学家们的探索,终于在 19 世纪有了突破性进展,主要成果是细胞学说、生物进化论、微生物学说和遗传理论的建立。

7.4.1　细胞学说的建立

早在 17 世纪,荷兰的生物学家、微生物学的开拓者列文虎克(Antonie van Leeuwenhoek,1632~1723)通过显微镜观察发现了细胞,而英国的科学家罗伯特·胡克最先使用了"细胞"一词。其后意大利的解剖学家马尔比基(Marcello Malpighi,1628~1694)、英国的植物学家格鲁(1628~1712)也各自独立发现了植物细胞,他们分别把它称为"小囊"和"小胞"。细胞学说的建立是在 19 世纪 30 年代完成的。德国自然哲学的兴起与消色差显微镜的使用在细胞学说的建立过程中起到了关键作用。

19 世纪初,德国博物学家奥肯(L. Oken,1779~1832)提出了早期的细胞学说。在自然哲学思想的影响下,奥肯产生了关于动物生命的结构和演化思想。他把显微镜观察与哲学推论相结合,提出了生命体起源假说:最简单的生命体——"纤毛虫"是在一种原始的、未分化的"原始黏液"球状小泡中诞生的,所有动植物的有机体都是由纤毛虫这种简单生命体聚合而成。这里所谓的"原始黏液"和"小泡"相当于原生质和细胞。奥肯的假说激发了人们探索生命体的结构与起源的热情。1824 年,法国人杜特罗歇(1776~1874)提出动、植物的器官和组织都是由细胞组成的。他的观点由于缺少实验证明而未能引起人们的重视。

19 世纪 20 年代,消色差显微镜研制成功,人们可以从显微镜下比较清楚地观察到细胞本身的结构细节。1832 年,英国植物学家布朗发现了植物细胞的细胞核。1835 年,捷克生理学家普金叶(1787~1869)发现了动物细胞核。至此,人们已经知道,细胞是一个很小的、内部含有一个核的质块。

1838 年,德国植物学家施莱登(M. J. Schleiden,1804~1881)在《植物发生论》一文中,引用了布朗关于细胞核与细胞发育时两者间有着特殊相应关系的说法,指出了细胞核在细胞形成过程中所起到的作用。他认为,细胞核是"植物中普遍存在的基本构造",细胞核在细胞形成(发生)过程中起了至关重要的作用,并且他还首次提出了"细胞核"这个词。他提出,所有植物体都是由"各具特色的、独立的、分离的、个体(细胞)的聚合体"。在植物体内,每个细胞"一方面是独立的,进行自身发展的生活;另一方面又是附属的,是作为植物整体的一个组成部分而生活着"。[①]

1837 年 10 月,施莱登将自己尚未发表的一些有关结果告诉了德国动物学家施旺(T. Schwann,1810~1882)。在施莱登植物细胞核的启示下,施旺"立刻回想起曾在脊索细胞中看见过同样的'器官'。在这一瞬间,我领悟到,如果我能够成功地证明,脊索细胞中的细胞起着在植物细胞的发生中所起的相同作用,这个发现将是极其重要的"。1839 年,施旺发表了题为《关于动植物的结构和生长一致性的显微研究》论文,证明了一切动植物组织,无论特殊化到什么程度,其构成基础都是细胞。他说:"现在我们推倒了分隔动植物界的巨大屏障,

---

① [美]洛伊斯·N·玛格纳著. 李难等译. 生命科学史[M]. 天津:百花文艺出版社,2002:130,312.

这便是结构的多样性。"施旺首先提出了"细胞学说"这个词。施莱登和施旺的发现奠定了细胞学说的理论基础。

德国医生雷马克(1815～1865)和瑞士人寇力克(1817～1905)等人把细胞学说应用于胚胎学研究,证明了胚胎发育过程就是细胞分裂过程。1855年,德国病理学家微尔和(1821～1902)将细胞学说应用于病理研究,他认为细胞来自机体,机体是细胞的联盟。微尔和也因此项研究而成为细胞病理学的创立者。

7.4.2　生物进化论的创立

生物进化论思想最初出现在18世纪中叶。在此之前,由于受到研究条件的限制和形而上学世界观的束缚,人们普遍认为物种是不变的。

18世纪中叶,法国博物学家布丰(1707～1788)提出生物进化论思想。他认为,不同的物种可能是由一种或几种共同的祖先演化而来的,这种演化可能不是由简单向复杂和完善的进化,而可能是反向的退化。

1809年,法国博物学家拉马克(1744～1829)出版《动物哲学》一书,首次系统地阐述了生物的进化过程,充分体现了生物进化思想。他认为,生物是由进化而来的,因为生物界有等级,并具有按等级向上发展的趋势。生物的进化原因是有两个:一是用进废退;另一是获得性遗传。前者是因为要适应环境变化,而后者则要把由于环境变化引起的变异传承给下代。他曾以长颈鹿的进化为例,说明他的"用进废退"观点。长颈鹿的祖先颈部并不长,由于干旱等原因,在低处已找不到食物,迫使它伸长脖颈去吃高处的树叶,这样长期下去,它的颈部就变长了;再经过获得性遗传而进化为现在我们所见的长颈鹿。

1859年,英国著名生物学家达尔文(1809～1882)出版的《物种起源》——一部具有划时代意义的革命性著作,成了生物进化论的创立标志。在这部著作中,达尔文利用多年实践考察收集到的大量资料,全面阐述了他的进化论思想。他认为:生物是由进化而来的,生物界普遍存在生存斗争现象;生物界普遍存在变异;变异和生存斗争导致自然选择,适者得到生存。"物竞天择,适者生存"是对达尔文进化论思想的高度概括。

7.4.3　微生物学说的建立

微生物学是生物学的分支学科,它是在分子、细胞或群体水平上研究各类微小生物的形态、特性和基本规律的一门学科。17世纪,列文虎克用放大300倍的显微镜观察到牙垢中的"小生物"——细菌。他曾说过:"生活在整个荷兰的全部人数,还没有我每天嘴内所带有的小生物那么多。"[①]由于列文虎克保守秘密的顽固态度,而当时其他人的显微镜又无法观察到这些细菌,使得他的发现失去了应有的意义。

1860年,法国微生物学家、化学家巴斯德(1822～1895)通过实验证明,空气中微生物的存在是引起腐败的原因。1865年,他又提出了"疾病的病原菌说",揭示了蚕病发生的原因,挽救了法国的养蚕业和丝绸工业。此后,他又研究了防治炭疽病、鸡霍乱和狂犬病等疾病疫苗,开创了科学免疫学的开端;他意识到许多疾病是由细菌引起的,提出用消毒方法防止疾病的传染等。巴斯德的工作标志了微生物学说的建立。

---

① [美]洛伊斯·N·玛格纳著.李难等译.生命科学史[M].天津:百花文艺出版社,2002:130,332.

7.4.4　遗传学说的建立

1865 年,奥地利生物学家孟德尔(1822～1884)发表了著名论文《植物杂交实验》。这篇论文是他数十年长期试验成果的总结。他假定:在生物体内存在着一种遗传物质——遗传因子。根据这一假定,他提出了两条著名的遗传定律:性状分离定律与自由组合定律。分离定律:一对因子在异质接合状态下并不互相影响和互相沾染,而是在配子(即生殖细胞)形成时完全按原样分离到不同的配子中去;自由组合定律:两对或更多对因子处于异质接合状态时,它们在配子中的分离彼此独立,可以自由组合。由于孟德尔当时并不出名,而且文章又发表在一个不出名的杂志上,所以他的实验结果没有引起人们的注意。直到 30 多年后他的工作才被人们发现而受到尊重(见本书第 12 章内容),这已经是他去世之后的荣耀了。

7.5　地质学的进展

地质学是关于地球的物质组成、内部构造、外部特征、各层圈之间的相互作用和演变历史的知识体系。人们虽然对化石的成因、河流的形成、海陆变迁、古气候变化以及岩石、矿物等方面早有论述,但地质学作为一门独立学科则是从 19 世纪开始的。

7.5.1　关于地层与岩石成因的争论

在地质学形成之前,人们就对地层以及岩石的形成原因进行了探讨,并形成了 18 世纪末的"水火不容"——水成论和火成论之争。

1695 年,英国医生伍德沃德(1665～1728)在他的论文《地球自然史试探》中提出,地层的不同是由洪水的冲刷形成的。"洪水发生的时候,整个地球都被破碎而溶解了,而地层像泥浆水沉积的泥土那样,从这种混杂溶液里堆积下来。""海生物体是按照比重堆积在地层里,较重的贝壳堆在岩石里面,较轻的堆在白垩里面,其他物体以此类推。"[①]而化石是圣经记载的摩西洪水的最可靠的历史见证。由于他的观点与圣经中所记载的创世说和洪水说相协调,所以水成说在 18 世纪广为流行。

德国地质学家维尔纳(1750～1817)认为,山脉和地层是由共同的溶媒或"混沌水"在整个地球表面上同时依次沉积而成;赫斯地区的玄武岩和其他地方的同类岩石,是水里的化学沉淀物,而不是海底火山的产物。由于维尔纳是当时著名的矿物学教授,从教 40 余年,开创了一门新课——地球构造学,因此他的水成论观点在当时产生了很大影响。

1740 年,意大利地质学家莫罗(1687～1764)在他的论文《论在山中找到的海生物体》中提出,山脉和岩层是由一系列火山喷发的熔岩流形成的。每一次火山爆发都会把那里的动植物埋入到新的地层,这就是后来被发现的化石。莫罗的火成说深得地矿学家们的赞同。

1795 年,英国地质学家赫顿(Hutton,1726～1797)在他的《地球论》中发展了莫罗的火成论思想。他在论文中写道:"地球就像是一台特殊结构的机器,它是根据化学和力学原理构成的。""在地球上起作用的主要力,有重力、燃烧和冷却、太阳光、电和磁力,这些力不仅引

---

① [英]莱伊尔著.徐韦曼译.地质学原理[M].北京:北京大学出版社,2008:33.

起现代的地质现象,并且在过去的时期也发生相同的作用。"他明确指出,花岗岩、玄武岩和其他类似的岩石都是由地球内部的熔融体结晶而成的。赫顿去世后,他的挚友普雷菲尔于1802年出版了《关于"赫顿地球论"的说明》一书,系统介绍了赫顿的"火成论"理论。由于他的大力宣传,赫顿的理论才得以广泛传播。

水成论与火成论之间的争论主要发生在18世纪末到19世纪初。由于双方的理论都有明显不足之处,但他们都只看到对方的不足之处而认为自己的理论是千真万确的。甚至在一次辩论会上,两派学者由相互争论,发展到指责、对骂,最后到拳脚相加,上演了近代科学史上一场著名闹剧。

7.5.2　灾变论与渐变论之争

地形、地貌与地壳运动的变化有关,这是一个不争的客观事实。但是引起地壳运动的原因是什么? 先后产生了两种相互对立的不同说法——灾变论和渐变论。

1825年,法国科学家居维叶(Georges Cuvier,1769~1832)出版了《地球表面灾变论》一书,提出了地球历史上曾发生过多次灾变而造成生物灭绝的观点。他认为,在地球表面经常发生各种突如其来的灾害性变化,如火山爆发、洪水泛滥、气候急剧变化等。海洋可以干涸变成陆地,陆地也可以隆起成山脉或下沉为海洋。这些巨大灾变往往使一个区域内的许多物种毁灭,这些灭绝生物被沉积在相应的地层,变为化石而被保存下来。当灾变之后,其他地方的物种又迁移到这里。如灾变再次发生,这些新来物种又被埋葬。如此往复循环,形成了不同地层中具有不同类型生物化石出现的状况。居维叶推断:最近的一次灾变就是圣经上所说的距今5 000多年前的摩西洪水①。

1830年,英国著名地质学家莱伊尔(Charles Lyell,1797~1875)出版了《地质学原理》的第一卷,1832~1833年,出版了该书的第二卷和第三卷。在这部著作中,莱伊尔列举了大量事实,分析了大量的资料,用当时所观察到的自然界的各种地质应力(如风、雨、河流、火山、地震等)来阐明古今地壳的变迁,为动力地质学的建立提供了理论前提;用历史比较的观点,说明地球的面貌是缓慢变化的,从而为以后历史地质学的建立奠定了理论基础②。莱伊尔在《地质学原理》第十版序言中提出:"……这些事实和论证,可以使我相信,现在在地球表面上或者在地下活动的作用力的种类和程度,可能是与远古时期造成地质变化的作用力完全相同。"莱伊尔的渐变论不仅沉重打击了灾变论和神创论,而且还把变化、发展的思想和辩证唯物主义思想引进了地质学,他的现实主义理论与研究方法为地质学的发展作出了重大贡献。莱伊尔的《地质学原理》与达尔文的《物种起源》,是19世纪进化论思潮的杰出代表作。图7-2为莱伊尔所著《地质学原理》的中译本封面,封面中间的人物肖像即为莱伊尔。

图7-2　莱伊尔著《地质学原理》中译本封面

---

① 百度百科. 灾变论. http://baike. baidu. com/view/229124. html.

② 吴凤鸣. 地质学原理导读. 引自:[英]莱伊尔著. 徐韦曼译. 地质学原理[M]. 北京:北京大学出版社,2008:13.

7.6　第二次产业技术革命

第一次工业革命,是以蒸汽机的发明、使用和工具机的广泛使用为标志。第二次工业革命,则以内燃机的发明、使用和电力技术的广泛使用为标志。

7.6.1　内燃机的发明与使用

内燃机是指利用燃料在气缸中燃烧产生的气体推动活塞或转子,将热能转化为机械能的动力机。如以汽油、柴油为燃料的动力机就属于内燃机。外燃机是指燃料在气缸外燃烧,然后将产生的蒸汽导入气缸做功的动力机。如以煤炭为燃料的蒸汽机和以煤炭、燃油为燃料的大型火力发电厂等。

18 世纪 80 年代瓦特改进的蒸汽机,随着热力学研究与金属加工技术的日趋完善,蒸汽机的效率得到提高。但由于它的体积庞大、笨重,无法成为小型机器的动力源,而且安全依然是个难以解决的问题。英国在 1862～1879 年间,蒸汽机爆炸事故多达 1 万多起。因此,人们开始寻求各种新的热机与新的动力源。

早在 17 世纪,惠更斯就曾设想过真空活塞式火药内燃机。真正的内燃机是在 19 世纪中期才出现的。

1869 年,法国发明家雷诺(1821～1900)制成了第一台实用的内燃机。这是一台二冲程、无压缩、电点火煤气机,作为小型动力很受中小企业的欢迎,实现了内燃机的第一次批量生产。

1876 年,德国工程师奥托(1832～1891)研制成功了第一台单缸、4 马力卧式四冲程往复式煤气内燃机(图 7-3),热效率高达 12％～14％。这种内燃机立即得到了大量推广,其性能也不断得到提高。1894 年热效率达到 20％以上,单机功率已达数百马力。

19 世纪末,随着石油工业的蓬勃发展,用石油产品取代煤气作为燃料已成必然趋势。1883 年,曾多次从事煤气机研制的德国工程师戴姆勒(1834～1900)制成

图 7-3　Otto 单缸四冲程汽油发动机

了第一台高速立式四冲程往复式汽油机。汽油机具有马力大、重量轻、体积小、效率高等特点,适合于做交通工具上的动力。1885～1886 年,德国工程师本茨(1844～1929)和戴姆勒以汽油机为动力,各自独立地制造出可供实用的汽车(见图 7-4,图 7-5)。1889 年,戴姆勒又研制成用于汽车的 V 型双缸汽油机,并获得专利。1886 年,滕特和卜雷斯特曼研制成功 100 马力的立式煤油机,用于农业耕作。

1892 年,德国工程师狄塞尔(1858～1913)发明了柴油机。与汽油机相比,柴油机不仅结构简单、热效率高,而且燃料的价格比汽油更便宜。在采用先进密封技术和改进燃油喷射系统之后,利用活塞压缩产生的高压就能使雾化的柴油点火燃烧。由于柴油机功率大、压缩比高、燃料便宜,很快就被广泛应用于卡车、拖拉机、公共汽车、船舶及铁路机车,成为重型运输工具中无可争议的动力机。狄塞尔柴油机的问世,标志着往复式活塞式内燃机的发明基本完成。

图 7 - 4　1885 年制造的第一辆奔驰车

图 7 - 5　1886 年戴姆勒设计的四轮车

内燃机特别是汽油机和柴油机的问世,使工业生产的产业结构迅速发生变化,出现了许多新型产业,如石油的开采与提炼、橡胶的生产、各种交通工具的研制、公路及桥梁的建筑等多个生产领域,尤其是推动了有机化学工业的快速发展。公路、铁路的出现,使人们的社会生活发生了重大变化,同时也诞生了第三产业——服务性行业。对农业和交通运输业的发展来说,内燃机的重要性甚至超过了电机。

7.6.2　电力技术革命

第二次工业革命的另一个核心成果是电力技术的广泛应用。电力技术的应用主要体现在电能的产生、传输与利用三个方面。奥斯特电流磁效应的发现、法拉第电磁感应定律的发现为电动机和发电机的制造准备了理论基础和研究方向。

1831 年,法拉第在发现感生电流实验装置的基础上,试制出一种最初的永磁铁发电机的实验模型。1832 年,法国青年电学工程师皮克希(1808~1835)试制成功一台手摇永磁式实验型发电机,并安装了一种最原始的换向器,使其所产生的交流电转变为直流电,可以为电镀和电解提供电源。1834 年,英国伦敦仪器制造商克拉克研制成第一台商用交流发电机,通过安培设计的机械整流器转换成直流电输出。其后,各种不同的发电机不断问世,但都未能在技术上有新的突破。

1867 年,德国工程师西门子(W. Simens,1816~1892)利用自激原理制成了自馈式直流发电机(图 7-6)。他利用发电机产生的电流作为自身电磁铁的电源,这一改进极大地提高了发电机的功率,使得发电机能够向外输出强大的电流。西门子在电力技术发展中的作用与瓦特在蒸汽技术中的作用具有同等历史地位。西门子被誉为第二次工业革命的英雄。

图 7-6　西门子发电机

由于直流电不能远距离传输,发电机的换向器和电刷质量不可靠等原因的存在,交流发电的优越性就显示出来了。

1876 年,俄国科学家亚布洛契可夫(1847~1896)制成了一台供给他所发明的弧光灯的交流发电机。1885 年,意大利物理学家、电工学家法拉里(G. Ferraris,1847~1897)提出了旋转磁场原理,为交流发电机的研制提供了理论基础。1889 年,俄国电工学家多里沃—多勃罗沃尔斯基(1862~1819)研制成功第一台实用的三相交流发电机。

在发电机研制的同时,电动机也在紧张的研制之中。1831 年,美国物理学家亨利(Joseph Henry,1797~1878)试制了一台电动机实验模型。1834 年,德国电学家雅可比在亨利电动机模型的基础上,制成了第一台实用型电动机。1889 年后,多里沃和多勃罗沃尔斯基先后发明了三项异步电动机、三相变压器和三相制。1891 年,实现了三相制交流供电。三相交流电系统已成为近代发电、输电、供电的基本形式。三相制的发明标志着电工技术发展到了一个新阶段。

蒸汽机和发电机的结合,使许多大型发电厂拔地而起,电能作为新能源逐渐取代了蒸汽动力而占据统治地位。电能的集中生产与分散使用,为工农业生产提供了稳定、可靠、清洁、强大、方便的动力;电能易于转化为热、光、机械、化学等多种形式的能量,以满足人们在生产、生活中的要求。电力技术的广泛应用,出现了专门生产电力、电工和各种电气设备的产业部门,又一次推动了产业革命,加快了工业化的发展进程。

1879 年,美国著名发明家爱迪生完成了实用白炽灯的发明(图 7-7)。1881 年,他在巴黎博览会上,把蒸汽机与发电机连接起来,同时点亮了 1 000 盏电灯,震惊了世界。1882 年,爱迪生建立了世界上第一座直流发电厂,6 台发电机点燃了 9 000 盏功率为 15 W 的灯泡,标志着世界上第一个民用电照明系统的诞生,电力从此进入到寻常百姓的生活之中。

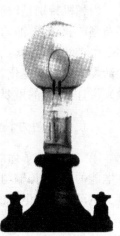

图 7-7　爱迪生灯泡

1837 年,美国发明家莫尔斯(S. F. B. Morse,1791~1872)发明了有线电报并建成了电报线路。1876 年,美国的另一位发明家贝尔(A. G. Bell,1847~1922)发明了电话并取得了发明专利。1895 年 5 月,俄国电工学家波波夫(A. S. Popov,1859~1906)首次公开了他所发明的无线电信号接收机和记录信号,并于 1896 年 3 月用无线电信号发送莫尔斯电报获得成功,发送的电文是:“亨利·赫兹”。1895 年秋,意大利物理学家马可尼(G. Marconi,1874~1937)成功进行了 2.5 km 的无线电报的传送试验,并于 1896 年取得了发明专利[①]。无线电通信的诞生为后来的无线电广播、电视机的研制奠定了基础和指明了研究方向。

第二次工业革命的成功表明,理论科学和实验科学第一次走到了应用技术的前面,成为技术发明与革新的理论基础和研究方向。同时,生产技术的提高大大缩短了科学成果转化为直接社会生产力的时间。蒸汽机从最初的发明到成功使用花了 100 年左右的时间;从 1831 年法拉第电磁感应定律的发现到西门子 1867 年发明自馈式发电机,用了 36 年时间;而从赫兹 1888 年用实验证实电磁波存在,到 1895 年无线电报的发明,只用了 7 年的时间。

---

① 周靖. A·S·波波夫、G·马可尼与无线电[J]. 淮阴师专学报,1995,17(5):30~32.

第8章　现代天文学

科学技术的迅速发展,为 20 世纪的天文学提供了全新的观测手段,使天文观测工具由传统的光学望远镜发展到射电望远镜,观测的距离和对象达到前所未有的程度。一些新的天文现象的发现以及其理论研究,成为 20 世纪天文学发展的强大推动力。

8.1　现代天文学的观测方法

现代天文学的发展首先是从天文观测工具的革命开始的。19 世纪的光谱分析法以及多普勒效应在光传播过程中的应用,有力地推动了 20 世纪天文观测方法的改进。

8.1.1　光学天文望远镜

从伽利略最早把光学望远镜指向太空开始,人们就在不断地研制能看得更远、看得更清楚的天文望远镜,即大口径天文望远镜。1978 年,全世界已有 23 架口径分别为 2.0～6.0 m 的大型反射望远镜。天文学家们借助这些巨大的望远镜,得到了许多重大发现。例如,仙女座大星云早就为人们所发现,但它究竟是银河系的星际物质还是银河系外的星团,人们无法知晓。美国天文学家哈勃(1889～1953)在 1923～1924 年间,借助当时世界上最大口径 2.5 m 的反射望远镜,确认了仙女座大星云是银河系外的恒星系统。1943 年,天文学家用更大口径的望远镜,终于解开了这个星云之谜:由一个个恒星组成的系统。20 世纪 80 年代,采用新的光学望远镜设计工艺,成功研制了口径达 10 m 的超级望远镜。1993 年,美国在夏威夷首先建成口径 10 m 的凯克(KeeK)望远镜。我国目前最大的光学天文望远镜口径为 2.4 m,安装在云南丽江市玉龙纳西族自治县的天文观测站。望远镜的材料也由一般的光学玻璃改进为低膨胀系数的融石英、微晶玻璃或其他新型既轻又稳定的材料。

在地基天文台不断改进观测条件的同时,人们还发展了太空天文观测。从 1964 年开始,先后有数十架不同口径、不同用途的天文望远镜在空间轨道上进行太空观测。1990 年,美国利用"发现"号航天飞机把一台造价为 15 亿美元的哈勃太空望远镜(图 8-1)送入太空轨道。这台观测距离为 150 亿光年的太空望远镜,将为人类揭示更多的太空奥秘。

图 8-1　哈勃太空望远镜

图 8-2　射电望远镜

8.1.2　射电天文望远镜

光学望远镜有一定的局限性,它只能观察到天体辐射的可见光。1932年,美国的电信工程师央斯基(1905～1950)利用长 30.5 m、高 3.66 m 的旋转天线阵,发现来自银河系中心方向的无线电波。8 年后,他的发现才被人证实。此后,这种对空间无线电波辐射的接收、显示和分析装置被称之为射电望远镜。与光学望远镜相比,射电望远镜不仅具有不受天气和宇宙尘埃的影响,而且还能根据需要设计出各种电磁辐射天窗,如红外天窗、紫外天窗、X射线天窗、γ射线天窗等。图 8-2 为射电望远镜。

射电望远镜的问世,揭开了射电天文学的序幕。迎来了 20 世纪 60 年代天文学的四大发现。1964 年,美国科学家彭齐亚斯和威尔逊用射电望远镜发现了相当于绝对温度 3.5 K 的宇宙背景辐射,这种背景辐射被认为是宇宙大爆炸的遗存,他们也因此而获得 1978 年度的诺贝尔物理学奖。1967 年,英国天文学家休伊什(1924～　)和天文学家乔斯林·贝尔发现了来自天空的强烈射电脉冲信号,他们把射电爆发源称为脉冲星,后来美籍奥地利人戈尔德(1920～　)称其为中子星。中子星的发现为恒星的演化研究提供了新的资料,休伊什因此而获得 1974 年度的诺贝尔物理学奖。1968 年,美国人科学家汤斯(1915～　)等人在星际云中发现了氨和水分子谱线,接着又发现了甲醛分子的谱线,说明星空中存在有机物质。类星体也是 20 世纪 60 年代射电天文学家的一大发现。类星体是一种在极其遥远距离外观测到的高光度和强射电的天体,它所体现出来的一些现象令人费解。同时出现的巨大辐射能量和巨大红移量为天文学家提出了新的研究课题。

随着无线电技术不断提高,射电望远镜的分辨率也越来越高。20 世纪 50 年代末,英国天文学家赖尔(1918～1984)利用干涉原理,发明了综合孔径技术,使分辨率的提高取得突破性进展。70 年代的综合孔径射电望远镜的分辨率高于 1 角秒,80 年代英国的多元射电联网干涉仪 MERLIN 的 100 km 基线天线阵的分辨率达到 0.1 角秒。80 年代中期的甚长基线干涉测量技术 VLBI,使射电天文望远镜的分辨率达到 0.001 角秒,比地基光学望远镜的分辨率高出百倍。尤其是计算机技术在天文方面的应用,使得射电望远镜的操作与管理、数据的测量、记录、保存、分析和图像全部由计算机来完成。目前,人们利用射电望远镜,天文考

察的范围可达 150 亿光年的深度,追溯
150 亿年前发生的宇宙事件。

图 8-3 是目前世界上口径最大的射
电天文望远镜——500 m 口径球面射电望
远镜(简称 FAST)。它屹立在我国贵州省
黔南布依族苗族自治州平塘县克度镇大窝
凼的喀斯特洼坑中。它正式开工建设于
2011 年 3 月,2016 年 9 月 25 日落成启用。
它是由中国科学院国家天文台主导建设,
具有我国自主知识产权、世界最大单口径、
最灵敏的射电望远镜。它的综合性能是美
国科学基金会设在波多黎各的射电望远镜
阿雷西博(口径 305 m)的 10 倍。截至

图 8-3　世界上口径最大(500 m)的
球面射电天文望远镜

2018 年 9 月 12 日,这台"天眼"已发现了 59 颗优质的脉冲星候选体,其中有 44 颗已被确认
为新发现的脉冲星。[①]

8.2　天体演化的现代研究

天体的演化问题虽然早就提出,但发展缓慢,直到 19 世纪末还停留在康德-拉普拉斯的
星云假说水平。20 世纪初的物理学革命,现代物理、化学理论在天文学中的渗透,以及新的
天文观察资料,有力地推动了恒星、太阳系以及宇宙演化问题的研究进程。

8.2.1　恒星演化的研究

恒星是指由炽热气体组成,能自己发
光的天体。对恒星的研究,是天文学的一
个永恒主题。20 世纪初,丹麦天文学家赫
茨蒲龙(1873~1967)首先注意到恒星的颜
色与其光度之间的统计关系,并由此确认
恒星有光度很大的巨星和光度很小的矮
星。1913 年,美国天文学家罗素(1877~
1957)也独立地发现了这一规律。1913 年
12 月,他们正式公布了这一研究成果,提
出了恒星在光度和光谱型图上的分布规
律——赫罗图(见图 8-4)。从这幅图中可
以看出,绝大多数恒星分布在从图的左上

光度(星光光度/太阳光度)

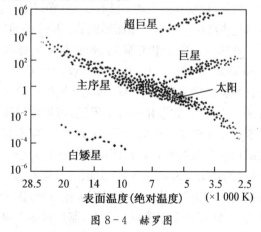

图 8-4　赫罗图

方到图的右下方的一条主星序上,超巨星和巨星在主星序的右上方,而少量的白矮星则散布
在图的左下角。研究表明,赫罗图能显示恒星各自的演化过程,能估计星团的年龄和距离,

① 百度百科. https://baike. baidu. com/item/500 米口径球面射电望远镜/2504551.

是研究恒星演化的重要手段,也是恒星天文学和天体物理学的有力工具。

现代恒星演化理论是在认识到热核反应是恒星能源之后才建立起来的。20 世纪 50 年代,美籍德国天文学家 M·史瓦西(Martin Schwarzschild,1912～　)把恒星能源和恒星结构与恒星演化的过程结合起来,终于能描绘出恒星一生的发展史。经过许多科学家的努力,终于揭开了恒星一生的演化过程。恒星的前身星胚——由弥漫稀薄的星际物质,通过引力塌缩而凝聚成密度较大的气体、尘埃云组成。在继续塌缩的过程中,星胚中心密度增大,内核温度增高,逐渐发光发热。当星胚内核温度达到 1 000 万度时,氢核聚变开始成为主要能源,一个真正的恒星就产生了。当恒星度过主星序阶段后,其核心部分的氢“燃烧”净尽,氢聚变反应终止。此时,恒星的核心部分因失去足以和引力相抗衡的内部压力,在引力作用下继续塌缩。结果使核内温度增高,密度增大,导致氦“燃烧”开始。在核心区之外的过渡区,因温度增高而发生氢聚变,并推动外壳向外膨胀。结果使恒星体积增大,表面温度降低,变为红巨星,以后逐渐走向它的末日。在恒星演化的末期将出现三类天体:白矮星、中子星、黑洞。

在赫罗图中沿左上方到右下方的对角线主星序上的恒星,称为主序星,它们的亮度、大小和温度之间存在稳定的关系。主序星的化学组成均匀,核心由氢燃烧变为氦。当恒星位于主星序上时,其体积为最小,因而主序星也称为矮星。恒星在主星序上宁静稳定地发光并度过它一生中的大部分时间。太阳位于主星序的中部,是一颗中等温度、中等质量和正处于中年的恒星。它大约在 50 亿年前形成,又大约于 50 亿年后可能变成一颗巨星,并逐渐演化为红巨星。

赫罗图上体积大、温度低、光度大的称为巨星。恒星演化至此时氢所剩不多,且额外的热能使它膨胀时成为巨大恒星,它的外层随后成为温度较低的红色层,称为红巨星。

在赫罗图左下角的一群星称为白矮星。它们的表面温度高、光度低,是小而白热化的星体。理论研究表明,当恒星在核能耗尽后,如果它的质量小于 1.25 个太阳质量,它就将成为白矮星。最早发现的白矮星是天狼星的伴星,从理论预测到发现它,天文学家大约用了 30 年时间。目前,观察到的白矮星已有 1 000 颗以上,但资料较为完整的只有 500 多颗。罗素认为,白矮星是由红巨星不断收缩而形成的。后来的研究证明这一假说是不成立的。

1930 年,美籍印度裔物理学家和天体物理学家钱德拉塞卡(Subrahmanyan Chandrasekhar,1910～1995)在大学毕业后赴英国剑桥大学留学途中,开始了恒星内部结构的研究。他从理论上建立了恒星演化晚期的白矮星模型,并导出了白矮星质量的上限是太阳质量的 1.44 倍。如果超过这个界线,恒星将塌缩成中子星、黑洞。经过在剑桥的学习,钱德拉塞卡逐步完善了自己的发现,并在 1935 年皇家天文学会的会议上宣读了自己论文。由于他的结论在当时看来是非常新颖而又独特,立刻遭到参加会议的时为天体物理学界权威的爱丁顿(Arthur·Stanley·Eddington,1882～1944)的责难。爱丁顿走上讲台,当众撕毁了钱德拉塞卡的讲稿,并宣称其理论全盘皆错,因为他得出了一个“非常古怪的结论”。[1]爱丁顿认为,一颗恒星会塌缩成一个点,那是根本不可能的。爱丁顿的看法也代表了当时大多数科学家的观点。1937 年,钱德拉塞卡离开英国,到美国芝加哥大学。他将自己的理论写进《恒星结构研究引论》一书中。该书于 1939 年出版,书中系统论述恒星内部结构理论,当然也包

---

① 百度百科.钱德拉塞卡. http://baike.baidu.com/view/44269.html.

括白矮星的结构理论。差不多 30 年后,这个后来被称为"钱德拉塞卡极限"的发现得到了天体物理学界的公认。又过了 20 年,钱德拉塞卡因其在星体结构和进化的研究与另一位美国天体物理学家福勒(W. A. Fowler,1911~1995)共同获得 1983 年度诺贝尔物理学奖。

当英国物理学家查德威克于 1932 年发现中子之后,苏联科学家朗道就曾预言有由中子物质构成恒星存在的可能性。1934 年,美国天文学家巴德(W. Baade,1893~1960)和茨维基(F. Zwicky,1898~1974)进一步指出:"超新星代表着普通恒星向中子星的过渡阶段,中子星在其最后阶段是由挤在一起的中子形成的。"1939 年,美国物理学家奥本海默(J. R. Oppenheimer,1904~1967)用广义相对论理论研究中子星结构。根据他的计算,中子星的直径只有几十千米,密度比白矮星还要高 1 亿倍以上。他们的理论预言并没有得到人们的认同,甚至还有人加以讥笑。30 多年后,他们的预言终于得到了证实。

脉冲星因其不断地发出电磁脉冲信号而得名,是高速自转着的中子星。在 1967 年脉冲星被英国天文学家休伊什和天文学家乔斯林·贝尔发现之后不久,科学家们在蟹状星云中发现了另一颗脉冲星。经过计算,这颗脉冲星大约是在 1 000 年前诞生的。如按照恒星演化理论,这颗脉冲星应该是 1 000 年前的一次超新星爆发的产物。而我国古代史书《宋史·天文志》和《宋会要》等史籍中确实记有"客星"出现的方位和天象的观察记录。"至和元年,客星出天关东南,可数寸,岁余稍没。""昼见如太白,芒角四射。"这些记载是说,在距今 900 多年前的 1054 年,当时的人们发现天上出现了一颗新星,其视直径有几寸大小,光芒四射,明亮得白天都可以看到,一年多后才消失。这颗新星的具体位置就是现在观测到的蟹状星云脉冲星的位置(见图 8-5)。这两段记载为恒星演化到超新星爆发形成中子星的理论提供了有力证据。

图 8-5　1054 年爆发的蟹状星云

黑洞是一种特殊的天体,很多观测事实表明它存在的可能性,但至今还未能找到与它相对应的名称。黑洞最初被拉普拉斯称之为"暗星",被定义为质量足够大、密度足够高、引力足够大的恒星,以至于光线都无法逃脱。黑洞是 20 世纪两大物理理论——广义相对论和量子力学对恒星演化终局问题所做出的预言。1967 年中子星的发现表明,钱德拉塞卡和奥本海默等人关于恒星塌缩的理论是正确的,于是"暗星"很快成为天体物理学家研究的热点。同年,美国物理学家惠勒(J. Wheeler)给这种"暗星"取名为黑洞,这一名称随即被广泛认同并沿用至今。黑洞的特点:第一是黑,它不发出任何光线,所以在地球上观测不到它;第二它像个洞,任何外来的物质或辐射都会被它吸收;第三黑洞还是具有质量、电荷、角动量,它还能够对外界施加万有引力作用和电磁作用,物质被黑洞吸积而向黑洞下落时会发出 X 射线等。科学家们就是依靠这些间接证据在寻找黑洞。他们发现了一些双星系统,其中只有一颗可见的恒星环绕某个看不见的伴星运行。如天鹅座 X-1 系统,不可见伴星最小的可能质量约为太阳的 6 倍。科学奇人霍金(S. W. Hawking,1942~2018)认为:"根据钱德拉塞卡的结果,如果该不可见伴星是白矮星的话,这个数值就太大了。如果是中子星的话,质量也太大了。因此,看来它必定是一个黑洞。"他还认为:"在我们的银河系的其他一些系统里可能有黑洞,而且在其他星系和类星体的中心可能还有大得多的黑洞。另外还可以考虑这样的可能性：可能存在质量远小于太阳质量的黑洞。"黑洞可分为巨黑洞、恒星级黑洞和微型黑洞。黑洞是质量大于太阳质量 2.4 倍以上恒星的晚年结局。虽然黑洞至今尚未被发现，但黑洞模型却在类星体以及其他星系研究中得到应用。正如霍金所说那样：

　　　　"黑洞是科学史上极为罕见的情形之一，在没有任何观测到的证据证明其理论正确的情形下，作为数学模型被发展到了非常详尽的地步。"①

8.2.2　太阳系的起源与演化

　　太阳是距人类最近的一颗恒星。太阳系是由围绕太阳运动的行星以及围绕行星运动的卫星和其他天体组成。依照至太阳的距离，行星的排列顺序依次是水星、金星、地球、火星、木星、土星、天王星和海王星。月球是地球的一颗卫星。

　　关于太阳系的起源，历史上出现过三种不同的说法：灾变说、俘获说和星云说。前两种说法都认为太阳是先形成的；对行星和卫星的形成，前者认为是太阳受到另一颗恒星的拉扯或直接碰撞产生的，后者则认为是太阳俘获了银河系中其他星际物质形成的。星云说认为太阳系是由同一块星云形成。目前，太阳系起源于星云说已成为比较普遍的说法。

　　在 20 世纪 20 年代初，爱丁顿曾提出，太阳的生成与演化源于太阳内部的一些亚原子粒子的相互作用。随着核物理学与光谱学的发展，氢是太阳主要成分的确定与氢的同位素氘的聚变反应理论的提出，打开了科学家们的视野。1938 年，美籍德国天体物理学家贝特（1906～　）和德国天体物理学家魏扎克（1912～　）同时提出太阳演化的热核反应假说。他们认为，由于太阳的主要成分是氢及其同位素氘和氚，同时由于太阳内部的高温、高压和高密条件，使得氢的同位素氘和氚不断进行聚变为氦的热核反应。这既是太阳能源生成的基础，又是太阳演化的基础。根据这一理论，他们提出了太阳的演化过程。太阳的演化大约是从 50 亿年前开始，它的前身是银河系中的一团星云，星云不断塌缩而形成星胚，作为太阳雏形的星前天体即由此而成。星胚在不断收缩的过程中，中心部分的高温、高压和高密条件开始形成，热核反应亦开始发生。太阳由此而演化为赫罗图中的主星序上的恒星。他们还认为，太阳目前正处于中年期，最终要向红巨星和白矮星方向发展。

　　太阳系中行星与卫星的形成虽有多种不同的说法，但仍以星云说为主。早在 1796 年，拉普拉斯就提出，围绕中心轴自转的星云在其各部分相互引力的作用不断收缩的同时，其转速也越来越快，最后自转速度增长使该云团的外层摆脱了引力的束缚，结果从主体抛出了一系列的环，随着收缩过程的进行，连续的环在距中心较近的地方断开，最后形成了行星和卫星。

　　我国天文学家戴文赛（1911～1979）（图 8-6）认为：远在 50 亿～46 亿年，一个质量比太阳大几千倍的气体尘埃云——银河星云，靠自引力而收缩，当星云物质密度达到一定值时，内部出现漩涡流，使这个原始星云破碎成上千个小星云，其中一个就是形成太阳的原始星云——太阳星云。原始星云的收缩与自转，最后形成扁扁的、内薄外厚的连续的星云盘。原

---

　　① ［英］斯蒂芬·霍金著. 郑亦明，葛凯乐译. 宇宙简史［M］. 长沙：湖南少年儿童出版社，2006：39.

始星云在收缩中密度变大,最后演化为太阳,并且发出辐射[①]。星云盘内的固体微粒在积聚的同时向赤道面沉降,经过大约 $10^4 \sim 10^6$ 年,便可以在星云盘内形成一个比盘薄得多的"尘层"。当尘层密度增加到足够大时,就会出现引力不稳定性,于是尘层分裂瓦解成许多粒子团。粒子团可以经过自吸引而收缩,很快形成星子。当星子间相对速度很大时,彼此被粉碎。当速度较小时,星子吸收周围物质而聚成大星子,最大的星子就成为行星胎,行星胎通过引力吸积作用而成长为行星。卫星的形成过程大致与行星相似,也是由星际物质聚集而成。

戴文赛还根据现代天文学的观测结果,最先提出"宇观"一词,用来表征宇宙规模的物质。

图 8-6 戴文赛

8.3 宇宙的演化

我国战国时期的屈原曾在《天问》中对中国古代的宇宙(天地)形成之说提出疑问:遂古之初,谁传道之? 上下未形,何由考之? 冥昭瞢闇,谁能极之? 冯翼惟像,何以识之? 在他那个年代,这些问题自然是无法回答的。当人类社会进入 20 世纪,宇宙的起源问题终于从远古的神话中彻底摆脱出来,成为现代天文学的一个重要组成部分。

8.3.1 宇宙膨胀模型的建立

20 世纪以来,随着物理学的进展,特别是爱因斯坦广义相对论的建立,为宇宙的起源与演化提供了理论基础和研究方向。1917 年,爱因斯坦在《广义相对论的宇宙考察》论文中,推出了有限无边静态宇宙模型,即宇宙是唯一的,无内外问题,静态是指宇宙在小范围内是运动的,而在大范围上是静止的。为了得到静态解,他在模型中引入了"宇宙项"——宇宙斥力和宇宙常数概念。爱因斯坦的有限无边、有物质无运动的静态宇宙模型虽然没有成功,但为动态宇宙模型的提出开拓了思路。同年,荷兰天文学家德西特(1872~1934)也根据广义相对论提出了一个不断膨胀的有运动但无物质的宇宙模型。

1922 年,苏联数学家弗里德曼(1888~1934)重新讨论了爱因斯坦的引力场方程在宇宙结构上的运用,在没有宇宙项的情况下,求解引力场方程,就可以得到一个均匀的、各向同性的动态宇宙模型。这个解是个不稳定解,因为它与空间几何特征有关。由欧几里德几何、黎曼几何和罗巴切夫斯基几何分别得到三个不同的宇宙结构。他把这一结果寄给爱因斯坦,并说服了爱因斯坦。爱因斯坦认识到引入的宇宙斥力是没有意义的,多年以后,他把它称为"我一生中的最大失策"[②],错失了做出宇宙正在膨胀这一惊人预言的良机。

变星是指星光亮度有变化的恒星。其亮度的变化可以是周期性的、半规则的或完全不规则的。变星按其光变特征分为三大类:食变星、脉动星和爆发星。造父变星属于脉动变

① 余明主编. 简明天文学教程[M]. 北京:科学出版社,2003:206~208.
② 约翰·巴罗著. 卞毓麟译. 宇宙的起源[M]. 上海:上海世纪出版集团,2007:28,29.

星,它的光变周期(即亮度变化一周的时间)与它的光度成正比,因此可用于测量星际和星系际的距离。造父变星早在 18 世纪就被人们发现。1912 年,美国女天文学家莱维特(H. S. Leavitt,1868～1921)发现了小麦哲伦星云内有许多造父变星,并得出了造父变星光变周期与光度之间的关系:光变周期越长的造父变星显得越亮。虽然当时已经知道这些变星离我们十分遥远,但并不知道它们是银河系外的一个独立星系。1918 年,美国天文学家沙普利(H. Shapley,1885～1972)利用造父变星的周-光关系,计算出银河系的直径约 8 万光年,厚3 000～6 000 光年;太阳不在银河系的中心,而是靠近银河系的边缘,距银河系中心约 3 万光年。

1920 年,天文学家们就这些变星星云是银河系内还是银河系外的星云展开了辩论。以沙普利为代表的一方认为是银河系内天体,以柯蒂斯(H. D. Curtis,1872～1942)为代表的一方则认为是河外星系。论战双方的理论依据均没有使对方信服。1924 年底,哈勃宣布了他的新发现,在仙女座大星云(见图 8 - 7)、三角座旋涡星云和人马座 NGC6822 中找到了造父变星,并依据周-光关系,推算出这三个星云的距离,证明它们远在银河系之外,它们的大小可与银河系相比。他的

图 8 - 7　仙女座大星云

这一发现,使天文学家不得不改变对宇宙的看法。1925 年,哈勃在对河外星系进行分类时,得出了第二个重要结论:河外星系看起来都在远离我们而去,且距离越远,远离的速度就越大。这一结论彻底改变了传统的静态宇宙观。因为此前的天文学家们一直都认为宇宙是静止不动的。1927 年,比利时天文学家乔治·勒梅特(1894～1966)在弗里德曼模型的基础之上,提出了大尺度空间随时间膨胀的概念,建立了勒梅特宇宙膨胀模型。

1929 年,哈勃提出了宇宙膨胀的速度同距离的比值是一常数的哈勃定律:河外星系的视向退行速度 v 与距离 D 成正比,距离越大,视向退行速度也越大,即

$$v=HD \tag{8-1}$$

式中 H 为哈勃常数,表示膨胀的速率。上述关系式称为哈勃定律。对于正常星系,哈勃定律基本上是成立的,即星系的红移量 $Z=v/c$ 与距离成正比,这里的 c 为光速。后来经过其他天文学家的理论研究之后,宇宙已按常数率膨胀了 100 亿～200 亿年。哈勃是银河系外天文学的奠基人和提供宇宙膨胀实例证据的第一人。哈勃定律揭示了宇宙是在不断地膨胀这一现象,为宇宙膨胀模型提供了观测论据。

8.3.2　宇宙大爆炸模型的建立

1932 年,勒梅特从宇宙膨胀理论出发,根据元素放射性提出了宇宙起源于"原始原子"的假说。勒梅特认为,宇宙物质最初都聚集在一个"原始原子"(即宇宙蛋)里,"原始原子"由于剧烈的放射性衰变而发生爆炸,爆炸后的宇宙物质变为星云、星云团,经过演化便诞生了宇宙。

1948 年,美国物理学家伽莫夫(G. Gamov,1904～1968)等人受奥本海默原子弹核爆炸

研究工作的启发,把核物理理论与宇宙膨胀理论结合起来,进一步完善了勒梅特的大爆炸思想,提出了新的宇宙大爆炸假说。伽莫夫的"原始火球"是由温度极高(约 150 亿度)、密度极大(约水的 10^{14} 倍)的中子组成的,这个"原始火球"与时间和空间无关,因而又被称为时空奇点。由于球内基本粒子间的相互作用而发生核聚变反应,引起大爆炸。大爆炸大约发生在130 亿年前,大爆炸开始后的 0.01 s,宇宙的温度高达 10 000 亿 K,物质的主要成分为大量的轻粒子如光子、电子、中微子等,而重子(即质子和中子)物质只占总量的十亿分之一。大爆炸后的 0.1 s,温度下降到 300 亿 K,物质中的中子与质子数之比从原来的 1 下降到 0.61。大爆炸后的 13.8 秒,温度下降到 30 亿 K。这时,质子和中子已可以结合而生成像氢以及氘一类的原子核,化学元素便从这一时刻开始。35 min 后,宇宙温度降到 3 亿 K,核过程停止。原子大约是在大爆炸发生、并经过 30 万年后才开始生成的,那时的宇宙温度约为 4 000 K[①]。这时,宇宙开始变得透明。大爆炸后 2 亿年,宇宙已经出现星系和星系团、恒星和恒星系。图 8-8 是宇宙大爆炸过程和宇宙形成(模拟)示意图,图 8-9 是宇宙大爆炸发生后 38 万年时的宇宙图像,被誉为"上帝婴儿时期的脸"。

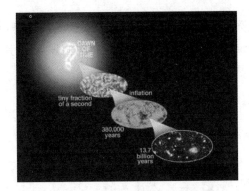
图 8-8　宇宙大爆炸过程示意图

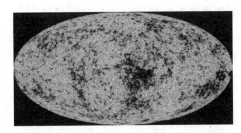
图 8-9　大爆炸发生后 38 万年时的宇宙图像

　　1953 年,伽莫夫等人预言,大爆炸后遗存的宇宙背景辐射温度为 5 K,如果能测得这个温度,那么这就是大爆炸理论的成立证据。1964 年,美籍德国科学家彭齐亚斯(A. A. Penzias,1933~　)和美国科学家罗伯特·威尔逊(R. W. Wilson,1936~　)发现了无法消除的相当于温度 3.5 K 的噪声辐射。1965 年初,经过他们共同确认,这个 3.5 K 的噪声辐射就是伽莫夫等人预言的宇宙背景辐射。正是他们的这一发现,使得伽莫夫等人预言的大爆炸宇宙模型成为现代的"标准宇宙模型"。宇宙微波背景辐射的观测结果对现代宇宙论的建立和发展具有更深远的意义。确定微波背景辐射的黑体谱是很重要的,因为它排除了此辐射来自其他源的可能性。检验微波背景辐射的各向同性也是很重要的,因为它反映了宇宙过去和现在的整体性质。所以,瑞典科学院在授予彭齐亚斯和威尔逊 1978 年度的诺贝尔物理学奖的颁奖决定中指出:

　　　　"他们的发现,是一项带有根本意义的发现,它使我们能获得很久以前,在宇宙
　　　　创生时期所发生的宇宙过去的信息。"

① 赵君亮著. 人类怎样认识宇宙[M]. 上海:上海科学技术出版社,2008:314~316.

　　宇宙大爆炸理论虽然在某些方面获得成功,但遇到的难题要比得到证据要多得多。首先是宇宙的均匀性问题,目前天文观测已达到一百多亿光年的尺度,在这个尺度上宇宙是均匀的,即在空间的所有的点和所有方向,看起来都是相同的,如果大爆炸学说严格成立,宇宙就不应该如此均匀。其次是平性问题,宇宙的理论模型所描述的宇宙可能有三种情况:开放的、封闭的和临界的。它们取决于宇宙的减速因子 q_0 或物质密度因子 Ω_0。很多观测事实表明减速因子 q_0 十分接近 1/2,或者说物质密度因子 Ω_0 十分接近于 1。如此巨大的取值范围为什么恰好选择了这个临界值? 仅用巧合是难以令人信服的。再有就是大爆炸的奇点问题,大爆炸宇宙模型认为:宇宙起源于"原始火球"——时空奇点的爆炸,那么这个"原始火球"又是从何而来的? 大爆炸理论回避了这个关键性问题。后来,科学家们先后提出宇宙暴涨模型、新暴涨模型和混沌暴涨模型等,但大爆炸的时空奇点问题也都没有解决。有人甚至认为,大爆炸理论的发展将把人们对宇宙诞生和灭亡的认识引向神创说。1981 年,教皇接见参加在梵蒂冈举办的一个宇宙学方面会议的与会者时,明确告诉科学家们,研究宇宙大爆炸之后的宇宙演化是可以的,但我们不应该探究大爆炸本身,因为那是创世时刻,那是上帝的工作[①]。

　　2006 年,瑞典科学院宣布,将该年度的诺贝尔物理学奖授予美国科学家约翰·马瑟(J. C. Mather,1945～　)和乔治·斯穆特(G. F. SmootⅢ,1945～　),以表彰他们发现了宇宙微波背景辐射的黑体形式和各向异性。

① [英]斯蒂芬·霍金著. 郑亦明,葛凯乐译. 宇宙简史[M]. 长沙:湖南少年儿童出版社,2006:58.

第 9 章　物理学的发展

　　早期的物理学与技术都是各自走自己的发展道路,在它们之间基本上没有直接的联系,直到经典物理学的形成,这种状况才得到改变。到了近代以后,物理学与技术发展之间的关系也愈来愈紧密,其融合的速度也愈来愈快。19 世纪末的三大发现与 20 世纪初的物理学革命,最终点燃了以电子计算机、原子能和航天技术为代表的第三次技术革命的导火索,产生了 X 射线、无线电通信、半导体、电子计算机、航空航天、原子能、激光、超导以及当代网络通信等新技术。这些新技术的诞生以及物理学与诸多学科之间的相互渗透,又为现代高技术领域的形成与发展打开了大门。

9.1　19 世纪末的三大发现与物理学"危机"

　　19 世纪后期,以力学、热学、声学、光学、电磁学为主要内容的经典物理学体系已经建成。因此,在当时普遍存在这样的看法,即物理学的发展已经到顶,物理学家将无事可做。然而,黑体辐射的"紫外灾难"与"以太漂移为零"的实验结论,以及后来的 X 射线、天然放射性和电子的发现。使得人们奉为信条的经典物理学理论陷入了"危机"。这场"危机",最终导致了新一轮的物理学革命与技术革命,产生了原子物理学、量子理论、相对论、微电子学等物理新领域和一大批物理技术的开发与应用。

9.1.1　伦琴与 X 射线的发现

　　1895 年,德国物理学家 W·K·伦琴(Wilhelm Konrad Röntgen,1845~1923)最先发现了 X 射线,他的发现源自于对阴极射线的研究。1838 年,法拉第把两根黄铜棒作为电极,安装到抽去空气的玻璃管内并通电发光,但在管内总有一个无法消除的暗区存在。这个实验引起了人们的极大兴趣,德国的盖勒斯、普吕克尔、希托夫、戈德斯坦等人对此都进行过大量研究,并取得进展。1859 年,普吕克尔在研究中发现,当放电管中的气压达到万分之一标准大气压时,加大管极电压,则放电管中暗区的范围也随之变大直至管的另一端,并会在对着阴极的玻璃管壁上出现绿色荧光,而且这一现象还具有电磁性质。1869 年,希托夫把放电管中的真空度提高到十万分之一标准大气压,用一个点状阴极发出了这种射线,证明了这种射线是直线传播的。1876 年,戈德斯坦用各种不同的材料和大小不同的阴极,再次证明了这种射线的存在,并把普吕克尔所发现的这种射线称之为"阴极射线"。1878 年,英国物理学家克鲁克斯(1832~1919)制成了真空度为百万分之一标准大气压的放电管——克鲁克斯管,通过放电观察,他认为阴极射线是由带负电的"微粒"流组成的,其他的英、法等国的科学家也赞同这一观点。但以赫兹为首的德国科学家则认为,阴极射线是一种电磁辐射的以太振动。1894 年,赫兹的学生勒纳德做了一个特制的真空放电管——勒纳德管,即在管子的末端用一个很薄的铝片封口。他在实验中发现,阴极射线不仅能够穿过铝片,在管外的空气中传播几厘米,为赫兹的以太振动假说提供了实验证明。

阴极射线的本质到底是什么？伦琴想通过实验来作更深层次的了解。他首先用"勒纳德管"重做赫兹、勒纳德等人的放电实验,观察到了阴极射线穿透薄铝窗和在涂有亚铂氰化钡的荧光屏上产生荧光,并证实了勒纳德关于阴极射线可以穿透几厘米空气的说法。当他改用没有薄铝窗的"克鲁克斯管"重做放电实验时,荧光屏上依然有模糊的荧光出现。这一现象引起了伦琴的思考,因为勒纳德说阴极射线不能穿透玻璃。1895 年 11 月 8 日,为了证实两种不同的放电管所出现的荧光现象是同一现象,他决定用"克鲁克斯管"再做一次实验。为了不使管内的光线外漏以及外界对放电管产生的影响,他用黑色的硬纸板做了一个封套,将"克鲁克斯管"的侧壁严密地套封,并把实验室的门窗用黑布遮挡。当"克鲁克斯管"接通电流放电时,他意外地发现了 1 m 以外的一个荧光屏上发出了微弱的闪光,这一现象不仅使他感到非常惊奇,同时也促使他对这一现象的进一步研究。他把荧光屏一步一步向后移动到 2 m 以外,荧光屏上仍能发现荧光,用没有涂荧光粉的荧光屏反面接受照射,仍有荧光产生。这时的伦琴确信,他发现了一种新的未知射线。

此后,伦琴继续通过实验来观察新射线的性质。这种射线可以穿透厚达千页的书,2～3 cm 厚的木板,但 1.5 mm 厚的铅板则几乎把射线全部挡住。这种射线还可以显示出手掌的骨骼(见图 9-1)。1895 年 12 月 28 日,伦琴在向维尔茨堡物理医学学会递交的论文《论一种新的射线》中,公开了他的新发现,他把这种射线称之为 X 射线。

伦琴的新发现很快就传遍了世界,三个月后维也纳医院便以射线照片来作为外科诊断的手段了。[①] 其传播速度之快,反应之强烈,在科学发展史上是非常罕见的。伦琴的发现也为他带来了许多荣誉,并使他幸运地成为第一个(1901 年)获得诺贝尔物理学奖的物理学家。

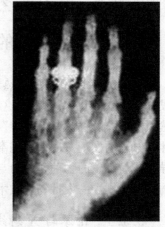

图 9-1　第一张 X 光手骨照片

9.1.2　贝克勒尔与天然放射现象的发现

X射线的发现,很快就导致了另一物理现象——天然放射现象的发现。这项发现是由法国物理学家 A·H·贝克勒尔(Antoine Henri Becquerel,1852～1908)于 1896 年年初完成的。

1896 年初,法国物理学家彭加勒(1854～1912)收到了伦琴寄来的关于 X 射线的第一篇论文的预印本和有关照片,并在 1 月 20 日的法国科学院的每周例会上展示。这引起了当时在场的贝克勒尔的极大关注,并很快就联想到 X 射线是否与他长期研究的荧光物质有关,于是在第二天便投入了研究。贝克勒尔的最初实验结果都是否定的,即荧光物质不发射 X 射线。就在贝克勒尔感到失望之时,彭加勒在刚发表的一篇论文中提出："是不是所有能发出强荧光的物体,不管诱发的原因如何,都能同时发出可见光和 X 射线？"这促使他更想知道荧光物质与 X 射线之间到底有没有关系。1896 年 2 月下旬,贝克勒尔又重新开始实验。幸运的是他这次选择的荧光物质是硫酸钾铀酰。实验结果很明显,在太阳光的照射下,铀盐

---

① 潘永祥,李慎执著. 自然科学发展史纲要[M]. 北京:首都师范大学出版社,1996:160.

包发出的荧光使照相底片感光了。1896 年 2 月 24 日,他向法国科学院报告了这一发现,即 X 射线确实与荧光物质有关。

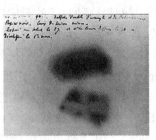

图 9-2　贝克勒尔发现
放射性的底片

为了能在 3 月 2 日的科学院例会上正式报告他的实验结果,他准备再做一次实验。然而,连续几个阴天使得实验无法进行,他就把一包铀盐和底片一起放进了抽屉。3 月 1 日,他取出底片,想预先检查一下底片是否感光。他冲洗了其中的一张底片,其结果使他感到非常意外,因为底片已经被感光了,上面有明显的铀盐包的影子(见图 9-2)。这个事实,使他认识到底片的感光与日晒和荧光无关,也不是射线所致。因此,结论只有一个,这是铀盐自身发出的一种神秘的射线所致。第二天,他在例会上公布了这一重大发现。

天然放射现象的发现,引起了物理学家们的极大关注,许多物理学家把自己的研究方向迅速转移到这一全新领域。居里夫妇首先投入了这一研究行列,并取得了举世瞩目的惊人成就。玛丽·居里(Marie Curie,1867~1934)与德国的施莱特同时发现,除了铀以外,钍元素也具有与铀类似的辐射本能,并建议把物质的这种特性称之为“放射性”。1898 年 7 月,玛丽·居里和她的丈夫皮埃尔·居里(Pierre Curie,1859~1905)一道,从沥青铀矿渣中分离出了放射性比铀强 400 倍的元素钋;同年,他们又发现了新的放射性元素——镭。1902 年,他们成功地提炼出 0.12 g 纯氯化镭,它的放射性是铀的 200 多万倍,从而证实了镭元素的存在。因此居里夫妇与贝克勒尔一道,分享了 1903 年度的诺贝尔物理学奖。1910 年,居里夫人成功地分离出纯金属镭,次年她因此获得诺贝尔化学奖。

天然放射性及元素自然衰变现象的发现,不仅给人类带来了原子内部结构的信息,而且还彻底打破了元素不可改变的传统观念。

9.1.3　汤姆逊与电子的发现

1897 年,英国物理学家 J·J·汤姆逊(Joseph John Thomson,1856~1940)发现了电子,为 19 世纪末的物理学新发现画上了圆满的句号。汤姆逊的发现也是源于对阴极射线的研究。阴极射线的存在是个不争的客观事实,但它是否就是带负电的“微粒”流,还是一种以太振动,两种不同的观点迅速引发了一场关于阴极射线本性的大争论。这场争论引起了正从事气体低压放电研究的汤姆逊的注意,他很想弄清楚阴极射线本性到底是什么。为此,他设计了一系列实验。1894 年,他用旋转镜法测得阴极射线的速度,远小于他曾经测量过的电脉冲在低压气体中传播的速度,证实了阴极射线不可能是勒纳德等人所说的电磁辐射。1895 年,法国物理学家佩兰(J. B. Perrin,1870~1942)改进了放电管结构,利用法拉第笼(金属圆筒)收集阴极射线,此时的法拉第笼带负电;如果用磁铁使阴极射线偏离法拉第笼,此时的法拉第笼则不带电,为阴极射线是带负电的粒子流说提供了实验证明。1897 年,汤姆逊改进了佩兰的实验装置(见图 9-3),对阴极射线作定性和定量研究。实验结果表明,阴极射线与带负电的粒子在

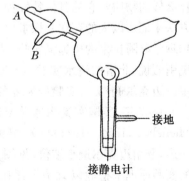

接地

接静电计

图 9-3　汤姆逊改进的佩兰实验装置

磁场或电场作用下遵循同样的路径,证实了阴极射线是由带负电荷的粒子组成的。在这实验之后,汤姆逊又通过一系列实验,测量了这种粒子的速度与它的荷质比(e/m)之间的关系,并测得这种粒子的荷质比比氢离子的要大一千多倍,同时还证明了 e/m 与电极材料无关,即这种粒子是所有物质共有的组成成分。后来汤姆逊把这种粒子称之为"电子"。1897年10月,汤姆逊在《论阴极射线》的论文中,公开发表了他的上述研究成果。1906年,汤姆逊因发现电子而获得了诺贝尔物理学奖。

对电子电量作出精确测量的是美国实验物理学家密立根(Robert Andrews Millikan,1868~1953),他在1906~1914年完成了这项工作。1914年,他公布的 e 值是(4.770 ± 0.005)×10^{-10}静电单位(以厘米、克、秒为计量单位的单位制)。

电子的发现,彻底打破了原子不可分的传统观念,为20世纪探索原子内部结构的研究开辟了道路。

9.1.4　19世纪末的物理学"危机"

导致黑体辐射的"紫外灾难"是源自对热辐射现象的研究。1859年,德国物理学家基尔霍夫(Gustav Robert Kirchhoff,1824~1887)在论文中提出:物体的发射本领跟吸收本领的比值,等于物体处于辐射平衡时的表面亮度;物体的表面亮度与其本身性质无关,它是温度和辐射频率(波长)的普适函数。1860年,他又引入了绝对黑体的概念,即吸收本领等于1的物体叫绝对黑体。

1896年,德国物理学家维恩(Wilhelm Wien,1864~1928)通过半经验半理论的方法,得出了辐射能量密度随频率、温度分布的维恩公式。这个公式只有在高频(波长较短)区域、温度较低时才与实验结果相符,但在低频(波长较长)区域与实验不符。

1900年6月,英国物理学家瑞利(1842~1919)按照经典统计物理中的能量均分定理,推导出了一个辐射能量与频率平方成正比的分布公式,这个公式在1905年经另一位英国物理学家金斯(1877~1946)修正后,被称之为瑞利-金斯公式。这个公式正好与维恩公式相反,在低频区域与实验符合较好,但在高频区域则差距较大,并且当频率极高时,辐射能量在紫外区将趋于无穷,这显然是错误的,故被人称为"紫外灾难"。

"以太"一词源自古希腊,是指能充满天体间的一种媒质。17世纪的笛卡尔首先引用了以太概念,来解释行星为什么会围绕太阳运动。胡克、惠更斯等人则用以太来解释光学现象。到了19世纪,人们又用以太来作为光波、电磁波的传播媒质(载体)。但是以太到底是什么样的物质? 它的具体特性如何? 以太是否真的存在? 于是人们千方百计地用各种实验方法来证实以太的存在和探求以太的性质。如英国天文学家布拉德雷的光行差观察、法国物理学家阿拉果的望远镜实验、法国物理学家菲涅尔的部分曳引假说、菲索的流水实验、迈克尔逊的干涉仪实验等。其中以迈克尔逊-莫雷实验最为著名。

1887年,美国实验物理学家迈克尔逊(Albert Abrahan Michelson,1852~1931)与美国物理学家莫雷(1838~1923)一道,利用迈克尔逊干涉仪(见图9-4),依据麦克斯韦提出的实验原理来检验以太是否存在。如果有绝对静止的以太存在,地球与以太之间必定存在相对运动,因此在地面上发

图9-4　迈克尔逊干涉仪

出的不同方向的光束,相对于地球的速度是不一样的。如果不同方向发出的两束光都是相干光,那么它们就会在干涉仪中产生干涉条纹。虽然他们的实验精确度高达 40 亿分之一[①],并采用了多种方法和长时期的实验观测,但预期的干涉条纹始终没有出现。迈克尔逊-莫雷实验的结果说明,绝对静止的以太是不存在的。以太的不存在,导致麦克斯韦的电磁场理论陷入了困境,因为他认为以太是传播电磁波的媒质。

黑体辐射的"紫外灾难"、"以太漂移为零"实验以及 X 射线、放射性和电子的发现,使得经典物理学理论陷入重重"危机"。这场来自 19 世纪末的物理学危机,最终导致了一场物理学革命,诞生了量子论、相对论、原子核物理学等新的理论与学科,有力地推动了物理学及相关学科的进一步向前发展。

9.2　相对论的创立

迈克尔逊-莫雷的"以太漂移为零"实验,引起了许多人的注意与思考。问题的焦点是:如果以太存在,如何解释迈克尔逊-莫雷的实验结论? 如果以太不存在,那么电磁波又是如何传播的? 因为,麦克斯韦所预言的电磁波,在 1888 年被德国物理学家赫兹用实验证明是真实存在的。

9.2.1　菲兹杰惹-洛伦兹的收缩假说

爱尔兰物理学家菲兹杰惹(G. F. Fitzgerald,1851~1901)是赞同"以太"假说的。1889年,他首先对迈克尔逊-莫雷实验作出理论解释。他提出:"唯一可能协调这种对立的假说就是要假设物体的长度会发生改变,其改变量跟穿过以太的速度与光速之比的平方成正比。"[②]

荷兰物理学家洛伦兹(Hendrik Antoon Lorentz,1853~1928)也坚信"以太"说。1892年,他在《论地球对以太的相对运动》论文中不仅独立提出了收缩假说,而且还给出了严格的定量关系。1895 年,他在《运动物体中的电和光现象的理论研究》论文中,精确地导出了长度收缩公式。其后,洛伦兹又提出了多种假设,并于 1904 年得到了现今所说的"洛伦兹变换方程":

$$\left.\begin{array}{l} x' = \dfrac{x - vt}{\sqrt{1 - v^2/c^2}} \\[2mm] y' = y \\[1mm] z' = z \\[1mm] t' = \dfrac{t - vx/c^2}{\sqrt{1 - v^2/c^2}} \end{array}\right\} \tag{9-1}$$

式中:x、y、z、t 是运动物体在静止坐标系 K 系中的坐标;x'、y'、z'、t' 是物体在以速度 v 沿 x 轴运动的运动坐标系 K' 系中的坐标。用这组变换公式,不仅能很好地解释"以太漂移为零"的实验现象,而且还可以使麦克斯韦提出的电磁场方程组,在运动坐标系中也能保持

① 王士舫,董自励编著. 科学技术发展简史[M]. 北京:北京大学出版社,1997:170.
② 郭奕玲,沈慧君编著. 物理学史(第 2 版)[M]. 北京:清华大学出版社,2005:171.

其基本形式不变。就像伽利略变换运用于牛顿定律那样，使方程的形式保持不变。

9.2.2　狭义相对论的创立

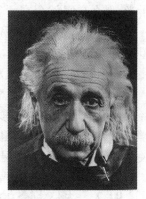

洛伦兹变换方程是洛伦兹在 11 个特殊假设的前提下导出来的，因为他还摆脱不了绝对时空观的束缚。1905 年，著名物理学家爱因斯坦（Albert Einstein，1879～1955）在《论动体的电动力学》论文中，彻底抛弃了绝对时空观念，创立了狭义相对论。

爱因斯坦首先提出了狭义相对论的两个基本原理：

　　"1. 物理体系的状态据以变化的定律，同描述这些状态变化所参照的坐标系究竟是用两个在互相匀速移动着的坐标系中的哪一个并无关系；

图 9-5　爱因斯坦

　　2. 任何光线在'静止的'坐标系中都是以确定的速度 v 运动着，不管这道光线是由静止的还是运动的物体发射出来的。"[①]

这两条原理通常被简述为"运动的相对性原理"和"光速不变原理"。根据这两条原理，就可以很自然地导出洛伦兹变换方程(9-1)，并由这组方程组得出以下结论：

（1）同时的相对性。根据伽利略变换，如果在 K 系中观测到两个事件是同时发生的，那么在 K' 系中观测到这两个事件也必定是同时发生的，即同时是绝对的。但在洛伦兹变换下，只有当两个事件在 K 系中同时且同地发生时，在 K' 系中才能观测到这两个事件的同时发生。因此，在洛伦兹变换下，同时是相对的。

（2）运动的杆缩短。在伽利略变换下，K 系中测得杆的长度与 K' 系中杆的长度是一样的，且与 K' 系相对于 K 系的速度 v 无关。在洛伦兹变换下，杆的动长度 $l=x_2-x_1$ 与杆的静长度 $l_0=x_2'-x_1'$ 之间的关系是：

$$l=l_0\sqrt{1-v^2/c^2} \qquad (9-2)$$

显然，因子 $\sqrt{1-v^2/c^2}<1$，则 $l<l_0$，即运动杆的长度要小于杆的静长度（固有长度）。

（3）运动的时钟变慢。在伽利略变换下，K' 系中测得的时间间隔与 K 系中是一样的。在洛伦兹变换下，若 K 系中测得同一位置相继发生的两事件的时间间隔为 Δt，K' 系中测得同样两事件的时间间隔为 $\Delta t'$，则有：

$$\Delta t'=\Delta t\sqrt{1-v^2/c^2} \qquad (9-3)$$

显然，$\Delta t'<\Delta t$，即运动的时钟变慢了。

（4）狭义相对论的质量-速度公式。在牛顿力学中，物体的质量是一恒量，与其运动速度无关。在狭义相对论中，物体的质量是随其运动速度的变化而变化，即满足如下关系式：

$$m=m_0/\sqrt{1-v^2/c^2} \qquad (9-4)$$

式中：m_0 为物体静止时的质量；m 为运动时的质量。

---

　　①　爱因斯坦，范岱年等译. 爱因斯坦文集(第二卷)[M].北京：商务印书馆，1977：87.

（5）狭义相对论的质量-能量公式。1905 年 9 月,爱因斯坦在另一篇论文中提出了质量与能量之间的内在联系,得出了质量-能量公式,即:

$$E=mc^2 \tag{9-5}$$

上式中的 c 为光速。在经典力学理论中,物体的质量与能量之间没有必然的联系。但在相对论中,物体的质量成为其所含能量的量度。爱因斯坦的质量-能量公式,彻底改变了经典物理学中对质量、能量的传统看法,并为原子能的利用奠定了理论基础。

9.2.3　广义相对论的创立

爱因斯坦的狭义相对论虽然从根本上论证了时空的统一性,但没有把它置于引力场中作进一步分析。在引力场中,引力质量为什么会与惯性质量相等? 如果一个人处于正在自由下落的车厢里,他有什么感觉? 因此,爱因斯坦又把他的相对性理论引入到引力场中,并相继发表了一系列相关论文。1907 年,爱因斯坦在《关于相对论原理和由此得出的结论》一文中,已初步提出了作为广义相对论基础的两个基本原理:等效原理和广义相对性原理。前者是说:"引力场同参照系的相当的加速度在物理上完全等价。"后者则表明:"相对性运动原理对于相互作加速运动的参照系也依然成立。"这两个基本原理成为他推广相对性理论的出发点。

在数学家马尔塞尔·格罗斯曼（Marcel Grossmann,1878~1936)的帮助下,爱因斯坦引入黎曼张量运算,把平直空间的张量运算推广到弯曲的黎曼空间。1913 年,在他们共同署名发表的论文《广义相对论和引力理论纲要》中,第一次提出了用黎曼张量表示的引力场方程。1915 年,爱因斯坦在解决了广义相对论的数学表述问题之后,终于建立了普遍协变的引力场方程。1916 年春天,他发表了《广义相对论基础》这篇总结性论文,完成了广义相对论的创立。

9.2.4　相对论的实验验证

对爱因斯坦相对论的实验验证,最早是从广义相对论开始的。

（1）水星近日点进动。1859 年,法国天文学家勒维里埃发现水星近日点进动的观测值,要比由牛顿定律推算的理论值每百年快 38″(角秒)。1882 年,美国天文学家纽科姆经过仔细计算,水星近日点的多余进动角度为 43″/百年。为了解释这些比经典理论多出来的进动角度值,科学家们提出了许多假设,如其周围有未知小行星的影响、空间弥漫物质对水星运动的影响等,都没有成功。1915 年,爱因斯坦根据广义相对论的引力理论,计算出水星近日点的多余进动角度值就是 43″/百年。这是因为,在太阳引力场中,其周围空间是弯曲的而不再平直。图 9-6 为水星近日点进动示意图。

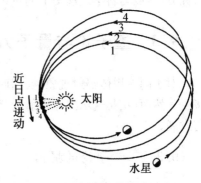

图 9-6　水星近日点进动示意图

（2）光线在引力场中的弯曲。1911 年,爱因斯坦在《引力对光传播的影响》一文中明确提出,当光线经过太阳附近时,由于太阳的引力作用会发生弯曲。他还计算出光线的偏角

$\alpha \approx 0.83''$。1914 年,他又考虑到太阳质量导致的空间弯曲,计算出光线的偏角 $\alpha \approx 1.75''$。1919 年,英国天文学家爱丁顿等人利用日全食观测了位于太阳背后星体发出的光线偏折,测量结果与爱因斯坦预期的理论值基本相符,但其观测精度仅为 30%。20 世纪 60 年代后,使用射电干涉仪对类星体观测的结果,与相对论预言值的误差在 3% 以内。

(3) 光谱线引力红移。根据广义相对论,引力场中的时空是弯曲的,因此光线在引力场中传播时,它的频率或波长会发生变化。因此从大质量的星体射到地球上的光谱线会向红端位移。1911 年,爱因斯坦计算出太阳光谱线同地球上光源对应谱线的红移相对量为百万分之二,并指出这一结果与法布里等人在 1909 年观测的谱线红移数量级相同。而法布里等人当时却认为这是由于大气吸收层的压力影响造成的。1925 年,美国天文学家亚当斯(1876~1956)观测了天狼星的伴星天狼 A 发出的谱线,得到的谱线红移与广义相对论的理论预计值基本一致。1965 年,美国的庞德等人用穆斯堡尔效应来测量引力红移,其实验值与理论值之间的偏差小于 1%。

(4) 雷达回波延迟。在 1964 年至 1968 年间,麻省理工学院的沙皮罗(I. I. Shapiro)等人完成了对广义相对论的第四个实验验证——雷达回波延迟。他们先后对水星、金星与火星发射一束电磁波脉冲,并用雷达接受反射回来的电磁波。实验结果表明:在太阳附近雷达回波确有延迟现象。如地球与金星之间途经太阳边缘雷达波的最大延迟时间约为 200 微秒,与水星的可达 240 微秒,观测结果与理论预言是一致的。

(5) 引力波的检验。爱因斯坦在提出引力场方程时,就预言有引力波从物质发出,并以光速传播。但由于引力波太弱了,以至于人们无法证明它的存在,就连爱因斯坦本人也不相信能观测到它。1974 年底,美国的射电天文学家泰勒(J. H. Taylor)和他的学生赫尔斯(R. A. Hulse)通过对脉冲双星的长期观测,发现它的轨道周期稳定地变短,其变化量与引力波辐射所产生的能量损失的理论预言值符合很好。他们的这一发现已成为证明引力波存在的一个间接证据,他们也因此获得了 1993 年度的诺贝尔物理学奖。

相对论的建立,不但揭示了时间、空间、物质与引力的本质,揭示了物质运动的相对性与统一性,彻底改变了经典物理学的物质观与时空观,而且还为物理学的发展开辟了许多新的研究方向,成为科学发展史上的一个重要里程碑。

9.3　量子论与量子力学的建立

对于同一黑体辐射现象,要用两种完全不同的物理理论去解释,这个事实确实令人无法接受。然而,正是这场黑体辐射的"紫外灾难",最终导致了量子论的提出和量子力学的诞生与发展。

9.3.1　量子论的提出

德国物理学家普朗克(Max Plank,1858~1947)早年的研究方向是热力学,1894 年后就把注意力转向对黑体辐射现象的研究,并发表了多篇研究论文和研究报告。1899 年 9 月,德国实验物理学家卢梅尔(1860~1925)等人在向德国科学院提交的实验报告中指出,测量范围在短波 λ 为 $0.2 \sim 0.6 \, \mu m$(红外区)时,维恩公式与实验曲线相符,但在长波 λ 等于 $8 \, \mu m$ 时,理论值与实验值有较大的偏差。1899 年 10 月 7 日,德国实验物理学家鲁本斯(1865~

1922)告诉普朗克,短波时实验值与维恩公式符合很好,长波时则有明显偏差,并且长波时的能量分布函数与绝对温度成正比。鲁本斯还告诉普朗克,当波长达到最大波长(即51.2 μm)时,实验值则与瑞利在 6 月份发表的辐射定律——瑞利公式相符合。这些信息使普朗克深受启发:黑体辐射的能量分布曲线,为什么一半与维恩公式相符而另一半却与瑞利公式相符? 能不能找到一种新的方法来调和它们之间的矛盾? 当天,他用"内插法"来探求新的辐射公式并获得了成功。1900 年 10 月 19 日,普朗克在德国物理学会会议上以《维恩辐射定律的改进》为题,报告了他建立的新辐射公式。当天,鲁本斯就将普朗克辐射公式与实验数据进行了比较,结果是这两者之间符合得非常好。第二天,鲁本斯把这个结果告诉了普朗克,这使得普朗克不得不去思考这个辐射公式的真实物理特性。于是,普朗克用统计物理的方法,引入了能量分布的不连续假定,从理论上导出了自己先前用内插法得到的辐射公式。图 9 - 7 为黑体辐射的能量分布曲线,其中的普朗克线与实验值最为吻合。

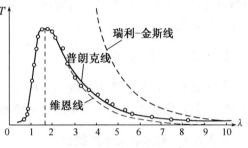

图 9 - 7 黑体辐射的能量分布曲线

1900 年 12 月 14 日,普朗克在德国物理学会上宣读了论文《关于正常光谱的能量分布定律的理论》,明确提出能量 E 是由一些为数完全确定的有限而又相等的部分组成的,并可用自然常量 h(即普朗克常量)来表示。普朗克常量 h 是最基本的自然常量之一,它体现了微观世界的基本特性,同时也标志新的物理时代到来。所以,这一天被人们看作为量子论的诞生日。

9.3.2 爱因斯坦的光量子假说

普朗克的能量子假设提出之后,并没有引起人们的注意,就连普朗克本人也没有认识到它的特殊性和重要性,这种状态直到爱因斯坦提出光量子假说之后才得以改变。

1905 年 6 月,爱因斯坦在其著名论文《关于光的产生和转化的一个试探性观点》中,提出了光量子假说,并用来解释光电效应等现象,为研究辐射问题提出了崭新的观点与方法。他认为用连续空间函数来运算的光的波动理论描述光学现象是非常成功的,但把它应用到光的产生与转化问题时,这个理论就会与经验相矛盾。爱因斯坦认为,只要把光的能量看成不是连续分布,而是一份一份地集中在一起被辐射或吸收,就可以使这对矛盾得以圆满解决。他在论文中说:"确实现在在我看来,关于黑体辐射、光致发光、紫外光产生阴极射线以及其他一些有关光的产生和转化的现象的观察,如果用光的能量在空间中不是连续分布的这种假说来解释,似乎就更好理解。按照这里所设想的假设,从点光源发射出来的光束的能量在传播中不是连续分布在越来越大的空间之中,而是由个数有限的、局限在空间各点的能量子所组成,这些能量子能够运动,但不能再分割,而只能整个地被吸收或产生出来。"[①]爱因斯坦把这些能量子称之为"光量子",并用他建立的光电方程很好地解释了光电效应的产生过程。

---

① 范岱年等编译.爱因斯坦文集(第二卷)[M].北京:商务印书馆,1977:37.

由于爱因斯坦的光量子假说和光电方程与麦克斯韦电磁场理论背道而驰,当时自然不会得到人们的认可,就连提出能量子假说的普朗克也表示反对。美国实验物理学家密立根(Robert Andrews Millikan,1868～1953)则试图从实验上否定光量子理论。他从1905年开始,采用多种实验装置和实验方法,经过10年的努力,终于在1914年获得初步成果。1916年他又作出了更加全面的验证,得到了遏止电压与光照射频率成正比的线性关系曲线,并从钠的遏止电压与频率成正比的直线斜率,求出普朗克常数值的大小,这个值与普朗克从黑体辐射得到的数值符合得很好。因此,爱因斯坦和密立根分别获得1921年和1923年度的诺贝尔物理学奖。

9.3.3　量子力学的建立

量子力学是以量子论为基础的一种描述微观世界统一性的基本理论。德布罗意、海森伯、波恩、薛定谔等人为量子力学的建立做出了杰出贡献。

9.3.3.1　物质波假设的提出

法国物理学家路易斯·德布罗意(Louis Victor de Broglie,1892～1987)的兄长莫里斯·德布罗意是一位实验物理学家,在其兄的影响下,德布罗意开始了对X射线、光电效应和量子论等问题的研究。第一次世界大战结束后,他师从物理学家朗之万(1872～1946)攻读博士学位。1922年,他先后发表了《黑体辐射与光量子》、《干涉与光量子》等论文。1923年9月至10月期间,他又连续发表了《辐射——波和量子》、《光学——光量子,衍射和干涉》及《物理学——量子、气体运动理论以及费马原理》三篇有关波和量子的论文,提出了实物粒子也具有波动性,电子束通过小孔后将会呈现衍射现象,电子轨道的稳定条件等新的理论。1924年11月,德布罗意在他的博士论文《量子理论研究》中,对前几篇论文中的主要思想作了进一步论证和发展,明确提出了量子领域中所有实物粒子都具有波动性假设,并把这种量子波称之为"相波"——即德布罗意波。1925年,薛定谔在诠释波函数的物理意义时将其命名为物质波。

德布罗意的论文在当时并没有引起人们的注意,直到爱因斯坦热情称赞德布罗意的物质波假说,以及德布罗意论文中曾预言的电子衍射现象被戴维孙、革末与汤姆逊等人用实验所证实,德布罗意的理论才受到人们的重视,并由此揭开了从量子论过渡到量子力学的序幕。

9.3.3.2　矩阵力学的建立

矩阵力学的建立源自于对原子光谱线的描述。丹麦物理学家尼尔斯·玻尔(Niels Bohr,1885～1962)最先把光谱学规律与卢瑟福的原子有核模型联系起来,并将量子概念引入到原子结构理论之中。1913年,玻尔分三次在英国《哲学杂志》发表了题为《原子结构和分子构造》Ⅰ、Ⅱ、Ⅲ的论文,提出了定态跃迁原子模型和对应原理,提出了电子角动量的量子化条件和量子跃迁理论,解决了原子的稳定性问题,揭示了光谱规律与原子结构之间的内在关系。但是,玻尔的原子理论也存在一定缺陷,如它只适用于氢光谱和类氢光谱,对于其他元素的更为复杂的光谱则无能为力,而且它无法计算光谱的强度等。玻尔与他的同事在创建与发展科学的同时,还创造了"哥本哈根精神"——这是一种独特的、浓厚的、平等自由地讨论和相互紧密合作的学术气氛。曾经有人问玻尔："你是怎么把那么多有才华的青年人团结在身边的?"他回答说："因为我不怕在年轻人面前承认自己知识的不足,不怕承认自己是傻瓜。"

　　德国物理学家海森伯(1901~1976)在研究了玻尔的原子理论后认为,原子理论应该建立在可观察量基础之上,即通过实验就可以观测到的光谱线频率和强度,而不是电子的位置和速度。1925 年 7 月,海森伯完成了他的成名之作——《关于运动学和动力学关系的量子论的新解释》,为矩阵力学的建立开辟了通道。1925 年 9 月,玻恩(1882~1970)与约丹(1902~1980)共同发表了论文《关于量子力学》,首次给矩阵力学以严格的数学表述。同年 11 月,玻恩、约丹与海森伯三人共同发表了论文《关于量子力学 II》,全面阐述了矩阵力学的原理与方法,奠定了以矩阵形式表示的量子力学基础。

9.3.3.3　波动力学的建立

　　在海森伯等人建立矩阵力学的同时,奥地利物理学家薛定谔(Erwin Schrodinger, 1887~1961)独自完成了波动力学的建立。薛定谔早期曾深入研究过连续介质物理学中的本征值问题,后来又从事理论物理方面的研究,如固体比热、热力学和原子光谱、气体理论等。德布罗意的物质波假设给了他很大的启发,尤其是著名物理学家德拜(P. J. W. Debye, 1884~1966)在一次物理学讨论会上的一席话:讨论波动而没有一个波动方程,太幼稚了。这句话对薛定谔既是触动,又是指明研究方向。经过认真思考,他终于建立了量子力学的波动方程。1926 年上半年,薛定谔以《量子化就是本征值问题》的总题目,连续发表了四篇论文,提出了后来以他名字命名的薛定谔方程,而薛定谔则把自己的理论称之为波动力学。波动力学的建立,奠定了非相对论量子力学的基础。

　　对于同一物理现象,为什么会有两种不同的描述? 矩阵力学与波动力学之间有无关系? 经过薛定谔的努力,他从数学上证明了这两种表述是完全等价的,即通过数学变换可以从一种理论转换到另一种理论,因为这两种理论都是以微观粒子具有波粒二象性为基础,通过与经典理论的类比而建立起来的。后来,人们把矩阵力学与波动力学统称为量子力学。

　　量子力学中物质波波函数的物理意义是什么? 薛定谔把它解释为描述物质波动性的一种振幅,代表电荷在实际空间中的连续分布。1926 年 6 月,德国物理学家玻恩(Max Born 1882~1970)在《散射过程的量子力学》论文中,明确提出波函数的统计解释,即在空间某点发现的粒子几率正比于该点波函数的振幅平方。1927 年,海森伯提出了量子力学中的测不准原理,玻尔则提出了互补原理。1928 年,英国物理学家狄拉克(1902~1984)完成了相对论量子力学的建立工作。至此,量子力学的理论体系已经形成。

　　量子力学的建立,不仅为人们探索微观世界的奥秘提供了强有力的研究工具,为生物、化学等学科开辟了新的研究领域,而且还给人们留下了许多哲学方面的思考。以玻尔为核心的哥本哈根学派对量子力学的创立和发展做出了杰出的贡献,玻恩、海森伯、玻尔分别提出了波函数的统计解释、不确定

图 9-8　爱因斯坦与
玻尔在讨论

关系(测不准原理)、互补原理,并认为量子力学的理论是完备的。但爱因斯坦、薛定谔等人不同意哥本哈根学派的量子力学诠释,尤其是爱因斯坦,对不确定关系和量子力学的几率解释坚决反对,认为这是由于量子力学主要的描述方式不完备所造成,从而限制了对客观世界的完备性认识,所以只能得出不确定的结果。他在 1926 年 12 月 4 日写给玻恩的信中说:"量子力学固然是堂皇的,可是有一种内在的声音告诉我,它还不是那真实的东西。这理论说的很多,但是一点也没有真正使我们更加接近'上帝'的秘密。我无论如何深信上帝不是在掷骰子。"①爱因斯坦提出的"光子箱"实验、薛定谔提出的"薛定谔猫"佯谬给人们带来了无限思考。正如玻尔曾经说过:"谁如果在量子面前不感到震惊,他就不懂得现代物理学;同样如果谁不为此理论感到困惑,他也不是一个好的物理学家。"②

9.4　微观世界的探秘与大统一理论

19 世纪 20 年代末到 30 年代初,人们认识到的基本粒子仅限于质子、电子和光子。并普遍认为,一切物质都是由电子和质子构成的。

9.4.1　原子有核模型的建立

1909 年,卢瑟福的助手盖革,学生马斯登从粒子被很薄的金箔散射的实验中,观察到了一种出人意料的现象:大约有八千分之一的粒子的偏转角度超过 90°,有的甚至被反弹回来。粒子散射实验的意外结果,为建立正确的原子有核模型提供了科学依据。

1913 年玻尔提出的原子结构理论,是量子论发展史上的一个重要阶段。在此之前,量子论主要被用于与辐射有关的问题,玻尔的理论却表明在描述原子的结构和运动规律中,作用量子也具有本质的意义。他希望把量子概念与卢瑟福原子模型结合起来,以解决原子结构的稳定性问题。玻尔理论提出了一个动态的原子结构轮廓,揭示了光谱线与原子结构的内在联系,从而推动了物质结构理论的发展。玻尔由于这一杰出的工作,获得了 1922 年诺贝尔物理学奖。

9.4.2　中子的发现

1932 年,英国物理学家查德威克(James Chadwick,1891~1974)用一种射线(中子束)轰击氢原子核时,发现它被反弹了回来,说明这种射线是具有一定质量的中性粒子流。通过对反冲核的动量测定的结果,再利用动量守恒定律进行估算,确定出这种射线中性粒子的质量几乎与质子的相同,查德威克把这种粒子定名为中子。于 1932 年在《自然》杂志上发表了《中子可能存在》的论文。查德威克发现中子,不仅改变了当时人们对物质结构的认识,同时还为研究和变革原子核提供了一种有力的手段,这促进了核裂变工作的发展以及原子能的利用。由于这一重要发现,查德威克获得了 1935 年诺贝尔物理学奖。

9.4.3　正电子的发现

正电子,又称阳电子、反电子、正子,基本粒子的一种,带正电荷,质量和电子相等,是电

---

①　许良英,李宝恒,赵中立,范岱年编译. 爱因斯坦文集(第一卷)[M]. 北京:商务印书馆,1977:221.

②　百度贴吧. 量子力学—简介. http://tieba. baidu. com/f? kz=110461665.

子的反粒子。

英国物理学家狄拉克(P. Dirac,1902~1984)最早从理论上预言正电子的存在。狄拉克对物理学的主要贡献是发展了量子力学,提出了著名的狄拉克方程,并且从理论上预言了正电子的存在。狄拉克青年时代正好是原子物理学实验积累了大量资料、量子理论处于急剧变革的时代。

1932 年 8 月 2 日,美国加州理工学院的物理学家安德森(Carl David Anderson,1905~1991)在拍摄的云雾室照片中发现一条奇特的径迹,这条径迹和负电子有同样的偏转度,却又具相反的方向(见图 9 - 9),显示这是某种带正电的粒子。从曲率判断,又不可能是质子。于是他果断地得出结论,这是一种带正电荷的、质量和电子质量相同的新粒子,并将其命名为"正电子"。狄拉克预言的正电子就这样被安德森发现了。当时安德森并不了解狄拉克的电子理论,更不知道他已经预言过正电子存在的可能性。

图 9 - 9　首次发现的正电子轨迹

9.4.4　大统一理论

自然界物质粒子间的相互作用形式有四种,即引力相互作用、弱相互作用、电磁相互作用和强相互作用。引力和电磁力是人们所熟悉的,它们的作用强度与距离的平方成反比,是长程力。弱力和强力在宏观世界中不能直接观察到,它们的强度随距离增加的衰减比引力和电磁力更快,是短程力。这四种基本相互作用的强度之比为:

$$\text{强力}：\text{电磁力}：\text{弱力}：\text{引力}=1：10^{-2}：10^{-5}：10^{-40}$$

1964 年,美国物理学家盖尔曼(Murry Gell-Mann,1929～　)提出夸克模型,认为当时发现的所有强子都是由更基本的粒子——夸克(见图 9 - 10)组成的。盖尔曼也因此获得 1969 年度的诺贝尔物理学奖。

按现代的粒子物理学中的标准模型理论而言,强子是由夸克、反夸克和胶子组成的。胶子是量子色动力学中的力子,它将夸克连在一起,强子是这些连接的产物。

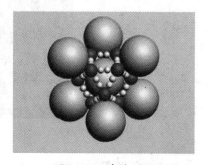

图 9 - 10　夸克模型

第一,强子是由更深层次的粒子组成的复合粒子。组成强子的粒子中,有一类统称为夸克,夸克的自旋为 1/2,其电荷以质子电荷为单位表示为 2/3 或 -1/3。夸克按电荷以及在相互作用中显现的质量可以区分为不同的"味",组成强子的夸克有 6 味,分别称为上夸克(μ)、下夸克(d)、奇异夸克(s)、粲夸克(c)、底夸克(b)和顶夸克(t),但顶夸克尚未在实验上发现。

第二,每种味的夸克按其在强相互作用中的地位而区分为三种"色",即每种味的夸克带有不同的"色荷",分别称为"红"、"蓝"、"绿"。

第三,将夸克结合成强子的是基本的强相互作用。我们已知带电粒子之间的电磁相互作用是通过光子来实现的。与此相似,夸克之间的强相互作用是通过交换胶子来实现的。

理论认为,胶子可能有8种。在实验中已发现了一些胶子存在的迹象,但胶子本身还没有在实验中发现。带电粒子所带的电荷决定它参与电磁作用的强弱,与此相类似,夸克所参与的强相互作用的行为和强弱由夸克所带的色荷来决定。

　　第四,介子由一个夸克和一个反夸克组成。重子由三个夸克组成,反重子由三个反夸克组成。例如 K_0 介子由反奇异夸克和下夸克组成;中子由上夸克和两个下夸克组成;组成强子的夸克和反夸克之间通过交换胶子而相互作用,在强子内部,总是不断地有胶子被放出和被吸收,并处于统计平衡状态。

　　第五,已知强子是由夸克和胶子组成的,但迄今为止,实验中没有直接观察到自由的即单独存在的夸克或胶子。为了解释这一现象,科学家们提出了色相互作用具有"禁闭"性质的假说,即带色的粒子之间的色相互作用并不随距离的增加而迅速减弱,从而使粒子最终互相独立而处于自由状态,即夸克和胶子不能自由地单独存在而被禁闭在强子内部。色相互作用的这种禁闭性质是根据实验结果的启示而提出的理论假设,但至今还没有最终严格地证明。尽管如此,色禁闭仍然是当前在强子结构研究中较普遍接受的基本假定。

　　图9-11是1989年建成的世界上最大的粒子加速器——欧洲核子研究中心的正负电子对撞机。它位于瑞士日内瓦与法国交界处,其周长为27 km,直径3.8 m的圆环形通道。该对撞机可以将两束质子分别加速到7万亿电子伏特的极高能量状态(粒子速度达27万千米/秒)并使之对撞,粒子物理学家通过观测质子碰撞时的现象和碰撞后的产物来探索物质结构的奥秘。

图9-11　欧洲核子研究中心的正负电子对撞机

　　随着粒子物理学的发展,人们对物质结构的认识不断深入。20世纪70年代末80年代初,在粒子物理的理论探索中,有许多工作是探讨夸克和轻子的内部结构的,并提出了各种可能的"亚夸克"模型,诺贝尔奖获得者、美国科学家格拉肖(1932～　)曾建议,把比夸克更深层次的粒子叫"毛粒子",以纪念毛泽东倡导的"物质是无限可分的"的哲学论断,但目前关于亚夸克的研究尚无新的进展。大统一理论包括引力相互作用在内,因此,许多人目前也致力于寻找4种相互作用的统一,这就是所谓的超大统一理论。可以预言,这个理论必须是量子化的规范理论。但是,企图把引力理论同量子论结合起来的尝试至今没有取得重大进展,探测引力子或引力波的研究,也许是当代物理学最困难的前沿问题之一。

第 10 章　现代化学

　　化学作为一门专门研究各种分子及其变化的基础学科,从 19 世纪中叶开始,逐渐渗入到其他学科。19 世纪末的物理学革命,特别是 X 射线、天然放射性和电子的发现,使化学家们的认识发生了革命性变化。19 世纪形成的化学工业,为 20 世纪化学的发展提供了强大推动力。现代化学在对元素周期律的新认识、无机化学和分析化学、化学键理论以及晶体结构研究方面取得一系列重大成就的同时,加快了向其他学科的渗透步伐,形成了诸如物理化学、生物化学、天体化学、地球化学、海洋化学等边缘学科,开辟了许多新的研究领域。

10.1　元素周期表的新发展

　　门捷列夫提出的化学元素周期律,打开了通向无机化学和分析化学的大门,同时也对化学家们提出了一系列问题。例如,彼此互不相干元素的化学性质为什么会随原子量的增加而呈周期性变化? 元素周期表的科学依据是什么? 包括门捷列夫在内的许多科学家都进行了研究。门捷列夫否认原子的复杂性和电子的存在,并认为元素不能变是元素周期律得以成立的前提。

　　1869 年,门捷列夫最初公布的元素周期表中只有 66 种元素,到 1894 年,发现的元素已达 75 种。此后,惰性气体氩、氦、氖、氪、氙以及镭和钋被相继发现,为 19 世纪的元素周期表增添了新的成员。

　　20 世纪初,又有一些元素被相继发现。1923 年和 1925 年,科学家利用元素的特征 X 射线,分别发现了 72 号元素铪和 75 号元素铼。在进入 20 世纪 30 年代前,已发现元素周期表中 1~92 号元素中的 88 个,尚有原子序数为 43、61、85、87 的 4 种不稳定元素没有被发现。经过 20 年的努力,科学家们在实验室中用人工方法制备出来并加以论证。1937 年,美籍意大利物理学家塞格雷首先用氘核轰击钼,得到放射性产物,经意大利化学家佩里埃分离提纯,成功制备出 43 号元素锝。接着,87 号元素钫(1939 年)、85 号元素砹(1940 年)和 61 号元素钷(1945 年)被相继发现。这样,到 1945 年,92 种元素被全部找到。

　　在 92 号元素铀之后还有没有元素存在? 也就是超铀元素的存在。为此,科学家们经过长期的努力,终于获得成功。1940 年,93 号元素镎、94 号元素钚被人工制备。此后,95 号~103 号元素在 1944~1961 年期间被合成;104 号~107 号元素在 1969~1974 年间合成;80 年代又合成人工放射性元素 108 号的 Hs、109 号的 Mt、110 号元素 Ds 以及 ^{64}Ni 轰击 ^{209}Bi 合成的 111 号元素[①]。104 号~111 号元素在地球上存在的时间是短暂的,它们的性质还没有被世人所知,这些元素是利用重离子加速器轰击各种不同的元素时被人们首次发现的。

---

　　① [日]樱井弘编. 修文复译. 元素新发现关于 111 种元素的新知识[M]. 北京:科学出版社,2006.

110 号、111 号元素的存在性已被确认,化学性质尚不明确。这些新元素的稳定性随着原子系数的增加而急剧降低,97 号以前的超铀元素,其寿命最长的同位素的半衰期可达千年以上,而 103 号元素铹的寿命最长的同位素的半衰期仅为 180 秒,105 号元素的半衰期为 34秒,107 号元素的半衰期为 2 微秒。

　　元素周期表是否到头了,还有没有比 111 号元素的原子序数更高的元素? 这确实是个难以回答的问题,有待于科学的研究和实验的验证。

10.2　无机化学与有机化学的进展

　　20 世纪以来,无机化学和有机化学得到了快速发展,并成为推动化学工业发展的强大动力。

10.2.1　无机化学的进展

　　无机化学是研究一切元素和无机化合物的组成、结构、性质、变化、制备及相关理论和应用的科学。它的研究对象极为广泛,除了碳的衍生物——有机化合物之外,元素周期表中的所有元素及其化合物都是它的研究对象。无机化学自进入 20 世纪,特别是 50 年代以来,随着科学技术的迅速发展,无机化学开始进入新一轮高速发展时期。它一方面向新型化合物的合成及应用领域发展,产生了现代化学工业,制备新试剂以及医疗、解毒、杀菌等有效药剂;另一方面向新的边缘学科渗透与发展,已形成生物无机化学、有机金属化学、无机固体化学和同位素化学等主要学科。

10.2.1.1　生物无机化学

　　生物无机化学是应用无机化学原理研究无机物质的存在形式、分布、代谢及生理作用等方面的生物化学问题。它的主要内容是研究金属在固氮、光合作用、氧的输送和贮存、生物体内能量转变等过程中的作用。例如,生物体内有多种金属生物酶,它们的功能涉及金属元素与生物体内物质的化学反应。对这类反应过程中金属的状态、金属与生物质结合而产生的新结构以及金属是如何发生作用等问题的研究与解决,不仅可以加深对生命现象的理解,而且对生产技术的发展有推动作用。随着生命科学的发展,详细了解酶在生命过程中的催化作用是生物化学所面临的主要问题。1975 年、1988 年、1993 年和 1997 年的诺贝尔奖获得者都是致力于酶的研究而获奖的。[①]

10.2.1.2　有机金属化学

　　有机金属是指处于无机物与有机物之间的有机金属化合物。有机金属化学是有机化学和无机化学相互交叠的一门分支学科,主要研究含金属离子的有机化合物的化学反应与合成等问题。许多化学染料、化学试剂和催化剂都是有机金属化合物。对有机金属化合过程和化合物的研究,大大推动了催化、生化和医药化工的发展。

---

　　①　张家治主编. 化学史教程(第二版)[M]. 太原:山西教育出版社,1999:389.

10.2.1.3　无机固体化学

无机固体化学是指无机化学、固体物理与材料科学相互交叉形成的学科。20 世纪 40 年代以来,由于空间、原子能、电子和激光等技术的快速发展,迫切需要各种特殊性能的固体材料,如具有耐高温、耐腐蚀、耐辐射、高强度、高韧性的结构材料以及具有力、热、光、电、磁、声等性能的功能材料。这些材料多为无机固体材料,通常是在一些比较特殊和苛刻条件下制备而成的,如高温、高压、高电场等。1955 年,人们在 7 万个大气压和 1 727 ℃的高温下,以镍为催化剂,使石墨转化为金刚石。20 世纪 70 年代,人们在 1 200 ℃的高温下,采用气相生长法使碳氧化物分解为碳纤维,这些纤维的直径小于 0.2 mm,长度可达 25 cm,其抗拉强度是相同直径钢丝的许多倍。半导体器件的制作需要高纯度的硅和锗,50 年代人们已能制得纯度为 99.999 9%的硅,70 年代又制得纯度可达 99.999 999 999 9%的超纯锗。

10.2.1.4　同位素化学

同位素是指具有相同质子数(原子序数)和不同中子数的原子核组成的一类元素。质子数目决定原子序数,也决定核外电子数,它是决定元素化学性质的主要因素。因此,对同位素元素而言,尽管它们的放射性和衰减周期不同,但它们的化学性质则完全相同。1909 年,瑞典化学家斯龙霍姆和斯维德伯格最早发现了这一现象,并建议这几种元素在周期表中应占据同一格子。1913 年英国化学家索迪接受了他们的建议,首先引入了同位素概念。

20 世纪 30 年代,人们先后发现了氢的同位素氘和氚。1919 年,匈牙利化学家赫韦希(1855～1966)利用放射性同位素作为示踪原子,追踪它在化学过程中的踪迹,为科学研究开创了新方法。现在,同位素示踪法广泛应用于科学研究、工农业生产和医疗技术方面。1974 年,美国化学家利比(1908～1980)利用同位素 ^{14}C 在几千年内死亡的生物物种中含量的变化,测定其死亡年代。这个方法已广泛用于考古、地质、地球物理和其他一些学科相关的历史遗迹年代的测定。例如,我国研究人员利用铅同位素示踪技术,对河南安阳出土的商代青铜器的原料来源进行了研究。通过对部分商代青铜器的铅同位素与古代铜铅矿料样品的铅同位素相比较后发现:具有铅同位素中等比值的青铜器,其铜矿源主要来自江西的瑞昌铜岭和湖北的大冶铜绿山[1];殷墟妇好墓中出土的部分青铜器中,含有云南矿质,而且中原以及其他别的地区出土的商周时代的青铜器也有这种异常的云南铅矿质存在[2]。这为我国商代青铜文化的起源提供了佐证。

10.2.2　有机化学的进展

从 20 世纪初开始,有机化学在物理学、生物学等边缘学科的渗透与推动之下,有机化学理论和实践都有了很大的发展,特别是在有机化学合成和天然有机化学方面取得的成就尤为显著。

---

①　彭子成等. 赣鄂豫地区商代青铜器和部分铜铅矿料来源的初探[J]. 自然科学史研究,1999(3):241～249.
②　李晓岑. 商周中原青铜器矿料来源的再研究[J]. 自然科学史研究,1993(3):264～267.

10.2.2.1　理论有机化学的发展

19世纪后期,有机理论的发展,使有机现象从本质上得到了解释。进入20世纪后,逐渐形成了结构有机化学和物理有机化学为主体的理论有机化学。

19世纪的有机结构理论主要是化合价理论和立体化学。随着19世纪末的物理学的三大发现、原子结构理论和量子理论的逐渐完备,一切化学现象从电子的层次、量子的角度得到了较好的解释,特别是化学键的建立,化学亲和力或化合价得到了本质的说明。

1931年,美国化学家鲍林(Linus Pauling,1901~1994)和斯莱特(J. C. Slater, 1900~1976)为解决有机化合物中碳的成键问题,提出了杂化轨道理论。该理论依据电子运动不仅具有粒子性,同时还有波动性,并且波又是可以叠加的。所以鲍林认为,在碳原子成键时,电子所用的轨道不完全是原来纯粹的单一轨道,而是由几个能量相近的轨道经过混杂、叠加合成几个新的原子轨道,这种轨道称为"杂化轨道",轨道的混合过程称为杂化。这种杂化前后的轨道数是守恒的,杂化轨道在能量和方向上的分配虽然发生了变化但仍对称均衡,从而提高了成键能力。他们的杂化轨道理论,很好地解释了甲烷的正四面体结构,也满意地解释了乙烯分子及其他许多分子的构型。

分子轨道理论是20世纪30年代化学键理论进一步发展的结果。1931年,休克尔(E. Huckel,1896~1980)用分子轨道来解决环烯烃的化学稳定问题。几乎与此同时,德国化学家洪德(F. Hund,1896~1997)和英国的伦纳德·琼斯(J. E. Lennard-Jones,1894~1954)通过对化学键类型的分类研究,认为可以把化学键看成化合物中属于不同原子的电子作用之和。并提出存在两种主要化学键:一种是σ键,它由一对电子组成,分子轨道的电子云分布围绕键轴成圆柱形对称;另一种是π键,为多价键化合物所具有,这种分子轨道的电子云与通过键轴的平面成对称分布。美国化学家莫立肯(R. S. Mulliken,1896~1986)利用量子力学的方法,计算了在分子内电子运动的途径,为分子轨道理论的建立作出了贡献。分子轨道理论注意了分子的整体性,因此较好地说明了多原子分子的结构。

分子轨道理论的研究在20世纪50年代之后得到较快的发展,这主要是由于以莫立肯为首的一批科学家用计算机来计算分子轨道。计算速度得到了空前提高,如在30年代,计算一个氢分子需要一年时间,现在借助于电子计算机,计算一个电子数高达80的分子仅需几分钟。因此,分子轨道理论在有机化学结构分析和合成中得到了广泛的应用。

1952年,日本化学家福井谦一(Fukui Kenichi,1918~1998)首先提出了"前线轨道"理论,指出分子轨道中填有电子的能量最高轨道和不填充电子的能量最低轨道是化学反应中的两个最重要的轨道。这是分子轨道理论的一个新发展,成为用量子理论研究分子动态化学反应的一个起点。

1965年,美国化学家伍德瓦德(Rober Burns Woodward,1917~1979年)和量子化学家霍夫曼(R. Hoffmann,1937~　　)合作,提出了分子轨道对称性守恒原理。这一原理对于解释和预示一系列化学反应进行的难易程度,了解反应产物的立体构型都有指导意义。它的提出标志着现代化学开始从研究分子的静态跨入了研究分子的动态,以揭示化学变化规律的新阶段。

物理有机化学是专门研究有机化学中有机物的结构变化、能量变化、反应速度、反应深度和广度等问题的学科。物理有机化学综合运用了分子轨道理论、电子理论、共振理论以及量子化学理论,对有机分子结构与化学活性之间的关系,有机化学的反应机理等进行了理论探索和生产实践指导。1967 年,美国化学家科里(L. Corey,1928～　)提出了独特的有机合成理论——逆合成分析原理,使得化学家可以研究有机化合物对各类试剂的反应活性,并在计算机辅助下使越来越复杂的研究计划与合成得以进行。他也因此而获得 1990 年度的诺贝尔化学奖。

物理有机化学是现代有机化学中发展最快而又至关重要的学科。在近年来的文献中,它约占有机化学的三分之一。物理有机化学对科学研究和化工生产起到了积极的推动作用和指导作用。例如,为了更深入地揭开生命的秘密,实现基因控制,物理有机化学研究人员提出了"微环境效应""空间匹配效应""有机反应的多维效应"等新概念,并取得了新的进展。有机光化学的发展,不但组合成了许多前所未有的特殊分子,并且对于许多重要的生理现象有了进一步的了解。美国科学家卡尔文(Melvin Calvin,1911～1997)等人经过数年的研究,终于揭开了植物的光合作用中二氧化碳同化的循环式途径,提出了高等植物及各种光合有机体中二氧化碳同化的循环过程——卡尔文循环。为此,他获得了 1961 年度的诺贝尔化学奖。

现在,结构有机化学与物理有机化学的研究对象、方法和手段等方面都互有重叠和渗透,这正是现代科学技术发展的一个最显著特征。

10.2.2.2　有机化学合成技术

20 世纪有机化学合成技术的快速发展,得益于物理化学、结构化学和分析化学等基础理论的突破与实验方法的革新,得益于石油、煤炭化学工业的飞速发展。石油化学、煤炭化学与其他矿物化学彻底改变了过去只能从动植物有机体提取有机产品的历史,使有机合成工业有了广泛的材料来源(如合成橡胶、塑料和合成纤维三大合成材料的原料都来自石油);同时也为有机化学合成的研究开辟了全新的天地,使有机合成的范围不断扩大。有资料表明,1880 年,全世界有机化合物总数为 12 万,30 年后的 1910 年为 15 万,1940 年为 50 万,1961 年为 175 万,1978 年超过 500 万;而无机化合物总数 1961 年才达到 50 万种,远少于有机化合物总数。

进入 20 世纪,有机化学合成的目标也发生了改变。19 世纪人们主要合成自然界存在的有机物,而现在则以合成自然界原来并不存在的有机物为主要目标,如新的农药、杀虫剂、预防及医疗药物以及材料高分子、生物大分子和其他功能大分子化合物等。20 世纪 30 年代前后,磺胺类药物的合成、抗生素的提取等都是有机合成化学取得的重大成果。

1929 年,英国微生物学家弗莱明(Alexander Fleming,1881～1955),首先在微生物中发现了青霉素是一种抗生素药物。经过弗洛里(1898～1968)和德国人钱恩(1906～1979)的进一步研究,证实了弗莱明的研究结论。1941 年青霉素被应用于临床各种炎症的治疗,取得了良好的效果。青霉素的研制成功,为以后各种抗生素的研制开创了道路。1945 年,弗莱明、弗洛里和钱恩共获诺贝尔生理学及医学奖。最初的抗生素都是微生物(霉菌)的培养产物,40 年代以后开始了人工合成研究,现在一些抗生素已进入半人工合成或全人工合成。30 年代合成的 DDT 杀虫剂、40 年代合成的六六六杀虫剂以及此后合成的各种有机磷农药,由于对环境造成严重污染而被停用。1975 年以后合成的昆虫激素杀虫剂一般都具有高效、低毒和不污染环境等优点。

10.2.2.3　天然有机化学的进展

天然有机化学是研究生物有机体代谢产物的组成、结构、性能和应用,主要是对糖类、脂类、蛋白质、核酸、生物碱等内容的研究。

糖类(简称碳水化合物)是含醛基或酮基的多羟基碳水化合物,以及它们的缩聚产物和某些衍生物的总称。糖类是光合作用的直接产物,是能量来源和代谢中转枢纽。糖类主要有单糖、低聚糖和多糖。葡萄糖是最重要的单糖,血液中含葡萄糖 0.1％左右,在组织中代谢生产能量。在 20 世纪 30 年代前后,英国化学家霍沃斯(W. N. Haworth,1883～1950)提出了葡萄糖、甘露糖等单糖的环状结构。根据低聚糖可水解的特性,人们又确定了蔗糖、麦芽糖、乳糖等低聚糖的结构。多糖是由 3 个以上单糖通过糖苷链聚合而成,如淀粉、纤维素就是最常见的多糖。霍沃斯也因此研究而获得 1937 年度的诺贝尔化学奖。

脂类是生物体中难溶或不溶于水,易溶于非极性溶剂的有机化合物的总称。生物体中的脂类多种多样,功用也各不相同。如三脂肪酸甘油酯主要为各组织代谢供给能量;磷脂类除了充当动物细胞膜的主要成分外,还有调控动物脂肪代谢(卵磷脂)和血液凝固(脑磷脂)等功能。

蛋白质是由各种不同的氨基酸组成,是一切生命的物质基础。20 世纪初,德国化学家、生物化学的创始人费歇尔(Emil Fischer,1852～1919)在蛋白质的化学结构研究中做出了杰出贡献。他首先提出了蛋白质的多肽结构理论,此后又在实验室中合成了含有 18 个氨基酸的长链,正确反映了蛋白质的基本结构,为后来的蛋白质多肽链中氨基酸的空间结构和连接顺序的测定研究打开了通路。1945 年,英国生物化学家桑格(1918～2013)等人开始对蛋白质分子——胰岛素

图 10-1　1965 年 8 月 3 日,
我国首次人工合成结晶牛胰岛素

的化学结构进行研究,经过十年的努力,终于在 1955 年成功揭示了由 49 个肽键链接而成的牛胰岛素的氨基酸排列顺序。我国科学家从 1958 年开始牛胰岛素的人工合成研究,1965年 9 月首次人工合成了结晶牛胰岛素,生物活性试验证明它与天然牛胰岛素的特性一致。这是世界上第一个人工合成的蛋白质,也是我国 60 年代的一项重大科研成就,这项成果获1982 年中国自然科学一等奖。图 10-1 是我国首次人工合成结晶牛胰岛素时的一幅照片。

核酸是细胞核的主要成分。核酸虽然在 19 世纪后期就被人们发现,但对它化学成分和基本结构直到 20 世纪 20 年代才弄清楚。核酸是由四种不同的碱基和核糖、磷酸等组成。1929 年又确定了核酸有两种:脱氧核糖核酸(DNA)和核糖核酸(RNA)。1953 年,美国生物学家沃森(1928～　　)和英国生物学家克里克(1916～2004)用 X 射线衍射方法测定 DNA 的结构,提出了 DNA 双螺旋结构模型,对分子生物学的发展具有划时代意义。50 年代后,人们又发现了多种核糖核酸。

第11章　地球系统科学、生态学和环境科学

随着 20 世纪科学技术的高速发展,地球环境也随之发生了变化,并威胁着人类社会的生存和可持续发展。因此,人们不得不用科学的眼光来审视人类的唯一家园——地球,于是地球系统科学、生态学和环境科学也就应运而生。由于这三门科学分别从三个不同的角度、不同的方法研究人、生物和环境与地球之间的关系,所以它们是在研究领域上既有交叉,又有差异,且不能互相替代的关联学科。

11.1　地球系统科学的产生与发展

地球系统科学是将地球大气圈、水圈、岩石圈、生物圈等作为对象,研究它们之间的物理、化学和生物过程,并和人类的生活、生产与生态环境之间的相互作用联系起来,着眼于揭示全球的气候、生态、环境变化规律,为人类社会的生存与发展服务。

11.1.1　地球系统科学的产生

地球系统科学是在原有的地质科学、水文科学、大气科学以及人与地球新型作用关系基础之上发展起来的一门新兴学科,它起源于 20 世纪 80 年代的美国。早在 60 年代,人类进入太空,从空间对全球进行了全面观察,发现地球只不过是茫茫太空中的一颗小行星而已。图 11-1 为外太空拍摄到的地球图像。1983 年,美国国家航空与宇航管理局(NASA)出资 20 亿美元,资助 20 余所大学地理系的地球系统科学研究,为美国的全球战略服务。80 年代中期以来,地球科学发展迅猛,科学家明确提出物理过程与生物过程相互作用的观点,进而形成了"地球系统"思想。

图 11-1　地球——人类的家园

90 年代,这一观点成为地学界共识,美、英、日等国纷纷制定相关计划,促使这一学科得以确立并蓬勃发展起来。1992 年美国 22 所大学将地球系统科学教育纳入课程之内;与此同时,联合国《21 世纪议程》将地球系统科学作为可持续发展战略的科学基础之一。

11.1.2　地球系统科学的研究对象和发展趋势

地球系统科学主要从全球变化、区域变化和宏观调控等方面,探讨人类活动引起的全球生态环境变化问题。全球变化是地球系统科学研究的核心问题,主要包括温室效应、海平面上升、海岸线变迁、湖泊变迁等自然环境变化,森林、草地、湿地、水体叶绿素等生物量变化,以及工业化、城市化、交通公路网等人类活动产生的生态效应。区域变化是利用卫星监测和

计算机处理技术,对局部地区生态环境变化所产生的影响进行分析研究,确定该区域的经济行为是否保护了臭氧层和生物多样性,探讨全球变化与区域变化之间的相互作用以及人类行为对全球变化的反馈。宏观调控主要是区域之间运用环境工程,解决生态农业、生态工业内部及其两者之间的匹配问题。

地球系统科学仍处在发展时期,对地球大气圈、水圈、陆地圈、生物圈之间的相互作用以及地球系统的整体变化进行研究,实际上是对自然科学和社会科学的一次综合。因为地球系统科学所探讨是大尺度范围内的长期效应问题,50 年、100 年以后的科技发展对人类生产、生活方式的改变程度以及对自然生态环境产生的影响,目前还不能把握;保护臭氧层、陆地与海洋的生态环境需要全人类特别是工业发达国家的参与和支持;地球生态系统是非常脆弱的,一旦人为破坏以后,要恢复到原状态是非常困难的,有时甚至是不可能的。

地球系统科学正推动着可持续发展的研究。环境污染、资源短缺成为制约经济与社会发展的瓶颈。如何做到既满足当代人的需求又不损害后代人的需求,实现可持续发展,这就需要研究人类采用什么样的生活方式、生产方式才能保持向可持续发展方向发展,否则可持续发展就成为一句空话。

地球系统科学关注人类活动对地球系统的存在、运动和发展的影响。人类的活动正在改变地壳岩石圈的面貌。21 世纪初的全球建筑面积将接近陆地面积的 20%,这无疑增加了地表的负荷;石油、煤炭与矿山的开采以及地下水的深度使用,改变了地壳岩石圈的质量分布。人类的活动改变了地球系统表层的结构和面貌,人类采矿的岩石挖掘量可以和河流侵蚀效应相提并论;大江、大河的拦水大坝改变了原地的生态环境;屡见不鲜的核电站的核泄漏、核爆炸事故对全球大气环境造成严重污染;内陆湖泊的干涸使大批物种消失;草原荒漠化使沙尘逐渐向人类的居住地逼近等。人类的活动打乱了原有的化学循环,形成了新的地球化学过程;石油、天然气和核能的使用,改变了自然界能量自由转化的方式。总之,人类活动对地球系统的改变显示了人类在地球系统中的作用,同时也给人类带来了严重的不良后果。如何预防和消除这些不良后果,只有通过对地球系统科学的深入研究与对自然环境的全面监控,才有可能作出长时间、大尺度范围内的人类与地球相互作用的科学预测,确保可持续发展战略的顺利进行。

11.2　生态学的产生与发展

生态学是研究生命系统和环境系统之间的相互关系及其作用与规律的学科。生命系统包括动物、植物和微生物;环境系统主要包括光、水、温度、营养物等物理条件和化学成分。

11.2.1　生态学的诞生和发展

生态学的最初概念是在 19 世纪中叶提出来的。1869 年,德国生物学家海克尔(E. Haeckel,1834~1919)给出的定义是:生态学是研究生物体与其周围环境的相互关系的科学。随着科学技术的发展,原来建立在动物学、植物学和微生物学等生物学基础之上的生态学也得了迅速发展。20 世纪 30 年代,已有不少生态学著作和教科书阐述了一些生态学的基本概念和论点,如食物链、生态位、生物量、生态系统等,同时也标志着生态学的诞生。

1935 年,英国生态学家 A·G·坦斯勒(A. G. Tansley,1871~1955)在《植物生态学导

论》一书中提出了"生态系统"概念。"所谓的生态系统包括整个生物群落及其所在的环境物理化学因素。它是一个自然系统的整体,因为它是以一个特定的生物群落及其所在的环境为基础的。这样一个生态系统的各部分——生物和非生物、生物群落和环境可以看作是处在相互作用中的因素,而在成熟的生态系统中,这些因素处于平衡状态,整个系统通过这些因素的相互作用而得以维持。"[①]生态系统概念的提出,是生态学发展过程中的一个重要标志。20 世纪上半叶一批生态学专著《植物生态学》、《动物生态学》以及《生物生态学》的问世,不仅丰富了生态学的研究内容,而且也改变了传统生态学的研究方法,使生态学成为具有特定研究对象、研究方法和理论体系的独立学科。

图 11-2　海克尔

　　1942 年,美国生态学家林德曼(Ernst Lindemann,1915~1942)在美国《生态学杂志》发表了关于食物链和金字塔营养结构的研究报告,确定了生态系统物质循环和能量流动理论。在生物系统中,植物作为生态系统的生产者,通过光合作用生产有机物质;光合作用生产的有机物质维持着地球上的全部生命。植物生产的物质经过草食动物、肉食动物逐渐转移,组成食物链;有机食物链从一种生物传递到另一种生物,最后被生物分解,返回自然环境。图 11-3 是体现草原生态系统的典型食物链——牧食食物链与碎屑食物链。食物链的能量传递和各级能量利用者之间存在一定的数量关系。进入任何一个营养级的物质和能量只有一部分转移到次一级生物,即十分之一定律。林德曼食物链和金字塔营养结构理论,确立了生态系统物质循环和能量流动之间的相互关系,为现代生态学奠定了基础。

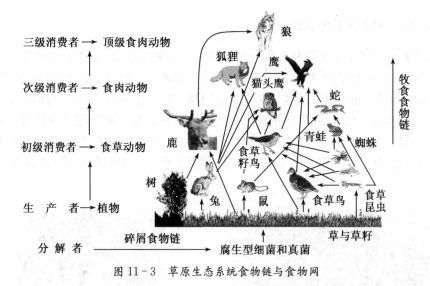

图 11-3　草原生态系统食物链与食物网

　　主张生态学要联系人类活动研究自然环境的人类生态学,其概念虽然早在 1922 年就有人提出,但直到 70 年代后才逐渐兴起。由于采用了系统科学、计算机技术,开展了以生态系统为单元的多参数的结构、功能研究,在定性、定量上都有很大发展。

---

①　胡显章,曾国屏主编,李正风主持修订.科学技术概论(第二版)[M].北京:高等教育出版社,2006:137~138.

人类生态学研究人类和物理环境、生物环境、社会环境的相互关系,探讨人类社会的自然资源利用,考察人类活动与自然环境之间的相互作用,以解决人类面临的人口、粮食、能源、资源、环境等全球性的生存与发展问题。人类生态学不仅研究自然系统,而且还研究日益增多的人工生态系统。人类生态学把人和自然相互作用作为一个整体进行研究,使生态学找到了真正归宿。

11.2.2　生态学的研究内容

生态学是生物学的一个分支学科,主要研究生物与环境、生物与生物之间的相互关系与规律。生态学主要以种群、群落和生态系统的研究为核心,其中发展最快、普及面最广的是对生态系统的研究,已成为生态研究的主流。随着全球环境问题日益受到重视,如温室效应、臭氧层破坏、大气环境污染、生物多样性丧失等,生态学的研究亦已从局域发展到全球,促使了全球生态学的诞生,并成为备受人们关注的领域。

当前,生态学的研究呈现两个显著特征:一是多学科的综合研究蓬勃兴起,学科间的相互渗透日益频繁,如生态学与物理学、化学、环境科学、经济学、社会科学等;一些国际间的合作研究项目如国际生物学计划(IPB)、人与生物圈计划(MAB)和国际地圈生物圈计划(IGBP),都是多学科的综合研究项目。二是强化生态学的社会服务功能,即通过探索经济发展与环境保护之间的关系,实现生态学的自然、经济、社会功能。由于后一个特征直接与经济发展、城乡建设、居民的居住条件和生活水平有直接关系,所以备受人们的重视。有关这方面的研究内容主要有:生态系统中种群规模的调控、生物生产力的管理、人工生物群落的稳定性以及生态指标体系的制定与施行等内容。

11.2.2.1　种群规模的调控

种群规模的调控主要是研究种群与生态环境之间的关系,控制生态系统中不利因素对种群的影响,保持种群结构、数量的稳定性,制定合理开发生物资源的规划,预测不同条件下的可能结果。例如,我国沿海地区每年春夏期间都要施行休渔期,就是让近海鱼类平安度过它们的繁殖期与成长期,确保海洋渔业资源的良性循环发展。我国建立的珍稀动物保护区如四川大熊猫自然保护区,江苏盐城麋鹿自然保护区、丹顶鹤自然保护区,云南金丝猴自然保护区,可可西里藏羚羊(图 11－4)保护区等,就是要使这些濒危野生动物的种群得以世代繁衍下去。

图 11－4　我国可可西里自然保护区的藏羚羊群　　图 11－5　甘肃祁连山自然保护区的岩羊群

2004 年 8 月 28 日,我国颁布了《中华人民共和国野生动物保护法》,对野生动物实施国家范围内的野生保护,这对珍贵、濒危野生动物来说,无疑是福音,但也带来了一系列的新情况。例如,岩羊(见图 11-5)和狼都是甘肃祁连山地区受到国家保护的野生动物,经过 20 多年的自然保护,岩羊和狼的种群数量大大增加。增加的结果一方面是成群岩羊糟蹋牧场,另一方面是狼群经常袭击畜群,造成局部性灾害,给当地居民带来较大的经济损失。造成这种“灾害”的原因是由于草场围栏、铁路和高速公路建设等人类活动的影响,野生动物不能在大范围内迁徙,“狼群”和“羊群”不能相遇所致[①]。如何使岩羊和狼得到充分保护的同时,又不影响到当地居民的正常生产与生活,这正是生态学研究的问题之一。

11.2.2.2　生物生产力的管理

生物生产力的管理,主要通过改善光合作用的程度,提高不同营养级生物产品利用效益,最大限度地利用像海洋浮游生物这样的初级异氧级生物,采用多级利用生态工程,促进生态农业发展。例如,用草料喂牛,牛粪可以直接用作肥料返还到地里,这是最简单也是最原始的处理方法;如果把牛粪作为鱼饲料喂鱼,鱼塘的淤泥同样也可以作为有机肥使用;如果把牛粪作为沼气池中的营养物发酵,可以直接转化为能源,发酵后的残渣也可用作肥料;如果把牛粪作为培植食用菌的营养基料,不但可以产生可观的经济效益,而且生长过食用菌后的营养基仍可作为肥料使用。

11.2.2.3　人工生物群落的稳定性

人工生物群落的稳定性是利用生态学演替理论,通过建立生态系统数学模型,研究人工生物群落最佳稳定性的最佳组合、技术措施、约束因素,实现世界自然保护大纲的三大目标:保护生态过程和生命支持系统;保护遗传基因多样性;保护现有物种,促进生物资源的永续利用。例如,到目前为止,我国林业系统已建立各类自然保护区 2012 处,总面积 1.23 亿公顷,占国土面积的 12.78%,在数量和面积上均占到了全国自然保护区的 80% 以上。其中国家级自然保护区 247 处,总面积 0.77 亿公顷,已基本形成了森林、湿地、荒漠三大生态系统类型和珍稀濒危野生动物、野生植物保护类型的自然保护区体系,为我国的资源保护与生态建设、保证我国生物资源和生态系统的可持续利用、促进生态文明做出了突出贡献[②]。图 11-6 为三江源自然保护区,图 11-7 为海南岛海口东寨港红树林自然保护区。

图 11-6　三江源自然保护区　　　图 11-7　海南岛海口东寨港红树林自然保护区

①　新华网. 祁连山有新情况:狼为何不吃岩羊? http://news. xinhuanet. com/mrdx/2010-07/09/content_13832049. html.

②　网易新闻. 我国自然保护区建设成就斐然. http://news. 163. com/10/1102/10/6KFPIID900014JB5. html.

11.2.2.4　生态指标体系

通过监测水体、大气、土壤的质量，建立生态定位站和数据库，动态地监测物种的变化趋势，为决策部门制定合理利用自然资源、保护生态环境的政策提供科学依据，及时提出预警。通过建立逆境生态系统的数学模型，提出有效的生态风险对策，探讨逆境生态系统的产生原因、机理和管理。

生态指标体系的类型有多种，按区域划分有国家生态安全评价指标体系、各级地方生态指标体系等；按评价内容划分有生态农业指标体系、生态城市指标体系、生态工业园区指标体系、生态乡镇指标体系、湖泊生态指标体系、河流生态指标体系、山林草场生态体系等。建立生态指标评价体系应遵循科学性、客观性、可比性、实用性、全局性和可操作性等基本原则。评价体系的内容由具体的评价对象确定，如国家生态安全评价指标体系的主要评价内容由国土资源安全、水资源安全、大气资源安全和生物物种安全四个部分组成。生态农业指标体系主要包含功能、经济效益与社会效益、资源与环境、生态经济综合效益四大类指标。生态城市指标体系主要有社会发展、经济发展、资源与环境发展、人口发展四大类指标。我国制定的《国家级生态乡镇建设指标》(试行)中的评价指标分为环境质量、环境污染防治、生态保护与建设三大类指标共15项二级指标和22项三级指标。在22项三级指标中除了地表水环境质量、空气环境质量和声环境质量没有具体定量指标要求外，其余19项都有定量指标要求。如饮用水卫生合格率100%，生活垃圾无害化处理率≥95%，生活污水集中处理率≥80%。而且从2012年1月1日起执行的新标准指标更为严格。凡申报国家级生态乡镇必须达到本省生态乡镇(环境优美乡镇)建设指标一年以上，且80%以上的行政村达到市(地)级以上生态村建设标准，乡镇环境保护规划经县人大或政府批准后实施两年以上①。

2009年7月11日，在住房和城乡建设部的大力支持下，中国城市科学研究会与美国联合技术公司共同签署了合作开展"生态城市指标体系构建与生态城市示范评价项目"的协议。该项目规划为5年，根据协议，中国城市科学研究会将在5年期内从定性分析与定量分析相结合的角度，组织构建中国生态城市指标体系，并依照该指标体系，在中国遴选优秀生态示范城市，大力推广生态城市最佳实践，鼓励和推动城市相互经验交流、借鉴，同时结合指标体系对案例城市进行评价，完成生态城市指标体系由理论到实践的研究过程，从而促进中国城市的可持续发展。虽然我国早就制定了《国家卫生城市标准》，并于2010年6月进行了修改②，其中也包含了城市的市容环境卫生和环境保护的评价目标，但与未来的生态城市指标体系相比，后者的评价指标应该更为宽泛、具体。

11.2.3　生态学的发展趋势

生态学的发展主要体现在以下三个方面：

第一，生态学向各学科渗透。生态学的渗透出现了能量生态学、数学生态学、城市生态学、行为生态学、化学生态学、灾害生态学等学科。例如城市的布局规划、建筑结构、道路交通，绿地、湿地的比例，垃圾与污水处理等，直接影响到城市的生态环境与居民生活质量指

---

① 百度百科：国家级生态乡镇. http://baike.baidu.com/view/4862060.html.
② 百度百科：国家卫生城市标准 http://baike.baidu.com/view/2648661.html.

数。如何给城市居民创造蓝天、绿地、碧水、交通方便快捷等优良生活条件,城市生态学研究要为有关决策部门提供科学的依据。

第二,生态学致力于生物圈的功能研究。生物圈生态功能的正常发挥与生态环境状况有直接关系,而生态环境的优劣关系到能否为人类提供充分的生产、生活条件。大气环境的恶化直接影响生态系统功能的正常发挥,不利于受害系统的再造与恢复。人类对自然资源的不合理使用和掠夺性开采,进一步扩大了人类与自然资源之间的供需矛盾。人类活动范围的日益扩大,对自然形成的物质大循环、能量转化产生干扰,直接影响到生态圈的新陈代谢,同时也给人类的进一步资源开发和利用带来一定的难度,这就要求生态学研究人类活动与生态环境之间的相互作用机制,研究大气圈、水圈、岩石圈、生物圈之间的相互作用机制,研究生物圈生态功能保持最佳状态的物理学、化学、生物学等方面的自然科学条件和社会科学条件。生态圈功能的开发给生态学提出了工艺技术方面的系列问题,需要生态学能提供现实生态问题的科学对策。

第三,生态学为可持续发展提供理论基础。科学技术的高速发展,一方面推动了人类社会的向前发展,彻底改变了绝大多数人的生活水平和居住条件;另一方面,人类正在以前所未有的规模和速度改变生态环境,导致全球生命支持系统的持续性受到威胁。如何保持生态系统的自然平衡和社会经济的持续发展,这就需要运用生态学原理,考察制约可持续发展的因素,制定有利于生态环境保护的公约、条令与法规,通过各种技术手段和行政管理方法,调节生态系统内部不合理的生态关系,增加生态系统的自生、共生能力,实现人类社会的可持续发展。

生态学从研究动物、植物、水体、大气、海洋以至群落、生态系统到探讨人与自然的关系,不仅为研究人与自然的和谐提供了具体的生态工程或生态技术的"硬件",同时也革新了人类认识自然、利用自然和合理改造自然的思维方式。

11.3　环境科学的诞生与发展

环境科学是研究人类活动和环境质量关系的一门科学,是一门横跨自然科学与社会科学的综合科学。环境科学在宏观上研究人类和环境之间的相互促进和相互制约的统一关系,揭示经济发展和环境保护两者之间协调发展的规律;微观上研究环境的各组成部分尤其是人类活动排放的污染物、各种农药杀虫剂在有机体内迁移、转化、积累中的运动规律。

11.3.1　环境科学的诞生

环境科学起源于 20 世纪中叶对环境问题的研究。所谓的环境问题,是指自然环境发生了不利于人类生存和发展的变化。引起这种变化的原因:一是由于自然的因素,如地震、海啸、水灾、旱灾等;另一是人类活动的结果,如滥用各种化学制剂、过度采伐林木、过度放牧等。环境科学主要研究的是后者。

环境问题是"黑色文明"的滋生品。因为,在此之前的"黄色文明",人类的活动虽然也对环境的变化产生过一定影响,但还不能使环境问题成为社会的中心问题。煤炭、石油、天然气的广泛使用,最终导致了环境问题的出现。

20 世纪中叶,工业发达国家先后爆发了"八大公害事件"。

（1）马斯河谷事件。1930年12月1日到5日，比利时马斯河谷工业区上空出现了很强的逆温层，致使13个大烟囱排出的烟尘无法扩散，大量有害气体积累在近地大气层，对人体造成严重伤害。一周内有60多人丧生，许多牲畜死亡。

（2）多诺拉烟雾事件。1948年10月下旬，美国的宾夕法尼亚州多诺拉城大雾弥漫，受反气旋和逆温控制，工厂排出的有害气体扩散不出去，全城14 000人中有6 000人眼痛、喉咙痛、头痛胸闷、呕吐、腹泻，17人死亡。

（3）洛杉矶光化学烟雾事件。1943年夏季，洛杉矶市250万辆汽车燃烧的1 100吨汽油所产生的碳氢化合物等气体，在太阳紫外线照射下引起化学反应，形成了浅蓝色烟雾，使该市大多市民患了眼红、头疼。1955年和1970年洛杉矶又两度发生该类事件，分别有400多人死亡和全市四分之三的人患病。

（4）伦敦烟雾事件。自1952年以来，伦敦发生过12次大的烟雾事件。1952年12月那一次伦敦大雾，燃煤排放的粉尘和二氧化硫无法散去。迫使所有飞机停飞，汽车白天开灯行驶，行人走路困难。烟雾事件使呼吸道疾病患者猛增，5天内有4 000多人死亡，两个月内又有8 000多人死去。

（5）水俣病事件。1953～1956年，日本熊本县水俣镇一家氮肥公司排放的废水中含有汞，这些废水排入海湾后经过某些生物的转化，形成甲基汞。这些汞在海水、底泥和鱼类中富集，又经过食物链使人中毒。当时，最先发病的是爱吃鱼的猫。中毒后的猫发疯痉挛，纷纷跳海自杀。没有几年，水俣地区连猫的踪影都不见了。1956年，出现了与猫的症状相似的病人。因为开始病因不清，所以用当地地名命名。1991年，日本环境厅公布的中毒病人仍有2 248人，其中1 004人死亡。图11-8为日本的一名水俣病患者。

图11-8　日本的水俣病患者

（6）骨痛病事件。1955～1972年，日本富山县的一些铅锌矿在采矿和冶炼中排放废水，废水在河流中积累了重金属"镉"。人长期饮用这样的河水，食用浇灌含镉河水生产的稻谷，出现了骨骼严重畸形、剧痛，骨脆易折等病症。

（7）四日哮喘病事件。1961年，日本四日市由于石油冶炼和工业燃油产生的废气，严重污染大气，引起居民呼吸道疾病剧增，尤其是哮喘病的发病率大大提高，形成了一种突出的环境问题。

（8）米糠油事件。1968年，在日本北九州一带，由于鸡和人吃了含有多氯联苯的米糠油，先是几十万只鸡吃了有毒饲料后死亡。继而有13 000多人开始眼皮发肿，手掌出汗，全身起红疙瘩，接着肝功能下降，全身肌肉疼痛，咳嗽不止，16人死亡。

这"八大公害事件"是环境污染造成的灾难，它震撼了世界公众，使人们看到了世界环境的恶化趋势，同时也促使人类自身的反思，重新认识环境问题。20世纪70年代至90年代世界范围内又发生了十大污染事件：意大利塞维索化工厂化学污染事件、美国三里岛核电站核泄漏事件、墨西哥液化气站液化气爆炸事件、美国超级油轮阿莫科·卡迪兹号20多万吨原油泄漏事件、联邦德国森林枯死病事件、印度博帕尔市农药厂剧毒气体外泄事件、苏联切尔诺贝利核电站4号反应堆爆炸起火事件、德国莱茵河化学药品污染事件、雅典"紧急状态事件"、海湾战争油污染事件。2010 年 5 月 5 日,英国一家石油公司在墨西哥湾的一采油平台发生大量原油泄漏并引发大火(见图 11 - 9),两个月后,漏油才被堵住。2011 年 3 月 11日,日本发生的大地震和海啸,使福岛核电站发生核泄漏(见图 11 - 10),对周边环境造成了严重污染,其程度超过美国三里岛核电站核泄漏事故,其放射量超切尔诺贝利事故[①]。在2011 年 4 月 6 日的空气监测样本中,我国内地除贵州外,其他省、自治区、直辖市部分地区均检出来自日本核事故释放出的极微量人工放射性核素碘- 131。其中,北京、上海、天津、重庆、河北、山西、辽宁、吉林、黑龙江、江苏、浙江、安徽、福建、江西、山东、河南、湖北、湖南、广东、陕西、宁夏和新疆等省、自治区和直辖市空气中同时监测到更加微量的人工放射性核素铯- 137 和铯- 134。从江苏地区的莴苣叶、广东地区的菾菜抽检中发现了极微量的放射性碘- 131[②]。据统计,全世界平均每年要发生 200 多起严重的化学污染事故。

图 11 - 9　2010 年 5 月 5 日,墨西哥湾的一采油平台发生大量原油泄漏并引发大火

图 11 - 10　2011 年 3 月 11 日日本大地震与海啸,致使福岛核电站爆炸起火并发生核泄漏

　　1962 年美国海洋生物学家蕾切尔·卡逊(Rachel Carson,1907～1964),公开出版《寂静的春天》一书,向人们揭示了由于大量使用农药、化肥、杀虫剂,对生物环境造成了严重危害,以至于在春天里也听不到虫吟、蛙鸣、鸟唱的声音,只有一片寂静覆盖着田野、树林和沼泽。该书一出版,立即遭到强大的生产农药的化学工业集团和使用农药的农业部门的发难与攻击,以至于她不得不因此而到国会作证。美国前副总统阿尔·戈尔在该书的前言中对蕾切尔·卡逊的惊世之举作了如此评说:"《寂静的春天》犹如旷野中的一声呐喊,用它深切的感受、全面的研究和雄辩的论点改变了历史的进程。对蕾切尔·卡逊的攻击绝对比得上当年出版《物种起源》时对达尔文的攻击。1964 年春天,雷切尔·卡逊逝世后,一切都很清楚了,她的声音永远不会寂静。她惊醒的不但是我们国家,甚至是整个世界。《寂静的春天》的出版应该恰当地被看成是现代环保运动的肇始。"[③]由于蕾切尔·卡逊的奋力疾呼,唤醒了广大民众的环保意识,最后使美国政府介入了这场战争。美国环境保护局因此而成立,曾获诺贝尔奖的 DDT 和其他几种剧毒杀虫剂被彻底禁用。《寂静的春天》为环境科学的诞生提供了巨大的社会产房。图 11 - 12 为蕾切尔·卡逊所著《寂静的春天》中译本封面。

　　①　燕赵都市网. 日本核电站放射量超切尔诺贝利事故. http://world. yzdsb. com. cn/system/2011/04/09/011037318. shtml.
　　②　新华网. 江苏莴苣叶和广东菾菜发现极微量碘- 131. http://news. sina. com. cn/c/2011 - 04 - 07/202322252983. shtml.
　　③　[美]雷切尔·卡逊著. 吕瑞兰,李长生译. 寂静的春天. 长春:吉林人民出版社,1997:9～19.

图 11-11　蕾切尔·卡逊

图 11-12　《寂静的春天》中译本封面

1968年,在意大利经济学家、企业家佩切依博士的发起与资助下,成立了一个专门研究国际社会环境、经济问题的世界性民间团体——罗马俱乐部。1972年3月,俱乐部成员 D. L. 米都斯(Meadows)等人发表了关于世界发展趋势的研究报告《增长的极限》。报告认为:现在的经济增长模式已经导致全球性的人口激增、资源短缺、环境污染和生态破坏,如此继续下去,人类社会将面临严重困境。这份报告在全世界引起了极大反响,尤其是报告中提出的用限制增长的方法,即"零增长"来延缓全球性灾难的来临,难以被大多数人所接受。此后,罗马俱乐部又相继发表了《人类处在转折点》(1974)、《冲出浪费时代》(1978)、《能源:逆流》(1978)、《通向未来的道路》(1980)、《世界的未来——关于未来问题100页》(1981)等10多部研究报告,就人口、资源、环境、社会等问题进行了探讨。这些报告的问世,加快了环境科学的诞生进程。

1972年,美国的经济学家芭芭拉·沃德、勒内·杜博斯受联合国人类环境会议秘书长莫里斯·斯特朗委托,为联合国第一次人类环境大会提供了一份非正式报告。在58个国家、152位成员组成的通讯委员会的协助下,他们共同出版了《只有一个地球》这部著作。该书依据大量事实,从地球是一个整体、科学的一致性、发达国家的问题、发展中国家的问题、地球上的秩序五个方面作了详细论述,书中提出的许多观点被大会采纳,并写入大会通过的《人类环境宣言》。该书的最后一段写道:"在这个太空中,只有一个地球在独自养育着全部生命体系。地球的整个体系由一个巨大的能量来赋予活力,这种能量通过最精密的调节而供给了人类。尽管地球是不易控制的,也是难以预测的,但是它最大限度地滋养着、激发着和丰富着万物。这个地球难道不是我们人世间的宝贵家园吗?难道它不值得我们热爱吗?难道人类的全部才智、勇气和宽容不应当都倾注给它,来使它免于退化和破坏吗?我们难道不明白,只有这样,人类自身才能继续生存下去吗?"①

1972年6月,联合国在瑞典的斯德哥尔摩召开了第一次人类环境大会,世界各国政府共同讨论人类面临的环境问题。会议通过了包括保护和改善人类环境的7个共同观点、26项共同原则的人类历史上的第一个《联合国人类环境宣言》(简称为《人类环境宣言》)。

人们在对环境问题关注的同时,一批研究环境问题的专著也相继出版,如瓦特的《环境

① [美]芭芭拉·沃德,勒内·杜博斯著.《国外公害丛书》编委会译校. 只有一个地球[M].长春:吉林人民出版社,1997:260.

科学原理》、马斯特斯的《环境科学技术导论》、曼纳汉的《环境化学》、科斯特的《环境地质学》、卡贝利的《环境系统与工程》等。这些著作的问世,标志着环境科学的诞生。

11.3.2　环境科学的研究内容与发展趋势

环境科学研究的内容涉及多个自然学科和社会学科,概括起来主要有以下几个方面:

(1) 探索全球范围内自然环境的演化规律。通过探索,了解环境的基本结构、特点以及环境的演化规律,促使环境的演化朝着有利于人类生存的方向发展。

(2) 揭示人类活动与自然环境之间的相互作用关系。通过探索相互作用的规律性,指导人类的生产、生活方式,协调经济发展、社会需求与环境保护之间的关系,实现人类社会的可持续发展。

(3) 探索环境变化对人类生存的影响。通过探索环境变化规律及其对人类的影响,为制定各项环境标准、控制污染物的排放量提供科学依据,确保人类在良好的环境中生存。

(4) 探索环境科学研究成果在实践中的推广与应用。如何把环境科学的研究成果与技术开发推广到生产实践中去,为区域以至全球环境污染的综合防治服务。环保技术的推广不是一件容易做到的事,因为它直接影响到生产厂商的经济利益,这需要政府的介入与环保部门的监控和生产商的配合。

(5) 探索环境科学与其他自然科学的内在联系。从环境科学与其他学科的联系中,寻找环境保护的基础理论和环保技术,应用其他学科的最新研究成果为全球的环境保护服务。

(6) 探索环保信息的交流与信息资源共享。环境保护既是地方性的,又是全球性的。环保信息的及时交流,可以使环境专家在最短的时间内得到最新的信息,利用计算机分析,可以对一些自然灾害做到及时预报、预防,降低灾害造成的损失;对重大环境污染事件的发展趋势及产生的影响作出预测。

地球系统科学、生态学、环境科学与人类的生存休戚相关。目前,这三门科学正在各自的领域中向纵深发展,成为 21 世纪环境保护的理论依据和技术支柱。只要人类坚持长期的努力,人类的家园——地球定会迎来它的"绿色时代"。

第12章　现代生命科学

生命科学是研究生命现象、生命活动的本质、特征和发生、发展规律,以及各种生物之间和生物与环境之间相互关系的科学[①]。现代生命科学包括现代遗传学、分子生物学、生物化学和神经科学等诸多学科,其中以分子生物学为代表。孟德尔遗传定律的重新发现,摩尔根的基因理论的建立,DNA双螺旋结构的发现,遗传密码的破译以及生命起源的研究等,为现代生命科学奠定了基础。生命科学的创立与发展,是几代科学家们的勤劳汗水和聪颖智慧的结晶。

12.1　孟德尔遗传定律的重新发现

人类对生命现象的认识是从生物细胞、生物遗传以及生物进化等问题的研究开始的,其中对生物遗传的研究起到了主要作用。

12.1.1　孟德尔遗传定律

最早对生物遗传性状进行研究的人是奥地利生物学家孟德尔。1856年,孟德尔开始了长达8年的豌豆实验。他首先把试验用的豌豆从品种、植株按照稳定的显性特征和隐性特征,分为圆种或皱种、绿色或黄色、高株或矮株、白花或紫花、顶花或侧花等7种性状(图12-1);接着通过人工培植这些豌豆,对不同代的豌豆的性状和数目进行细致入微的观察,并按性状进行统计;然后他根据每年的统计数据进行归纳、分析,得出体现豌豆遗传规律的结论。经过8年的反复杂交试验,孟德尔终于发现了生物遗传的基本规律,开创了用数量统计方法研究生物遗传规律的道路。他在1865年布隆博物学会上宣读了《植物杂交实验》这篇论文,首次提出了两条著名的遗传定律:性状分离定律(第一定律)与自由组合定律(第二

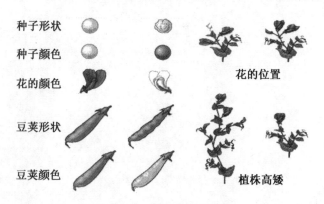

种子形状

种子颜色

花的颜色

　　　　　　　　　　　花的位置

豆荚形状

豆荚颜色

　　　　　　　　　　　植株高矮

图 12-1　豌豆的七种性状

---

① 百度百科. 生命科学. http://baike.baidu.com/view/937.html.

定律)(参见本书第 7 章)。翌年,这篇论文发表在布隆博物学会会议录上,并出版了单行本,分发到欧洲 120 多个图书馆。

表 12 - 1　孟德尔的试验结果

F₁ 显性	F₁ 隐性	F₂ 显性	F₂ 隐性	比例
圆种	皱种	5 474	1 850	2.96:1
黄种	绿种	6 022	2 001	3.01:1
紫花	白花	705	224	3.15:1
鼓荚	瘪荚	882	299	2.95:1
绿荚	黄荚	428	152	2.85:1
侧花	顶花	651	207	3.14:1
高株	矮株	787	277	2.84:1

　　孟德尔在他的遗传理论中,首先提出在生物体内存在着一种遗传物质——因子;每一性状都由一对因子所决定,其中一个来自父方,一个来自母方;这一对因子可以是相同的,也可以是不同的;它们在性细胞中单个出现,而在体细胞中成对存在。接着他把因子分为两类:显性因子和隐性因子,是它们决定了物种的显性特征和隐性特征。依据这两种假设,孟德尔对性状分离定律与自由组合定律作出了明确解释:杂交第二代发生性状分离,可以得到四种遗传类型的个体,但从外表看,显性和隐性个体的比例是 3:1。如果是两对性状杂交,即双亲各带有两对遗传因子时,在杂交第二代中,不同因子独立分配,互不干扰,不但出现了双亲所具有的两种组合性状,而且还会出现亲本所没有的两种组合性状,其分离的比例是9:3:3:1。

　　由于孟德尔的试验方法设计巧妙、逻辑严密、结论新颖、富有创造性,他的遗传定律和遗传因子假说走在了同时代生物学家们的前面,所以未能被当时的同行们所接受。在科技发展史上,类似这样的事件是屡见不鲜的。

12.1.2　孟德尔遗传定律的重新发现

　　在 1900 年 3~6 月,有三位研究者几乎同时独立发现了孟德尔的遗传定律。他们分别是荷兰生物学家德弗里斯(Hugo de Vries,1848~1935)、德国生物学家柯林斯(Carl Correns,1864~1933)和奥地利的生物学家切马克(Erich von Tschermak,1872~1962)。他们在各自的论文中都提到了当时科学界并不知道的奥地利人孟德尔,说他发现了重要的遗传学定律[1]。至此,人们才知道了孟德尔 30 多年前的研究工作和得出的重要结论。孟德尔遗传定律被重新发现并被证实,打开了 20 世纪的遗传学大门,为现代遗传学的发展奠定了基础。

　　1906 年,英国遗传学家贝特森(W. Bateson,1861~1926)最早提出遗传学"Genetics"(原意起源或发生)一词,同时给出了定义:它是研究遗传和变异生理基础的科学。贝特森对遗传学一词的定义很有见识,因为整个生命科学都离不开遗传学。孟德尔假定的遗传因子到底是什么样的物质? 它又是如何保持和改变物体的性状? 对孟德尔遗传定律的解释和遗传因子假设的证明成为 20 世纪初生物学研究的主要内容。

---

① 冯永康.孟德尔定律的重新发现和遗传学诞生[J].生物学教学,2001,2(26):33~35.

12.2　基因理论的建立

1909 年,丹麦植物遗传学家约翰森(W. L. Johannsen,1857～1927),根据物理学中的量子化思想,提出生物的信息遗传也存在着最小的单位——"基因"(Gene),取代了孟德尔提出的遗传因子,基因概念很快就被人们所接受,基因理论成为遗传学理论中的重要组成部分。

12.2.1　染色体理论的建立

20 世纪初遗传学的研究从个体水平逐步深入到细胞水平,由此导致了染色体和基因理论的创立。1876 年,德国生物学家 W·弗莱明(1843～1915)首先在细胞核内发现了一种可以被碱性红色染料染色的"微粒状特殊物质",他称之为"染色质"。10 年后,德国解剖学家瓦尔德耶尔(1836～1921)将"染色质"改称为"染色体"。此后,人们又发现了细胞在形成配子时,其染色体的数目减少一半。当孟德尔定律被重新发现后,生物学家们就想到染色体是否与遗传因子有关的问题。1903 年,美国细胞学家萨顿(1877～1916)提出细胞的染色体和孟德尔的遗传因子之间存在平行关系,只要假定遗传因子是在染色体上,因子分离定律和独立分配定律的机理就会得到解释。他的推理被后来的实验所证实,从而为染色体理论的建立奠定了基础。

12.2.2　基因理论的建立

美国的遗传学家摩尔根(T. H. Morgen,1866～1945)及其学派对基因理论的建立与发展作出了重大贡献。摩尔根最先用实验证明坐落在染色体上的基因决定着遗传性状。1905～1906 年贝特森等人发现,第二代表型分离的比例与孟德尔确立的 9∶3∶3∶1 不符,他们认为这可能是个例外。1908 年,摩尔根开始以果蝇为实验材料,对这一现象进行了深入研究。研究结果证明:这是由于不同基因排列在同一染色体上形成的,这与孟德尔豌豆实验中所涉及的因子都分别坐落在不同染色体上有着本质上的区别。后来确定在每一条染色体上都有一个基因连锁群,由此确定了生物遗传的连锁定律。此后,摩尔根等人又发现不同染色体之间可以发生片段互换(即交换),建立了遗传学的第三定律——基因的连锁和互换规律。基因连锁和互换定律的发现,为绘制染色体基因连锁图提供了思路。

1913 年,美国遗传学家斯特蒂文特(Alfred Henry Sturtevant,1891～1971)绘制成第一个果蝇 X 染色体基因连锁图,此后用同样方法作出了果蝇的 4 条染色体基因连锁图。从基因连锁图中就可以知道基因在染色体上的排列和分布状况。1913 年后,英、日等国许多人给十几种植物和动物分别绘制了基因连锁图。1938 年,布理奇斯(1889～1938)利用染色体缺失现象绘制了果蝇唾腺染色体图,进一步证明了基因是在染色体上,并呈直线排列。摩尔根等人还证实,性别是由染色体决定的,为染色体遗传学说的建立奠定了基础。图 12 - 2 中的雄性白眼果蝇(图右侧),是摩尔根等人花了两年的时间才获得的,并由此发现了果蝇白眼基因的伴性遗传现象。

图 12 - 2　摩尔根的
实验对象——果蝇

　　在研究基因与染色体之间相互关系与作用的同时,摩尔根等人又开始了对基因本身的理论研究,他们在《遗传的物质基础》(1919)、《基因论》(1926)等著作中系统论述了基因理论,其主要内容有:

　　(1)基因不是虚构的,是物质的遗传单位,"它代表着一个有机的化学实体",是染色体的物质微粒。

　　(2)基因坐落在染色体上,总是与一定的连锁群相联系。

　　(3)基因能够重新产生,细胞分裂时子细胞中可以再生出一套同样的细胞。

　　(4)在特定条件下,基因能够发生变异,并保持其改变了的特性。

　　(5)每个基因所具有的功能不是唯一的,在有些情况下,基因对个体性状往往显示多种功能。

　　(6)在同源染色体中,等位基因具有相互吸引的作用。

　　摩尔根的基因理论把遗传学和细胞学结合在一起,为现代生命科学奠定了基础,他也因此而获得 1933 年度的诺贝尔医学和生理学奖。

12.3　分子遗传学的诞生与发展

　　基因理论证明了染色体是基因的载体,而化学分析表明,染色体是由蛋白质和核酸这两种主要成分构成的。那么,在生命遗传过程中,又是哪种成分在起作用? 基因的物理、化学本质又是什么? 这些问题直到分子生物学的建立才得到解答,并由此诞生了发展生物学的前沿学科——分子遗传学,即在分子水平上研究生物的遗传机理,其核心内容就是核酸的结构与功能研究。

12.3.1　分子遗传学的诞生

　　早在 20 世纪之前,科学家们就对蛋白质和核酸进行了研究,知道了蛋白质是由成百上千个氨基酸组成的生物大分子,核酸有核糖核酸(RNA)和脱氧核糖核酸(DNA)之分。但对于蛋白质和核酸的生物功能是什么,一直没有弄清楚,并且还认为蛋白质是遗传信息的载体,这种状况直到 20 世纪 30 年代还没有改变。

　　1944 年,美国细菌学家艾弗里(Oswald Theodore Avery,1877～1955)利用肺炎病原菌——肺炎双球菌的转化实验证明了在细胞核中,只有 DNA 能控制生物的遗传性,蛋白质则不起这种转化作用。1952 年,美国细菌学家赫尔希(Alfred Day Hershey,1908～1997)等人利用放射性同位素硫和磷,分别标记噬菌体头部 DNA 和噬菌体蛋白质外壳,进行遗传信息的传递研究。他们发现,当噬菌体进入大肠杆菌时,只有头部的 DNA 进入细菌,并使细菌进行正常繁殖,而外壳蛋白则仍留在菌体外部。这表明,噬菌体 DNA 携带了噬菌体繁殖所需要的全部信息,它不但包括了噬菌体 DNA 的自我复制,而且还包括了合成外壳蛋白所需要的全部信息,从而进一步确认了 DNA 是生命遗传信息的物质载体。这一结论使翌年沃森和克里克关于核酸复制的发现更加具有革命性的意义,也使得对 DNA 的结构、功能及其与蛋白质之间的关系研究成为分子遗传学研究的重点。赫尔希、德尔布吕克和卢里亚因其工作分享了 1969 年诺贝尔生理学或医学奖。1944 年,著名物理学家薛定谔出版了《生命是什么——活细胞的物理观》一书,引起了遗传学界的广泛关注。薛定谔认为,生命物质的运动必须服从物理学规律,遗传学的真正问题在于遗传信息如何译成密码,这些信息在传递过程中如何保持稳定,偶然性的变异又如何稳定下来等。他推想,DNA 中的原子或原子群的排列与一般晶体不同,它是一种非周期性晶体,它的排列有非常多的可能性,正是在这样的结构里蕴藏着遗传密码,成为遗传信息。这本书的意义主要在于:它激发了人们用物理学思想和方法去探索生命物质及其运动的兴趣,被誉为"唤起生物学革命的小册子"。图 12-3 为《生命是什么》的中译本封面。

图 12-3 薛定谔著《生命是什么》中译本封面

图 12-4 富兰克林

20 世纪 20 年代发展起来的 X 射线衍射技术,为人们探索蛋白质和 DNA 的结构起到了重要作用。1950 年,从物理学转向生物学研究的英国科学家威尔金斯(1916～2004)得到了第一张 DNA 的 X 射线衍射图像。次年,英国的女科学家富兰克林(Rosalind Franklin,1920～1958)用 X 射线衍射方法对 DNA 的结构进行了研究,她拍摄了当时最好的 DNA 衍射图片,积累了大量分析资料,为 DNA 模型的建立提供了极为重要的依据。富兰克林女士(图 12-4)因患癌症不幸于 1958 年去世,贝尔纳在为她所写的悼词中,称她为"工业物理化学领域公认的权威",并高度评价她的科学才能和科学品德,他写道:"作为一个科学家,在她所从事的所有研究工作中,富兰克林小姐均以极端的完美和清晰而不同于他人。她所拍摄的 X 射线照片是至今所拍摄的任何物质照片中最为漂亮的。"

在众多科学家对 DNA 研究的基础上,美国科学家沃森(James Dewey Watson,1928～)和英国科学家克里克(Francis Harry Compton Crick,1916～2004)在英国的《自然》杂志上发表了《核酸的分子结构》这篇重要论文,由此建立了 DNA 双螺旋结构(见图 12-6)的分子模型。DNA 双螺旋结构模型表明,DNA 是一种高分子化合物,其基本组成单位是脱氧核苷酸,每个脱氧核苷酸由一分子磷酸、一分子脱氧核糖、一分子含氮碱基组成。组成脱氧核苷酸的含氮碱基有 4 种:腺嘌呤 A、鸟嘌呤 G、胞嘧啶 C 和胸腺嘧啶 T。于是由不同的碱基组成不同的脱氧核苷酸,多个脱氧核苷酸便形成脱氧核苷酸链。DNA 分子是两条多核苷酸链彼此缠绕而成的双螺旋,两者靠碱基之间的氢键连在一起,结成对的碱基有一定规律,并服从碱基互补配对原则:腺嘌呤 A 一定与胸腺嘧啶 T 配对;鸟嘌呤 G 一定与胞嘧啶 C 配对。两条长链上的脱氧核糖和磷酸交替排列的顺序是稳定的,但碱基对排列组合的方式是变化的,遗传信息包含在特定的碱基顺序之中,由此导致了生物表现的多样性。沃森和克里克也因他们的发现而获得 1962 年度的诺贝尔医学和生理学奖。DNA 双螺旋结构是 20 世纪以来生物学方面最伟大的发现,是分子生物学、分子遗传学诞生的标志。

图 12-5　沃森(左)与克里克

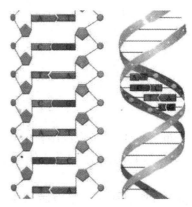

图 12-6　DNA 双螺旋结构

12.3.2　分子遗传学的发展

DNA 双螺旋结构的发现,为基因结构的功能研究与遗传密码的破译铺平了道路,有力地推动了分子遗传学的发展。在薛定谔遗传密码设想的启示下,物理学家伽莫夫在 1952 年提出了关于遗传密码的具体设想:每一种氨基酸密码是相邻的 4 个核苷酸碱基的排列组合($4^4 = 256$)。后来他又修改了这一想法,认为二联码($4^2 = 16$)太少,三联码($4^3 = 64$)比较合适。他还进一步推论出一种氨基酸可能有一个以上的密码。伽莫夫的研究方向是正确的,但假设的细节是错误的。

1961 年,美国生物化学家尼伦贝格(Marshall Warren Nirenberg,1927~　　)和德国科学家马太发现了苯丙氨酸的密码是 RNA 上的尿嘧啶(UUU),破译了基因代码的第一个密码子,使生物学界大为震惊,并随即开始大规模破译蛋白质氨基酸密码的活动。1963 年,20种氨基酸的密码被全部译出。1969 年,64 种遗传密码全部被测出,在克里克的提议下编成了遗传密码表。

遗传密码表的破译,向人类展示了生物界最基本的统一性,即蛋白质生物合成的遗传密码完全一致,在追溯生命的起源上又前进了一步。

遗传密码解决了蛋白质链上氨基酸的排列顺序问题,但没有说明 DNA 是怎样控制蛋白质合成的。1958 年,克里克在《论蛋白质的合成》论文中,首先提出了基因控制蛋白质合成的"中心法则"。这个法则认为,DNA 分子一方面自我复制产生 DNA 分子,另一方面又把遗传信息转录给 RNA,RNA 再把遗传信息翻译为蛋白质,这个方向是不可逆的。1961年,法国科学家雅可布(F. Jacob,1920~2013)和莫诺德(J. L. Monod,1910~1976)提出:DNA 首先把遗传信息转录给信使核糖核酸(mRNA),当 mRNA 通过细胞中大量存在的核糖体(rRNA)时完成了蛋白质的翻译过程。但是,氨基酸是如何被送到核糖体中信使 RNA上去的? 后来的科学家研究发现,转移 RNA(tRNA)起到了运转工具的作用。当转移 RNA运载着氨基酸进入核糖体以后,就以信使 RNA 为模板,将氨基酸连接起来,由此合成具有特定氨基酸顺序的蛋白质(见图 12-7)。

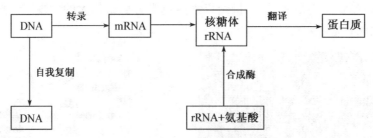

图 12-7　基因控制蛋白质合成图

　　雅各布、莫诺同另一位法国科学家勒沃夫（A. M. Lwoff,1902～1994）由于发现过去未知的一组基因,其功能为调节其他的基因而共同分享了 1965 年度的诺贝尔医学和生理学奖。

　　核酸的化学合成要比蛋白质的化学合成困难得多。美国化学家霍利（Robert William Holley,1922～1993）和另外几位研究人员在 1960 年发现了一种核糖核酸——转运核糖核酸（tRNA）,它在参与蛋白质合成中起着重要作用。美籍印度科学家柯拉那（Har Gobind Khorana,1922～　）领导的实验室从 1958 年起开始了 DNA 的合成研究,到 60 年代已经用化学的方法合成了 64 种可能的遗传密码,并且测试了它们的活性,对遗传密码表的获取起到了推动作用。

　　1968 年,尼伦伯格、霍利和柯拉那一道分享了该年度的诺贝尔医学和生理学奖（图 12-8）。

图 12-8　1968 年诺贝尔颁奖典礼（前排左起第三位依次是霍利、柯拉那、尼伦伯格）

　　1970 年,科学家们研究发现,某些病毒的 RNA 也可以自我复制,并在蛋白质的合成中,RNA 可以反过来决定 DNA。逆转录酶的发现,人们获得了由它使 RNA 病毒逆转方向产生的 DNA 的抄本。这一发现,不仅打破了中心法则的不可逆原则,也为病毒可以改变宿主细胞的遗传性提供了科学依据。

　　在人类对生命遗传本质的研究中,人们用豌豆、果蝇、细菌和病毒为研究对象,经历了100 多年的探索,不仅弄明白了生命遗传的奥秘,而且还实现了 DNA 重组技术。DNA 重组技术的建立给人类带来的是福音还是灾难,目前还无法判定。但有一点可以确信,它对人类的未来将产生巨大深远的影响是毋庸置疑的。

12.4　生命的起源

地球孕育了生命,这是个不争的事实,若要问生命是如何起源的? 这在 20 世纪之前是无法作出正确解答的。虽然恩格斯在 19 世纪下半叶就曾提出:"生命的起源必然是通过化学的途径实现的。"[①]但他无法给予证明。20 世纪的科学发展,对生命起源问题的探讨才从以往的理性思辨转向科学研究,终于揭开了生命的起源之谜。

12.4.1　生命的起源——从无机物合成有机小分子

1924 年,苏联生物化学家、生命起源科学假说的创始人奥巴林(Oparin,1894～1980)出版了《生命起源》一书,他根据当时关于地球、太阳系其他行星以及太阳形成的资料,认为地球上出现生命之前就存在有机小分子物质,并能在原始地球条件下,形成复杂的有机化合物。由此揭开了人类科学研究生命起源的帷幕。

1929 年,英籍印度生物学家霍尔丹(John Burdon Sanderson Haldane,1892～1964)在不了解奥巴林学说的情况下也提出了相似的观点,断言原始大气中没有氧,直射而下的紫外线可以使水、二氧化碳和氨的混合物形成有机化合物。1936 年,奥巴林出版了另一部著作《地球上生命的起源》,进一步阐述了他的生命起源假说。这部著作经过多次修订出版,已成为世界上第一部全面论述生命起源的专著。奥巴林的生命起源假说以"团聚体"和"异养生物先于自养生物"为其特点,故又称为"团聚体假说"或"异养体假说"[②]。20 世纪 50 年代初,美国化学家尤里首先提出了原始地球的大气主要由甲烷、氨气、氢气和水蒸气等成分构成的假说,并由此推断:在原始地球的原始条件下,碳氢化合物有可能通过化学途径合成。

1953 年,尤里的学生、美国科学家米勒(1930～　)根据尤里提出的原始大气的成分,把甲烷、氨气、氢气和水蒸气的混合体注入特殊封闭的系统中,连续火花放电一周,得到大量有机化合物。经鉴定,反应产物中有 11 种氨基酸,其中的谷氨酸、丙氨酸、甘氨酸和天冬氨酸存在于天然蛋白质中。米勒的实验对生命的起源研究产生了重大影响,成为生命起源研究史上一个关键性实验。此后,许多科学家相继模拟原始地球条件,合成很多种有机化合物。人们还发现,在原始材料中只要有碳、氢、氧、氮,就能够合成构成蛋白质的氨基酸,使用的能量也不一定是火花放电。有统计资料表明,到 20 世纪 70 年代中期,已经能够合成天然蛋白质所包含的全部 20 种氨基酸和氨基酸的衍生物,对于核苷酸的模拟合成也取得了较大的进展。这些实验表明,核酸的组成成分和蛋白质的组成成分均可以在生命出现前的原始地球条件下得以合成。

人们对宇宙考察和陨石分析,也为有机化合物的非生物起源提供了证据。科学家从登月宇宙飞船带回的月球岩石样品中发现有微量的氨基酸,从陨石中发现了氨基酸、脂肪酸等有机化合物,1963 年天文学家利用射电天文望远镜从太阳系之外的星际空间中发现了无机分子和有机分子,这些分子被统称为星际分子。后来,科学家又在星际空间和邻近的河外星

① 马克思恩格斯选集. 第 3 卷[M]. 北京:人民出版社,1972:112.

② 百度百科. 奥巴林. http://baike.baidu.com/view/344922.html.

系中,陆续发现了许多种星际分子。到 1979 年底已经认证出的星际分子超过 50 种。科学家通过对 1864 年、1950 年、和 1969 年陨落的三颗陨石的分析,发现三块陨石所含的氨基酸中,有 6 种和米勒用火花放电合成的 6 种氨基酸在组成和含量方面均相似,表明这些氨基酸可能通过类似的途径合成;我国科学家在陨冰水样中,发现了氨基酸化合物。这些发现表明,与生命现象密切相关的有机化合物可以通过无机物或简单小分子的化学反应而获得,支持了有机化合物具有非生物起源的论断;同时也使人联想到地球上的生命之源有可能来自地外世界。

12.4.2　生物大分子的合成

组成生命有机体的生物大分子主要是蛋白质和核酸,它们是由氨基酸等有机化合物构成的,因此探索生物大分子的形成过程,在化学进化过程中具有更加重要的意义。但要模拟这个过程,必须要经过脱水缩合和高温热聚缩合,由此诞生了陆相起源和海相起源两种不同的说法。陆相起源说认为,在原始地球上火山熔岩地带和局部地表热区的高温条件下,可能导致多肽和多核苷酸的热合成。如美国的福克斯(1912～)实验室利用加热方法,由甘氨酸和焦谷氨酸获得谷氨酸甘氨酸的聚合物,由天冬氨酸和谷氨酸获得高分子聚合物。海相起源说认为,海洋中的生物分子氨基酸和核苷酸等,被浓集在无机矿物形成的黏土颗粒上,在缩合剂和金属离子的参与下,分别缩合形成原始的蛋白质和核酸分子。如 1972 年美国科学家利用蒙脱土吸附氨基酸腺苷酸的氨基,获得了有 50 个氨基酸的肽链。由模拟实验得到的蛋白质和核酸都是比较原始、粗糙,分子结构比较简单,有序程度低,功能也不专业,要演化成比较完善的蛋白质和核酸还需要一定的条件和漫长的进化时间。

20 世纪 60 年代,人工合成生物大分子获得成功。1965 年,中国科学家经过通力协作,首先用化学方法合成了含有 51 个氨基酸的蛋白质——胰岛素。此后不久,欧美科学家也成功合成了胰岛素。核酸人工合成的研究始于 50 年代后期,柯拉那等人在 60 年代已经用化学的方法合成了 64 种可能的遗传密码;1972 年,他们成功合成了酵母丙氨酸 tRNA 的基因(含有 77 个核苷酸的 DNA 长链);1976 年,他们又合成了第一个具有生物活性的基因——由 206 个核苷酸组成的 DNA 长链。中国科学院上海生物化学研究所等单位,经过 13 年的努力,于 1981 年完成了酵母丙氨酸转移核糖核酸的人工合成。这表明,我国在人工合成生物大分子的研究处于世界先进行列。

从大分子到多分子体系再到原始细胞的进化过程,人们提出了各种假说,影响比较大的有奥巴林的团聚体假说和福克斯的微球体假说。这两种假说是海相起源说和陆相起源说在化学演化第三阶段上的集中表现,它们都有一定的实验基础和理论基础。因此,福克斯认为,这两种模型都是生物大分子向原始细胞演化的可能模型。

人类对于生命起源的研究,目前虽然取得了一些成就,这只是人类在现有知识和实验条件下获得的,随着科学技术的发展而逐步深入,人们将会揭开生命起源的更多谜团。

高技术是指基本原理主要建立在最新科学成就基础上的一系列新兴、尖端技术的泛称。20世纪60年代,在美国有两位女建筑师写了《高格调技术》一书,有人认为这可能是高技术一词的最初原型。70年代,高技术一词开始出现在各种媒体上。1981年,美国出版了以高技术为主题的专业刊物——《高技术》月刊,高技术一词开始广泛地流传开来。高技术的兴起与发展,对世界经济和社会发展以至人们的生活方式都产生了极其重大的影响。人们把那些通过利用最新科学技术成果开发、生产出来的具有高附加值的新型产品称为高技术产品,把生产、制造这些高技术产品的新型产业称之为高技术产业。目前,被公认为21世纪重点研究开发的高技术领域主要有电子信息技术、新材料技术、新能源与可再生能源技术、生物技术、空间技术、海洋技术等六大领域,它们都是伴随着数学、物理学、化学、地球系统科学、生命科学、空间科学等当代科学的发展而兴起的。特别是电子计算机的问世,被誉为是第三次工业革命的主要标志。

第13章 电子信息技术

信息技术是由微电子、光电子、计算机、自动化和现代通信等技术组合而成的一门综合技术,是当今世界创新速度最快、用途最广、渗透性最强的高技术之一,是衡量一个国家或地区的综合力量与竞争能力的重要标志。

13.1 微电子技术

微电子技术是建立在以集成电路为核心的各种半导体器件基础上的高新电子技术,是现代电子信息技术的基础。微电子技术的最成功之处就是把人类带入到信息时代。

13.1.1 电子管与晶体管

1883年,美国大发明家爱迪生在寻找电灯泡最佳灯丝材料的过程中,曾在真空电灯泡内部碳丝附近安装一小截铜丝,希望铜丝能阻止碳丝蒸发,实验结果发现,没有连接在电路里的铜丝,因接收到碳丝发射的热电子而产生了微弱的电流。爱迪生把这一现象记录在案,称其为"爱迪生效应",并申报了一个未找到任何用途的发明专利。

英国的电气工程师弗莱明(J. Fleming)则认为,"爱迪生效应"一定可以找到它的实际用

途,为此他进行了实验研究。他在实验中发现,如果在真空灯泡
里装上碳丝和铜板,分别充当阴极和屏极,则灯泡里的电子就能
实现单向流动。1904 年,弗莱明终于获得了成功,他发明了一种
特殊的灯泡——"热离子阀",也就是真空电子二极管(图13-1)。
真空电子二极管不仅具有整流与检波的作用,更主要的是它可以
将交流电变为直流电。弗莱明将此项发明用于马可尼的无线电
检波,并于 1904 年 11 月 16 日在英国取得专利。这是人类历史
上的第一只电子器件。

1906 年,美国人德·福雷斯特(D. Forest)为了提高真空二
极管检波灵敏度,他在玻璃管内又添加了一种栅栏式的金属网,
形成电子管的第三个极。他发现这个"栅极"能控制和放大阴极

图 13-1　真空电子二极管

与屏极之间的电流。只要栅极有微弱电流通过,就可在屏极
上获得较大的电流,而且波形与栅极电流完全一致。他把这
个能够起到放大电流作用的新器件命名为三极管(图13-2),
并获得了国家专利。这种电子三极管是在电子二极管的基础
上研制而成的,它的开关速度比继电器快 1 万倍,并且还具有
把微弱电信号进行放大的作用,从而将无线电技术的发展向
前大大地推进了一步。因发明新型电子管,德·福雷斯特竟
无辜受到美国纽约联邦法院的传讯。有人控告他推销积压产
品,进行商业诈骗。法官判决德·福雷斯特发明的电子管是

图 13-2　真空电子三极管

一个"毫无价值的玻璃管"。电子三极管可以通过多管联接使放大倍数大增,大大提高了它
的实用价值,有力地推动了无线电通信技术的迅速发展。电子二极管、电子三极管是 20 世
纪 50 年代以前的主要电子器件,它的发明与使用,标志着人类社会发展的新时代——电子
时代的来临。

1947 年 12 月,美国贝尔实验室的肖克利(W. B.
Shockley,1910～1989)、巴丁(J. Bardeen,1908～1991)和
布拉顿(W. H. Brattain,1902～1987)组成的研究小组,研
制出世界上第一个晶体三极管。晶体管因其体积小、功耗
低、功能与电子管相同,很快就取代了体积大、功率消耗大
的电子管,并广泛用于电子技术领域。晶体管的发明不仅
为后来集成电路的发明开辟了通路,更重要的是开创了微
电子学学科与微电子技术领域,揭开了新一轮技术革命的

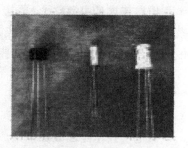

图 13-3　晶体三极管

序幕。1956 年,肖克利、巴丁、布拉顿三人,因发明晶体管同时荣获诺贝尔物理学奖。

13.1.2　集成电路

集成电路(integrated circuit,简称 IC)是一种以半导体材料为基片制作的微型电子器件
或部件。即利用蚀刻、氧化、扩散等方法,把三极管、二极管、电阻、电容和电感等元件,按照
设计需要制作在一小块半导体晶片上,使其具有所需电路功能的微型结构。

1958 年 9 月,美国得克萨斯州德州仪器公司的工程师杰克·基尔比(Jack Kilby,

1923～2005)成功地实现了他的大胆设想：将电阻、电容、晶体管等
电子元器件都安置在一个半导体基片上。于是，他在 1 mm² 左右的
锗晶单片上制成了由一个晶体管、两个电阻以及一个电阻-电容网
络组成的单元电路，并获得了成功。世界上第一块集成电路就这样
诞生了。德州仪器公司很快宣布他们发明了集成电路，基尔比为此
申请了国家专利。从此，集成电路逐渐取代了晶体管，用于各种电
子产品，使第三代电子器件开始登上技术舞台。集成电路的出现，
不仅使电子产品的技术性能得到了很大提高，扩大了电子产品的应
用领域，大幅度降低了电子产品的成本，取得了丰厚的经济效益，同

图 13-4　杰克·基尔比

时也为微处理器的出现打开了大门。

图 13-5　第一块集成电路

图 13-6　集成电路草图

　　2000 年，基尔比因为发明集成电路而获得当年的诺贝尔物理学奖。诺贝尔奖评审委员
会的评价很简单："为现代信息技术奠定了基础。"这份殊荣，经过 42 年的历史检验才得到认
可，这在诺贝尔奖评选史上是屈指可数的，因此显得愈发珍贵。

　　1959 年，美国仙童公司的罗伯特·诺伊斯与戈登·摩尔在基尔比的基础上发明了可商
业生产的集成电路工艺。诺伊斯研究出一种二氧化硅的扩散技术和 PN 结的隔离技术，创
造性地在二氧化硅上刻蚀各种元器件，并沉积金属作为导线，使元件和导线合成一体，从而
为半导体集成电路的平面制作工艺、为工业大批量生产开辟了道路。与分离电子元件组成
的电子电路相比，集成电路具有体积小、质量轻、引出线和焊接点少、使用寿命长、性能可靠
等优点而被广泛运用于计算机、各种电子仪器与电子设备、各种家用电器等领域。集成电路
的问世，标志着电子技术迈入到一个全新的时代——微电子技术时代。

　　1961 年底，中国科学院物理研究所经过一年的努力，研制成功我国的第一块集成电
路——"锗全加器"。经过严格的逻辑功能和动态波形曲线测试，完全达到了"锗全加器"的
设计要求①。1965 年 9 月，我国第一块半导体双极型集成电路在中国科学院上海微系统与
信息技术研究所(原中国科学院上海冶金研究所)诞生②。这块集成电路虽然比全球第一块
集成电路迟到了 7 年，但却与日本同步，比韩国还要早 10 年。

　　集成度是标志集成电路水平的一个常见指标，它是指在一定尺寸的单块芯片上所容纳

　　①　比特网. 第一块集成电路. http://net. chinabyte. com/303/9142303. shtml.
　　②　产业和信息化. 中国研制第一块 IC 集成电路产品赢在起跑线. http://alumni. ustc. edu. cn/view_notice. php?
msg_id=5552.

的晶体管元件个数或门电路(一个标准门电路由一个或几个晶体管组成)个数。集成电路的集成度越高,所容纳的晶体管或门电路数目就越多。集成电路通常按集成度分为小规模、中规模、大规模和超大规模四种集成电路。每片集成晶体管低于 100 个以下的为小规模集成电路,集成 100～1 000 个晶体管的为中规模集成电路,集成 1 000～100 000 个晶体管的为大规模集成电路,集成 10 万～1 000 万个晶体管的为超大规模集成电路。

　　20 世纪 70 年代是大规模集成电路发展时代,一块芯片上集成的元器件或功能器件多达 20 多万个。80 年代则进入到超大规模时代,一块芯片上集成的元器件突破百万大关。90 年代一块芯片上集成的元器件已达数亿个,元件所占的线度与元件间的连线宽度只有 0.25 nm,这标志着极大规模集成电路的时代已经来临。

13.1.3　微电子技术及其应用

　　微电子技术是指利用半导体材料,采用微米级加工工艺制造微型电子元器件或微型化电路的技术,即集成电路的设计、芯片加工、自动测试,以及封装、组装等一系列专门技术的统称。微电子技术推动了计算机的快速发展,计算机的发展又使得更大、更复杂的集成电路不断涌现。目前,集成电路从电路设计、器件模拟、电路模拟、逻辑模拟、布局、布线、蚀刻、封装、测试,以及校核、优化等一系列过程,都是由计算机来完成的。实际上,如果没有计算机辅助设计,仅靠工程技术人员去完成大规模、超大规模集成电路的理论设计、模拟与验证、完成各道加工程序是完全不可能的。

　　以集成电路为主要标志的微电子技术,最初是在电子仪器、仪表中使用。1961 年,得克萨斯仪器公司与美国空军合作,研制成功第一台集成电路计算机,为集成电路在计算机中的应用奠定了基础,同时也为集成电路的快速发展铺平了道路。1971 年,诺伊斯所在的 Intel 公司成功制成了一款包括运算器、控制器在内的可编程序运算芯片——微处理器 4004(见图 13 - 7)。在一块 12 mm² 的芯片上集成了 2 300 个晶体管,运算速度达每秒 6 万次。1998 年推出的奔腾 Ⅲ 处理器,集成了 2 130

图 13 - 7　微处理器 4004

万个晶体管,运算速度达到每秒 20 亿次[①]。集成电路的快速发展,不仅提高了计算机的运算能力,而且还赋予了计算机特定的人工智能,使计算机成了信息科学技术的核心。

　　微电子技术的诞生与发展,不仅直接推动了计算机技术革命,而且还推动了工业自动化、航天航空、遥测与传感、通信与信息、网络传播、生物电子、汽车电子、无线电源等诸多技术的大革命。微电子技术是当代日益向前发展的高技术群落的先导与主角,是当代社会特别是未来社会发展的技术基础。微电子技术使当今社会进入到以计算机为核心的信息时代,它对人类的影响不仅是经济,而且还扩及到政治、军事、家庭和社会的各个方面。例如,微电子技术使现代战争成为信息战、电子战和太空战。微电子产业已成为世界范围内发展速度快、更新周期短、经济效益好的新兴产业。如今,微电子技术已成为衡量一个国家科学技术进步和综合国力的重要标志。在工业发达国家,微电子产业在国民经济总值中占有绝

---

①　刘金寿主编. 现代科学技术概论[M]. 北京:高等教育出版社. 2008:290.

对比重。我国在 21 世纪初制定的信息产业"十五"规划中,把信息产业作为国民经济的基础产业、先导产业、支柱产业和战略性产业。经过"十五"的快速发展,我国信息产业规模已位居世界前列①。有人预测:2020 年中国将成为世界微电子产业中心②。

微电子技术彻底改变了传统工业的生产方式与管理模式。微电子技术推进了工业自动化进程,各种数控工具机械的广为使用,不仅使产品的产量、质量得到充分保证,而且还能使产品多样化、生产小型化、管理智能化,并节约大量人力资源。微电子器件在电子仪器、仪表的使用,使得这些仪器、仪表的体积变小、功能增加、价格降低,深得用户的喜爱。智能机器人能在各种极端情况下进行工作,如深水作业、排除爆炸物、环境监测等,代替了人的劳动。

微电子技术彻底改变了人类长期以来的传统生活方式与生活习惯。用微电子技术制成的手机缩短了人与人之间的距离,使地球变成了地球村;个人电脑与因特网把个人与社会联系在一起;电视机、音像设备丰富了人们的日常业余生活,还能使人们及时了解国内外发生的新闻事件;电饭煲、微波炉、电烤箱、自动洗衣机等日常家用电器,使人们从烟熏火燎和繁重的家务劳动中解脱出来;家庭空调、电风扇、取暖器等,给人们冬天带来温暖,夏天带来凉爽;银行卡、公交卡、借书卡、电子钱包等给人们的生活、学习与工作带来了极大的方便;心脏起搏器能使心脏病患者正常生活;电子血压计、血糖测试仪等能使患者随时了解自己的血压或血糖。总之,微电子技术随着集成电路已经深入到人们的日常生活之中。

13.2　计算机技术

计算机是 20 世纪的一项重大发明,它推进了人类历史的发展进程,彻底改变了人类的生活习惯与生活方式。计算机已成为当今世界的一个重要组成部分,计算机技术已经深入到社会的各个领域,并把人类社会由工业时代带入到以计算机技术为核心的信息时代。

13.2.1　由计算器到机械式计算机

电子计算机的发明源自于机械式计算机,而机械式计算机的发明则要追溯到最原始的计算工具。早在春秋战国时期,我国就开始用"算筹"进行数学运算,产生了"筹算法",出现了"善计者不用筹策"之说。图 13 - 8 为陕西旬阳出土的西汉象牙筹。东汉末年又有了珠算。"珠算术"的出现,以及各种计算口诀的产生,使得计算非常快捷、准确,是电子计算机出现之前最好的计算工具之一。

图 13 - 8　陕西旬阳出土的西汉象牙筹

1621 年,英国数学家威廉·奥特雷德(William Oughtred)发明了对数计算尺(见图13 - 9),这是西方比较早的也是比较成功的一种计算工

①　河南省政府门户网站. 我国信息产业"十一五"规划. 2007 年 03 月 15 日. http://www.henan.gov.cn/zwgk/system/2007/03/15/010024970.shtml.

②　商务部网站. 2020年中国将成为世界微电子产业中心. 2009 年 04 月 20. 16:49. http://finance.sina.com.cn/roll/20090420/16492797247.shtml.

具,但它还不是机械式计算机,而且它的广泛使用程度,远不及中国的珠算。

图 13-9　对数计算尺

在 1642～1646 年之间,法国著名的物理学家巴斯卡(1623～1662)发明了世界上第一台真正的机械式计算器。这台机器实际上是一台 8 位数的加法器,用一连串刻着 0～9 数字的轮子组成,已能进行加法、减法计算和自动进位。巴斯卡在评论这台机器时说:"这种算术器所进行的工作,比动物的行为更接近人类的思维。"这对后来计算机的发展产生了一定的影响。

1671 年,德国著名的数学家莱布尼兹(1646～1716)受到巴斯卡加法器的启示,发明了能进行加减乘除四则运算的计算器,并提出了系统的二进制算术运算法则。有研究者认为,莱布尼兹的二进制运算思想是受到中国《易经》中的阴爻、阳爻的不同排列组合构成八卦的启发。

第一个把程序控制引入计算机的是英国数学家巴贝奇(1791～1871)。他在 1822 年发明了可进行数值运算的"差分机Ⅰ号"。用这台机器,可以方便地用来编制各种函数的数学用表。在 1834～1835 年间,他又设计出能进行程序自动控制的"差分机Ⅱ号"——数值分析机,但他无力把这一设计变为实物。20 世纪 80 年代,澳大利亚的布罗姆利(Allan G. Bromly)——一位从事计算史研究的研究者与英国的科研人员一道,完全按照巴贝奇设计的差分机Ⅱ号设计图纸,采用 150 年前的金属材料与加工工艺,于1991 年复制出一台能正常进行计算的机械式计算机——差分机Ⅱ号主机(见图 13-10)。1991年 11 月 29 日差分机Ⅱ号首次进行了数字计算

图 13-10　伦敦科学博物馆
复制的巴贝奇差分机Ⅱ号

并获得了成功,在高达 7 次方多项式计算中,它给出了前 100 位有效输出数据,未发现错误,使巴贝奇的计算机"梦幻"终于成为现实,同时也为巴贝奇不幸的科学一生作出了最终的评判。

1874 年,瑞典的奥德纳设计出了新型的手摇式计算机,这种计算机一直沿用到 20 世纪50 年代。当现代电子计算机出现时,手摇式计算机才彻底完成了它的历史使命。

13.2.2　第一代计算机

电子计算机的发明源于 20 世纪 40 年代的继电器计算机和电子管的发明。20 世纪初,由于电工、电讯技术的迅速发展,有人开始考虑利用电器元件来制造新的计算机。1937 年,美国哈佛大学的博士研究生艾肯(Howard·Hathaway·Aiken,1900～1973),设计了一种可以求多项式的计算机。此后,他又提出了可以求解任何问题的通用计算机设想。由于得到了 IBM 公司的支持,艾肯设计的自动程序控制计算机"MARK-1"号于 1944 年研制成功。这台计算机重达 5 吨,用了上万个电气元件。利用继电器逻辑功能实现运算,做一次加法用 0.3 s,乘法则需要 3 s,而除法则需用 10 s,这种计算速度在当时是空前的。这台机器曾

为哈佛大学日夜工作了 15 年之久。

真空电子管的问世,很快就有人想到用它来作为计算机的逻辑功能元件,因为它的开关速度比继电器要快 1 万倍,但它所需要的巨额资金和大量人力是个人无法实现的。

1942 年 8 月,美国莫尔学院的莫希利(J. W. Mauchly,1907~1980)教授应美国军方阿伯丁弹道实验室加快弹道计算速度的要求,提出了一份《高速电子管计算装置的使用》报告。这是世界上第一台电子计算机 ENIAC 的初始设计方案,于 1943 年 6 月开始试制。1945 年 12 月,它开始计算弹道实验室送来的第一道题目,在 1946 年 2 月完成了计算。1947 年,它被运往阿伯丁弹道研究实验室,后被改进为能进行各种科学计算的通用计算机。世界第一台通用电子计算机 ENIAC——电子数值积分计算机(图 13 - 11),原计划耗资

图 13 - 11　世界上第一台电子计算机—ENIAC

15 万美元,实际耗资 48 万美元。这台机器共用了 1.8 万个电子管,7 万只电阻,1 万只电容,1 500 个继电器。由 40 个仪表板排成"V"形,重达 30 吨,占地面积 170 m^2,耗电量为 150 kW。但它的计算速度比当时的计算机要快上万倍。由于 ENIAC 的输入输出都要通过穿孔卡片或穿孔纸带,其基本结构与机电式计算机没有本质上的区别,因此还不能说是真正的"电子计算机"。

世界上第一个具有现代计算机存储程序的通用电子计算机设计方案——离散变量自动电子计算机(简称 EDVAC)方案,在美籍匈牙利数学家冯·诺依曼教授(John von Neumann,1903~1957)的积极参与下于 1945 年 6 月完成。由诺依曼撰写的长达 101 页的《关于 EDVAC 的报告草案》总结了莫尔学院莫尔研究小组的设计思想,明确提出计算机由运算器、控制器、存储器、输入设备和输出设备五大逻辑部件组成,并用二进制替代十进制运算,从而使全部运算实现自动化。EDVAC 设计思想的问世,标志着第一代电子计算机时代的真正到来。后来人们把按这一方案制成的计算机统称为冯·诺依曼机[1],并称他为计算机之父。

图 13 - 12　冯·诺依曼

世界上第一台具有现代计算机存储程序的通用电子计算机并不是冯·诺依曼的 EDVAC,而是英国剑桥大学的威尔克斯(M. Wilkes,1913~　　)教授于 1949 年研制成功的 EDSAC——电子数据存储自动计算机。威尔克斯还因此而获得 1967 年度计算机世界的最高奖——图林奖。到 1950 年,全世界已有 15 台这种类型的计算机在制造或运行。1951 年 6 月,由莫希利和埃克特设计的世界上第一台通用自动计算机 UNIVAC Ⅰ 投入使用,并成功地处理了 1950 年美国人口普查资料。此后,他们研制的 UNIVAC Ⅱ 曾准确预报了 1952 年美国总统的选举结果。而冯·诺依曼的 EDVAC 直到 1952 年才制造出来。

1950 年,美籍华裔物理学家王安(1920～1990)提出了利用磁性材料制造存储器的思想,发明了一种新型的存储装置——磁芯存储器。在直径不到 1 mm 磁芯里可穿进一根极细的导线,只要有代表"1"或"0"的讯号电流流经导线,就能使磁芯按两种不同方向磁化,信息便以磁场形式被存储。他后来在磁芯存储器领域的发明专利共有 34 项。1988 年,美国发明家纪念馆将王安列为第 69 位发明家,纪念他发明存储磁芯的贡献。1953 年,美国麻省理工学院的福瑞斯特和美国无线电公司同时发明了磁芯存储器。磁芯存储器作为计算机的主存储器,在第一代计算机上被广泛运用。

图 13-13 王安

美国国际商用机器公司——IBM 公司对第一代计算机的研制与推广起到了领军作用。他们以惊人的毅力和胆识,集中人力、花费巨资研制新一代通用型计算机。1953 年 4 月,第一台采用电子管逻辑电路、磁芯存储器和磁带处理机的 IBM701 型通用电子计算机研制成功。此后,IBM70 系列计算机相继问世并投入市场。1956 年,IBM 计算机已经占领世界计算机市场约 70% 的份额。1957 年,IBM 推出了世界上第一个高级语言——FORTRAN。1958 年 11 月,IBM709 问世,这是当时用于科学计算的性能最优秀的一种计算机,也是 IBM 公司生产的最后一款电子管计算机。

13.2.3　第二代计算机

贝尔实验室的肖克利等人发明的晶体管,最初的商业应用是改装新型继电器。1954 年,第一台晶体管手提式收音机问世,曾风靡一时。于是,有人就想到用尺寸小、重量轻、寿命长、效率高、发热少、功耗低、开关速度快的晶体管,来替代体积大、发热多、功耗大、可靠性较差、开关速度慢且价格昂贵的电子管,制造出比电子管计算机性能更好的计算机。1954 年,贝尔实验室为美国空军研制出世界上第一台晶体管计算机 TRADIC。由于其体积小、重量轻,成为飞机的第一代机载计算机。1958 年,IBM 公司开始批量生产晶体管计算机。同时,英国、联邦德国、日本等国的公司也开始批量生产晶体管计算机。1959 年,美国的菲尔克(Philco)公司研制成第一台大型通用晶体管计算机。从此,第二代计算机——晶体管计算机进入全盛时期。

第二代计算机普遍采用磁芯主存储器、磁鼓外存储器,主存储器的容量从几千字节提高到 10 万字节,计算速度从每秒几万次提高到每秒几十万次,但重量、体积、功耗和售价却成倍减少。尤其是各种高级算法语言的使用,扩大了计算机的逻辑功能和应用范围。第二代计算机开始在出版、商务管理、航空订票等方面得到应用。晶体管计算机的出现无疑是计算机技术发展史上的一次伟大革命。

13.2.4　第三代计算机

集成电路的发明,为新一代计算机的研制提供了充要条件。与第二代计算机一样,军备竞争加快了集成电路计算机的研制步伐。1961 年,美国得克萨斯仪器公司与美国空军共同研制成功的第一批试验性集成电路计算机,被装载在飞机和导弹上。代表第三代计算机真正到来的标志是 1964 年 IBM360 系列计算机的成功上市。1961 年,IBM 公司决定投资 50

亿美元研发以集成电路为主要元件的 360 系列计算机,这一举措被人称为是 50 亿美元的大赌博,但他们最终获得了成功。

电子计算机发展势如破竹,各种各样的电子计算机如同雨后春笋般地涌现。1965 年,英特尔公司创始人之一的高登·摩尔(Gordon Earle Moore,1929～　　　),对电子计算机的发展速度作出了大胆预言:集成电路上能被集成的晶体管数目,将会以每 18 个月翻一番的速度稳步增长,计算机的性能随之翻倍提高,而集成电路的价格也恰好减少一半。摩尔是在集成电路技术的早期作出结论的,那时候,超大规模集成电路技术还远未出现,所以他在 1965 年的预言并未引起世人的注意。摩尔的这个预言在后来被得到证实,并在较长时期保持着有效性,因而被人们称为计算机发展的"摩尔定律"。集成电路的问世,把电子计算机推上了高速成长的快车道。

第三代电子计算机是以中小规模集成电路作为基本电子元件,计算机的主存储器不再是磁芯存储器,而是体积更小,更可靠的半导体存储器,总体性能比第二代电子计算机提高了一个数量级,运算速度每秒可达 1 000 万次。第三代计算机可使用的高级程序设计语言已达数百种之多,并出现了具有多通道功能的操作系统。第三代计算机在科学计算、数据处理和过程控制方面得到更加广泛的应用。IBM360 计算机使用的是被称作"固体逻辑技术"的混合集成电路。360 代表圆的 360°,意味着 IBM360 系列计算机是通用的,从工商业到科学界的全方位应用,也表示 IBM 的宗旨:为用户全方位服务。第一代大型机 IBM704 乘法速度为每秒 3 000 次,第二代大型机 IBM7090 为每秒 30 000 次,而第三代大型机 IBM360/75 却达到每秒 305 000 次。到第三代计算机末期的 1969 年,IBM 已发展成为一个拥有 25 万员工、年销售额达 72 亿美元的超级大公司,成为领军世界计算机行业的"蓝色巨人"。

1971 年,IBM 开始生产 IBM370 系列机,它采用大规模集成电路作存储器,小规模集成电路作逻辑元件,由此,磁芯存储器很快就被半导体集成电路所取代。继 IBM370 系列之后,日本研制成功 M－100 系列、ACOS 系列和 COSMO 系列,这三大系列全面地采用中、大规模集成电路,采用了一些新的设计技术,价格性能比要比 IBM370 系列机种高。

美国阿姆斯公司于 1975 年研制成功 470V/6 计算机。该机的中央处理器采用 ECL－LSI(大规模集成电路),主存储器采用 MOSLSI,逻辑电路采用 MSI 和 SSI。中央处理机的体积仅为 IBM370/168 机的三分之一,其价格性能比高出 IBM370 系列相应机种的三倍左右[①]。

由于 IBM370 以及后来一些计算机的主要性能介于第三代和第四代之间,不少文献中把它们称为第三代半计算机。

13.2.5　第四代计算机

大规模半导体集成电路(MOS)的研制成功,预告了第四代计算机的来临。1977 年,第一代 VLSI——即每片所含逻辑门数超过一万或每片所含元件数超过十万的大规模半导体集成电路(MOS)问世,这对计算机的速度、存储容量、体积和价格性能比产生了重大影响。因此,有人把 VLSI 技术列为第四代计算机核心硬件技术,并作为划分第四代计算机的特征标志之一。

---

①　王永琳. 第四代计算机技术的进展[J]. 计算机工程与应用,1986(7).

IBM 公司首先把第一代 VLSI - 64K 位动态 MOSROM 应用于计算机,研制成功 IBM4300 系列,这标志着计算机正式开始进入第四代。IBM4300 系列计算机主存储器采用 64 K 位 MOSROM,逻辑电路采用 704 门/每片的 LSI 门阵列;采用高密度组装技术和微码固化技术;采用面向分布处理系统,加强了数据通信和网络通信的能力。在 IBM4300 系列成功之后,IBM 公司又研制成功 3081、4331 和 4361 计算机,1985 年又研制出大型机 3090。日本在 80 年代也研制成功 ACOS1000、ACOS1510、M380/382、M - 680H 等新型第四代计算机。

20 世纪 90 年代,第四代计算机又有了新的发展。它们的共同特点是计算机的处理速度大约是 10 年前的 10 倍,单处理机已达到 40～60 MIPS 的处理速度;系统软件功能得到很大改善,实现了以控制程序为中心,具有虚拟机、网络管理、数据库管理等功能;性价比明显提高。进入 21 世纪,第四代计算机经过超线程技术(简称 HTT),使处理器的性能得到很大提高。超线程技术就是利用特殊的硬件指令,把两个逻辑内核模拟成两个物理芯片,让单个处理器都能使用线程级进行计算,从而兼容多线程操作系统和软件,提高处理器的工作性能。美国的 Intel 公司在 2002 年末采用超线程技术的处理器,其主频达到了 3.06 GHz。2006 年,并行多核处理器问世,使计算机的技术能力得到进一步提高。如 Intel 公司研制的新一代处理器,四内核服务器芯片主频从 2 GHz 到 3.20 GHz。总之,第四代计算机已成为现代科学技术研究、现代信息处理、现代网络、现代管理等领域必不可少的强有力工具。

13.2.6　巨型计算机

在第三代计算机发展的同时,还出现了专门用于科学计算的大型计算机——巨型机。1964 年,美国控制数据公司的克雷小组研制成功大型晶体管机 CDC6600 计算机和 CDC7600 计算机,这是最早的巨型机。其后,克雷领导研制的 Cyber76、Cyber176 等巨型机,其平均速度在 1 000 万次以上,被认为是第一代巨型机的代表。1973 年德克萨斯仪器公司制成的 ASC 机和 1974 年控制数据公司制成的 Star100 机,速度各为每秒 5 000 万次,都是属于巨型机之列。1976 年,克雷研制成功向量巨型机 Cray - Ⅰ 号,实现了每秒一亿次的运算速度。该机占地不到 7 m²,重量不超过 5 吨,共安装了约 35 万块集成电路。Cray - Ⅰ号的问世,标志着巨型机跨进了第四代计算机行列。

由于巨型机具有强大的运算和数据处理能力,它在武器研制、气象预报、卫星图像处理、经济预测等领域起着十分重大的作用,因此巨型机的重要战略地位,受到世界各工业发达国家政府的重视。美国、中国、日本、德国、英国、法国等国家都非常重视巨型机的研究与开发,并出现了各种不同的体系结构。如 SIMD(单指令流多数据流)流水线控制的巨型机(简称 VP 机)、SIMD 大规模并行处理巨型机(简称 MPP 机)以及 MIMD(多指令流多数据流)MPP 机等,各种巨型机的计算速度也都在向每秒万亿次浮点迈进。

20 世纪 80 年代,巨型机一面向小型化发展——小巨型机,另一面则向更大规模的计算机——超级计算机发展。经过我国科技工作者几十年不懈地努力,我国的高性能计算机研制水平显著提高,成为继美国、日本之后的第三大高性能计算机研制生产国。在国际超级计算机 TOP500 组织正式发布第 36 届世界超级计算机 500 强排名中,中国共有包括"天河一号"和"曙光星云"在内的 41 台机器入围,在数量份额上仅次于美国,排名第二。2009 年 10

月 29 日,中国首台千万亿次超级计算机"天河一号"(见图 13-14)在国防科学技术大学问世。2010 年,国防科学技术大学在"天河一号"的基础上,对加速节点进行了扩充与升级,新的"天河一号 A"系统已经完成了安装部署,其实测运算能力从上一代的每秒 563.1 万亿次倍增至 2 507 万亿次,在世界超级计算机 500 强排名榜中位居首位①。

图 13-14　中国首台千万亿次超级计算机"天河一号"

2013 年 6 月,世界超级计算机 TOP500 组织正式发布了第 41 届世界超级计算机 500 强排名榜。中国国防科技大学研制的天河二号超级计算机,以峰值计算速度每秒 5.49 亿亿次、持续计算速度每秒 3.39 亿亿次双精度浮点运算的优异性能位居榜首(天河一号排名第 10 位)。

2018 年 11 月 12 日,新一期全球超级计算机 500 强榜单在美国达拉斯发布,美国超级计算机"顶点"蝉联冠军。中国超级计算机上榜总数仍居第一,数量比上期进一步增加,占全部上榜超级计算机总量的 45% 以上。中国的超级计算机"神威·太湖之光"和"天河二号"分别位列第三、四名。②

13.2.7　个人计算机

个人计算机的出现,与微处理器的发明密不可分。1969 年,Intel 公司的霍夫(Marcian Edward Hoff,1937~　)在为日本客户设计一组高性能可编程计算器专用芯片。由于这组专用芯片有 12 种不同类型,制作、测试都比较繁杂,于是他提出一个大胆的设想,用一种可以从半导体存储器中检索其应用指令的单一芯片来实现计算机的多种要求。这一设想得到了公司的大力支持。1971 年 11 月,世界上第一台微处理器——4004 在 Intel 公司研制成功。这是一个由 2 300 个 MOS 晶体管集成在比拇指指甲还小的硅片上的微处理器,它有四个加法器,16 个存储器,一个累加器,每秒钟可执行 6 万次运算。这个只值 200 美元的 1/8×1/6 平方英寸的微处理器,却与体积

图 13-15　霍夫

---

①　百度百科. 天河一号. http://baike. baidu. com/view/2932264. html.

②　百度百科. 世界超级计算机 500 强. https://baike. baidu. com/item/世界超级计算机 500 强/6322357.

为3 000 立方英尺的世界第一台计算机 ENIAC 的计算能力相当。此后,他们又研制出 8008 微处理器。微处理器出现后,被立即用来制造各种类型的微型计算机,大大扩展了计算机应用的范围。

最早想到用微处理器芯片制造个人计算机的是美国微型仪器遥测系统公司(MITS)的罗伯茨。1974 年 4 月,英特尔公司的 8080 微处理器问世,他决定利用 8080 微处理器设计出一种可供计算机爱好者使用的普及型个人计算机。罗伯茨以每片 75 美元的极低价格从英特尔公司购进了大量的 8080 微处理器,开始研制微型计算机。8080 集成了约 4 800 个晶体管,每秒可执行 29 万条指令。罗伯茨的举动得到了《大众电子》杂志技术编辑所罗门的鼓励,他将罗伯茨的设计刊登在《大众电子》的封面上,并给新的计算机起了一个响亮的名字——Altair(牛郎星)。经过近一年的努力,罗伯茨终于获得成功。1975 年 4 月,MITS 公司发布第一个通用型微型计算机研制成功。售价仅为 397 美元的 Altair 计算机虽然很原始,但却得到计算机爱好者们的热烈欢迎,仅在 1975 年,MITS 公司就卖出了它所能生产的 2 000 台机器。因为,当时一般的小型电脑价格在数千到数万美元以上,仅仅是一块微处理器芯片就要数百美元,而 8080 芯片的时价为 350 美元。图 13 - 16 为 8080A 微处理器芯片。

图 13 - 16　8080A 微处理器

1974 年 12 月,在哈佛大学学法律的比尔·盖茨和他的同伴偶然看到了《大众电子》配发的"Altair"照片,他们花了 2 个月的时间,共同为"Altair"研制出配套的 BASIC 软件。配上这种软件,Altair 个人电脑就可以方便地使用 BASIC 语言。这种软件后来竟卖出了 100 万套。在 BASIC 软件成功的鼓舞下,1975 年 7 月,比尔·盖茨毅然放弃学业,成立了专门研究开发计算机软件的"微软公司"(Microsoft),并取得了史无前例的成功。

微型计算机 Altair 的成功上市,揭开了个人计算机革命的序幕。此后,各种个人计算机纷纷投放市场。如 Apple 公司的 Apple - 2、Commodore 公司的 PET - 2001、Radio shack 公司的 TRS - 80 等个人计算机。1979 年,Apple 公司开始把简易的程序设计语言 Visicalc 在 Apple 机上运用,这就使得广大的非计算机专业人员也能使用计算机。由于这种个人计算机倍受大众青睐,巨大的商业市场和丰厚的利润回报,使得一向以生产大型计算机著称的 Intel 公司,从 1980 年 7 月开始了个人计算机的研发工作。他们依靠公司强大的技术力量,很快就占领了世界微型计算机市场。1981 年 8 月,IBM 推出第一台 16 位的个人计算机 IBM PC。它的字长、内存容量等主要性能超过 Apple - 2。IBM 公司很快又为个人计算机装上硬磁盘,并提供了 1 万多种应用软件。

IBM 公司的加盟,使得个人计算机以每两三年换一代的高速度发展,并推动了世界范围内个人计算机(PC 机)制造业的蓬勃发展。IBM 公司不断研制出新型微处理器,使得个人计算机(PC 机)不断更新换代。Intel 公司在推出 8086PC 机之后,又相继推出 80286(1982 年)、80386(1985 年)、80486(1989 年)、奔腾(1992 年)、奔腾Ⅱ(1997 年)、奔腾Ⅲ、奔腾Ⅳ(2000 年)等 PC 机。20 世纪 80 年代移动计算机(笔记本电脑)的问世,进一步加快了 PC 机的普及步伐。由于 PC 机在语言和操作系统方面发展较快,并集图形、图像、声音、文字处理、科学计算、网络通信等于一体,成为人们生活中不可缺少的重要工具。2008 年 12 月,美国的 NVIDIA 公司宣布成功研制出名为"Tesla"的个人超级计算机。"Tesla"的售价为 4 000 英镑,运算速度比普通的个人电脑快 250 倍。与此同时,中国首款个人高性能计算机——"曙光 PHPC100"在天津问世。这款只有普通台式机主机 2 倍大小的计算机,其最高运算速度达 2 500 亿次,是普通台式机的 40 倍[①]。目前,各种各样的 PC 机、笔记本电脑已经进入"寻常百姓家"。

13.2.8　未来计算机展望

未来的电子计算机会继续朝着巨型化、微型化、智能化、网络化和多元化等方向发展。目前,人们正在研制的新型计算机主要有以下几类。

13.2.8.1　人工智能计算机

人工智能计算机即能模拟人脑思维的计算机(有人把它称为第五代计算机)。早在1947 年,英国著名的数学家和逻辑学家阿兰·麦席森·图灵(Alan Mathison Turing,1912～1954)就提出过自动程序设计思想。1950 年,他提出关于机器思维的问题,发表了关于计算机和智能方面的论文,引起了广泛注意并产生了深远影响。人们为纪念其在计算机领域的卓越贡献而设立了"图灵奖"。

未来的人工智能计算机将沿着图灵的思路,突破冯·诺依曼式计算机的传统概念,舍弃二进制结构;采用支持高度并行和快速推理的硬件系统与能够处理知识信息的软件系统。人工智能计算机不仅具有各方面的大量知识信息,而且还具有学习、识别、推理、联想、判断等逻辑思维能力,具有识别自然语言、声音、文字、图像与标识的能力,具有用自然语言进行人-机对话接受指令进行工作的能力。它的智能化人-机接口使人们不必编写程序,只需要发出命令或提出要求,计算机就会完成推理和判断,并且给出解释。人工智能计算机一旦问世,不仅为人类提供了一种强有力的信息化工具,还将使人们的生活又一次发生重大变革。

13.2.8.2　生物计算机

生物计算机即利用生物蛋白质分子 DNA(脱氧核糖核酸)或 RNA(核糖核酸)处在不同状态下可产生不同信息的变化特点,制作成生物芯片,实现更大规模的高度集成的新型计算机。与电子计算机相比,生物计算机的优点是很显然的。传统计算机的芯片是用半导体材料制成的,1 mm^2 的硅片上最多不能超过 25 万个元件,而生物计算机的元件密度比人的神经密度还要高 100 万倍。生物计算机具有非常大的信息存储量,1 m^3 DNA 溶液的存储容量可以超过目前世界上所有计算机的存储量;生物计算机元件传递信息的速度比人脑的思维速度快 100 万倍,并可以实现超大规模并行运算;生物计算机具有模糊推理功能和神经网络运算功能,能够如同人脑那样进行思维、推理,能认识文字、图形,能理解人的语言,因而可以担任各种工作,使智能计算机成为现实;生物计算机的耗能极少,只有一台普通计算机的 10 亿分之一;生物计算机由于以活的生物为载体,当内部芯片出现故障时可自行修复。

自 20 世纪 80 年代以来,世界各地对生物计算机的研究工作一直都在进行,虽然在某些

———————————
①　中国科学院. 2009 高技术发展报告[M]. 北京:科学出版社,2009:4.

方面有所突破,但与付诸实用仍有很大的差距,许多关键性问题还无法解决。总之,生物计算机的研制一旦出现突破性进展,必将引起计算机领域、信息技术领域乃至人体科学、人类思想等领域的一场重大革命,必将对人类社会的生产方式、经济结构模式、人类的生活方式产生重大影响。

13.2.8.3　光子计算机

光子计算机也叫光学计算机,是一种由光信号进行数字运算、逻辑操作、信息存储和处理的新型计算机,是由计算机技术、微电子与半导体技术、集成光学技术、激光与光纤技术等综合应用的产物。与电子计算机相比,光子计算机具有运算速度快、信息存储量大、具有二维或多维并行处理能力、多路信号传送彼此之间无干扰、信号传播速度不受迟豫时间限制、能量消耗低等优点,而这些优点正是人们梦寐以求的奋斗目标。

1982 年,美国国际商用机器公司宣布制造出世界上第一台光子计算机设备,其工作条件接近绝对零度。1990 年美国贝尔实验室研制成功由激光器、透镜和棱镜等组成的演示性光子计算机,这是光子计算机迈出的重要一步。这台光子计算机利用激光光束而非电波进行数据计算和资料处理,其速度比当今最先进的超级电子计算机要快 1 000 多倍。1990 年以后,欧共体 70 多位科学家合作研制成功全光数字计算机,该光子计算机是以光子代替电子。

光学领域中的新型学科——集成光学发展迅速,进入 21 世纪以来,国际上为发展光通信、光交换、光信息处理和光子计算机,已研制出多种光电子集成器件,例如,将光开关、光存储器、光源、光波导集成在一块芯片上,组成一个完整系统。为了缩小体积,将光路中的激光振荡器、放大器、衰减器、透镜、棱镜、光栅、偏振器、滤光片、调制器等光学器件以薄膜的形式制作在同一块衬底上,形成微型集成光路,实现光信号快速处理和传输。光子计算机将以独特的优势流行于 21 世纪。

13.2.8.4　量子计算机

量子计算机是利用量子体系独有特性进行数值计算、编码、信息处理和传输的一种全新概念的计算机。量子计算机的基本信息单元不是比特(bit,分别以 0 和 1 表示的两个状态),而是量子比特(qubit),即两个状态是 0 和 1 的相应量子态叠加。由于单个量子 CPU已具有强大的平行处理数据的能力,所以量子计算机的信息处理能力将远远超过现有计算机。例如,运用量子并行算法可以轻而易举地攻破现在广泛使用的 RSA 公钥体系[①]。研究表明,证实量子计算的实现并不困难,但要真正研制出量子计算机还有两大障碍难以逾越,一是物理可扩展性问题,即如何实现许多量子比特之间的连接与相干操控;二是容错计算问题,即计算结果的可靠性保证。在量子计算方面,科学家们曾先后提出过不少模型,如量子图林机模型、量子逻辑网络和所谓的量子计算机标准模型以及拓扑量子计算、单向量子计算和绝热量子计算等模型。

2007 年 2 月,加拿大 D-Wave 公司成功研制世界上第一台 16 位商用量子计算机"Orion"(见图13-17)。这台量子计算机使用的是混合平台,使用普通的硅处理器和平台,而由

---

① 郭光灿,周正威等.量子计算机的发展现状与趋势[J].中国科学院院刊,2010,25(5):516~524.

铝和铌元素组成的超导材料制成的量子计算芯片,主要作为运算加速器或协处理器①。2007 年 11 月,D-Wave 公司又宣布研制成功 28 位量子计算机。与经典计算机相比,量子计算机有如下优点:其一,量子计算机可以产生真随机数,而经典计算机只能产生伪随机数;其二,量子计算机的存储能力和运算速度极大,经典计算机不可比拟。量子计算机与国家的保密、电子银行、军事和通信等重要领域密切相关。

图 13 - 17　Orion 量子计算机

在量子计算研究方面,美国投入巨资实施研究量子计算的"微型曼哈顿计划",以期占领量子计算的战略制高点。同时,欧洲和日本也相继启动了类似计划,希望能在量子芯片研究方面有所重大突破。近几年来,我国在"中长期科技发展纲要(2006～2020)"中把"量子调控研究"列入重大基础研究项目。重点研究量子通信的载体和调控原理及方法,量子计算,电荷—自旋—相位—轨道等关联规律以及新的量子调控方法,受限小量子体系的新量子效应,人工带隙材料的宏观量子效应,量子调控表征和测量的新原理和新技术基础等②。目前,我国在量子密码技术、多光子纠缠等方面都取得了一些重要进展。

13.3　现代通信技术

以微波通信、卫星通信、光纤通信、移动通信以及网络通信等为标志的现代通信技术,是自 20 世纪 80 年代以来发展最快的高技术领域之一,已成为当代和未来社会发展的技术基础。现代通信技术特别是移动通信和网络通信的使用普及范围,已经远远超过以往任何一种通信方式,它们不仅缩短了人与人之间的距离,让人与人之间的沟通变得方便、快捷,让各种信息得到快速传播,同时也标志着人类社会的发展已进入一个全新的时代——信息时代。

13.3.1　微波通信

微波通信是指使用波长为 0.1～1 m(频率为 0.3 GHz～3 GHz)的电磁波进行远距离的无线电通信。由于微波通信是采用中继站方式传递信息,所以微波通信又称为微波中继通信或微波接力通信。数字微波通信源自于 20 世纪 50～60 年代的模拟微波通信,起初它只用于市内电话和长途电话中继线,以扩充模拟通信的容量。随着计算机技术的发展与计算机网络的出现,用数字微波通信取代模拟通信已成为世界通信的发展趋势。

数字微波通信系统主要由枢纽站(主站)、用户终端站、中继站和分路站等组成。在一条可以长达几百千米甚至几千千米的主干线上,有若干支线,在线路中间每隔一定距离设置若干微波中继站和微波分路站。微波通信系统工作过程如图 13 - 18 所示,用户终端 A 通过发信终端站发出信息,这个信息被发送设备转换成微波信号,经过若干个微波中继站(图中的 C)、分路

---

① 管海明. 国外量子计算机进展、对信息安全的挑战与对策[J]. 计算机安全,2009(4):1～5. http://www. cnki. com. cn/Article/CJFDTotal-DZJC200904004. html.

② 中华人民共和国国务院. 国家中长期科技发展纲要(2006～2020). http://www. most. gov. cn/kjgh/.

站的接力传递,到达用户终端 B,并通过用户终端接收设备把微波信号还原成信息。

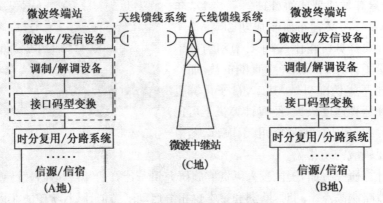

图 13-18　数字微波通信示意图

　　数字微波通信具有频带宽、容量大、质量好、稳定可靠、抗干扰能力强、保密性能好、便于存储、处理和交换以及不受水灾、风灾影响等特点,已经成为现代通信网中的最主要的通信技术基础,被广泛用于各种电信业务传送,如电话、电报、数据、传真以及彩色电视等方面。由于微波通信是利用中继站进行信息传输的接力通信,不需要敷设电缆或光缆,更适合于在地形复杂地区应用,如多山地区、沼泽水网地区、近海岛屿等地区,所以微波通信的覆盖面非常广,它彻底改变了广大的农村乡镇、边远山区或沿海岛屿等远离城市地区的通信面貌。

13.3.2　卫星通信

　　卫星通信系统是由通信卫星、地球接收站、用户终端以及地面站与通信卫星相互联系的测控跟踪等系统组成。卫星通信实际上也是一种微波通信,它以卫星作为中继站转发微波信号,即把地面站发上来的微波信号放大后再返送回另一地面站,使多个地面站之间实现通信。由于卫星工作在几百,甚至上万千米的轨道上,因此覆盖范围远大于一般的移动通信,如位于赤道上空的三颗同步卫星组成的通信系统,可以实现全球大部分地区的通信。

　　通信卫星是由若干个转发器、若干个天线、电源以及各种遥测、遥控等系统组成,主要用于接收和转发各地面站信号。地球站由天线、电源、发射与接收等设备组成,主要用于发射和接收用户信号。跟踪遥测指令站是用来接收卫星发来的信标和各种数据,然后经过分析处理,再向卫星发出指令去控制卫星的位置、姿态及各部分工作状态。监控管理系统对在轨卫星的通信性能及参数进行业务开通前的监测和业务开通后的例行监测与控制,以便保证通信卫星的正常运行和工作。

　　通信卫星由于其轨道、用途和覆盖地域的不同,通常被分为三大类。

　　(1) 按照卫星运行轨道分类:主要有低轨道卫星通信系统(LEO)、中轨道卫星通信系统(MEO)和高轨道卫星通信系统(GEO)三种。它们距地面的高度分别为 500~2 000 km、2 000~20 000 km 和 35 800 km(即同步静止轨道高度)。由于运行高度的不同,所以对通信卫星的性能要求、地面站用户终端要求等也有所不同。低轨道通信卫星系统对卫星和用户终端的要求要低于中、高轨道通信卫星系统,故而以宽带业务和多媒体信息传送为主;中轨道通信卫星系统主要用于全球或区域性卫星移动通信。同步轨道卫星通信系统主要用于VSAT(天线不到 1 m 的甚小地球站)系统、电视信号转发等方面。

（2）按照用途分类：主要有综合业务通信卫星、军事通信卫星、海事通信卫星、电视直播卫星、移动通信卫星、GSP 导航卫星等。

（3）按照通信范围分类：主要有国际通信卫星、区域性通信卫星和国内通信卫星等。

卫星通信是电子技术与航天技术相结合的产物。1965 年，美国国际卫星通信组织（INTELSAT）发射了第一颗实用型商用同步通信卫星 INTELSAT - Ⅰ（晨鸟号），其单向话路数为 480，使用寿命（设计）为 1.5 年。这颗卫星为北美和欧洲之间提供通信服务，开创了卫星商用通信的新时代，同时也标志着卫星通信时代的到来。自此以后，卫星通信技术已有了飞速的发展，1989 年美国发射的第九颗通信卫星，共有 48 个转发器，有 24 000 条双向话路和 3 路电视，采用数字电路倍增设备时，话路数可达 12 万[1]。20 世纪 90 年代，中、低轨道移动卫星通信取得了长足的发展。随着信息化社会的到来，卫星通信已成为信息化的主要支柱之一。90％以上的国际通信业务和几乎 100％的电视转播业务都是由卫星通信承担。2008 年，美国首次实现了外太空网络通信。美国航天局（NASA）利用"宽容间断网络通信"软件，在 2 000 万英里以外的太空探测器和地球之间来回传送了数十幅太空图像，有望成为第一个应用于太空的通信网络[2]。

1984 年 4 月，我国发射第一颗试验通信卫星。1986 年 2 月，我国发射的通信广播卫星获得成功，成为世界上少数几个能独立研制和发射同步通信卫星的国家之一。1999 年，中国的 VSAT 地面小站用户数为 15 000 个，中国远洋船只几乎都安装了国际卫星通信组织终端。2001 年底，新疆各地所有农户以及边防哨所都能够由"卫星网络"提供话音、传真和接入因特网的业务。2003 年，中国的 VSAT 地面小站用户数已达 33 601 个。2007 年，我国已拥有最先进的功能最大的卫星通信广播电视的卫星通信系统，承担着全国的 234 套电视节目和 230 套广播节目的传输任务[3]。同年 7 月 5 日，中星 6B 在西昌发射基地成功发射，主要承担我国中央和各省、自治区和直辖市的广播电视节目的传输任务，把国内的原来通过境外卫星传播的电视节目，全部转移到我国的卫星上面。同时中国卫通已经在北京、天津、上海、南京、济南和青岛建立了数字集群通信网络，并规划珠三角地区的数字集群通信网络建设。2008 年发射成功的中 9 卫星是一颗直播卫星，它覆盖了中国及周边地区，可以传送 200 余套广播节目。从 2004 年到 2006 年，卫星移动通信使甘肃、内蒙古和四川等省区边远地区实现了村村通电话。2007 年，青海省自然条件极为恶劣的玉树、果洛藏族自治州的 186 个行政村也实现了村村通话卫星移动通话，为青海省提前三年完成行政村通话任务奠定了坚实的基础。我国的卫星通信在 2008 年的"汶川大地震"的救灾工作与奥运会赛事转播作出了突出贡献，同时也说明我国的卫星通信已经进入新的发展时期。

目前，我国的卫星数量已经有 200 多颗，位居世界第二位。2019 年 5 月 17 日，中国在西昌卫星发射中心用长征三号丙运载火箭，成功发射了第 45 颗北斗导航卫星。[4] 图13 - 19 和图 13 - 20 分别为通信卫星和卫星通信地面接收站。

---

①　李佩珊，许良英主编. 20 世纪科学技术简史（第二版）[M]. 北京：科学出版社，1999：340.

②　中国科学院. 2009 高技术发展报告[M]. 北京：科学出版社，2009：5.

③　腾讯科技. 中国卫星通信集团公司副总裁郭浩演讲. http://tech. qq. com/a/20071024/000337. html.

④　百度百科. https://baike. baidu. com/item/北斗卫星导航系统/10390403.

图 13-19　通信卫星

图 13-20　卫星通信地面接收站

　　2018 年,我国航天科技集团和航天科工集团做出计划,准备同时开建两个全球移动宽带卫星互联网,分别建设 300 颗和 156 颗低轨通信卫星,实现具有全天候、全时段以及在复杂条件下的实时双向通信能力。建成后的互联网,它将为地面固定、手持移动、车载、船载、机载等各类终端提供信息传输服务。

13.3.3　光纤通信

　　利用光来传递信息,一直是人们梦寐以求的理想目标。我国古代的烽火台就是一种利用光来传递信息的具体方法。其后,人们曾利用信号灯的颜色、发光时间的长短等来传递一些简单的信息。20 世纪 60 年代激光的出现,用光来传递信息才成为可能。1966 年,英籍华人高昆(C. K. Kao,1933～　　)和霍卡姆(Hockham)预见利用玻璃制成衰减为 20 dB/km 的通信光导纤维(即光纤)。1970 年,美国的康宁公司研制成功第一根衰减为 20 dB/km 的高效光导纤维,初步达到了适用程度。各国纷纷开展光纤通信的研究,直到 1976 年前后,各种实用的短途光纤通信系统才陆续出现。1980 年,光纤衰减降低到 0.2 dB/km,这使得长距离光纤通信成为可能。此后,利用激光的光纤通信便进入到快速发展阶段,成为世界通信领域中发展最快的领域。1985 年,美国 ATT 公司敷设了第一条海底光缆系统,全长约 120 km。到 20 世纪末,横跨世界各大洋的海底光缆与陆地光纤网一起构成全球光纤网。

　　光纤通信系统主要由电端机、光端机、光纤或光缆、光中继器(放大器)、用户终端以及备用系统与辅助设备等组成。电端机就是电通信中采用的载波机、电信号收发设备、计算机终端和其他常规电子设备的总称。光端机是实现电-光转换或光-电转换设备的简称。光纤或光缆与光中继器构成光的传输通路,保证光信号的正常传送。图 13-21 为光纤通信系统原理图。

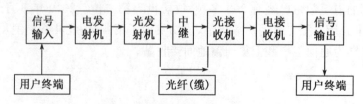

图 13-21　光纤通信系统原理图

　　激光光纤通信基本过程是:一用户终端的声音、文字和图像经电端机转换为电信号后输入光端机,光端机再把电信号转换为光信号并以激光为其载体送入光纤或光缆,另一端的光端机则把传来的光信号转换为电信号传入电端机,并经电端机还原成电信号传送至另一用户端,还原为声音、文字和图像。光放大器在光路中对光信号起到放大、整形作用,确保光信号能保持一定的强度到达另一光端机。与有线通信相比,激光通信的优点非常明显。首先,传输容量大,即通信线路上可以同时传递的信息通路多。从理论上讲,一根头发丝粗细的光纤可以同时传送 1 000 亿个话路,目前虽然无法对此理论值进行验证,但在一根光纤上同时传送 24 万个话路的试验已经获得成功[1]。更何况一个光缆中有几十、几百甚至上千根光纤,其通信容量是可想而知的。其次,抗干扰性强、保密性能好。光纤的载波频率要比无线电频率高,所以光纤通信既不受各种电磁干扰,也不怕雷击和串扰;由于它不产生电磁辐射,所以也不怕信息被窃听。第三,生产成本低,易于广泛使用。光纤的主要成分是石英,是从最普通的砂子中提炼出来的。敷设 1 000 km 的光导纤维所需原料只有几十千克的超纯石英玻璃,而敷设同样长度的同轴电缆则需要铜 500 吨,铅 2 000 吨[2]。所以光纤通信不仅材料来源丰富,而且还能节约大量的有色金属铜和铅,有利于环境保护。第四,光纤尺寸小、重量轻,易于运输和敷设。1 km 的光缆只有 60 kg,只需在地面开挖半米左右深的小沟槽将光缆埋下即可。第五,光缆不怕腐蚀,安全系数高。由于光缆不怕腐蚀,它可以在各种污染环境下使用;同时由于光缆是由细小的玻璃丝组成的,除了对通信有一定的经济价值之外,在社会商品交流中再没有任何其他经济价值,在所有通信设施中,光纤通信遭人为破坏的可能性是最低的。

　　中国光通信设备产业近年来一直保持 30%～40%的较高增长速度,已成为中国发展最快的产业之一。目前,中国已经形成了较完整的光纤通信产业体系,涵盖了光纤、光传输设备、光源与探测器件、光电器件等领域,国内市场所需的光通信产品 80%以上实现了本地化生产。目前我国的光纤通信设备和系统,不仅可以满足国内网络建设的需要,而且已经大量服务于国际通信网络,光纤通信已成为与国际应用水平差距最小的高科技领域之一。同时,我国的光纤通信技术正朝着超大容量、超长距离传输的波分复用技术、全光网络技术和光孤子通信技术等世界先进方向发展。图 13 - 22 和图 13 - 23 分别为光纤跳接线和光纤。

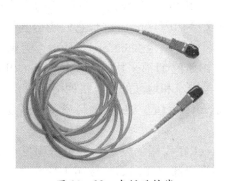

图 13 - 22　光纤跳接线

图 13 - 23　光纤

13.3.4　移动通信

　　移动通信是指通信双方有一方或双方都处于移动过程中的通信,是在无线电通信技术

① 百度文库:光纤通信优点. http://wenku. baidu. com/view/1c04aef8941ea76e58fa04f8. html.
② 许志峰,陈质敏,王鹏娟编著. 现代科学技术概论[M]. 长春:东北师范大学出版社,2006;201.

基础之上发展起来的一种新型通信方式。它包括陆地移动通信、航海移动通信、航空通信和卫星通信。移动通信系统主要由移动台、基台、移动交换台等系统组成。采用的频段遍及低频、中频、高频、甚高频和特高频。

陆地移动通信始于 1921 年,其时美国的一些警察厅开始使用车载无线电通信。公众移动通信则是始于 1946 年,美国圣路易市最早建立了用人工转接的小容量汽车电话系统。20世纪 80 年代中期,陆地蜂窝移动通信在美国、日本得到了快速发展。1990 年 5 月,全世界移动电话用户数已超过 822 万户,其中美国就占有 390 万户。20 世纪末,日本的蜂窝移动通信系统已覆盖了 90%的城市和 70%的主要公路,平均年增长率是 150%[①]。

1987 年 11 月,我国第一个蜂窝移动通信系统在广州开通。此后,移动通信在我国得到了飞速发展,其发展速度远远超过其他国家。据有关统计显示:2009 年 9 月,我国的移动电话用户数突破 7 亿,达到 70 265.1 万户,其中 1 至 7 月份,移动电话用户累计净增 6 140.6万户[②]。2010 年 9 月,我国的移动电话用户数达 8.15 亿,比上个月 9 月份增加了 540 万户。2013 年 3 月底,我国共有移动通信服务用户 11.46 亿,比去年同期增长 12.46%。2013 年第三季度,全国电话用户达到 14.77 亿户。其中,移动电话用户超过 12 亿户。2018 年,我国 31 个省、市、自治区净增移动电话(手机)用户为 1.49 亿户,使全国移动手机用户的数量达到 15.7 亿户。[③] 移动通信将有更为辉煌的未来。

13.3.5　计算机通信网络

计算机网络是用通信线路和通信设备将分布在不同地点的许多台计算机系统互相连接,并按照共同的网络协议,共享硬件、软件和数据资源的系统。因特网(Internet)则是由世界各地规模不同的计算机网络组成的开放式计算机网络系统,所以它又称为国际互联网,简称互联网。

Internet 的出现不仅与计算机的运用和发展密切相关,而且还与 20 世纪 60 年代美国的国防战略有关。1969 年,美国国防部高级研究计划管理局(ARPA)资助建立了有 4 个网络节点组成的计算机网络——ARPAnet(即阿帕网)。从某种意义上说,Internet 是美、苏冷战时期的产物。70~80 年代,ARPAnet 逐渐趋于规范,许多规则通过协议的方法得以确定,其中最重要的两个协议是 TCP(传输控制协议)和 IP(网际协议),它们使得各种类型的计算机网络之间能够互相通信。此后,美国国家科学基金会(NSF)NSFnet、美国宇航局(NASA)与能源部的 NSInet、ESnet 相继建成。由于它们都采用了与 ARPAnet 相同的协议,形成了全国性的网络系统。美国、欧洲、日本等国家和地区的计算机网络互联,最终形成了全球性的计算机网络系统——Internet。目前,Internet 已从最初的科研网逐渐发展成为世界范围内包罗万象的商业用网。

我国是第 71 个加入 Internet 的国家。Internet 在我国的发展大致可分为三个不同阶段。1987~1993 年为研究试验阶段,我国的一些科研部门和高等院校用于学术交流与科技合作等方面的电子邮件服务。1994~1996 年为起步阶段,以中科院、北京大学、清华大学为核心的中国国家计算机网络设施(NCFC)通过 TCP/IP 协议与 Internet 全面连通,从而获得了 Internet 的全功能服务。中国科学技术网(CASNET)、中国教育和科研计算机网(CER-

① 李佩珊,许良英主编.20 世纪科学技术简史(第二版)[M].北京:科学出版社,1999:343.

② 陈敏.工信部:我国移动电话用户数目前已突破 7 亿.http://labs.chinamobile.com/news/21918.

③ 百度百科.https://baijiahao.baidu.com/s?id=1626515770464813080.

NET)、中国计算机互联网(ChinaNET)与国家公用经济信息通信网络(ChinaGBN)即金桥网的相继建立与互联,使 Internet 开始进入公众生活,并在全国得到了迅速的发展。中国国家网格(CNGrid)和中国教育科研网格(ChinaGrid)是我国两个代表性网格项目。中国国家网格于 2005 年底完成第一期建设,总运算速度超过 18 万亿次,存储容量大于 200TB。中国国家网格支持了包括资源环境网格、航空制造网格、气象网格、科学数据网格、新药研发网格、生物信息网格、教育网格、仿真网格、油气地震勘探网格等在内的 11 个应用网格的开发与建设。中国教育科研网格于 2006 年 7 月通过教育部组织鉴定。ChinaGrid 系统总体设计和关键技术达到国际先进水平,聚合计算能力达到 16 万亿次,存储容量达 176TB。[1]

1996 年底,中国 Internet 用户数已达 20 万。从 1997 年至今,是 Internet 在我国最为快速的发展阶段。2005 年底,我国的网民人数已突破 1 亿。2006 年底,我国网民人数达到 1.37 亿,是 10 年前的 600 多倍。到 2010 年 11 月底,我国网民总数达到 4.5 亿,年度增长率为 20.3%,中国互联网的普及率达到 33.9%[2]。

2013 年 6 月底,我国网民规模达 5.91 亿,手机网民规模达 4.64 亿;即时通信网民规模达到 4.97 亿,手机即时通信网民达 3.97 亿。截至 2018 年 6 月 30 日,中国网民规模达 8.02 亿,手机网民规模达 7.88 亿,城镇地区互联网普及率为 72.7%,农村地区互联网普及率为 36.5%。[3] 2019 年一季度微信用户数量达 11 亿。[4]

Internet 具有信息资源丰富和资源共享、数据交换和通信、分布处理、分散数据的综合利用、系统可靠性高以及商业化等特点,特别是 Internet 采用了具有强大信息链接功能的 WWW(简称 Web,即中文的"万维网")检索服务系统之后,可以将文本、图像、音频、视频等多种格式的信息汇集于一体,使用户很方便地在网上搜索、浏览、实现超文本链接和交换各种信息。无论用户计算机安装的是何种操作系统,都可以通过 Internet 在 Web 信息海洋中漫游,如查询各地新闻和气象信息、收发电子邮件、上传与下载文件、网上博客与聊天、网络电话、网络教育、网络影音、网络广告、网上银行、网上购物、网上开店、网上游戏、网上炒股等等。总之,计算机网络与 Internet 已成为现代社会结构的一个基本组成部分,成为科学研究、工农业生产、金融商务、文化教育、时事新闻、娱乐休闲、国防建设等领域信息交流的重要平台。

目前,通信技术的发展趋势是"三网合一",即指现有的电信网络、计算机网络和广播电视网络在信息传输、接收和处理等方面合而为一,并全面实现数字化。电信网络、计算机网络和广播电视网都有各自的优点和缺点,但它们的发展目标是一致的,即建成数字化、宽带化、个人化、综合化和多媒体化的综合信息网络体系。三网合一可以为人们提供更好、更全面、更方便快捷的个性化与多样化的通信服务。

---

① 中国科学技术协会主编. 中国计算机学会编著. 2006~2007 计算机科学学科发展报告[M]. 北京:中国科学技术出版社,2007:4.

② 京江晚报. 网民人数一年增加 6600 多万我国网民总数已达 4.5 亿. http://www.jsw.com.cn/site3/jjwb/html/2010-12/31/content_1520462.html.

③ 百度. https://baijiahao.baidu.com/s? id=1609311753896439517&wfr=spider&for=pc.

④ 中商情报网. http://www.askci.com/news/chanye/20190516/1346051146282.shtml.

第14章 生物技术

20世纪分子生物学的诞生与发展,新型工艺技术的不断涌现,彻底打破了传统生物技术的屏障,有力地推动了现代生物技术的迅猛发展,使其成为当代六大高技术之一,生物技术产业已成为工业发达国家的重要产业之一。

14.1 生物技术概述

生物技术又称生物工程或生物工艺,它包括传统生物技术和现代生物技术。传统生物技术是指建立在经验基础上的发酵、酿造、育种等生物工艺,这些传统的生物技术历经数千年,至今仍在延用。在近代生物技术中,微生物发酵技术被广泛应用于食品和制药行业,大规模地生产食品、酒精、啤酒、味精和各种抗生素,有力地推动了近代生物技术的发展。

现代生物技术是以分子遗传学、生物化学、微生物学等现代生物科学为理论基础,利用现代工程技术,按照预先设计,在细胞水平和分子水平上设计、改造生物物种及其功能的技术体系。它的显著特点是:① 人们能够在细胞和亚细胞的分子水平上直接操纵生命或改变生物的遗传形态,打破了数千年来遗传学上远缘不能杂交的规律(即种属间的屏障);② 提供了技术手段,人们可以直接进行基因或蛋白质的人工合成;③ 提供了新的疾病防治手段,人们可以利用基因对一些疾病进行诊断和治疗,如遗传性疾病、恶性肿瘤等;④ 提供了新的挑战平台,生物技术可以人为地制造自然界前所未有的生物制品和生物物种,这些产品的安全性是对现代技术的一种挑战,是对人类伦理、人性尊严的一种挑战,同时也给人类带来新的哲学方面的思考。

现代生物技术诞生于20世纪中叶,它是由基因工程、蛋白质工程、细胞工程、酶工程以及克隆技术等构成的生物技术体系。现代生物技术的核心技术是基因工程,它是分子生物学理论的发展和当代各种尖端技术在生物领域应用的高度体现。

现代生物技术的诞生与发展,给人类社会带来了一次重大的产业革命,对人类的生产方式和生活方式产生了巨大影响。现代生物技术主要体现在农牧业生产、疾病诊治与生物医药、能源与环保等领域的应用。

现代生物技术在农牧业方面的应用,对于防治病虫害、品种改良和提高产量与质量,推动农牧业的现代化进程起到了极其重要的作用。例如,利用转基因技术培育高产、优质、抗病虫害的农作物新品种,可以获得比以往更多的经济效益。荷兰一家植物生物技术公司应用转基因技术培育出一种抗真菌草莓新品种,减少了草莓病害,延长了草莓保鲜期,使每英亩草莓在美国市场上多获利1 800美元。目前,全世界进入田间试验的转基因植物已超过500多种。又如:科学家利用转基因动物育种技术,培育出转基因猪、羊、牛、鱼等新品种。美国科学家培育出带牛基因的猪,这种转基因的猪与普通猪相比,具有体重增长快、个头大、饲料利用率较高等优点,可为养猪业带来丰厚的经济效益。

现代生物技术在疾病诊治与生物医药等方面的应用,使传统的诊断技术和治疗药物发生了根本性改变。例如,利用基因技术可以对过去一些难以确诊的疾病特别是遗传病作出准确诊断;利用示踪基因技术,把示踪基因注入一定细胞内,可以帮助观察疗效或跟踪肿瘤转移情况;利用基因工程技术、酶技术和发酵技术,可以大规模生产胰岛素、生长激素、干扰素、抗生素等重要生化药品。生物制药产业已成为当代高技术产业中的热门产业。

现代生物技术在能源和环保等方面的利用,为解决能源短缺和环境污染的治理提供了努力方向。例如,利用生物技术将植物中的纤维素降解进而转化为可以燃烧的酒精等新能源,这项技术如有突破,可能会成为能源技术发展的新方向。利用生物技术进行环境保护的研究已有所突破,美国科学家已用基因技术培育出一种能同时降解四种烃类的"超级工程菌",原先自然菌要用一年才能消化掉的海上浮油,这种细菌几个小时就能把它吃完,用它可以迅速消除海洋中各种浮油的污染。利用生物酶技术处理各种工业废水、生活污水已经得到广泛应用,用多种固定化细胞处理废水,还可能生产出可作为能源的氢气。

当代生物技术的高速发展,已经在农业生产、生物品种改良、生物能源环保、生物纤维和包装材料、疾病生物防治、生物制药等领域形成巨大的产业,为解决人类面临的食品与营养、健康与环境、资源与能源等重大问题,开辟了新的途径。21 世纪的生物技术,将成为推动社会与经济发展的新动力。

14.2　酶工程

酶是生命体的重要组成部分,人们对它的了解是从 19 世纪才开始的。1836 年,德国生物学家施旺从胃液中提取出了消化蛋白质的物质,解开了胃的消化之谜。1926 年,美国科学家萨姆钠(J. B. Sumner,1887～1955)从刀豆种子中提取出脲酶的结晶,并通过化学实验证实脲酶是一种蛋白质①。20 世纪 30 年代,科学家们相继提取出多种酶的蛋白质结晶,为酶工程的创立奠定了基础。

14.2.1　酶的特性与分类

14.2.1.1　酶的基本特性

酶是由生物体产生的催化剂,所以酶又被称为生物催化剂。催化剂源自于化学,它泛指一切能使化学变化加速而自身不变的物质。酶的特性不同于一般的化学催化剂,它有特殊的催化能力。

(1)酶具有高效的催化能力。在常温和常压情况下,其催化效率比一般催化剂高 $10^7 \sim 10^{13}$ 倍。如 1 个过氧化氢酶分子在 1 min 内能使 500 万个过氧化氢分子分解为水和氧,比铁离子的催化效率高 10^9 倍。

(2)酶的催化作用专一性很强。一种酶只能催化某一类特定的化学反应,不发生副作用,如胃蛋白酶和凝血酶都属于蛋白水解酶,但胃蛋白酶作用于食物中的蛋白质,而凝血酶

---

① 百度百科. 酶. http://baike.baidu.com/view/1326.htm#sub1326.

只能作用于血纤维蛋白;蛋白酶只能催化蛋白质水解成氨基酸,脂肪酶只能催化脂肪水解成脂肪酸和甘油,各种酶不能相互替代。

(3) 酶在生物体内参与每一次反应之后,它本身的性质和数量都不会发生改变。

(4) 酶的化学本质是蛋白质,其作用条件温和,可以在常温、常压的条件进行催化反应。

(5) 酶本身无毒性,其在反应过程中也不会产生毒性或腐蚀性物质,适于在食品工业上应用,而且采用酶法生产对于设备的要求低,有利于改善劳动卫生条件。

14.2.1.2　酶的分类

酶的种类繁多,现已发现的酶有 3 000 多种,按其催化作用的特性分为以下六大类。

(1) 氧化还原酶,简称氧还酶。此类酶在体内参与产能、解毒和某些生理活性物质的合成。如各种脱氢酶、氧化酶、过氧化酶等。

(2) 转移酶。此类酶在体内将某功能基团从一化合物转移至另一化合物,参与核酸、蛋白质、糖及脂肪的代谢和合成。如各种碳基转移酶、酮基转移酶、糖苷基转移酶等。

(3) 水解酶。此类酶在体内外起降解作用,也是人类应用最广的酶类。如糖苷酶、酯酶、肽酶等。

(4) 裂合酶,又称裂解酶。此类酶可脱去底物上某一基团而留下双键,或通过逆反应在双键加入某一基团。这类酶可分别催化碳碳键、碳氧键、碳氮键、碳硫键等。

(5) 异构酶,又称异构化酶。此类酶为生物代谢需要而对某些物质进行分子异构化,分别进行外消旋或差向异构、顺反异构、分子内转移、分子内裂解等。

(6) 连接酶,又称合成酶。此类酶能催化两个分子连接成一个分子或把一个分子的首尾相连接,对许多生物物质的合成起关键性作用,如碳氧键。

14.2.2　酶制剂的生产与应用

酶工程通常是指利用酶的催化特性,通过现代工程技术,将相应原料快速高效地转变为所需产品的工业规模化生产技术。酶工程主要包括酶制剂的生产、应用、酶的固定化、酶分子的修饰与改造以及酶反应器技术等内容。这里主要对酶制剂的生产、应用与酶的固定化技术做简要介绍。

14.2.2.1　酶制剂的生产

自 20 世纪 50 年代以来,微生物成为酶制剂工业的主要原料。微生物通过发酵和分离过程,就可以获得人们所需要的酶制剂。发酵,就是在人工控制的条件下,微生物通过本身新陈代谢的活动,将不同物质进行分解或合成的产酶过程。如利用细菌发酵生产淀粉酶、蛋白酶、脂肪酶、凝乳酶等。分离,就是通过一定的技术手段,把酶从生物体和微生物发酵液中提取出来。因为不同的蛋白质可在不同浓度的中性盐溶液中沉淀,这样就可以把酶与其他杂质蛋白质分离开来。如最常用的中性盐硫酸铵,它的饱和溶液能使绝大多数蛋白质沉淀出来,并且对酶没有破坏作用。

14.2.2.2　酶制剂的应用

酶制剂为食品工业、轻工业、化学分析、临床诊断、农业生产、水产加工、环境保护等提供了各种酶制剂。如用 α-淀粉酶、葡萄糖氧化酶、葡萄糖异构酶等作催化剂生产葡萄糖;用 α-淀粉酶、耐高温 α-淀粉酶、糖化酶、蛋白酶、普鲁兰酶、β-葡聚糖酶、β-淀粉酶等酿造啤酒;用淀粉酶进行棉织品脱浆;用蛋白酶进行丝绸脱胶、制革等;用细菌蛋白酶、α-淀粉酶、纤维素酶及脂肪酶生产各种洗涤剂;用半纤维素酶类、植酸酶、淀粉酶和蛋白酶作为饲料添加剂,可以使家畜对饲料的消化吸收率大为提高;用葡萄糖氧化酶测定血糖含量,诊断糖尿病;用胆碱酯酶测定胆固醇含量,治疗皮肤病、支气管炎、气喘等疾病。溶菌酶、蛋白酶、尿激酶、超氧化物歧化酶等被直接用于一些临床疾病的治疗,如 L-天冬酰胺酶对治疗白血病有较好的疗效。

14.2.3　酶的固定化技术

在酶的生产过程中,酶的获得相对比较容易,但自然状态下的酶稳定性较差,在温度、pH 和无机离子等外界因素的影响下容易变性失活。此外,酶反应一般在水溶液体系中进行,反应结束后酶与底物和产物混合在一起,不利于酶的回收、产物的分离纯化和连续化生产。如果事先把酶制剂经物理或化学处理,跟某些固体如树脂相结合,可以成为不溶于水但仍具有活性的固相状态。这种被固定了的酶被称为固定化酶。这种固化技术又被用于微生物、细胞、细胞器的固化,并发展成联合固定化技术,即把不同来源的酶和整个细胞的生物催化剂结合在一起。

固定化酶具有一定的机械强度、稳定性高、可以反复使用降低成本、有利于产物的分离提纯等优点。日本用固定化酶技术生产酱油,5 天就完成半年才能完成的催化反应;法国用这种技术生产啤酒,不仅使生产周期大大缩短,而且还使风味变好了;用固定化酶技术生产抗生素青霉素、头孢霉素等;用固定化酶检测空气、水体中的有机磷农药残留,用酶制成的酶传感器可以测定水体中某些化合物浓度;用某些固定化细菌回收水中的铀等。国外把胰岛素也作固定化处理,这样糖尿病人只需在体内植入一个固定化胰岛素就可以解除病患,而不需定期注射胰岛素了。

酶的固定化常用方法有三类:载体结合法、交联法和包埋法。载体结合法是将酶固定在非水溶性载体上,按结合方式的不同,可以分为物理吸附法、离子吸附法和共价结合法三种[①]。交联法是依靠化学方法使酶固定化。包埋法是将酶包埋在高聚物网格中或高分子半透膜内,前者又称为凝胶包埋法,后者又称为微囊法。图 14-1 中的图(a)和图(b)分别是载体结合法中的离子结合法和共价结合

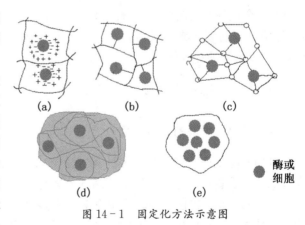

图 14-1　固定化方法示意图

法,图(c)是交联结合法,图(d)和图(e)则为包埋法。

酶工程技术与其他技术结合可以使一些新的应用技术出现,如利用微生物发电、利用酶的特性制作酶传感器等。美国和日本分别研究成功微生物电池和酶电池,即利用生物酶催

① 刘仲敏,林兴兵,杨生玉主编. 现代应用生物技术[M]. 北京:化学工业出版社,2004:107.

化剂进行能量交换;用酶制作的各种传感器被用于医疗检测和环境检测,如糖尿病患者家庭监测用的葡萄糖传感器——血糖测量仪,用多酚氧化酶制成的传感器可以检测水中的酚,用亚硝酸还原酶膜制成的传感器可以静态测定水中的亚硝酸盐浓度等。

14.3 发酵工程

发酵生产有着极其久远的历史,人类很早利用发酵来制作食品和饮料,如西方的啤酒、面包、葡萄酒、干酪;东方的酱、酱油、醋、清酒、蒸烤面食;中东、近东的乳酸等发酵品等。作为微生物发酵工业是近百年才发展起来的。现代发酵工程始于 20 世纪初,70 年代的基因工程技术的出现,把发酵工程带入到一个新的发展时期。

14.3.1 发酵工业的特征

发酵是指微生物分解有机物质的过程,它是在生物体内所进行的、由酶所催化的化学反应。与其他化学工业相比,发酵具有如下特征:

(1) 反应条件温和。作为生物化学反应,发酵过程通常都是在常温下进行,反应安全,不会发生爆炸之类的危险,因而对生产设备没有防爆要求。

(2) 生产原料资源丰富、价格低。发酵所用的原料通常是以淀粉、糖蜜或其他农副产品等碳水化合物为主,一般不需要精制,只要加入少量的有机和无机氮源就可进行反应。

(3) 自动调节反应。发酵反应是以生物体的自动调节方式来进行的,因此数十个反应过程能够像单一反应一样,在单一发酵设备内进行。

(4) 高度的专业性和选择性。由于生物体本身所具有的反应机制(酶类生产),能够专业性和高度选择性地对某些较为复杂的化合物进行特定部位的氧化、还原、官能团导入等反应,可以很容易地生产复杂的高分子化合物。

(5) 全过程的无菌生产,对环境污染小,投资少、见效快。发酵过程是在无菌条件下进行,发酵产生的废弃物一般不会对环境造成污染,与其他工业相比,发酵工业投资少、见效快,可取得可观的经济效益。

14.3.2 发酵过程与产品利用

14.3.2.1 发酵的一般过程

利用发酵生产的产品有许多种,但它们的生产流程则大体相同,即发酵原料的预处理,发酵的前期准备,发酵过程,发酵产品的分离与提纯四个阶段。

(1) 发酵原料的预处理。传统发酵技术多采用谷类、薯类等粮食作物为发酵原料。现代发酵技术多采用微生物为发酵原料。由于微生物原料来源广、品种多,所以要采用各种方法对原料进行技术处理。如抗生素发酵、酒精发酵、柠檬酸发酵等,在提供微生物利用前一定要先将淀粉变成糊精或葡萄糖;选择的原料如果不能直接被微生物利用,还需要对原料进行粉碎、蒸煮、水解等预处理。

(2) 发酵的前期准备。前期准备工作主要有:发酵菌种准备、对原料高压灭菌以及接种。发酵用的目标菌种是发酵生产的主要基础,它必须是具备产量高、性能稳定和容易培养等特点的优良菌种。灭菌操作是把原料中的一切杂菌去除,这是确保发酵能否成功的关键。接种就是把目标菌种接种到发酵原料中去进行发酵。

(3) 发酵过程。微生物发酵过程就是目标菌种在一定条件控制下继续生长繁殖并积累代谢产物的过程。发酵方式主要有固体发酵和液体发酵两种。制醋、制酱油、酿酒及糖化饲料的生产等多采用固体发酵;氨基酸发酵、维生素 C 发酵、医用抗生素发酵等都采用液体发酵方式在发酵罐内进行。

(4) 发酵产品的分离与提纯。发酵结束后,发酵液或生物细胞要进行分离和提纯,以获得合乎要求的发酵产品。

14.3.2.2 发酵产品的应用

用发酵技术得到的产品应用范围很广,主要体现在以下两个方面:

(1)微生物菌体细胞的利用。微生物菌体细胞和生物酶制剂是微生物发酵作用在生产上的一种应用。如酵母、各种单细胞蛋白制剂;各种人、畜疾病防治的疫苗;食品、轻工、医药生产需要的各种酶;用于肥料、治虫、浸矿、治污的各种菌体细胞等。利用酵母菌生产人类食物蛋白由来已久,而单细胞蛋白则是饲料蛋白的主要来源。用微生物发酵生产的淀粉酶和糖化酶用于生产葡萄糖,用青霉素酰化酶生产半合成青霉素所用的中间体 6 -氨基青霉烷酸。把人工培养的固氮菌、磷细菌、钾细菌制成复合肥料,既有固氮作用,又能分解土壤和肥料中难溶于水的磷和钾,以利于植物吸收。把病原微生物的活菌体撒播在田间可以杀灭病虫害。利用硫化杆菌从铜矿中提炼铜,利用微生物从铀矿中提取铀等已成为新的采矿途径。利用细菌、霉菌、酵母菌等能把水中的有机物变成简单的无机物,而使污水得到净化,利用耐汞菌还可以吸收废水中的汞。

(2) 微生物代谢产物的利用。以微生物代谢产物为产品的发酵生产是发酵工程中数量最大、产量最多、应用最为广泛的生产项目。其产品主要有:抗菌素、酒类、氨基酸、有机酸、维生素、核苷酸和甾体激素等。

自英国科学家弗莱明于 1928 年发现青霉素以来,现在已研究发现了 300 多种抗菌素,常用于临床的有 60 多种。我国的抗菌素生产量占世界首位。2007 年调查发现,中国每年生产抗生素原料大约为 21 万吨,其中有 9.7 万吨抗生素用于畜牧养殖业,占年总产量的 46.1%[1]。

氨基酸和维生素是人和动物营养的重要成分,自 1958 年利用细菌发酵糖类生产谷氨酸以来,目前已有 19 种氨基酸能用微生物发酵生产。

利用微生物发酵处理农作物秸秆生产酒精,已经具有相当完备的生产工艺,为缓解能源危机提供了一个极为可行的途径。巴西利用甘蔗和木薯发酵生产的酒精作为汽车燃料,是目前世界上唯一不供应纯汽油的国家,也是世界上使用以酒精为汽车燃料最为成功的国家之一。

---

[1] 中国时刻. 我国每年生产的抗生素近五成用于养殖业? http://www.s1979.com/news/finance/201012/149420614.shtml.

14.4　细胞工程

细胞是一切生命体的基本结构和功能单位。细胞工程就是以细胞理论为基础,以细胞为基本单位,在细胞水平上利用生物、改良生物和创造新生物品种的生物技术的统称。20世纪发展起来的细胞工程主要体现在细胞和植物组织培养技术、细胞融合技术、细胞移植技术以及克隆技术四大领域。

14.4.1　细胞和植物组织培养

细胞组织培养技术始于对单个细胞的结构功能研究。1902年,德国科学家哈勃兰特提出了"植物细胞具有全能性"的预言。1937年,美国科学家怀特利用营养液,使取自烟草的形成层细胞和胡萝卜细胞发生了分裂和增多,最终长出一团花菜状的瘤状物(愈伤组织)。

1958年,美国科学家斯蒂伍德把胡萝卜体细胞放置在营养液中,成功培养出胡萝卜幼苗,这些幼苗被移植到土壤中后,终于长成了能开花结实的胡萝卜(见图14-2)。这项试验的成功,标志着现代细胞和植物组织培养技术的诞生。植物组织培养技术最早用于名贵花卉的繁殖。1960年,法国人莫雷尔利用兰花茎尖繁殖技术繁殖兰花获得成功。此后,世界各地相继出现将植物组织培养出植株的报道。法国、荷兰等国家利用组织培养技术,培育出大量的优质花卉种苗,并出现了专门生产花卉的工厂。荷兰每年的花卉出口达13亿美元以上,是世界上最大的花卉输出国。

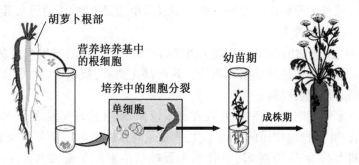

图14-2　由胡萝卜体细胞培养成胡萝卜植株过程图

组织培养技术还被应用到植物的无病毒繁殖上。科学家们发现,植物病毒在植物体内的分布不是均匀分布,如烟草的茎尖部病毒的浓度最低,越往后的成熟区病毒的浓度越高。因此,人们利用病毒的这种分布特性,从被感染病毒的植株中提取无病毒的组织进行组织培养,由此获得无病毒植株。茎尖培养脱毒技术在兰花、马铃薯、白薯、甘蔗、葡萄、苹果、柑橘等近百种重要经济作物上陆续取得成功。

利用组织培养技术不仅可以使植物得到优质种苗和种苗的工厂化快速繁殖,而且还可以使某些植物细胞(如人参、香料植物等)在培养罐中连续培养,从而大量地、低成本地获得植株,较为完美地解决了天然资源不足的问题。

14.4.2　细胞融合技术

细胞融合技术是20世纪60年代以来迅速发展起来的一项新兴细胞工程技术。细胞融合,也称体细胞杂交,就是利用现代科学技术,把不同种生物的两个或多个细胞融合成一个细胞,这个融合后的杂交细胞可以培养成为新的物种、品系或成为新的细胞工程产品。由于细胞能不受种属的局限,可实现种间生物体细胞的融合,使远缘杂交成为可能,是改造细胞遗传物质的有力手段。所谓的"克隆技术"——无性繁殖技术,就是细胞融合技术的具体应用。

1962 年,日本科学家冈田善雄偶然发现一种叫日本血凝性病毒——仙台病毒(HVJ)能引起艾氏腹水瘤细胞(ETC)融合成多核细胞现象。此后的一系列研究都证明了病毒能引起细胞融合现象,这一发现成为细胞融合技术的诞生标志。此后,动物细胞融合、植物细胞融合、微生物细胞融合相继获得成功,并使细胞融合技术成为现代生物技术的一门重要学科。

在动物细胞融合方面,20 世纪 60 年代中期的英国科学家们,首先利用灭活病毒诱导异种动物细胞融合获得成功,为动物细胞融合开辟了通路。70 年代,加拿大华裔科学家高国楠发现高分子量的聚乙二醇(PEG)在 Ca^{2+} 存在时能促使植物原生质体融合,显著提高融合率。这个方法很快就被推广到动物细胞融合。1975 年,有用 PEG 将母鸡的红血球细胞和酵母菌的原生质体融合成功的报道[①]。1976 年建立的以 PEG 诱发哺乳类细胞融合的方法,也同样适用于淋巴细胞同瘤细胞的融合。由于淋巴细胞杂交瘤技术能制备纯度高、专一性强的抗体,适于由未纯化的抗原大量制备,因而在短短几年时间里,即被用于制备各种单克隆抗体。单克隆抗体技术带来了免疫学上的一场重大技术革命,为许多疾病的诊断和治疗提供了可能。

在植物细胞融合方面,20 世纪 70 年代的美国科学家将粉蓝烟草和朗氏烟草两个异种的体细胞融合成功。80 年代,德国科学家们又成功杂交了"西红柿马铃薯",这是用西红柿和马铃薯的体细胞融合而成的新品种。显然,新品种兼有两种植物特性:可以使地下部分结马铃薯,地面部分结西红柿。尽管这一新品种仍存在许多问题,如西红柿、马铃薯长得都不够大,从生物学来讲是无意义的,但它毕竟为新物种的研究打开了思路。

在微生物细胞融合方面,1975 年匈牙利科学家用 PEG 促使真菌融合,其后的酵母、霉菌、细菌、放线菌等多种微生物的种间以至属间的细胞融合都相继获得成功。

随着各种新技术的应用,细胞融合技术也相应发生了重大改变,出现了一些新的细胞融合技术,如电脉冲诱导细胞融合技术、激光诱导细胞融合技术、空间细胞融合技术、离子束细胞融合技术、非对称细胞融合技术、基于微流控芯片的细胞融合技术等。细胞融合技术迅速发展必定会给人类带来更多的福音。

14.4.3 细胞器移植技术

细胞器移植是指把体细胞的组分(细胞核或细胞质、染色体以至基因物质)直接移植到另一个细胞(体细胞或卵细胞)中去,形成杂交细胞。与细胞融合相比,细胞器移植更易于实施,也更容易达到工程设计目标。细胞移植技术始于 20 世纪 60~70 年代,我国胚胎学和发育生物学家童第周(1902~1979)最先用换核的方法成功培育了鲫鲤鱼和鲫金鱼。他首先用鲤鱼卵中的细胞核放入除去细胞核的空鲫鱼卵中,培育出长着鲫鱼嘴、鲤鱼须的鲫鲤鱼;他

① 霍乃蕊,韩克光. 细胞融合技术的发展与应用[J]. 激光生物学报,2006,15(2):209~213.

又用同样方法将鲫鱼卵中的细胞核放入除去细胞核的空金鱼卵
中,培育出长着金鱼头、鲫鱼尾的鲫金鱼。这种细胞拆合的方法
对品种改良具有重要意义。目前,科学家采用显微注射技术,就
可成功地将 DNA、RNA 及蛋白质直接注入细胞体内以培养新
的细胞。

图 14-3　童第周

胚胎移植技术在 19 世纪后期已经获得成功,英国科学家成
功地将安哥拉兔的早期胚胎植入已接受交配的野兔输卵管中,
结果生育的 6 只小兔中有两只具有安哥拉兔的特征。1978 年 7
月 26 日,第一个试管婴儿在英国诞生,这标志着胚胎移植技术
已发展到一个新的历史水平。此后,各种试管动物相继问世,给
畜牧业品种改良开辟了新的途径,大大缩短了家畜品种的改良
周期。如给发情良种乳牛注射孕马血清,能使其产生几个或几
十个卵细胞,这些卵细胞在试管中受精后可以一次性地得到几个或几十个良种胚胎,把这些
良种胚胎植入普通母牛的子宫中发育直至出生,就可以得到几头或几十头良种乳牛。

14.4.4　克隆技术

克隆是英语"clone"的音译,是指生物体通过
体细胞进行的无性繁殖,以及由无性繁殖形成的
基因型完全相同的后代个体组成的种群。

1997 年 2 月,英国科学家伊思·维尔穆特成
功地"克隆"出绵羊"多莉",由此打开了克隆技术
的大门(图 14-4)。

据英国《自然》杂志报道:1996 年 7 月 5 日,
英国爱丁堡罗斯林研究所(Roslin)的伊恩·维尔
穆特领导的一个科研小组,利用克隆技术培育出
一只小母羊。这是世界上第一只用已经分化的
成熟的体细胞(乳腺细胞)克隆出来的羊。科学

图 14-4　维尔穆特与克隆羊多莉

家们利用一只六岁雌性的白面母绵羊的乳腺细胞作为供体细胞,从一头黑面母绵羊的卵巢
中取出未受精的卵细胞并抽去细胞核作为受体细胞;把乳腺细胞植入空的受体细胞后,用电
脉冲方法,使乳腺细胞和受体细胞融合,最后形成融合细胞,并使融合细胞也能像受精卵一
样进行细胞分裂、分化,从而形成胚胎细胞;再将胚胎细胞转移到另一只黑面母绵羊的子宫
内,经过 150 天的发育,胚胎细胞进一步分化和发育,最后产下一个来自成年体细胞的克隆
绵羊。科学家们共用了 247 个重组胚胎,"多莉"是仅有的一只成活下来的绵羊。图 14-4
为维尔穆特与克隆羊多莉。克隆羊多莉的诞生,引发了世界范围内关于动物克隆技术的热
烈争论。它被美国《科学》杂志评为 1997 年世界十大科技进步的第一项,也是当年最引人注
目的国际新闻之一。科学家们普遍认为,多莉羊的诞生标志着生物技术新时代来临。此后,
克隆猪、克隆猴、克隆牛等纷纷问世。我国的克隆技术研究起步虽然比较晚,但是研究水平
提高很快,技术水平不断创新。2002 年 4 月,我国首次成功地培育出利用体细胞克隆的冀

南黄牛"波娃"(见图 14 – 5)[1];同年 10 月,中国农业大学采用胚胎冷冻技术获得的 3 头体细胞克隆牛,这 3 头牛的体细胞取自同一供体(见图 14 – 6)。2003 年,世界首例以冷冻卵母细胞为胞质供体的体细胞克隆牛在我国培育成功,拓宽了卵母细胞来源。2005 年 8 月 5 日,我国首例体细胞克隆猪在河北省三河市诞生,这表明我国在比克隆牛、羊技术难度大得多的此项研究上,也已达到国际先进水平[2]。

图 14 – 5 克隆羊"波娃"和它的代孕母亲

图 14 – 6 我国的体细胞克隆牛

克隆技术的诞生不仅是生物技术的一次重大突破,而且还引发了一场全球性的关于克隆与传统伦理道德的讨论:即人类能不能克隆(自我复制)。第 59 届联合国大会法律委员会于 2005 年 2 月 18 日以决议形式通过一项政治宣言,要求各国禁止有违人类尊严的任何形式的克隆人。克隆技术不仅是培育动植物优良品种的极其重要的理想手段,同时也是人体器官克隆的主要途径。现在,全世界很多实验室都在开展克隆人体器官的研究。其中,由实验室培育的克隆肋骨、克隆血管、克隆皮肤、克隆神经组织正在进入人体试验阶段。1998年,世界第一例克隆胸骨移植到人体的手术在美国取得成功。随后,美国、瑞士等国相继利用克隆技术培植的人体皮肤移植成功,避免了异体植皮可能出现的免疫排异反应。

14.5 基因工程

基因工程一般是指按照人们的意愿设计,通过改造基因或基因组达到改变生物遗传特性的生物技术。简单地说,就是 DNA 重组技术。20 世纪 50～60 年代,DNA 双螺旋结构的发现以及"中心法则"的提出(见本书第 12 章有关内容),成功地破译了遗传密码,从而明确了遗传信息的流向和表达问题,并由此诞生了基因工程的核心技术——DNA 重组技术。

14.5.1 基因工程的诞生

人们虽然早在 20 世纪 60 年代初期就已经知道 DNA 如何通过 mRNA(信使核糖核酸)、tRNA(转移核糖核酸)将氨基酸复制成蛋白质。既然生物的遗传性状是由 DNA 决定的,那么能否通过对 DNA 的重组,实现改造生物遗传性状,甚至达到创造新的物种呢? 问题的关键是是否能找到用于切割和连接 DNA 的工具,能否找到能够接受重组后的 DNA 的宿主细胞? 有趣的是,这些问题很快就被人们找到了答案。

---

① 中国科普博览. 重组生命的螺旋. http://www.kepu.net.cn/gb/lives/dna/reform/200307100040.html.

② 崔京华. 我国克隆技术位列第一团队. http://news.ebioe.com/show/38219-2.html.

早在 1960 年,瑞士科学家沃纳·阿尔伯在研究大肠杆菌时,发现了一种限制现象,即感染某一菌株的大肠杆菌的噬菌体可以有效地感染该菌株中其他的菌,但却不能有效地感染另一菌株的菌。后来的研究发现,这种限制现象的发生是由于外来的 DNA 分子被分解,自身的 DNA 分子则因进行了某种修饰而免于分解。担当分解外来 DNA 分子的是一类酶,即限制性内切酶。这类酶有一共同的特点,它们可以专一识别 DNA 序列,并在 DNA 链中把它剪开,这就为 DNA 剪切提供了工具。它们能把 DNA 按照人们的意愿剪切下来。

1967 年,在美国有三位科学家不谋而合地从代号为 T 噬菌体感染的大肠杆菌里分离和提取了连接酶。这种酶可以把 DNA 分子相邻两端或是被"剪断"的 DNA 片段重新连接起来。这就为 DNA 的重组提供了连接用的"胶水"。

有了"剪刀"和"胶水"还不够,因为大多数的 DNA 片段不具备自我复制能力,所以为了能够在宿主细胞进行繁殖,就必须将这种 DNA 片段连接到一种特定系统中的具备自我复制能力的 DNA 分子——基因克隆载体。可以作为基因克隆载体的有病毒、噬菌体和质粒等不同的小分子量的复制子(DNA 中发生复制的独立单位)。1972 年,有科学家发现,经氯化钙处理的大肠杆菌能够摄取质粒 DNA。从此,大肠杆菌成了分子克隆的良好的转化受体。

科学家应用限制性内切酶和 DNA 连接酶对 DNA 分子进行体外的剪切与连接,再通过基因克隆载体的作用,终于在 1972 年诞生了世界上第一批重组的 DNA 分子,基因工程也从此登上历史舞台。

14.5.2　基因工程的基本步骤

一个完整的基因工程流程一般包括目的基因的获得、载体的制备、基因的转移、基因的表达以及基因产品的分离提纯等过程。概括起来主要有以下几个步骤:

(1) 从复杂的生物有机体基因组中,分离出带有目的基因的 DNA 片段。目前常用的方法有:超离心法、噬菌体摄取法、分子杂交法、合成法等。

(2) 在体外,将带有目的基因的外源 DNA 片段连接到能够自我复制的并具有选择记号的载体分子上,形成重组 DNA 分子。

(3) 将重组 DNA 分子转移到适当的宿主细胞,并与之一起增殖。

(4) 从含有大量细胞的宿主细胞中,筛选分离出携带目的基因的细胞。

(5) 将目的基因克隆到表达载体上,导入受体细胞,使之在新的遗传背景下实现功能表达,产生出人类所需要的物质。

14.5.3　基因工程的应用

基因工程的诞生,使传统生物技术发生了革命性变化,给现代生物技术注入了无限强大的生命活力,彻底改变了现代生物技术的产业结构。基因工程的实际应用主要体现在农牧业、工业、环境、能源、医学卫生等领域,具体体现在植物、动物和微生物三个方面。

在转基因植物应用方面,主要体现在提高农作物的抗逆能力、改良农作物的品质、利用植物生产药物等方面。农作物的抗逆能力是指农作物抵抗病虫害和品种退化的能力,利用转基因技术培育出抗虫转基因植物、抗病转基因植物就可以减少或不使用化学农药,达到节约成本、减少环境污染的生产目的;培育抗逆转基因植物不仅可以防止品种退化,而且还可以获得新的优良品种。例如,把一种抗香蕉叶斑病和巴拿马病的基因导入香蕉植株体内,使生长中的香蕉植株不受这些病害,不仅可以避免因病虫害造成的产量下降,而且还降低了生产成本,提高了经济效益。转基因西红柿比普通西红柿的贮存期长,可以获得较长的上市期。1998 年,美国科学家利用植物细胞培养技术培养出带有某种抗体的转基因烟草,结果在烟草叶片上产生了占叶蛋白重量 13% 的抗体,不仅可以为病人带来福音,而且还可以产生巨大的社会效益和经济效益。

在转基因动物应用方面,主要体现在提高动物的生长速度,改善畜产品的品质,利用转基因的动物生产药物,利用转基因的动物作器官移植的供体等。科学家们利用转基因技术,已培育出转基因猪、牛、羊、鱼等。科学家培育出一种转基因山羊,其乳汁中产生具有抗癌作用的复合单克隆抗体,可极大地降低生产此种复杂分子的成本。

在转基因微生物应用方面,主要体现在生长激素、胰岛素、干扰素等基因工程药品的制备。科学家利用转基因方法,将人的生长激素基因导入大肠杆菌中,使其生产生长激素,使生长激素的产量得到猛增,彻底改变了以往提取生长激素的落后方法。胰岛素过去只能从猪、牛等动物的胰腺中提取,100 kg 胰腺只能提取 4~5 g 的胰岛素;现在将合成的胰岛素基因导入大肠杆菌,每 2 000 L 培养液就能产生 100 g 胰岛素,大大降低了胰岛素的生产成本。20 世纪 60~70 年代,科学家发现了干扰素的抗病毒机制,对治疗肿瘤有一定的疗效。最早的干扰素是从血液提取的,终因价格极其昂贵而未能大量应用于临床。1980 年,科学家利用转基因技术在大肠杆菌及酵母菌细胞内获得了干扰素,每 1 L 细胞培养物中可以得到20~40 mL 干扰素,这才使其在临床上得到广泛应用。

转基因技术的出现,一方面给人类带来了前所未有的惊喜和丰润的经济效益,另一方面也给人们带来了许多值得思考的问题。例如,大量转基因动物、植物的出现,特别是转基因细胞的出现,彻底改变了自然界原有物种的生物链和平衡状态,这些新物种与自然界、原生物种和人类之间的相互作用在短时间内是无法体现的,对自然环境和人类的影响也无法说清,这是生物技术发展过程中所面临的实际问题。

14.5.4　人类基因组计划

随着生物技术的快速发展,染色体显带技术、细胞融合技术、DNA 测序技术的出现,特别是这些技术在人类疾病防治方面的应用,促使人们想要知道来自人类自身的各种基因的信息。人类基因组研究最初是由美国科学家于 1985 年率先提出,并于 1990 年正式启动。此后,英国、法国、德国、日本和中国科学家共同参与了这一预算达 30 亿美元的人类基因组计划(HGP)。人类基因组计划、曼哈顿原子弹计划和阿波罗登月计划并称为 20 世纪的三大科学工程。

人类基因组计划最初是在 1990 年由美国提出:拟在 15 年内至少投入 30 亿美元,对人类全部基因组进行分析,旨在阐明人类基因组 30 亿个碱基对的序列,发现所有人类基因并搞清其在染色体上的位置,破译人类全部遗传信息,使人类第一次在分子水平上全面地认识自我。这个计划在 1993 年又作了修改,英国、法国、德国、日本、中国五国加入后,人类基因组计划的目标是:通过全球合作,在大约 15 年的时间里完成人类 23 对染色体的基因组作图和 DNA 全序列分析,并鉴定、分析基因及其功能。作为最终的科学产品,人类基因组计划将提供一个人类遗传信息数据库。

　　人类基因组由 23 对染色体组成,其中包含有 10 万个基因、30 亿对核苷酸。其测序过程由大到小进行。首先是制订染色体遗传图谱,即根据遗传距离绘制的基因或 DNA 标记在 23 对染色体上的相对位置图谱;其次是构建物理图谱,也就是测定 DNA 分子的内切酶酶解片段、稀有切点内切酶酶解片段、限制性内切酶酶解片段的排列顺序;最后是核苷酸序列测定并通过计算机信息处理,将各段 DNA 的核苷酸序列整合成基因组全序列图。

　　按照这个计划的设想,在 2005 年,要把人体内约 10 万个基因的密码全部解开,同时绘制出人类基因的谱图。换句话说,就是要揭开组成人体 4 万个基因的 30 亿个碱基对的秘密。

　　在全球科学家的努力下,人类基因组计划进展迅速,已于 2000 年 6 月提前完成了人类基因组的工作框架图(工作草图),并于 2001 年 2 月正式公布了人类基因组图谱及初步分析结果。该图覆盖了全部人基因组的 97%,其中 92% 的序列已组装得准确无误,并发现在人基因组中能编码蛋白质的基因只有 3 万～4 万个。2003 年 4 月,六国科学家宣布人类基因组序列图绘制成功,人类基因组计划的所有目标全部实现。已完成的序列图覆盖人类基因组所含基因区域的 99%,精确率达到 99.99%,完成时间比原计划提前了两年多。在工作框架图中,有 1% 的基因组是我国科学家完成的,这说明我国的基因研究已步入世界先进行列。

第 15 章　空间技术

空间技术是探索、开发和利用宇宙空间的技术，又称为太空技术和航天技术。目的是利用空间飞行器作为手段来研究发生在空间的物理、化学和生物等自然现象。近几十年来，空间技术得到了飞速发展，给人类的生活、交通、国防军事、科学研究和社会发展等方面带来了许多重大变化，空间技术已成为现代高科技六大主要发展领域之一。

15.1　空间技术的初步发展

空间技术的起源与人类的飞天梦想和科学技术的发展密切相关，飞机的发明与火箭技术的应用为空间技术的发展奠定了基础。

15.1.1　航空技术的兴起与发展

我国在西汉时期，已有"艾火令鸡子飞"的记载，这是人们尝试制作"热气球"的最早记载。五代(906～960)时期，人们已经利用热空气上升原理，用竹篾条和纸制成军事上的信号灯——松脂灯。

1783 年 6 月，法国人蒙格菲兄弟从烟的上升中得到启发，他们把湿草和湿羊毛等燃烧时产生的浓烟，灌入用亚麻布和纸糊成的大口袋中，上升高度为 1 830 m，这是欧洲历史上最早的热气球。8 月，法国物理学家查理和罗伯特兄弟制作了第一个氢气球试飞成功；11 月，德罗齐尔和达兰德乘热气球做了人类第一次空中自由飞行，飞行高度为 900 m，停留时间为 25 min；12 月，查理和德罗齐尔乘氢气球达到 2 km 高度。1785 年，法国人让·皮埃尔·布兰切特(1753～1809)发明降落伞(图15-1)。

第一次将气球内填充氢气的人是法国的物理学家雅可斯·查尔斯(1746～1823)。1852 年，法国工程师亨利·吉法尔(1825～1882)建造了第一艘可操纵飞艇。他的飞艇首次飞行了 27 km，时速为 8 km/h。1900 年，德国退役陆军中将齐柏林研制成功第一艘齐柏林硬式飞艇——LZ-1 进行了首飞。后来制造的 LZ-127"齐柏林伯爵号"飞艇，全长 235 m，曾搭乘乘客飞越大西洋，时速达 130 km/h。在第一次世界大战中，德国最早

图 15-1　法国气球驾驶员安德烈·加尔纳里安(1769～1823)从热气球中跳出，并利用降落伞降落时的情景

利用齐柏林飞艇轰炸对方地面目标(图15-2)。由于飞艇充满了氢气,安全性能得不到保障,时有艇毁人亡的空难事故发生,因而终被淘汰。

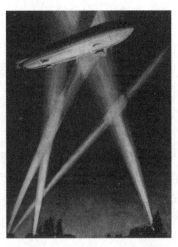

随着气球制作材料的改变,气球的上升高度和用途也都发生了变化。用塑料膜制成的气球,不仅质地轻而强韧,在-70 ℃下也不会变硬,而且价格低廉,易于大量生产。20世纪50年代以来,气球被广泛用于气象观测、宇宙射线观测和大气科学研究等方面。80年代初,世界上有高空气球基地285个,每年释放几百个大型高空气球。这些大型高空气球体积最大达到10万立方米左右,最大高度达到51.8 km,气球是空间技术中最简单也是花费最少的高空飞行工具。

图15-2　1916年,第一次世界大战中,探照灯发现一艘齐柏林飞艇正在向伦敦投掷炸弹

1903年,美国的莱特兄弟发明了第一架飞机"飞行者Ⅰ号"(图15-3)并试飞成功,这是一架由12马力汽油发动机推动螺旋桨转动的动力飞机,虽然在空间停留的时间只有几十秒,飞行距离也只有数百米,但它是人类迈向天空的第一步。此后,各种飞机相继问世,性能也不断得到提高,其动力源由初始的活塞式内燃机发展到喷气发动机,速度达到超音速。气球与飞艇都是依靠空气的浮力(空气静力)而离开地面的,是轻于空气的飞行器;而飞机是重于空气的飞行器,它是依靠飞机机翼相对于空气的运动产生的升力来

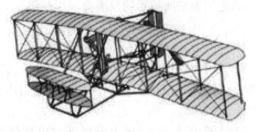

图15-3　人类的第一架飞机——飞行者Ⅰ号

支持它在空气中的飞行,飞机升力的大小由伯努利流体动力学方程确定,这个方程是18世纪瑞士物理学家D·伯努利(Daniel Bernoulli,1700~1782)首先提出来的。由于飞机的飞行需要空气作为载体,因此飞机只能在高度30多千米的大气层内飞行,而不可能成为太空飞行器。

飞机是现代文明不可缺少的空中运载工具,它大大缩短了世界各地之间的距离,缩短了人与人之间的距离,加快了世界范围内的物资流通速度和流通量;飞机被广泛用于海洋、地质、气象、环境监测等科学研究和各种救援;飞机在战争中的应用,彻底改变了战争的战略、战术,如今各种战机的性能与数量,已成为一个国家或地区的军事力量的象征。二战以后迅速发展的航空产业,已成为在现代产业链中的一个重要环节。我国不仅能够生产大型客机、直升飞机,而且还能生产性能优异的各种军用飞机,如歼击机、预警机(见图15-4)等。

图15-4　中国自行设计制造的预警机——空警2000

15.1.2　火箭技术的兴起与发展

我国不仅发明了火药,而且还发明了火箭。最初发明的是侧杆火箭,继而又演化为直杆火箭;火箭的级数亦由最初的单级逐渐发展到二级和多级。明代的火龙出水火箭就是由运载火箭和战斗火箭组合而成的二级火箭(见图 15-5)。

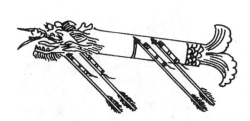

图 15-5　我国明代的火龙出水二级火箭　　　图 15-6　万户和他的火箭飞行器

火箭的发展,使人产生了利用火箭的推力飞上天空的愿望。据席姆在其著《火箭与喷射》中介绍,我国明代的万户坐在装有 47 个当时最大火箭的椅子上,双手各持一个大风筝,试图借助火箭的推力和风筝的升力实现飞行的梦想(见图 15-6)。尽管这是一次失败的尝试,但万户被誉为利用火箭飞行的第一人。为了纪念万户,月球上的一个环形山以万户的名字命名[①]。

近代火箭的研究是从 19 世纪开始的,俄国科学家齐奥尔科夫斯基(1857～1935)、美国科学家戈达德(Robert Hutchings Goddard,1882～1945)、罗马尼亚籍德国科学家赫尔曼·奥伯特(Oberth Hermann,1894～1989)等人对此作出了重要贡献。齐奥尔科夫斯基最早提出了火箭飞行的动力学方程——齐奥尔科夫斯基公式,建立了火箭总体质量、燃料质量、燃料喷射速度与火箭飞行速度之间的定量计算关系;提出了液体火箭的推进、喷射理论以及用液氧、液氢作为火箭燃烧推进剂的重要设想;他还提出了多级火箭和惯性导航概念与利用火箭探索太空的设想。

图 15-7　齐奥尔科夫斯基

第一个把发射液体火箭的理想付诸实现的是美国的火箭专家戈达德,他独立研究火箭的推进原理,并于 1919 年发表了研究论文《到达极高空的方法》。他在几乎无人关心的情况下,进行液体火箭的设计、制作和试验。1926 年 3 月 16 日,他在四个助手的帮助下,由他的妻子担任记录,终于成功发射了世界第一枚液体火箭。他的多级火箭设计思想成为现代航天火箭发射的理论基础。图 15-8 为戈达德和他的液体火箭。

1923 年,奥伯特出版了《深入星际太空的火箭》一书,在该书中他对多级空间运载工具的火箭推力作了重要的数学论证,并对未来的液体燃料火箭、人造卫星、宇宙飞船以及宇宙空间站等作了精彩的设想和预言。这本书立刻在德国引起极大的轰动。1929 年奥伯特又

---

① 潘吉星著·中国古代四大发明——源流、外传及世界影响[M].合肥:中国科学技术大学出版社,2002:301,302.

出版了《实现太空飞行的道路》一书，进一步完善了他的
火箭理论与太空飞行的设想。奥伯特的工作通过德国宇
航学会对德国火箭事业的兴起起了重大作用。

　　战争给广大人民带来的是灾难，对科学技术而言却
成了推动力。第二次世界大战，加快了火箭技术的发展
步伐。纳粹德国出于推行法西斯军国主义的需要，在军
方的大力支持下，火箭专家冯·布劳恩（Wernher von
Braun，1912～1977）等人于 1942 年成功发射了一枚
V-2 型液体火箭，飞行 190 km，最大高度 85 km，横向偏
差 4 km。经过改进后的 V-2 火箭，体长 14 m，总重量
可达 13 吨，最大飞行速度 1.5 km/s，最大射程为
300 km，可以携带 1 吨重的弹头，这是世界上最早的导
弹（见图 15-10）。V-2 火箭可以垂直起飞，它利用燃
气涡轮泵将推进剂注入燃烧室，采用燃气舵控制飞行方
向，这种结构体系和工作原理成为后来火箭设计、改进的
蓝本。从 1944 年 9 月至 1945 年 3 月，纳粹德国仅向英
国就发射了 4 300 多枚 V-2 导弹，给英国造成了很大的

图 15-8　戈达德和他的液体火箭

威胁和破坏。然而，威力强大的新式武器也未能挽救德国法西斯彻底失败的命运，但 V-2
火箭的出现，为战后新一轮的武器竞赛——导弹研制开拓了思路和研究方向。火箭技术的
快速发展，为人们探索太空提供了必备的工具。

图 15-9　冯·布劳恩

图 15-10　二战时期德国的 V-2 型火箭

15.2　空间技术的全面发展

　　空间技术是人类实现探索、开发和利用空间资源的有效手段。空间技术的发展给社会
经济、政治、国防军事、科学教育以及人们的生活等诸多领域，带来了巨大的经济和社会效
益，对未来社会的发展产生巨大影响。

15.2.1　人造地球卫星

　　火箭在军事上的应用，为火箭技术的研究与开发提供了强大的人力、物力与财力资源，

具有强大推动力的火箭不断出现,为人造地球卫星的发射提供了可靠的动力。

15.2.1.1　人造地球卫星的初始发展

20 世纪 50~60 年代,以美国和苏联为首的东西方意识形态的竞争与政治需要,推动了人造卫星的研制进程。1955 年 7 月 29 日,当时的美国总统艾森豪威尔正式宣布美国将实施发射人造地球卫星计划。然而,苏联在悄无声息之中抢先于 1957 年 10 月 4 日成功发射了第一颗名为"卫星 1 号"的人造地球卫星(见图 15 - 11)。这颗呈圆形,直径 0.58 m,重 83.6 kg,其飞行轨道为椭圆,绕地球一周需要 96 min。同年 11 月 3 日,苏联又发射了"卫星 2 号"的人造地球卫星。这颗卫星呈锥形,重量达 504 kg。卫星舱内装有一条小狗,并连有测验脉搏、血压的医学仪器,通过无线电把这些信息传送至地面。

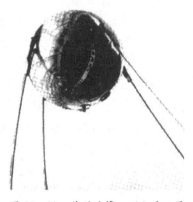

图 15 - 11　苏联的第一颗人造卫星

苏联的成功对美国朝野上下产生了巨大震动,迅速掀起美国发射人造卫星的高潮。1957 年 12 月和 1958 年 1 月,两次利用"先锋"火箭发射只有 9 kg 的卫星均宣告失败。1958 年 2 月 1 日,美国的第一颗人造地球卫星"探险者 1 号"被"木星－C"运载火箭成功送入轨道。紧接着又于当年和次年把"先锋 2 号"、"先锋 3 号"卫星送入轨道。

继苏联、美国之后,法国、日本分别于 1965 年 11 月 26 日和 1970 年 2 月 11 日首次成功发射人造卫星。1970 年 4 月 14 日,我国用"长征 1 号"火箭成功发射"东方红 1 号"人造地球卫星。卫星质量 173 kg,卫星外形为直径 1 m 的球形 72 面体(见图 15 - 12),近地点 439 km,远地点 2 384 km,倾角 68.44°,绕地运行周期 114 min。此后,英国(1971 年)、印度(1980 年)与以色列(1988 年)也相继发射卫星并获得成功。

图 15 - 12　我国的第一颗人造卫星"东方红 1 号"

15.2.1.2　人造地球卫星的应用

最初发射的人造卫星并没有赋予多少科学研究或具体应用等功能,随着微电子技术和计算机技术的发展,卫星被迅速赋予了各种不同的应用功能,按其用途可分为以下几种主要类型:

(1) 通信卫星　主要用于中继无线电通信信息的人造卫星,实际上就是太空中的微波中继站。它的主要任务就是把接收到的无线电信号处理后进行转发,实现卫星通信。通信卫星的种类很多,按用途分类有:国际通信卫星、国内通信卫星、军事通信卫星、直接广播卫星和海事通信卫星等;按卫星运行轨道分类有:静止通信卫星和低轨道通信卫星。一颗静止的通信卫星覆盖的区域可达地表的 49%,能使相距 18 000 km 的两地实现通信,合理分布在静止轨道上的三颗卫星就可以实现全球任何两地之间的通信。卫星通信,已成为当今世界的主要通信工具之一。

(2) 对地观测卫星　主要用于对地球大气、地质、海洋、动植物、生态环境等方面的信息收集和传送,为人类对地球资源的开发、管理、各种自然灾害的预防和监控提供最可靠的信息和最有效的手段。对地观测卫星主要有气象卫星、海洋卫星、地球资源卫星、军事卫星以及航天器等。

气象卫星:主要用于对地球及其大气层各种气象信息的收集与传送,为气象预报提供全方位信息。卫星携带各种气象遥感器,接收和测量地球及其大气层的可见光、红外和微波辐射,并将其转换成电信号传送给地面站。地面站将卫星传来的电信号复原,绘制成各种云层、地表和海面图片,再经过计算和分析,作出准确的气象变化预报。从1988年起,我国先后成功发射了11颗风云系列气象卫星,到2011年上半年,我国共有6颗气象卫星在轨业务运行,实现了静止气象卫星双星观测和在轨备份,极轨气象卫星组网观测和多种功能。我国已成为国际上同时拥有静止气象卫星和极轨气象卫星的少数国家和地区之一[①]。2013年9月23日,我国在太原卫星发射中心用"长征四号丙"运载火箭,将"风云三号"的第三颗气象卫星成功发射升空,卫星顺利进入预定轨道。"风云三号"第三颗气象卫星是中国第二代极轨气象卫星,可在全球范围内实施全天候、多光谱、三维、定量探测,主要为中期数值天气预报提供气象参数,并监测大范围自然灾害和生态环境,同时为研究全球环境变化、探索全球气候变化规律以及航空、航海等提供气象信息。

海洋卫星:主要用于各种海洋信息如水色、动力、海洋环境等方面的信息收集与传送,为海洋资源的开发利用、海洋污染监测与防治、海岸带资源开发、海洋科学研究等领域服务。

地球资源卫星:主要用于对土地利用、土壤水分监测、农作物生长、森林资源调查、地质勘探、海洋观测、油气资源勘查、灾害监测和全球环境监测等地球资源的信息收集与传送。地球资源卫星能迅速、全面、经济地提供各种资源信息,这对资源的开发与利用、防灾减灾、环境监测等方面起到非常重要的作用。

军事卫星:主要用于各种军事目的。军事卫星包括侦察卫星、通信卫星、导航卫星、导弹预警卫星等。1991年的海湾战争,多国部队前线总指挥传送给五角大楼的战况有90%是经卫星传输的。统计资料表明,在已发射的4000多颗卫星及其航天器中,有70%直接或间接用于军事目的。

(3)导航卫星　主要为地面、海洋、空中和空间用户进行导航定位。导航卫星装有专用的无线电导航设备,连续不断地发射无线电信号,用户接收导航卫星发来的无线电导航信号,通过计算机系统确定定位瞬间卫星的实时位置坐标,从而确定用户的地理位置坐标。由数颗导航卫星构成导航卫星网,具有全球和近地空间的立体覆盖能力,实现全球无线电导航。2011年4月10日4时47分,我国在西昌卫星发射中心用"长征三号甲"运载火箭,成功将第八颗北斗导航卫星送入太空预定转移轨道[②]。此后,我国又连续将8颗北斗导航卫星送入太空预定轨道,使得我国在太空中的北斗导航卫星总数达到16颗,顺利地完成了北斗导航区域快速组网工程,这标志着我国的卫星定位技术已日臻成熟。2019年5月17止,我国已成功发射了第45颗北斗导航卫星。庞大的北斗卫星群上天,建成覆盖全球的北斗卫

---

① 郑国光. 发展气象卫星监测全球风云——纪念我国气象卫星事业四十年. http://nsmc. cma. gov. cn/NewSite/NSMC/Contents/100512. html.

② 人民网. 孙家栋详解北斗卫星导航系统近两年是攻关关键期. http://military. people. com. cn/GB/14408335. html.

星导航系统的愿望指日可待。北斗卫星导航系统已在智能交通、物流跟踪、智慧市政等应用中发挥越来越重要的作用。随着 5G 时代的到来，"北斗＋5G"有望在机场调度、机器人巡检、无人机、建筑监测、车辆监控、物流管理等领域广泛应用，将进一步促进北斗增值服务的普及和多样化发展，并惠及系统覆盖下的一些国家和地区。[①]

（4）天文观测卫星　主要用于各种天文信息的观测、记录与传送。利用人造卫星和天文观测仪器在外太空对宇宙天体进行观测，可以减少大气层对观测带来的影响，并能捕捉到更多的太空信息。天文卫星根据观测对象和任务的不同，又分为太阳观测卫星、非太阳探测天文卫星以及各种专用探测器等。

15.2.2　载人航天

15.2.2.1　"东方 1 号"飞船的载人航行

人造地球卫星的发射成功，使得人类千百年来遨游太空的梦想终于成为现实。在第一颗人造卫星送入太空后还不到 4 年，苏联又成功发射了载人宇宙飞船。1961 年 4 月 12 日，第一艘载人飞船（重 4.5 吨）"东方 1 号"（图 15-13）把宇航员加加林（1934～1968）送入地球轨道。飞船历时 108 min 绕地球飞行一周后，从轨道上通过大气层重返地面，从而开辟了人类航天的新纪元。同年 8 月，"东方 2 号"载人飞船成功绕地飞行 17 周。此后，他们又接连发射了"东方 3 号"、"东方 4 号"、"东方 5 号"载人飞船，并首次尝试两艘飞船在太空会合（彼此距离曾接近 50 m）。1963 年 6 月 16 日，"东方 6 号"飞船把第一位女宇航员捷列斯科娃送入地球轨道，并与两天前发射的"东方 5 号"飞船进行了相距 4.8 km 的太空编队飞行。此后，苏联又抢在美国人计划在 1965 年发射双人飞船之前，于 1964 年 10 月 12 日发射了一艘三人飞船"上升号"。1965 年 3 月 18 日，苏联又发射了"上升 2 号"飞船，搭乘两名宇航员别列亚耶夫和列昂诺夫。当飞船进入太空后，列昂诺夫走出太空舱，成为太空行走第一人。

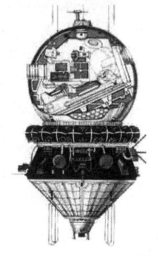

图 15-13　苏联"东方 1 号"载人宇宙飞船

图 15-14　世界上第一个宇航员加加林

---

① 百度百科：北斗卫星导航系统. http://baike.baidu.com/link 北斗卫星导航系统/10390403.

15.2.2.2 "阿波罗"登月计划

面对苏联人在卫星发射和载人飞船方面的明显优势,促使美国提出和施行了工程浩大的"阿波罗"登月计划。1961 年 5 月 25 日,美国总统肯尼迪在国会上提出"在 10 年内把 1 个人送上月球,并使他安全返回"的任务,得到国会的一致赞同。随后,"阿波罗"登月计划得到批准,并进入具体实施。为了"阿波罗"计划,美国研制了"土星 5 号"三级运载火箭,并在"水星"、"双子星座"飞船的基础上,研制出第三代载人飞船。为了检验火箭和飞船的性能,探寻飞船在月球表面的最佳降落点,登月工程在 1967~1969 年之间,连续发射了阿波罗 4 号~阿波罗 10 号共 7 艘飞船,对火箭和指令舱的发动机、登月舱的推进系统、飞行器的全部功能、整个系统的安全性和可靠性等进行了检验,同时还在月球轨道上试验了登月舱的功能,观测了月面着陆地点场地,为宇航员登月做好了一切准备。

1969 年 7 月 16 日 9 时 32 分(美国东部夏令时,下同),带有"阿波罗 11 号"飞船的"土星 5 号"火箭点火升空,搭乘飞船的三名宇航员分别是指令长阿姆斯特朗、指令舱驾驶员迈克尔·科林斯与登月舱驾驶员巴兹·奥尔德林,由此拉开了人类登月的历史帷幕。19 日,飞船进入月球轨道。20 日,阿姆斯特朗与奥尔德林进入登月舱,与母船分离,向月面降落;科林斯则留在母船内绕月球轨道运行。20 日下午 4 点 17 分,登月舱在月球静海着陆。下午10 点 56 分,阿姆斯特朗迈出登月舱,小心翼翼地踏上了月面,并说出了永载史册的名言:"对个人来说,这不过是小小的一步,但对人类而言,却是一个巨大的飞跃。"阿姆斯特朗成为人类在月球上漫步的第一人。19 分钟后,奥尔德林也下到月面。他们将一面美国国旗插在了月球上,安放了一块金属牌匾,上面写着:1969 年 7 月,地球人在此首次踏上月球,我们为全人类的和平而来。"然后,他们又安装了太阳风测定装置、精确测定地—月之间距离的激光仪、自动测定月震的月震仪,采集了月球土壤和岩石样本。

他们还跟美国总统尼克松接通了无线电话,实现了月球和地球之间的第一次通话。尼克松总统热情地祝贺他们登月成功:"由于你们的成功,天空已成为人类世界的一部分。"他们在月球上工作了两个多小时,并通过电视摄像机向地面转播了月面风光和他们的活动,地球上的几亿观众在电视屏幕上看到了他们在月球上的经历。24 日中午 12 时 51 分,飞船指令舱载着 3 名宇航员安全溅落在太平洋上,完成了人类首次登月的伟大壮举。此后,又有 5 艘"阿波罗"飞船登上月球。图 15-15 为人类首次登上月球时的照片。

美国的阿波罗登月计划历时 10 年,先后共动员了 120 所大学,2 万家企业,400 万人参加,耗资达 240 亿美元。阿波罗登月计划的成功不仅成为人类空间技术发展的一个重要里程碑,而且也是对现代科学技术的一次综合性大检阅,是现代生产科学管理的系统化、精密化、协同化的高度集中

图 15-15　人类(阿姆斯特朗)
首次登上月球

体现。阿波罗登月计划的成功,再次显示了人类的智慧和探索太空的能力。

15.2.2.3　空间站与航天飞机

在美国登月获得成功后，由于多种原因，苏联悄悄地取消了登月计划，而在地球轨道上建立了大型轨道航天器——空间站。1971 年 4 月 19 日，苏联把第一个空间站"礼炮 1 号"送入地球轨道。在其后的 2 个月内，又分别把"联盟 10 号"飞船和"联盟 11 号"飞船与"礼炮1 号"进行对接，3 名宇航员进入"礼炮 1 号"，成为世界上第一批空间站乘员。到 1982 年，苏联共发射了 7 个"礼炮号"空间站。1986 年发射的第三代空间站"和平号"，是世界上唯一正在运行的空间站（图15－16）。苏

图 15－16　"和平号"空间站

联的宇航员们在空间站里进行了天体物理、生物医学、材料工艺试验、空间技术和地球资源勘测等科学考察和研究活动，取得了令人瞩目的成就，如蛋白质晶体生长、高效蛋白质精制、特殊细胞分离、药物生产中所需微生物培养、600 多种材料实验、半导体晶体生长实验以及确立了硅和碲化镉的制造方法等。

1973 年 5 月 14 日，美国的"天空实验室-1"空间站发射成功。空间站总长 36 m，直径6.5 m，总重 82 吨，携带 58 种科学仪器，先后接待 3 批 9 名宇航员到站上工作，进行了 270多项生物医学、空间物理、天文观测、资源勘探和工艺技术等试验，拍摄了大量的太阳活动照片和地球表面照片，研究了人在空间站活动的各种现象。1974 年 2 月第三批宇航员离开太空返回地面后，天空实验室便被封闭停用，直到坠毁。

在苏联大力发展空间站的同时，美国则开始了新型宇航运载工具——航天飞机的研制工作。航天飞机集中了火箭、宇宙飞船和飞机的特点：它可以像火箭那样垂直起飞，像飞船那样载人航行，像飞机那样水平降落，且可以往返于地球表面和近地轨道之间以及重复使用。1981 年 4 月 21 日，美国制造的第一架航天飞机"哥伦比亚号"升空，在近地轨道运行了54 小时后，安全返回地面。此后，美国又发射了"挑战者"号（1983 年 4 月 4 日，首航时间，下同）、"发现"号（1984 年 8 月 30 日）、"亚特兰迪斯"号（1985 年 10 月 3 日）和"奋进"号（1992年 5 月 7 日）航天飞机。1986 年 1 月 28 日，"挑战者号"在进行第 10 次升空起飞 73 秒后爆炸坠毁，7 名宇航员全部遇难（见图 15－17 和图 15－18）。2003 年 2 月 1 日，载有 7 名宇航员的"哥伦比亚号"航天飞机，在返回地面的途中发生意外，航天飞机解体坠毁，宇航员也全部遇难。这也是人类探索太空所付出的生命代价。

图 15－17　"挑战者"号在升空 73 秒后爆炸

图 15－18　"挑战者"号机组全体遇难人员

　　由于航天飞机具有广阔的应用前景和重要的战略地位,已成为空间技术大国的主要研究方向之一。

15.2.2.4　我国的载人航天工程

　　我国载人航天工程是在火箭发射技术获得稳定成功的基础上进行的。我国自行研制的"长征"系列运载火箭,为我国的载人航天飞行准备了首要条件。1992 年,研制"神舟号"载人飞船被列入我国国家计划,揭开了我国航天工程的序幕。1999 年 11 月 20 日,我国的第一艘宇宙飞船"神舟一号"在甘肃酒泉卫星发射中心发射升空,第二天在内蒙古自治区中部成功着陆。其后我国又相继发射了"神舟二号"、"神舟三号"和"神舟四号"飞船,分别进行了无人搭载、人体模拟装置搭载以及安全定点着陆等一系列实验。在这 4 次无人搭载试验成功的基础上,我国在北京时间 2003 年 10 月 15 日上午 9 时,依靠长征火箭发出的巨大推动力,把我国自行研制的"神舟五号"载人飞船,在甘肃酒泉卫星发射中心用长征火箭发射升空(见图 15-19)。飞船载着我国首位宇航员杨利伟在太空飞行了 21 小时 23 分,绕地球运转了 14 圈,于第二天凌晨 6 点 23 分,在我国内蒙古中部四子王旗阿牧古郎牧场预定地点安全、顺利着陆(见图 15-20)。我国首次载人航天飞行的成功,是我国改革开放和社会主义现代化建设的又一伟大成就,是我国高技术发展的又一里程碑,是中国人民自强不息的又一非凡壮举,是几代科学家、工程技术人员智慧和汗水的结晶。首次载人航天飞行的成功,标志着我国的航天技术已经迈入世界先进行列,是继苏联、美国之后,完全依靠本国技术力量,独立自主地进行载人航天飞行的国家。

　　图 15-19　"神舟五号"载人飞船发射升空　　　图 15-20　宇航员杨利伟安全顺利着陆

　　2005 年 10 月 12 日上午 9 时,我国第一艘执行"多人多天"任务的"神舟六号"飞船,搭乘了费俊龙、聂海胜两位宇航员,在甘肃酒泉卫星发射中心发射升空。这两位宇航员在太空飞行了 115 小时 32 分钟后返回地面,于 2005 年 10 月 17 日凌晨在内蒙古中部四子王旗的主着陆场安全着陆(见图 15-21),创造了中国人在太空逗留时间最长的纪录。我国在两年时间内就实现了由单人单天到两人多天的太空飞行,这充分表明我国的航天技术又登上了一个新的阶梯。

　　2008 年 9 月 25 日 21 点 10 分,我国在酒泉卫星发射中心发射场,用长征火箭第三次成功发射了"神舟七号"载人航天飞船。神舟七号飞船载有三名宇航员,他们分别是翟志刚(指令长)、刘伯明和景海鹏(见图 15-22)。这次航天飞行的主要任务是实施中国宇航员首次空间出舱活动,同时开展卫星伴飞、卫星数据中继等空间科学和技术试验。9 月 27 日 16 点 35 分,在刘伯明、景海鹏的帮助下,宇航员翟志刚走出舱外,向舱外的摄像镜头挥手致意,并接过刘伯明递来的一面小型五星红旗向镜头挥动。20 多分钟后,翟志刚完成了舱外活动任务,返回轨道舱内。"神舟七号"飞船在太空飞行了 68 小时 27 分钟,于 2008 年 9 月 28 日 17 点 37 分在内蒙古四子王旗主着陆场成功着陆。

图 15-21 航天员费俊龙、聂海胜
走出"神舟六号"载入飞船返回舱

图 15-22 "神七"宇航员景海鹏(左)、
翟志刚(中)和刘伯明(右)

2012 年 6 月 16 日 18 点 37 分 21 秒,神舟九号载人航天飞船在酒泉卫星发射中心发射升空。九号飞船载有景海鹏、刘旺和刘洋三名宇航员(见图 15-23),其中的刘洋是我国第一个飞向太空的女性。神舟九号飞船在太空与天宫一号实现了自动交会和手控交会两次对接,这标志着我国已全面掌握了空间交会对接技术。6 月 29 日 10 时 3 分,神舟九号飞船返回舱成功降落在位于内蒙古中部的主着陆场预定区域,三名航天员安全返回。

图 15-23 "神九"宇航员刘洋(左)、
刘旺(中)和景海鹏(右)

图 15-24 "神十"宇航员王亚平(左)、
聂海胜(中)和张晓光(右)

2013 年 6 月 11 日下午 5 时 38 分,搭载聂海胜、张晓光和王亚平(女)三名航天员(见图 15-24)的神舟十号飞船在中国酒泉卫星发射中心成功发射,拉开了中国天地往返运输系统首次应用性太空飞行的序幕。神舟十号飞船在 15 天的太空飞行中,三名航天员圆满完成进驻天宫一号、飞船与天宫一号自动和手控交会对接、中国首次太空授课、中国首次航天器绕飞交会试验以及航天医学实验、技术试验等一系列太空活动。6 月 26 日 8 时 7 分许,神舟十号飞船返回舱携带三名航天员在位于内蒙古中部主着陆场预定区域内顺利安全着陆。

2016 年 10 月 17 日 7 时 30 分,在中国酒泉卫星发射中心发射了我国第六艘载人飞船——神舟十一号,航天员是景海鹏与陈冬。景海鹏是第三次参加太空飞行任务。神舟十一号进行了宇航员在太空中期驻留试验,驻留时间首次长达 30 天。19 日凌晨,神舟十一号飞船与天宫二号空间站自动交会对接成功。景海鹏成功地打开天宫二号空间实验室舱门,两人顺利地进入到天宫二号空间实验室。景海鹏成为第一个进入天宫二号的航天员。[①]

图 15-25　"神十一"宇航员景海鹏(左)与陈冬(右)

15.2.2.5　我国的探月工程

2007 年 10 月 24 日,我国的"嫦娥一号"探月卫星,在西昌卫星发射中心由"长征三号甲"运载火箭成功发射升空。卫星运行在距月球表面 200 km 的圆形极轨道上执行科学探测任务。"嫦娥一号"卫星的探月成功,标志着我国探月工程的第一步"绕月"运行已经实现,中国成为世界上第五个发射月球探测器的国家。

2010 年 10 月 1 日,我国的"嫦娥二号"卫星(见图 15-26),在西昌卫星发射中心由"长征三号丙"运载火箭成功发射升空。"嫦娥二号"卫星将进行 100 km 高度环月探测,并将进入 100 km×15 km 椭圆轨道绕月飞行,最近点距离月球只有 15 km,将在更近距离内探测月球地形地貌。与"嫦娥一号"相比,"嫦娥二号"做了多方面改进和提高。"嫦娥二号"的科学目标主要是获取月球表面的三维影像,探测月球物质成分,探测月壤特性以及探测地月与近月空间环境等。"嫦娥二号"探月的成功标志着我国探月工程的又一次重大技术突破。

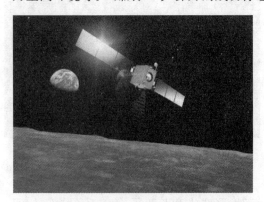

图 15-26　我国的"嫦娥二号"探月卫星

图 15-27　"玉兔"号月球探测器成功登月

①　中国载人航天. 百度百科. https://baike.baidu.com/item/中国载人航天/4592559.

　　2013 年 12 月 2 日 01 时 30 分,我国在西昌卫星发射中心,利用"长征三号乙"运载火箭,成功地将嫦娥三号卫星(探测器)送入地月转移轨道。嫦娥三号探测器由着陆器和巡视探测器(即"玉兔号"月球车)组成,它将突破月球软着陆、月面巡视勘察、月面生存、深空探测通信与遥控操作、运载火箭直接进入地月转移轨道等关键技术。12 月 14 日 21 时 11 分,嫦娥三号在预先设定的月球正面的虹湾以东地区着陆。12 月 15 日凌晨,嫦娥三号搭载的"玉兔"号月球探测器成功与嫦娥三号进行器件分离。12 月 15 日晚,嫦娥三号拍下玉兔月球车上五星红旗画面(见图 15 - 27)。12 月 20 日,嫦娥三号月球着陆区全景照片首次公开。

　　2018 年 5 月 21 日,我国发射首颗月球中继星"鹊桥",6 月 14 日进入使命轨道。同年 12 月 8 日,发射首次在月球背面着陆的探测器"嫦娥四号"。开启了中国月球探测的新旅程。12 月 12 日 16 时 45 分,嫦娥四号探测器到达月球附近,成功实施近月制动,被月球捕获,进入了环月轨道。2019 年 1 月 3 日,嫦娥四号探测器在月球背面南极艾肯环盆地实现人类首次软

图 15 - 28　嫦娥四号月球车玉兔二号在月球背面

着陆(图 15 - 28)。嫦娥四号经历了地月转移、近月制动、环月飞行,最终在月球背面实现软着陆,开展月球背面探测,获得了一批重大的原创性科学研究成果。[①]

15.3　空间技术的发展特点与趋势

　　从苏联的第一颗人造卫星的发射开始,载人宇航和登月成功,各种功能的卫星在地球轨道上的运行,这些空间技术的成功充分证明:空间技术给工业生产、社会经济、政治思想、国防军事、科学研究、科学教育以及社会生活等诸多领域,带来了传统技术无法达到和取代的经济效益和社会效益,而且将继续对人类社会的发展产生巨大影响。在某种意义上说,空间技术的发展水平已成为衡量一个国家当代科学技术水平和综合国力的重要标志。

　　空间技术的特点主要体现在三个方面:首先,空间技术是一门高度综合的科学技术,是许多现代科学技术成就的综合体现。如数学、物理学、化学、气象学、材料科学、微电子学以及自动控制技术、遥感遥测技术和计算机技术等,它可以带动许多相关产业的发展。其次,空间技术能在大范围内快速发挥作用,如通信卫星可以在全球范围内实现无障碍通信;气象卫星可以进行全球天气预报;侦察卫星可以及时监视广大地区的军事活动等。第三,空间技术体现了一个国家的经济实力和科技水平,同时也体现了一个国家的军事实力。因此,空间技术常常成为体现一个国家综合实力的重要窗口。

15.3.1　空间技术的发展特点

　　作为当代六大高技术之一的空间的技术,具有极其鲜明的发展特点。

---

　　①　百度百科. 嫦娥四号探测器. https://baike. baidu. com/item/嫦娥四号探测器/18601299.

15.3.1.1 军事需要是推动空间技术产生与发展的直接动力

作为空间技术发展基础的火箭技术,从一开始就是作为武器而投入战争,其后才被用来发射人造卫星和载人飞船,成为人类进入太空的"天梯"。二战后,美国和苏联瓜分和继承了德国的火箭技术,在此基础上研制射程更远、爆炸威力更大的各种类型的导弹武器系统。为了能运载核弹头,必须要有足够推动力的新型火箭,于是导弹的射程由近程向中程—远程—洲际推进,并逐步形成系列。这不仅满足了国防战略、战术的需要,同时也为人造卫星的发射创造了条件。我国也是先发展军用运载火箭,然后才发展军事航天技术的。如今在天空运行的所有卫星中,用于军事目的要占一半以上。

15.3.1.2 空间技术发展具有极强的政治效应和竞争性

作为空间技术发展主要内容的载人飞行、登月、探月等活动,具有极强的政治效应和竞争性,因为它充分体现了一个国家独立自主从事航天活动的成就与荣耀。20 世纪 50～60年代,苏联和美国这两个不同社会政体的国家在空间领域展开了激烈的竞争。1955 年 7 月29 日,时任美国总统的艾森豪威尔正式宣布美国将实施发射人造卫星的计划。一周后美国国防部宣布了具体计划:采用美国海军的"先锋"计划,用"先锋"三级火箭把重 9.8 kg 的卫星送入轨道。而苏联抢在美国人前面,于 1957 年 10 月 14 日成功发射了世界第一颗人造地球卫星。美国用"先锋"火箭连续两次发射失败,而苏联的第二颗卫星又发射成功。因此美国的卫星发射受到了美国国会的干预,在采用陆军的"木星-C"运载火箭之后,终于在 1958年 2 月 1 日,才把第一颗人造地球卫星"挑战者 1 号"送入轨道。苏联在 1961 年 4 月 12 日成功发射载人飞船。面对苏联首先发射人造卫星和载人飞船的明显空间优势,美国人不得不另辟蹊径,与空间技术强大的苏联对手一争高下。他们实施了"阿波罗"登月计划,准备用10 年的时间把宇航员送上月球,并于 1969 年 7 月 20 日登月成功。在此后不到两年的时间内,苏联建立了地球轨道空间站——"礼炮 1 号"。登月成功之后的美国则研制了航天飞机。这充分说明空间技术的发展具有极强的政治性和竞争性。

15.3.1.3 空间技术发展具有高投入和高风险

空间技术是一门知识技术密集性极高的综合型高新技术,它不仅要涉及许多最新的科学技术研究成果,而且还需要极高的资金和大量的优秀科技人才的投入。一枚运载火箭造价数十万、上百万美元,研制周期 2～3 年;一颗人造卫星少则需几千万美元,多则要数亿、数十亿美元;航天飞机的研制费用投入 150 亿美元,历经 10 年的时间。"阿波罗"登月计划耗资 240 亿美元,历时 10 年。这充分说明空间技术的投入成本高,回收效益延滞周期长,而且还存在难以预料的高风险。如:2009 年 8 月 25 日下午,韩国首枚运载火箭"罗老"号搭载着本国生产的科学技术卫星在本土罗老宇航中心发射升空,由于星箭未能按计划分离,卫星未进入预定轨道坠毁。2010 年 12 月 25 日下午 4 点 4 分,印度的一枚运载火箭发射升空两分钟后在空中发生猛烈爆炸,搭载的一颗价值约 2.8 亿美元的通信卫星也随之被炸为碎片。2011 年 3 月 4 日 5 时 9 分(当地时间),美国的一颗价值 4.24 亿美元的"辉煌"号地球探测卫星发射失败。在有些太空飞行事故中,宇航员甚至献出了生命。如美国航天飞机"挑战者号"和"哥伦比亚号"的先后失事,共有 14 名宇航员献出了宝贵的生命。

15.3.1.4 空间技术开发必须有高度集中的统一指挥、管理体系

由于空间技术的开发具有高机密、高投入和高风险,所面临的环境是极其复杂的外层空间,所涉及的技术复杂程度高、更新速度快、协作性强等综合因素,空间开发需要一个高度集中的领导决策机构和严格的管理体系,对航天器的研发过程实施全程统一指挥和可靠性管理。目前,世界上所有的空间开发都是在国家层面上由专门的研究机构、生产厂商共同协作来完成,各国都有统一的技术要求和管理措施。因此,航天器发射的最起码要求是确保发射成功,在数百万个零部件中,如有一个关键部位零件出了问题,就有可能导致发射失败。美国的阿波罗飞船和土星-V运载火箭共有大约700万个元器件和零部件,若按串联系统的可靠性预测,即使每个元件的可靠性高达0.999 999 9,整个系统的可靠性也只有0.5(即50%)。由于采用了"无差错"质量管理措施,阿波罗计划的可靠性高达90%。1986年1月28日,美国航天飞机"挑战者号"在升空73 s后爆炸解体坠毁,其原因就是火箭推进器上面的一个"O"形连接环失效导致了这次航天空难的发生。韩国卫星未能进入轨道的原因是由于整流罩有一侧未能及时打开,实现箭星分离。印度火箭爆炸事故的原因是一台发动机(共有四台发动机)的推进燃料调节器失灵而不能正常工作,致使火箭推力不足而无法正常飞行。这些事故的发生虽然不可能完全避免,但可以尽量减少到最低程度。由此,我们可以看出,空间技术开发过程中的质量管理是何等重要,它的每一个零部件都直接与巨大的经济利益、与航天员的生命紧密相联。

15.3.2 空间技术的发展趋势

进入21世纪以来,空间技术由20世纪的相互竞争逐渐向常规化稳定发展,并形成了明显的发展趋势。

15.3.2.1 空间技术开发逐渐向商业化、产业化发展

空间技术的发展不仅带动了许多新兴产业的发展,推动了国民经济的发展,而且向商业化、产业化发展的趋势十分明显。首先,民用通信卫星的出现,直接产生了巨大的经济效益和社会效益。目前全世界的电视转播和越洋通信业务的2/3由卫星承担,我国各省、直辖市、自治区都有卫星电视转播台。亚洲1号卫星有24个转发器,成本是1亿美元,运行1年后升值为3亿美元。有资料显示,开发利用空间技术,其投资效益能达到1:10以上。其次,卫星发射逐步趋向商业化,并有相当大的市场。从卫星转发器的租赁到拥有自己控制的卫星,这是众多卫星通信公司所梦寐以求的愿望。第三,空间站的科学研究成果、太空旅行等为经济发展提供了新的生长点。

15.3.2.2 空间技术开发逐渐向国际化发展

空间技术的发展带来了空间资源的全球共享,促使了空间技术的应用朝着国际化方向发展。如在地球轨道上分布一定数量的专用卫星,可实现全球通信、气象探测和资源环境探测等。许多空间技术问题需要多个国家的参与才能得以解决,如卫星运行的同步轨道分配问题、大气气象信息资源的共享问题、全球环境的监测管理等。西欧诸国联合研制的阿丽亚娜(Ariane)火箭系列,成为西方市场唯一的商业发射工具。美国的航天飞机9次与苏联/俄

罗斯和平号空间站的对接联合飞行,为下一步国际空间站的建立积累了经验。

　　建立国际空间站的设想最初是在 1983 年由美国总统里根提出的,即在国际合作的基础上建造迄今为止最大的载人空间站。这个设想直到 1994 年才得以实施。该空间站以美国、俄罗斯为首,包括加拿大、日本、巴西、比利时、丹麦、法国、德国、英国、意大利、荷兰、西班牙、瑞典、瑞士和爱尔兰 16 个国家参与研制。其设计寿命为 10～15 年,总质量约 423 吨、长 108 m、宽(含翼展)88 m,大致相当于两个足球场大小,运行轨道高度为 397 km,载人舱内大气压与地表面相同,供 6～7 名航天员在轨工作。1998 年 11 月国际空间站的第一个组件"曙光号"功能货舱进入预定轨道,同年 12 月,由美国制造的"团结号"节点舱升空并与曙光号连接,2000 年 7 月,"星辰号"服务舱与空间站连接。2000 年 11 月 2 日,首批宇航员登上国际空间站工作。目前,国际空间站的安装已基本完成,并接纳宇航员开展各项研究工作。据报道:2011 年 1 月 21 日国际空间站的两名俄罗斯宇航员在成功完成太空作业任务后,已于当天顺利返回国际空间站。国际空间站的建成,是许多科学家和工程技术人员共同努力的结果,是国际合作的成功典范。有人评估指出,国际空间站计划所开发的载人航天相关技术的商业应用,会间接带动全球经济,其所带来的收益是最初投资的 7 倍,也有一些相对保守的估计认为,此种收益只是最初投资的 3 倍[①]。

15.3.2.3　航天运输系统趋向重复多次使用

　　用运载火箭发射卫星或航天器,因为是一次性使用,所以其成本投入是非常高的,如果改用航天飞机在地球轨道上发射卫星或航天器,其费用不仅会大大降低,而且还可以重复多次使用,国际空间站的各种建设材料都是由航天飞机运载输送的。对于能够进行多次重复使用的新的航天运载工具,已经处于航天开发的研究之中。

15.3.2.4　军民两用是航天技术发展的主流

　　航天技术由军事领域逐渐转向民用领域是未来航天技术发展的主流。首先,美苏之间的两极对抗早已成为历史,而航天技术开发所需要的巨额资金不可能全由国家买单,它需要有稳定、可靠的经济来源维系自身的发展,而巨大的民用市场正适合它的需求。其次,各种卫星的功能就是接受、转发各种语音、图像等信息或具有遥感、遥测、监控等功能,它们自身不带有军用或民用标记。如果认为它们有军事价值,那就是军用,否则就为民用。更多的情况是军民共用,如气象卫星、海洋卫星、地球资源卫星、环境监测卫星等,只有走军民两用的发展道路,让航天技术为人类造福的同时,兼负维护世界和平的重任,这才是航天技术开发的最终目的。

---

① 百度百科. 国际空间站. http://baike.baidu.com/view/4353.htm#sub4353.

第 16 章　海洋技术

　　海洋孕育了生命,也养育了人类,然而人类对海洋的系统研究则是从 19 世纪中期才开始的。进入 20 世纪以后,由于科学技术的迅速发展,美国、德国、英国掀起了新的海洋考察热潮,一系列考察新发现,促使了以海洋为基本研究对象,以地质、物理、化学、生物等科学知识为其理论基础的海洋科学的诞生,同时也推动了传统海洋技术的发展。20 世纪 70 年代以来,随着海洋科学的发展与现代科学技术的不断渗透,特别是计算机技术的应用与海洋卫星的出现,使海洋技术也得到了进一步发展,为海洋资源的开发利用和海洋环境的保护提供了技术保证,为丰富人类的物质生活提供了更多的资源。

16.1　海洋技术概述

　　海洋是指地球表面被陆地分隔为彼此相通的广大水域。其总面积约为 3.6 亿平方千米,约占地球表面积的 71%,远远大于地球的陆地面积(见图 16-1)。海洋蕴藏着丰富的自然资源,是人类尚待开发的天然宝库。据科学测定,海洋蕴藏着丰富的矿物资源,其中包括巨量的多金属结核,估计其中含锰 2×10^{11} 吨,镍 1.64×10^{10} 吨,铜 8×10^9 吨,钴 5.8×10^9 吨,大体相当于陆地储量的 $40 \sim 1\,000$ 倍。海底的石油

图 16-1　全球陆地、海洋(深色部分)分布

储量约 1.35×10^{11} 吨,天然气 1.4×10^{14} m^3。海洋的潮汐能、海浪能等再生能源的理论储量约 1.5×10^{11} kW,其中可开发利用的约 7×10^9 kW,相当于目前世界发电总量的十几倍(具体内容请参见本书第 18 章)。海洋中还含有大量的化学资源,其中可以从海水中提取的如铀、氘、氚等化学元素有 80 余种。海洋中极为丰富的水产品,所能提供的蛋白质将占到人类食用蛋白质的三分之一。千百年来,海洋以它的博大胸怀和丰富的物产影响和养育了一代又一代人。人类在向海洋索取的过程中,产生了最初的海洋技术:捕捞、制盐和海运,这种生产活动一直延续到今天仍在进行。进入 20 世纪以来,传统海洋技术在海洋科学、海洋经济和海洋军事的强大背景下,得到高速发展,使海洋技术成为现代高科技六大主要发展领域之一。

　　海洋科学是研究海洋中各种自然现象和过程及其变化规律的一门科学。海洋科学的诞

生,推动了海洋技术的兴起。早期的海洋研究以海洋探险和地理大发现为主。例如,生物学家达尔文随"贝格尔"号远洋探险船于1831～1836年的环球探险,为他后来的生物进化论的建立提供了大量海洋生物的原始资料(见图16-2)。英国环球考察船"挑战者"号于1872～1876年的环球航行考察,被认为是现代海洋学研究的真正开始。"挑战者"号在三大洋和南极海域的几百个站位,进行了多学科的综合性观

图16-2　航行中的"贝格尔"号远洋探险船

测,获得了大量的海洋信息资料;在这次海洋考察中,考察人员首次发现了太平洋深海沉积物中的锰结核;考察队在其后历时23年才完成的50卷《挑战者号报告》,曾引起了新一轮海洋考察的热潮。这些海洋考察活动的结果孕育了海洋科学的诞生,并直接推动了海洋技术的发展。

海洋资源的开发,为传统海洋技术注入新的活力。20世纪以来,人类社会已面临着人口爆炸、粮食不足、资源枯竭、能源危机等一系列重大问题。特别是70年代初的石油危机,工业化国家才真正认识到海洋资源所具有的重大经济开发价值,许多国家都把目光投向了海洋资源开发,终于使传统海洋技术发展成为一个具有重要战略意义的新技术领域。

世界范围内的军事制海权争夺,成为海洋技术发展的一个强大推动力。在20世纪之前,制海权是一个国家军事力量、科学技术力量的集中体现。谁有了制海权,谁就能控制海上贸易通道和陆地资源掠夺。当制海权与海洋资源结合在一起后,海洋权益成为国家主权的一个重要组成部分。苏联海军元帅谢·格·戈尔什科夫曾经指出:"一个国家毗连海洋而无与其在世界上地位相适应的海军,就表明其在经济上相对的软弱性。因此,海军的每一艘舰艇都是一个国家科技水平和工业发展的标志,也是其现实军事威力的标志。"[①]毛泽东主席在20世纪50年代为中国海军题词:"为了反对帝国主义的侵略,我们一定要建立强大的海军"。海洋军事工程技术的竞相发展,成为推动海洋技术发展又一强大动力。

辽阔的海洋是一个极其复杂的物质系统,要研究开发如此庞大的客体难度非常大。其一,海洋是巨大的水流体,其运动不仅受到地球内在的作用,而且还要受到宇宙能量的驱动和制约,其过程十分复杂。其二,海洋开发通常是在水深、浪大等极其恶劣的环境之下进行,海水深度每增加1m,压力就会增加1个大气压;有的巨浪高达30多米,具有极大的破坏性。其三,海水具有强腐蚀性,水下结构容易被海生物附着而污损腐蚀。其四,海水对兆赫以上的电磁波有很强的屏蔽作用,其穿透深度小于25cm,所以只能用声波作为测深、定位和通信手段。由于这些因素的存在,导致了海洋技术的许多独有特征。

海洋技术分为海洋探测、海洋资源开发和海洋环境保护三种类型。海洋探测技术主要有海洋观测技术、海洋地形和地质探测技术等,它包括海洋调查船、潜水器、海洋环境资料浮标、海洋遥感技术、海洋观测仪器等。海洋资源开发技术主要有海洋油气开发技术、海水综合利用技术、海洋可再生能源利用技术、海洋航运与造船技术、海洋生物资源开发利用技术、

① 何立居主编.海洋观教程[M].北京:海洋出版社,2009:2.

海洋空间资源开发利用技术等。海洋工程技术,它包括海洋工程作业船、水下工程技术与设备、潜水技术、海洋环境保护技术、航海与导航定位技术等;海洋环境保护技术又有海洋环境污染预防和控制技术、海洋环境污染的生物修复技术、入海污染物处置工程技术等。

　　1990 年第 45 届联合国大会做出决议,敦促世界各国把开发海洋、利用海洋列为国家的发展战略。1992 年联合国环境与发展大会通过的《21 世纪议程》中指出:海洋是全球生命支持系统的一个基本组成部分,也是一种有助于实现可持续发展的宝贵财富。1994 年 11 月 16 日《联合国海洋法公约》正式生效,标志着现代国际海洋法律制度的建立,为全球海洋资源与环境的可持续发展奠定了国际海洋法律基础。我国也在 20 世纪 90 年代制定了《中国 21 世纪议程》,把“海洋资源的可持续开发与保护”作为重要的行动方案领域之一,并由此制定了适合我国国情的《中国海洋 21 世纪议程》,提出了总体发展目标:建设良性循环的海洋生态系统,形成科学合理的海洋开发体系,促进海洋经济持续发展。在这总体目标下,我国的海洋探测和海洋开发技术得到了长足发展,并逐步接近世界先进水平。

16.2　海洋探测技术

　　海洋探测技术主要有海面及其上空的海洋观测技术和对海底地形、地质、矿藏等的探测技术。

16.2.1　海洋观测技术

　　海洋观测技术是指观察和测量海洋各种自然要素所用的技术。海洋观测主要内容有海风、海浪、海潮、海流、气象等变化情况和变化规律的观测,以及海洋生态环境的观测等。海洋观测对气象预报和灾害预警有重大意义,与海上航行、海上作业、近海养殖、海洋研究、海上军事活动等密切相关。海洋观测技术是海洋研究和海洋开发的基础。

　　现代海洋观测技术是在 19 世纪的海洋调查与海洋研究的基础上逐渐发展起来的。1925～1927 年期间,德国“流星”号考察船的南大西洋调查,因计划周密、仪器新颖、成果丰硕而备受重视。1968 年,美国耗资 6 800 万美元建成了大型海洋考察船“G·挑战者号”(Glomar Challenger),这艘考察船长 122 m,配有完备的卫星定位系统和计算机控制系统,确保考察船在大洋中的准确定位和作业时的平稳性。在船心的“天井”中装有大型钻塔,钻塔高出水面 59 m,钻深可达 7 300 m。这艘考察船的技术能力集中体现了这一时期的海洋技术成就。

　　传统的海洋观测技术是依靠目测和采样,然后再实验室分析。由此得到的观测结果有一定的随意性、采集样品不能及时检测等缺点。随着测量技术的发展,现在的海洋观测多为自动采样分析,即利用各种功能的遥感器和传感器,使观测的速度、精度和空间覆盖率大大增加。直接接触的传感器能把物理量、化学量、生物量转化为电量,便于记录和输送。遥感传感器如天基、空基等可用电磁波或声波探测各种参数。如微波辐射计可以测定海面温度,雷达高度计可以测定海面高度,合成孔径雷达可以测量海面波浪,声学多普勒海流计可以测出多个深度的海流方向和流速等。

　　现代海洋观测已经形成了由天基、空基、岸基、海面和水下观测平台构成的全方位立体观测系统。由天基海洋卫星遥测得到的数据经过修正、标定和反演,可以连续得到大面积近同步资料。由飞机、飞艇、热气球等构成的空基观测平台,利用微波和光学遥测仪器,常用于渔场、海水、海岸带、海洋环境等方面的观测。岸基监测系统主要对水文、气象和生态环境的观测,通过地波雷达,可以观测 200 km 范围内海面的风、浪和流场。海面观测系统主要有平台观测系统、船基观测系统、锚泊资料浮标和漂流浮标,主要用于对观测仪器周围海域的气象、水文、海流等海洋信息的收集,并通过卫星把数据传送到岸站。水下观测系统主要有锚泊潜标、海床观测平台和潜水器,前两种主要用于长期观测海流和密度剖面以及水下泥沙流动情况,潜水器主要用来观测特定海域的水下参数。

海洋探测信息还被用于海洋渔业生产。如美国海洋大气局海洋渔业署自 1972 年以来就一直利用卫星发回的遥感数据进行渔情测报,加利福尼亚金枪鱼渔船队利用渔情测报,非生产性探鱼时间缩短了 50%,产量提高了 25%。

2005 年 4 月 2 日,我国的第一艘远洋科学考察船"大洋一号"从青岛启航,首次进行了横跨太平洋、大西洋、印度洋的环球科学考察,取得了一大批突破性的考察成果,于 2006 年 1 月 22 日顺利返回青岛(图 16-3)。"大洋一号"配备我国最先进的潜海和探矿装备,配有先进的定位系统、6 000 m 水下无缆自治机器人 CR-01 以及地质、重力、磁力、水文、化学和生物、生物基因等十四个主要实验室;具备海洋地质、海洋地球物理、海洋化学、海洋生物、物理

图 16-3　我国第一艘远洋科学考察船"大洋一号"

海洋、海洋水声等多学科的研究工作条件;可以开展海底地形、重力和磁力、底质和构造、综合海洋环境、海洋工程以及深海技术装备等方面的调查和试验工作。因此,"大洋一号"是我国最先进的海洋科学考察船,也是世界上最好的海洋科学考察船之一。

2012 年,我国自行制造的"科学"号海洋科考船顺利下水。这艘科考船具有全球航行能力和全天候观测能力,是当时中国国内综合性能最先进的科考船。[①] 2017 年,我国有海洋科考船大约 50 艘,正在设计、建造的有 10 多艘。60 多年来,我国诞生了"东方红"、"向阳红"、"远望"、"海洋"、"科学"、"实验"等系列海洋科考船。[②] 这些科考船为我国的海洋探测事业,各自发挥了不同的功用。

16.2.2　海洋地形、地质和矿藏探测技术

《联合国海洋法公约》的正式生效,不但把争议岛屿推到了风口浪尖,其关联海域亦被拖入主权争论漩涡之中。依据这一公约,从领海基线(测算领海宽度的正常基线是沿海国官方承认的大比例尺海图所标明的沿岸低潮线)算起,沿海国有权宣布 12 海里领海,24 海里毗连区,200 海里专属经济区以及最多可以延伸至 350 海里的大陆架;同时,岛屿拥有与大陆一样的权利。因此,一个小小的岛屿可以拥有超过自身陆地面积几百倍的领海海域及其附

①　百度百科. https://baike.baidu.com//item/科学号海洋科考船.
②　澎湃时事. https://www.thepaper.cn/newsDetail_forward_1911637.

带的海洋资源,其经济利益可想而知。因此,沿海相邻国家之间的领土、专属经济区、海底矿藏的权属等问题的争议在所难免。要争取谈判的主动权,了解海区的地形,掌握比例尺较大的海图是必备条件。

海洋地形的测定是通过声学测量仪器进行的,主要测量仪器有多波束测深仪、侧扫声呐装置和合成孔径声呐装置等。声学多波束测深仪向下发出与航线垂直的扇形波束,一次可测出上百个深度数据,随着船体的不断向前移动,就可以测出相当宽的一个带的海底深度,再利用全球定位系统(GPS)将多次测量的结果拼接起来,就可以得出这一海域的整个海图。侧扫声呐装置发出与航向垂直、水平方向很窄而垂直方向很宽的波束,处理返回的信号就可以显示海底的地形。近几年采用的合成孔径声呐装置利用合成孔径原理,可以达到很高的测量精度。

海底底质测量主要有海洋渔业的表层海底测量,海岸工程、近海工程的地质探测以及海底石油和天然气的矿藏调查、海底地层构造了解的地球物理勘探等。工程地质的探测目前主要靠声学浅地层剖面仪,从声在地层界面的反射和层中的散射判定海底地层结构。油气资源的地球物理勘探多利用电火花或气枪为声源的反射法和多波地震测量方法。[①]

1996 年,我国海洋技术作为第八个领域列入了"863 计划",设立了海洋监测技术、海洋生物技术和海洋探查与资源开发三个主题。经过 4 年的努力,在一些关键性技术方面取得了突破性进展,如研制成功我国第一台声相关海流剖面测量技术 ACCP 实验样机,使我国成为世界上第二个掌握 ACCP 设计技术的国家;研制成功利用合成孔径声呐(SAS)成像原理的湖式样机,经过数据处理获得了分辨力达 0.3 m 的目标物的清晰图像,使我国进入该项技术研究的世界先进行列;研制成功两套作用距离为 200 km 的海洋环境监测高频地波雷达,可以监测海风场、浪高、流场等海表面动力要素及低速移动目标;研制成功高精度 CTD 剖面仪,主要技术指标总体上接近,部分达到世界先进水平;完成了一套宽带声多普勒海流剖面仪,可同时测量流速冲面和水中悬浮物浓度,并能实时显示悬浮物的运动状态;完成了一些与海洋环境监测有关的技术研究等,进一步缩小了与国际海洋探测水平的差距。

16.3　海洋资源开发技术

海洋资源开发技术主要体现在海洋石油和天然气开发、海洋生物资源开发、海水淡化、海洋能源利用、海洋矿物资源和海洋空间利用以及传统的海洋航运与造船技术等方面。海洋资源的开发,直接为人类提供了更多的生活资源和生存空间。

16.3.1　海洋油气开发技术

随着陆地能源的渐趋耗尽,人们开始把目光转向了海洋。经探测发现,在沿海地区的大陆架和深海中蕴藏着丰富的油气资源。据估计,海底石油储量约 1 350 亿吨,海底天然气储量约 140 万亿立方米。因此,海洋将成为未来世界油气开采的重要基地。

海洋油气开采与陆地的油气开采相比,其难度和复杂程度要大得多。从油气勘探到开

---

① 孙洪. 海洋高科技发展概况. http://www.cnki.com.cn/Article/CJFDTotal-ZWQW200112020.html.

采都要用到一些特殊的技术,如勘探技术、平台技术、钻井技术和输送技术等。

在海中钻井的主要问题是需要有固定物支撑钻井设备,最初的解决方法是在海中建筑土堤或修建栈桥。1896 年,美国在加利福尼亚的圣巴腊巴海峡,利用建在海中的木结构栈桥钻井。土堤法和栈桥法只适用于浅海,对于深海则需要建立桩基固定在海底的海上钻井平台。1933 年,美国在墨西哥湾建成了第一座木质固定平台,该平台离岸 814 m,安装水深3.66 m。1947 年,美国又在墨西哥湾建成了安装水深为 6 m 的第一座钢质平台。此后又出现了性能更加优越的钢筋混凝土重力平台,它不仅在防止海水腐蚀、节约钢材方面显示诸多优点,而且适应在风浪大、水流急的海域工作。在固定平台的基础上又出现了移动式平台和自升式平台。固定平台通常建在水深 100 m 左右的海域,水深 500 m 左右的海域可以采用半潜式钻井平台,600 m 深的海域可以使用张力腿钻井平台,1 000 m 的深海域也可使用最新发展的顺应式张力腿平台。在更深的海域则使用能实现自动定位的钻井船[①]。

海洋采油平台以钢或混凝土制成,固定在海底。采集的石油、天然气通过海底输送管线送至陆地;若油、气共存则采用油气混输,至陆地后再进行分离、脱硫等处理。最近发展的水下采油集输系统,将多相流(液、气、固)采、集、输设备放置于海底,代替那些造价昂贵的固定式或浮动式平台。

为了布设、维修和管理这些海洋上的石油、天然气开采、输送设备,又相应产生了水下施工、观察、检测、维修以及水下数据传输、遥控遥测等一系列技术,如水下施工技术、水下电视和声成像观察技术、饱和潜水技术、载人潜水器和无人潜水器等。无人潜水器的发展较快,它已成为一种经济、实用、使用面广的海洋技术装备。目前,无人潜水器有系缆式、拖曳式、无缆式和海底爬行式四种类型。除无缆式遥控潜水器自带电源,无远距离观测能力外,其他三种都是通过电缆由海面获得动力,并且都可以通过闭路电视进行远距离观察。

世界上海洋石油开采产量较高的国家主要有沙特阿拉伯、英国、美国和委内瑞拉,他们的海洋石油产量占世界海洋石油总产量的 50% 以上,阿拉伯联合酋长国、印度尼西亚、伊朗、挪威、尼日利亚和埃及等国,其海洋石油的年总产量也在百万吨以上。

我国海洋油气储量比较丰富,海洋石油资源量约 240 亿吨,天然气资源量约 14 万亿立方米[②]。已在渤海、南海、东海、珠江口、莺歌海及北部湾 7 个盆地完成了地球物理普查。近年来,我国海洋石油工业发展迅速,已建成投产 45 个油气田,但整体技术水平与国外先进技术水平尚有很大差距。如在 2006 年之前,世界上深水钻探最大水深为 3 095 m,我国为505 m;世界上已开发油气田最大水深为 2 192 m,我国为 333 m[③]。我国深水海域蕴藏着丰富的油气资源,但深水区域特殊的自然环境和复杂的油气储藏条件将使我国深水油气开发在钻探、开发工程、建造等方面面临诸多技术难题。这既是困难,又是使命,更多的是机遇与挑战。由中国船舶工业集团公司七〇八研究所、上海外高桥造船有限公司联合设计,上海外高桥造船有限公司承建的世界第六代 3 000 m 深水半潜式钻井平台,是国内自主设计和建造的第一座先进的海上钻井平台,是我国海洋工程领域的"航空母舰"。图 16-4 为 2010 年

① 何立居主编. 海洋观教程[M]. 北京:海洋出版社,2009:212.
② 中华人民共和国国家发展和改革委员会. 我国海洋油气资源储量丰富. http://www.sdpc.gov.cn/dqjj/zhdt/t20090814_296603.html.
③ 李清平. 我国海洋深水油气开发面临的挑战[J]. 中国海上油气,2006,18(2):130~133.

2月26日上午3 000 m深水半潜式钻井平台从上海外高桥造船有限公司出坞时的情境。

16.3.2　海水淡化技术

随着全球工业化进程的快速发展和世界人口的不断增加,人类赖以生存和发展的水资源危机也日渐凸显。据统计,目前世界上约有12亿人口处于干旱缺水地区,约占世界总人口的五分之一。我国的人均淡水年占有量约为2 400 m^3,仅为世界人均占有量的1/4,居世界第109位。

图 16 - 4　在上海外高桥造船有限公司建成的3 000 m半潜式钻井平台在轮船的拖动下正缓缓驶离船坞

解决水资源短缺的方法虽然有许多,如节约用水、控制水资源污染、远距离调水等,然而这些措施并不能从根本上解决缺水问题。于是,人们把目光投向了大海,通过利用海水来解决水资源短缺问题。海水的利用有两条途径:一是沿海城市直接在生产、生活中用海水替代原来使用的淡水;另一是将海水淡化,供工农业生产和居民生活需要。

据国外统计,城市中的工业用水占总用水量的80%,生活用水中厕所用水也占有很大比重。如果把工厂尤其是发电厂的冷却水、生活中的冲厕水、消防水等用海水替代,可以节省大量的淡水资源。在日本每年仅发电厂的海水用量就超过1 200亿立方米。在我国香港70%的冲厕用水是海水,青岛发电厂、天津大港发电厂、大连化工厂、上海石化厂都是用海水作冷却水。

海水淡化是将海水脱盐,制成淡水。海水淡化始于20世纪50年代,一些工业发达国家竞相进行海水淡化技术研究,形成了多种成熟的海水淡化技术,同时也诞生了一项新的产业——海水淡化产业。海水淡化技术主要有蒸馏法、电渗析法、反渗透法和冰冻法等。

蒸馏法是以化工过程中的蒸馏技术为基础发展起来的一种分离方法。它应用于海水淡化的时间长,工艺较完善,在海水淡化技术中占主导地位。蒸馏法有多级闪蒸(MSF)、多效蒸发(ME)、压气蒸馏(VC)以及膜蒸馏技术等。多级闪蒸发在多级压力比大气压力低的容器中使海水急速蒸发,其优点是:不在加热面上蒸发,结构质量较轻;温度较低,可充分利用低温热源,热利用率高;设备结构较简单,操作方便,运行可靠;适宜装置大型化,是目前世界上海水淡化比较成熟可靠的方法。多效蒸发是将第一个蒸发器蒸发出来的蒸汽引入下一蒸发器,作为下一蒸发器的加热蒸汽,也就是两个或两个以上蒸发器串联以充分利用热能的蒸发系统。低温多效蒸发温度只有37～65 ℃,可以利用太阳能作为供热源。

电渗析法是一种膜分离技术。在电渗析槽内插上阴阳离子交换膜和隔板,加上直流电的海水流过时,阴阳离子分别通过交换膜,留下淡水。随着制膜技术的发展和新型膜的不断出现,电渗析法的应用范围在逐渐扩大,在海水淡化、海水浓缩制盐、放射性废水处理等方面,都已达到了工业化生产水平。

反渗透法海水淡化是用压力驱使海水通过反渗透膜,反渗透膜的微孔很小,可使较小的水分子通过,而分子较大的盐则被膜挡住。

冰冻法是在冰点温度下,从海水中分离出淡水来。由于溶化后的淡水仍有咸味,不能令人满意。这种方法多为寒冷地区所采用。

海水淡化技术的主要问题是成本较高,其发展方向:一是研制效率更高、更耐用的膜;另一是充分利用太阳能、风能、海洋能、地热能等可再生能源和发电厂、化工厂的余热作为海水淡化的动力;第三就是充分利用淡化过程中的浓缩海水提取有用元素,是降低成本、增加收益的重要途径。

实现海水综合利用技术,从海水中提取钾、镁、镍、碘、铀等元素,已成为现代海洋技术的一个重要发展方向。

16.3.3　海洋生物资源开发技术

海洋生物资源又称海洋水产资源,是指海洋中有生命、能自行增殖和不断更新的经济动物和植物的群体数量。其特点是通过生物个体和种群的繁殖、发育、生长和新老替代,使资源不断更新,种群不断补充,并通过一定的自我调节能力达到数量相对稳定。海洋生物资源开发技术主要有海洋捕捞技术、海洋养殖技术和海洋生物技术等。

16.3.3.1　海洋捕捞与休渔制

由于人口的快速增长和海洋捕捞技术的不断更新,世界海洋渔获量自 20 世纪 80 年代以来,一直保持在 8 000 万吨左右。我国近海捕捞渔业年产量已超过 1 000 万吨,居世界第一。2017 年中国海产品总增长量为 2.7%,而野生捕鱼业产量下降 4.7%。[①] 2018 年前 11个月捕获的海产品总量下降了 5.61%,达到 1 140 万吨。[②] 现在近海的海洋捕捞能力已超过传统渔业资源的再生能力。如何使海洋生物资源保持平衡与稳定,最有效的途径就是保护海洋生态环境,确保近海海洋生物自然种群的繁殖。具体的做法是实施限捕、休渔制和远洋捕捞。限捕一是根据近海生物资源量实行限额捕捞;另一是规定网孔尺寸的大小,实现捕大留小。休渔制是通过法律规定,在一定的海域、一定的时间段禁止各种捕捞作业。我国从1995 年开始,在渤海、黄海、东海、南海四大海域实施海洋伏季休渔制度,每年都有约 12 万艘渔船和上百万渔民在规定时间内停止海洋捕捞作业。这四大海域执行伏季休渔的时间各不相同,大体集中在每年的 6 月到 9 月。远洋捕捞与捕捞船只、捕捞技术和冷藏技术等密切相关,是现代海洋技术开发的一个重要方面。

16.3.3.2　海水养殖和海洋资源增殖

海水养殖和资源增殖是合理开发海洋生物资源的另一重要途径。我国自 20 世纪 50 年代以来,就开始进行海水养殖。改革开放以来特别是近 20 年来的稳步发展,使我国的海水养殖走到了世界海水养殖的前列,成为名副其实的海洋养殖大国。2001 年,我国海水养殖总产量为 4 382 万吨,约占世界海水养殖总产量的 70%。养殖品种由 50 年代的海带、对虾和贝类扩大到鱼、虾、蟹、贝、海带、藻类等 70 多个品种,其中的名特优品种在逐年增多。资源增殖就是根据鱼、虾、软体动物的洄游特性,采取人工放流方法使其增殖。首先利用人工

---

①　搜狐财经. 2017 海产品产量增速放缓……. http://www.sohu.com/a/220044467_421212.
②　水产养殖网. http://www.shuichan.cc/news_view-377279.html.

技术进行育苗,待幼体长到一定大小放入海中,在海洋栖息地长大后,再回到"故乡"产卵繁衍。鱿鱼、对虾等都可以用这种方法增殖。在浅海海底投放各种异型、多空腔的人工鱼礁、报废车(船)等,改善海域生态环境,营造海洋生物栖息的良好环境,为鱼类等提供繁殖、生长、索饵和庇敌的场所,达到保护、增殖和提高渔获量的目的。目前国内外已经广泛地开展人工鱼礁建设,进行近海海洋生物栖息地和渔场的修复,而且取得了较好的效果。图16-5为澳大利亚阿德莱德级护卫舰被凿沉后成为人工鱼礁。

图16-5　2011 年 4 月 13 日,在澳大利亚的戈斯福德,澳大利亚海军阿德莱德(Adelaide)级护卫舰在当地海域被凿沉之后将成为人工鱼礁(中新网)

16.3.3.3　海洋生物技术

海洋生物技术兴起于 20 世纪 80 年代,是传统海洋生物学发展的一门新兴研究领域。海洋生物技术主要体现在一些海洋生物品种的改良和海洋生物制药等领域。

现代生物技术中的细胞工程、基因工程和酶工程在海水养殖中已得到应用。美国科学家应用染色体组织操作技术,获得了雌性发育和雄性发育的虹鳟鱼。在贝类养殖上,用相同的技术,获得三倍体牡蛎。加拿大科学家已将北极鱼类的抗冻蛋白基因,转移到鲑鱼的体内,使转基因鱼的生长速度比对照鱼提高 4～6 倍。我国已有 10 多种海洋无脊椎动物诱导三倍体获得成功,并逐渐转化为规模生产。人们已从鲑鱼、墨鳗、金枪鱼、幼鲥鱼、牙鲆鱼和鲷中分离出生长激素基因,为人们长期期待的应用生长激素基因生产转基因鱼类,培养出速生海洋鱼类新品种奠定了基础[1]。把螺旋藻基因转入海带、紫菜,使产量大增。酶技术可以增殖有用细菌,用于饲料生产、提取生物体内的活性物质、清除海洋环境污染等方面。

海洋生物体内的活性物质在防病、治病方面具有令人惊奇的作用。人们已从海绵、海鞘、珊瑚和海兔(螺类的一种)等海洋生物中,成功分离出尿核苷、酰胺类、聚酰类、萜类、大环内酯、直链肽等多种化合物,其中有些已成为抗癌新药;海洋鱼类、贝类和藻类中含有丰富的药用成分,可以制成抗真菌、抗细菌、抗病毒和防治糖尿病、心血管疾病的药物以及降血压、降血脂、降胆固醇等药物。我国在海洋药物研制方面取得了突破性进展,主要体现在抗艾滋

---

①　百度百科. 海洋生物技术. http://baike. baidu. com/view/301077. htm#sub301077.

病药、抗肿瘤药、抗动脉粥样硬化药、抗脑缺血药等一大批海洋药物的研制,有些新药已经投入工业化生产。

在《我国国民经济和社会发展"十二五"规划纲要》中,明确提出了近5年的海洋经济发展规划:"坚持陆海统筹,制定和实施海洋发展战略,提高海洋开发、控制、综合管理能力。"发展规划体现在海洋产业结构的优化和加强海洋综合管理两大方面。海洋产业结构的优化主要有:科学规划海洋经济发展,合理开发利用海洋资源,积极发展海洋油气、海洋运输、海洋渔业、滨海旅游等产业,培育壮大海洋生物医药、海水综合利用、海洋工程装备制造等新兴产业。加强海洋基础性、前瞻性、关键性技术研发,提高海洋科技水平,增强海洋开发利用能力。深化港口岸线资源整合和优化港口布局。制定实施海洋主体功能区规划,优化海洋经济空间布局。加强海洋综合管理主要有:强化海域和海岛管理,健全海域使用权市场机制,推进海岛保护利用,扶持边远海岛发展,统筹海洋环境保护与陆源污染防治,加强海洋生态系统保护和修复。控制近海资源过度开发,加强围填海管理,严格规范无居民海岛利用活动。完善海洋防灾减灾体系,增强海上突发事件应急处置能力;加强海洋综合调查与测绘工作,积极开展极地、大洋科学考察。完善涉海法律法规和政策,加大海洋执法力度,维护海洋资源开发秩序。加强双边多边海洋事务磋商,积极参与国际海洋事务,保障海上运输通道安全,维护我国海洋权益。

总之,21世纪海洋技术的发展,不但会给人类带来大量的海洋产品,丰富人类的物质生活,同时还会产生许多新的海洋技术和新型海洋产业,推动着人类社会的向前发展。在某种意义上可以说,谁掌握了未来的海洋技术,谁就掌握了海洋资源开发的主动权。

第 17 章 激光与超导技术

激光与超导技术是 20 世纪人类的两项重大发明,是现代科学技术的重要组成部分。这两项技术的发明与应用,导致了一系列新技术的产生,改变了社会的生产、生活方式和产业结构,推动了第三次智能技术革命的深入发展。

17.1 激光器的诞生

激光是由受激辐射而产生的一种具有特殊性能的人造光。英语是:Light Amplification by Stimulated Emission of Radiation,意为"基于受激辐射而产生的光放大",简称为"LASER",即用各单词第一个字母组成的缩写词。激光最初被音译为"镭射"、"莱塞"。1964 年,我国著名科学家钱学森(1911～2009)建议将"光受激发射"称之为"激光",于是"激光"一词就成为"LASER"的译名而被广为应用。激光技术的出现与快速发展,成为现代信息社会高速发展的一支强大推动力。

图 17-1 钱学森

激光器是 20 世纪科学技术的一项重大发明,是近代光学和电子学这两个学科发展并相结合的产物,是科学理论→技术科学→应用技术的成功范例。

1916 年,爱因斯坦在《关于辐射的量子理论》这篇著名论文中,提出了光的发射与吸收过程中可能存在的三种基本方式:自发辐射、受激吸收和受激辐射。他根据"受激辐射"假设,很简洁地导出了普朗克黑体辐射公式,并得出分子获得动量的方向与辐射束传播的方向相反的结论。对于爱因斯坦的后两种假设,直到 20 世纪 60 年代才得到验证。

无线电技术的快速发展,导致了光谱学(以及波谱学)与微波电子学这两门学科的结合,产生了微波波谱学这门新学科。其中的一项研究内容就是研制能够产生比微波(厘米波)波长更短的毫米波及红外、可见光等相干电磁波的振荡器。20 世纪 50 年代初期,科学家们从实验过程中观察到了受激辐射现象——粒子数反转,并提出了利用原子或分子的受激辐射来产生和放大微波的设计。50 年代中后期,多种微波激射器研制成功,并在频率标准、灵敏探测以及通信和雷达等方面得到广泛应用。

微波激射器的问世,人们又开始研制在毫米和亚毫米波段工作的激射器。1958 年,美国的肖洛(A. L. Schawlow,1921～)和汤斯(Charles Hard Townes,1915～)首先公开发表了在光频段

图 17-2 汤斯

工作的激射器——激光器(LASER)的理论分析与设计方案。文章预言了激光的相干性、方向性、线宽和噪声等性质。几乎在同一时期,苏联的物理学家巴索夫(1922~)和普罗霍洛夫(1916~)先后分别提出了利用原子和分子的受激辐射来产生和放大微波的设计方案。1964年,汤斯、巴索夫和普罗霍洛夫三人因对产生激光束的振荡器、放大器的研制工作而分享了当年度的诺贝尔物理学奖。

在谁能最先制造出一台能够工作的激光器的问题上,世界上许多实验室卷入了一场激烈的竞赛。1960 年 5 月,美国的梅曼(Theodore H. Maiman,1927~2007)成功地研制出世界上第一台红宝石激光器(见图 17-3)。同年 7 月 7 日的《纽约时报》首先披露了他成功的消息。这台激光器以红宝石为工作物质,采用脉冲氙灯进行光激励,激光输出是脉冲输出,波长为 6 943 Å(深红色),峰值功率为 10^4 W。

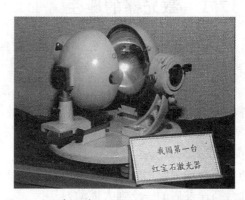

图 17-3 世界上第一台红宝石激光器   图 17-4 我国第一台"小球照明红宝石"激光器

第一台激光器问世之后,各种类型的激光器纷纷出现。1960 年 12 月,出生于伊朗的美国科学家贾万先后研制成两台氦氖激光器,并用它们发出的激光束证明激光具有良好的相干性。1961 年 8 月,中国科学院长春光学精密机械研究所王之江教授设计的我国第一台激光器——"小球照明红宝石"激光器研制成功(见图 17-4)。

17.2 激光器的基本结构与工作原理

17.2.1 激光器的基本结构

激光器一般由工作物质、谐振腔和激励源三个基本部分组成(见图 17-5)。工作物质是发射激光的材料,就和普通光源中的发光材料(如白炽灯的钨丝)相同。工作物质可以是固体、气体、液体、染料、半导体及自由电子等。谐振腔是激光的振荡放大器。它由安置在工作物质两端的两块反射镜按一定的方式组成。它的主要作用是使工作物质所产生的受激辐射能够建立稳定的振荡状态,从而

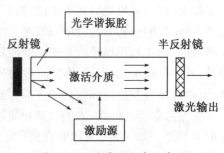

图 17-5 激光器组成示意图

实现光放大和获得严格平行的受激发射光束。激励能源是实现粒子搬迁的动力。激励能源如同一个泵,它向工作物质输送能量,把低能态的粒子源源不断地抽运到高能态。激励能源可以是电能、光能、热能和化学能等。

17.2.2　激光器的工作原理

如图 17-6 所示,处于谐振腔中的工作物质,在激励能源的作用下获得非热能量,使得工作物质内的原子不断从低能态(基态)跃迁到高能态(非稳定态),实现粒子数反转分布,并在谐振腔的作用下实现光放大,当谐振腔内的光能增益大于光能的损耗时,激光器就能输出一定波长的激光。

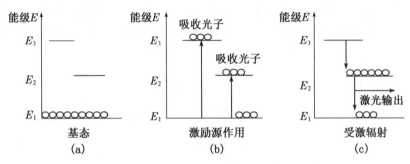

图 17-6　激光器工作原理示意图

17.3　激光的特点与应用

17.3.1　激光的特点

与普通光相比,激光具有以下几个显著特点。

17.3.1.1　定向发光

由于受激辐射的光子都沿着谐振腔的轴线振荡、放大、传播,光束的发散角极小,大约只有 0.001 弧度,所以激光器发射的激光具有高度方向性,即能定向发光。1962 年,人类第一次使用激光照射月球,地球离月球的距离约 38 万千米,激光在月球表面的光斑不到 2 km。若以聚光效果很好的探照灯光射向月球,其光斑直径将覆盖整个月球。

17.3.1.2　亮度极高

由于激光具有高度方向性,所以能量特别集中,产生极高的亮度,光斑在瞬间可达上千万度高温。一台氦氖激光器,输出激光束的截面积为 1 mm^2,功率为 10 mW,发散角为 1 毫弧度,它的亮度大约是地面上看到的太阳亮度的 450 倍左右。一台红宝石激光器,每平方厘米的输出功率达 10^9 W,发散角只有几个毫弧度,其亮度比人工光源中最高的高压脉冲氙灯的亮度要高几十亿倍,有些激光器产生的亮度,能超过氙灯亮度的几百亿倍。大功率脉冲固体激光器所产生的激光亮度可以是太阳亮度的上千亿(10^{12})倍。

17.3.1.3　颜色极纯

激光器输出的激光只有一种频率,其谱线分布范围非常窄,因此颜色极纯。光源的单色性是用谱线的半宽度来量度的,半宽度越小,单色性就越好。如氪灯发出的波长 605.7 nm 的光单色性最好,其谱线半宽度为 4.7×10^{-3} nm。而氦氖激光器发出的激光半宽度仅为 10^{-9} nm。由此可见,激光器的单色性远远超过任何一种单色光源。

17.3.1.4　相干性好

由于受激辐射的光子具有相同的频率、相位和振动方向,所以激光是相干光。普通单色光源相干长度只有几十厘米,一般激光的相干长度可达几百米,最好的可达几百千米。利用这一特点可以精确测量物体表面的平整度、长度和厚度等,还可以用于光通信、全息照相等方面。

17.3.1.5　高稳定性

激光具有稳定的频率,其变化量可以控制在 10～14 Hz 之内。用激光器计时,经历一百万年才差 1 s。

17.3.2　激光的应用

由于激光具有一系列的独特性能,因此激光技术在工业、农业、交通、信息、医疗、能源、科研和国防等领域得到广泛应用,成为当代高技术的一个重要组成部分。

在工业方面,利用激光的定向发光和能量的高度集中,可以对各种材料进行打孔、切割、焊接、光刻、划线、表面热处理和细微加工等。用激光打孔比传统的机械钻孔要更细小、精确、高效、简便易行,如生产化学纤维的喷丝头的孔径只有几丝,如此小的孔径用激光技术能很容易做到;用激光给钟表或仪表的宝石轴承打孔,不仅功效提高近百倍,而且还能有效地保证成品的合格率,因此,航天、航空、电子、医疗器械、仪器仪表等工业的精密打孔一般都是用激光技术来实现的。采用激光可以对一些精密密封器件、超薄板材、超细线材以及各种不允许焊接污染和变形器件等实现焊接,如微电子工业元件间的焊接;激光也可以对各种材料实现切割,如各种金属材料、石英玻璃、硅橡胶、氧化铝陶瓷片、航天工业使用的钛合金等。激光热处理技术不仅被用于各种发动机零部件、机床和其他机械零部件的热处理,而且还能给产品打上图案、符号、文字等永久性标记,这对产品的防伪有特殊的意义。激光打标已成为一种现代精密加工方法,它具有速度快、加工精细、成本低廉、不会损坏被加工物、易于自动化生产等优点,与腐蚀、电火花加工、机械刻划、印刷等传统打标方法相比,具有无与伦比的优势。将激光加工技术和计算机数控技术及柔性制造技术相结合而形成的激光快速成型技术,被广泛用于模具和模型行业。

在农业方面,激光技术在改良品种、发芽生长、杀虫除草等方面已得到广泛应用。激光诱变育种可以使生物遗传性状发生改变,达到品种改良目的;可以提高种子的发芽率,促进作物生长发育,提高抗病能力;激光的生物热效应可破坏细胞的正常新陈代谢,起到除草、杀虫的目的。我国激光育种始于 20 世纪 70 年代,研究的对象主要是粮食作物和经济作物,如小麦、玉米、水稻、棉花、大豆、蔬菜、蚕桑、果树及微生物等,并已取得了多项研究成果。

在医疗方面,主要有激光生命科学研究、激光诊断与激光治疗。如用二氧化碳激光器产生的精细激光束替代外科手术中的手术刀,可用于非常复杂精细的外科手术,如眼睛视网膜手术、神经外科手术、危险区域的细微处理等。激光手术过程可实现自动化操作,具有速度快、不流血、深浅适度、手术效果好、病人痛苦少等优点,并能使过去手术刀无法完成的外科手术成为可能。用激光治疗早期癌肿瘤,疗效可达 80%。

在信息技术方面,激光已被广泛应用在光通信、导航、遥控、遥测、全息照相、激光照排、光信息处理等领域。利用激光作为光源的光纤通信具有传输衰减小、信息容量大、不受外界干扰、保密性好等优点,彻底改变了全球的通信面貌和通信方法。激光大气通信和激光水下通信是极富诱惑力的另两类激光通信方式,它们不需要铺设线路,设备较轻,机动保密性好,传输信息量大,可在近距离条件下,传送声音、数据、图像等信息。利用激光的单色性和极好的相干性,可以实现精密测量、远距离遥测和远距离遥控。如月、地间距离的激光测量、人造地球卫星的激光测距、宇宙飞船的激光对接控制等。激光技术被广泛用于信息存储与回放,激光唱盘、激光影碟已成为大众化娱乐商品;激光全息摄影所记录的信息量与立体感是普通光学摄影所不能比拟的;采用激光微缩信息存储技术,可以将拥有千百万册藏书的一座大型图书馆微缩到一只普通书架之中;激光打印机已成为办公必备用品而被广泛应用;激光照排印刷系统彻底改变了人工排版印刷的传统方式,这不仅减轻了人们的劳动强度,而且还可以得到高质量的书报杂志等印刷品。我国于 20 世纪 80 年代中期研制成功计算机激光汉字编辑排版系统。

在科学研究方面,激光技术推进了物理学、化学和生物学的发展,促进形成了一些新科学分支,如激光化学、激光生物学、非线性光学、激光光谱学等。激光冷却技术是科学家利用激光和原子的相互作用减速原子运动以获得超低温原子的一门高新技术,被广泛应用于原子光学、原子刻蚀、原子钟、光学晶格、玻色-爱因斯坦凝聚、原子激光、高分辨率光谱以及光和物质的相互作用等研究领域。激光光谱是以激光为光源的光谱技术。由于激光光源比普通光源具有单色性好、亮度高、方向性强和相干性强等特点,是用来研究光与物质的相互作用,从而辨认物质及其所在体系的结构、组成、状态及其变化的理想光源,激光光谱学已被广泛应用于物理学、化学、生物学及材料科学等研究领域。激光可控轻核聚变反应就是利用激光的极高能量密度与压缩效应,使轻核产生可控核聚变而释放能量,为人类服务。1964 年,我国著名科学家王淦昌(1907~1998)独立地提出了用激光实现核聚变的设想,并开始了这方面的研究。1986 年,我国建成"神光-Ⅰ"号激光装置,输出功率 2 万亿瓦,达到国际同类装置的先进水平。"神光-Ⅰ"号连续运行了 8 年,在激光惯性约束核聚变、X 射线激光等前沿研究领域,产生了一批列为世界科技领域先进水平的应用成果。在"八五"期间,我国又研制成功性能更为先进的"神光-Ⅱ"号激光装置,它比"神光-Ⅰ"号的规模大 4 倍、功率大 10 倍。"神光-Ⅱ"号的问世,标志着我国高功率激光科研和激光核聚变研究已进入世界先进行列(见图 17-7)。2007 年 2 月 4 日,中国工程物理研究院神光-Ⅲ激光装置实验室工程举行了盛大的开工奠基仪式。规划中的神光-Ⅲ装置是一个巨型的激光系统,比当今世界上最大的 NOVA 装置还要大一倍多[①]。神光-Ⅲ激光装置设计是 48 束激光,2011 年 1 月已出

① 中国神绘激光科技服务网信息中心. 激光惯性约束核聚变在地球上人造一个小太阳. http://chinalasermachine. cn/info/detail/34~562. html.

第一束激光。

2011年10月6日,美国国家核军工管理局和劳伦斯利弗莫尔实验室宣布其建造的国家点火装置完成了其首次综合点火实验。在试验中,192束激光系统向首个低温靶室发射了1 MJ激光能量。

2014年10月,由国家自然科学基金委资助,中国科学院大连化学物理研究所和上海应用物理研究所联合研制的"基于可调极紫外相干光源的综合实验研究装置"(简称"大连光源"),在大连长兴岛开工建设。2017

图 17-7　中国神光-Ⅱ号激光装置

年1月15日,"大连光源"成功发出了世界上最强的极紫外自由电子激光脉冲,单个皮秒激光脉冲产生140万亿个光子,成为世界上最亮且波长完全可调的极紫外自由电子激光光源。① 2018年7月,"大连光源"(一期项目)通过了基金委组织的专家验收。这标志着该装置圆满完成各项建设任务,进入正式运行阶段。至此,"大连光源"成为我国第一台大型自由电子激光科学研究用户装置,也是当今世界上唯一运行在极紫外波段的自由电子激光装置。②

在军事方面,激光技术被广泛用于激光雷达、红外激光瞄准、激光制导、激光拦截和激光武器等领域。激光雷达的工作原理和构造与激光测距仪极为相似,是利用红外和可见光波段激光脉冲信号的发射与回收,实现精确探测、识别、分辨和跟踪目标的一种探测设备。目前,激光雷达已被广泛用于地面、飞机、舰艇的导航与导弹制导、化学战剂探测、水下目标探测、大气探测等方面。激光武器利用激光辐射能量达到摧毁战斗目标或使其丧失战斗力等定向能作战目的。激光作为武器,有很多独特的优点:首先,激光束以光速飞行,一旦瞄准目标就能立刻击中,不需要任何提前量,而且还能很灵活地改变方向,没有任何发射性污染;其次,激光束可以在

图 17-8　机载战术激光系统

极小的面积上、在极短的时间里集中超过核武器100万倍的能量,这是其他任何武器无法做到的;第三,激光武器不仅可以近距离使用,而且还可以远距离打击目标;第四,激光武器可以做到全方位发射,常见的有天基、陆基、机载(见图17-8)、舰载和车载等类型;第五,与导弹发射相比,激光发射的费用是比较低的。

①　百度百科. 大连光源. https://baike.baidu.com/item/大连光源/20384036.

②　百度."大连光源"一期项目通过专家验收进入正式运行阶段. https://baijiahao.baidu.com/s? id=1605854452069135697.

17.4　物质的超导电性

自然界的物质依据其导电性能的不同,可分为绝缘体、导体和半导体。超导体是指在极低温度条件下出现电阻为零现象的物质。这种在极低温度条件下电阻为零的奇异特性也被称为物质的"超导电性"。

17.4.1　超导电性的发现

1911 年,荷兰物理学家昂纳斯(H. K. Onnes, 1853～1926)在莱顿实验室测量汞的电阻随温度变化时,发现了一个惊人的奇特现象:当把汞冷却到 4.2 K 附近时,汞的电阻突然消失为零,多次试验都显示了这一结果(见图 17-9)。后来他又发现许多金属和合金都具有与上述汞相类似的低温下失去电阻的特性,如铅、锡等。于是,他将低温下出现零电阻的物质属性称之为超导电性。具有超导电性的物质称为超导体,超导体出现电阻为零的温度称为转变温度或临界温度(T_C),超导体电阻消失后的

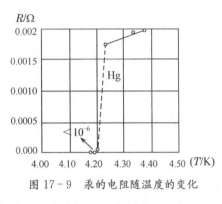

图 17-9　汞的电阻随温度的变化

物质状态称为超导态。昂纳斯由于这一发现而获得了 1913 年诺贝尔物理学奖。

具有超导电性的物质不限于金属,可以是半导体;也不限于单质,可以是化合物或合金。这些物质在常态下具有正常电性,只有在高压、低温的特殊条件下才出现超导电性。20 世纪 50 年代,科学家们用核磁共振的方法测定,超导电流的衰减时间不短于 10 万年。因此,用超导电阻为零这一说法,不会出现任何科学理论方面的争议。

1933 年,德国物理学家迈斯纳(W. Meissner, 1882～1974)和奥森菲尔德(R. Ochsenfeld)在实验中发现,在进入超导态后,实际上超导体会将体内的磁力线排斥出体外,其内部的磁感应强度总保持为零,就像一个理想抗磁体一样(见图 17-10)。至此,人们才比较全面地认识了超导体的两个最基本的宏观特性,即电阻为零和完全抗磁性。

图 17-10　超导体的迈斯纳效应

17.4.2　超导现象的理论解释

17.4.2.1　超导现象的唯象理论研究

为什么物质在高压、低温的特殊条件下会出现超导和抗磁现象,科学家们对此进行了探索。1924 年,荷兰物理学家开索姆(W. H. Keesom,1876～1956)利用热力学理论,推导出正常态与超导态的熵差和临界场对温度导数之间的关系。1933 年,埃伦菲斯特首先提出了热力学二级相变概念。接着,他的学生拉特格斯(A. J. Rutgers)把在热力学二级相变下导出

的公式用于超导体,得到了开索姆曾得出的转变点比热与临界场对温度导数之间的关系——拉特格斯公式。这个公式与实验结果符合很好。

1934 年,荷兰物理学家戈特(C. J. Gorter,1907～1980)与卡西米尔(H. B. G. Casimir,1909～2000)合作,建立了超导体的"二流体模型",用临界场对温度导数之间的关系唯象理论对超导现象进行解释。该模型认为,超导体内的电子分为超导电子和正常电子两种,它们之间存在本质上的区别。正常电子在导体内流动时会受到晶格点阵的散射而产生电阻,但超导电子在超导体内可以自由运动而畅通无阻。随着温度的降低,正常电子逐渐转入超导电子的行列;当达到临界温度时,超导体内的电子全部都是超导电子。二流体模型成功解释了超导体呈现的一些实验现象,如超导体内电子比热在转变点的不连续性,临界磁场跟温度的关系呈抛物线形等。

1935 年,流亡英国的德国物理学家伦敦兄弟(F. London,1900～1954；H. London,1907～1970)在二流体模型基础上,建立了两个描述超导体电磁规律的电动力学方程——伦敦方程。并预言了在外磁场作用下的超导体内部的磁场并不为零,而是有一个数量级为 10^{-8} m 的极薄的穿透层,后来这个穿透层被称为穿透深度,这一预言在 1939 年得到了证实。

1950 年,苏联物理学家京兹堡(1916～)和朗道(1908～1968)提出了另一种唯象理论,用"京兹堡-朗道方程"取代了伦敦方程。利用京兹堡-朗道方程,不仅可以成功地算出磁场的穿透深度、界面能、小样品的临界磁场等,而且还预言超导体具有一定的宏观量子效应。此外,根据京兹堡-朗道方程,超导体可分为两大类,第一类超导体大多是纯金属,而第二类超导体主要是超导合金和化合物。第二类超导体有非常大的临界磁场,是能够获得实际应用的主要超导材料。

17.4.2.2 超导现象的微观理论研究

20 世纪 20～30 年代建立的量子理论,为超导理论的研究提供了重要工具。1955 年美国物理学家巴丁(J. Bardeen,1908～1991)、库柏(L. N. Cooper,1930～)和施里弗(J. R. Schrieffer,1931～)开始合作攻克超导微观理论的难题。1956 年,库柏首先提出了一个重要概念:由于电子-声子之间的相互作用,在超导体中的电子两两地结成"电子对"。库柏的电子对为超导理论提供了一个全新的物理图像,施里弗又通过对"库柏电子对"的统计分析,得出了描述超导态基态的波函数,并导出了计算单独能级与连续能级之间间隔的能隙方程。在这些研究成果的基础上,1957 年巴丁、库柏和施里弗三人一道,终于建成了完整的超导微观理论——BCS 理论。BCS 分别是他们三人姓氏的第一个字母。他们三人还因此而获得1972 年度诺贝尔物理学奖。

BCS 理论认为:在电子-声子相互吸引以及电子-电子相互排斥作用彼此抵消以后,电子间仍有剩余的吸引作用,而且在费米面附近结成电子对。在没有电流的基态,它们的动量均为零;而有电流时,所有电子对具有动量,当电子与晶格碰撞,使动量变化时,与它配对的电子动量将相应变化,以保持电子对总动量不变。大量具有相同总动量且速度相同的电子对就构成了超导电流。BCS 理论取得了巨大成功,由它可以导出伦敦方程、京兹堡-朗道方程等超导态重要关系式,可以解释有关超导电性的各种现象,其结果都与实验有很好的符合。BCS 理论还认为,超导电性不可能在 30K 以上的温度出现。

　　1950 年,流亡英国的德国物理学家弗烈里希(1905~)从理论上预言超导体的同位素效应并被证实。在 1959~1960 年间,美国物理学家贾埃佛(I. Giaever,1929~)在实验中发现了超导体-绝缘层-正常金属和超导体-绝缘层-超导体这样结构的单电子隧道效应,并利用这种方法准确测量了超导体的能隙。在 1961~1962 年间,英国物理学家约瑟夫森(Brian David Josephson,1940~)从理论上预言了超导电子对以隧道效应通过超导体-势垒-超导体将出现的一些奇特现象——“约瑟夫森效应”。他作出了两个重要预言:在恒定电压下,存在有交流超导电流;在零电压下,能出现一直流超导电流。1963 年,他的预言得到了实验证实。同时,以“约瑟夫森效应”为基础的一门新的学科——超导电子学也随之诞生。约瑟夫森效应的发现,为后来的超导量子干涉器件(SQUID)的问世提供了理论基础。约瑟夫森也因此获得 1973 年度诺贝尔物理学奖。

17.5　高临界温度超导体

　　超导态所呈现的零电阻特性,有着极其广阔的应用前景。然而,超导材料要用液氦作制冷剂才能呈现超导现象,这一极端苛求的条件使超导电性的应用受到了极大限制。因为液氦是在极低温度下由气态氦转变而成的,而气态氦又是从天然气中分离出来的。由于氦原子间的相互作用和原子质量都很小,所以很难液化。制备液氦的设备和技术都非常复杂,制冷效率较低,成本高。1934 年以前,世界上只有荷兰一家实验室能制造液态氦。1934 年,在英国卢瑟福那里学习的苏联科学家卡比查发明了新型的液氦机,液态氦才在各国的实验室中得到广泛的研究和应用。[①]　因此,利用液氦实现超导除了在科学研究方面有它特定的价值之外,对于付诸实际应用仅停留在理论上。寻找高临界温度超导体成为科学家们的研究目标。

17.5.1　高临界温度超导体的获得

　　如何利用超导体的超导电性,科学家们对此作了长期坚持不懈的努力。要突破超导电性的应用瓶颈,主要从两个方面入手:一是在超导体材料方面寻求新的合成材料,二是在提高临界温度方面能有所突破。从 1911~1973 年的 60 多年间,临界温度以平均每年 0.3 K 的速率提高。1973 年,美国贝尔实验室发现铌三锗(Nb3Ge)的临界温度 T_C 为 23.22 K。此后又有十多年的停滞不前。

　　1986 年,超导陶瓷——金属氧化物陶瓷的出现,使高温超导体的研究取得了重大的突破。1986 年初,在国际商用机器公司(IBM)苏黎世研究室工作的瑞士物理学家缪勒(K. A. Müller,1927~)和他的学生、德国物理学家柏诺兹(J. G. Bednorz,1950~),在法国卡昂大学化学家米歇尔(C. Michel)等人的一篇有关镧钡氧化物的研究论文的启示下,采用了与米歇尔不同的方法,制备了实验样品。1986 年 1 月 27 日,他们共同发现了 La-Ba-Cu-O(镧钡铜氧化物)是高温超导体,将临界温度提高到 35 K。1986 年 4 月,他们以题为《在 La-Ba-Cu-O 系中可能的高 T_C 超导电性》的论文,发表在联邦德国的《物理学杂志》上。他们的发现打破了 BCS 认为的不能超过 30 K 的论断,开辟了高温超导体研究的新方向,掀起了世界范围内

---

① 百度百科. 液氮. http://baike. baidu. com/view/948560. htm#sub948560.

研究高温超导的大热潮。他们也因此而获得 1987 年度诺贝尔物理学奖。

缪勒和柏诺兹的这一纪录当年就被打破。1986 年 12 月 15 日,美国休斯敦大学的华裔科学家朱经武领导的实验小组,报告了在处于压力下的 La-Ba-Cu-O 化合物体系中获得了 40.2 K 的超导转变。同年的 12 月 26 日,中国科学院物理研究所宣布,他们成功地获得了转变温度 48.6 K 的超导材料,并在少数样品中发现在 70 K 左右有超导迹象。

1987 年 2 月 16 日,美国国家科学基金会正式宣布,朱经武领导的阿拉巴马大学和休斯敦大学组成的实验小组,在 92 K 处观察到了超导转变,而且他们是在液氮温度 77 K 下测试的。同年 2 月 24 日,中国科学院物理研究所宣布,物理学家赵忠贤(1941~)领导的研究集体观察到 Y-Ba-Cu-O(钇钡铜氧化物)材料的转变温度在 100 K 左右,临界温度为 78.5 K,1991 年初达到 132 K。此后,新的金属氧化物陶瓷不断出现,临界温度也不断被刷新。如:Tl-Ba-Ca-CuO 的临界温度为 125 K,Hg-Ba-Ca-CuO 的临界温度为 135 K。目前,我国超导临界温度已提高到零下 120 ℃即 153 K 左右。

"高温超导"一词是由高临界温度超导转化而来的,它是相对于低临界温度而言的。氮的沸点是 77 K(−196 ℃),比氦的沸点 4.215 K(−268.785 ℃)要高很多。1986 年以后的许多超导实验,基本上都是用液氮替代传统的液氦,它们的临界温度都远高于汞的 4.2 K 临界温度,突破了 BCS 认为的 30 K 临界温度极限。尤其是当超导临界温度超过氮的沸点 77 K 后,"高温超导"这个词就被赋予了特定的内涵。因为氮的资源比较丰富,在正常大气压下,温度低于−196 ℃时氮气就会形成液氮。如果加压,还可以在比较高的温度下得到液氮。液氮制冷机的效率比液氦制冷机的效率至少高 10 倍,而液氮的价格实际仅相当于液氦的 1/100。现有的高温超导体虽然还必须用液氮冷却,但却与当初昂纳斯发现汞的 4.2 K 临界温度已经有天壤之别。随着超导临界温度的不断提高,使得超导技术走向大规模开发应用成为可能。当然,科学家们的最终目标是能实现常温下的超导,这样就不需要辅助的制冷设备了。

17.5.2 高温超导材料

超导材料是指在一定低温条件下具有电阻为零和排斥磁力线特性的材料。现已发现有 28 种元素、几千种合金材料和化合物以及陶瓷可以成为超导体。这些超导材料可以根据不同需要制成超导薄膜、超导带材、超导线材和超导磁体等。

高温超导薄膜是指利用蒸发、喷涂等方法淀积的厚度小于 1 μm 的超导材料。超导薄膜一般用钇钡铜氧超导材料制备,主要应用在电子、通信等领域的微电子器件。已实用的超导薄膜分为低温和高温两类。低温超导薄膜是在液氦温度下工作,是制造电子器件的主要薄膜材料。与高温超导薄膜相比,其均匀性、一致性以及隧道结制备和集成电路工艺方面具有明显优势。高温超导薄膜是在液氮温度下工作,利用高温超导薄膜制成的超导量子干涉器和微波器件等,其性能均达到实用要求。

高温超导带材是指用超导材料制成的长宽比很大的带状超导体。超导带材主要由铋锶钙铜氧(BSCCO)超导材料制成。目前,高温超导带材已经发展到第二代,主要用于电力系统的器件连接、电力传输、发电机、电动机等方面,如直流和交流输配电电缆、船舶推进电动机和发电机、风力发电机、海军舰艇消磁系统、电磁体与磁悬浮列车、故障电流限流器等方面。美国超导公司生产的二代高温超导带材,其输电能力比相同截面积的铜高 100 倍。如果用于高压输电,一根超薄的高温超导带材的输电量就足以满足 50 000 个中国家庭的用电需求①。据 2011 年 1 月 25 日新闻报道，上海交通大学物理系李贻杰教授领导的科研团队近日宣布，他们历时三年，采用独特技术路线，首创国内百米级第二代高温超导带材，实现了国内超导带材领域的新突破②。而美国、日本、德国等国研发成功百米量级工艺，都用了近十年的时间。百米级第二代高温超导带材像一层薄膜，金属基带的宽度为 1 cm，厚度为 80 μm，而用于传输超导电流的稀土氧化物超导层的厚度还不到 1 μm。与传统的铜导线相比，相同横截面积超导带材的载流能力是铜导线的几百倍。

高温超导线材是指用超导材料制成的线状超导体，是制作超导电缆的必备材料。超导线材也是由铋锶钙铜氧（BSCCO）超导材料制成。超导线材的用途与超导带材基本相同，但在输电电缆、风力发电机、高温超导限流器（图 17 - 11）等方面有所偏重。

图 17 - 11　高温超导限流器

超导磁体是指用超导线作励磁线圈产生大功率磁场的超导器件，主要用于与磁场有关的仪器设备。2010 年 4 月 24 日，来自中国科学院高能物理研究所的消息说，场强为 1.5 特斯拉的核磁共振成像超导磁体本月上旬已在该所励磁成功，为实现该产品的国产化奠定了基础③。

17.5.3　高温超导的应用

17.5.3.1　高温超导体的优点

高温超导体与普通导体相比，具有以下几个优点：

（1）超导体内没有电阻，也就没有能量损耗，在电子仪器、仪表、发电机、电动机、电力输送等方面用超导体取代普通导体，可以节约大量能源。

（2）由于超导体内没有电阻，通电后不会发热，因此用超导体制造的大功率器件和设备无须考虑其散热问题，大大缩小了电子、电器设备的体积和能耗。

（3）用小的超导体可以产生大功率的磁场。

（4）用超导体可以制成约瑟夫森结——超导隧道结，作为各级电路中的开关器件。

17.5.3.2　高温超导体的应用

高温超导体的应用范围非常广，大致可分为强电应用（大电流应用）、弱电应用（电子学应用）和抗磁性应用三个方面。

强电应用主要体现在发电、输电和储能方面。超导发电机的单机发电容量比常规发电

① 福建之窗. 美国超导公司带材服务中国超导电力变电站. http://www. 66163. com/bank/wcsx/newsinfo_a. php? id＝7539&lanmu＝wcsx.

② 凤凰网资讯. 上海交大首创国内百米级第二代高温超导带材. http://news. ifeng. com/gundong/detail_2011_01/25/4442247_0. shtml.

③ 中国新闻网. 中国实现超导磁体技术突破力推产业化应用. http://www. chinanews. com/cj/news/2010/04－24/2245706. shtml.

机提高 5～10 倍,达 1 万兆瓦,而体积却减少 1/2,整机质量减轻 1/3,发电效率能提高 2 倍左右。用超导电缆和超导变压器,可以把电能几乎毫无损耗地输送给用户。而目前使用的铜质或铝质输电导线,约有 10%～20%的电能损耗在输电线路上。弱电应用主要体现在电子器件方面。如高温超导器件、超导计算机、超导天线、超导微波器件等。高温超导器件被广泛应用在预警飞机、雷达、电子战设备、导弹制导部件等现代信息战武器装备中。计算机使用超导 A/D 转换器、超导高速数据开关、超导线连接电子元件后,可大大提高计算机的计算速度和使用性能。

抗磁性主要应用于磁悬浮列车、磁悬浮回转加速器、磁约束热核聚变反应堆和磁性器件等领域。高温超导磁体可以制造磁悬浮列车,时速可达 500 km。日本研制的模拟超导磁悬浮列车时速已达 577 km。磁特种传感器(超导量子干涉仪 SQUID)被广泛应用于生物磁测量、大地测量、无损探伤、红外成像、仪器仪表等方面。在医学检测方面,超导磁体被广泛用于核磁共振仪、心电图、脑电图等各种检测仪器,不仅大大提高了仪器的分辨率,给疾病诊断迅速提供准确信息,而且还缩小了仪器的体积、噪声和能量损耗。图 17-12 为利用超导特性制成高速磁悬浮列车。

图 17-12 利用超导特性制成高速磁悬浮列车

总之,随着超导技术的不断改进与提高,新型的高温超导材料还会出现,现有的超导临界温度的纪录也会被打破。高温超导材料将会在能源、电力、交通、电子技术、计量技术、医疗器械、空间技术以及国防军事等领域发挥越来越重要的作用。也许有一天,人类会用超导体来代替现在所用的全部普通金属导体。

第 18 章　新能源技术

　　能源是人类得以生存和发展的物质基础,是推动人类社会发展的主要动力。每一次产业技术革命的发生,都与使用的能源材料和能源技术密切相关。如今,能源已成为当代高技术系统得以运转的能量提供者,成为评价一个国家或地区经济与社会发展的一个重要标志;能源的开发利用与环境保护,是全世界共同关心的话题,也是我国可持续发展战略中所面临的主要问题之一。

18.1　能源技术概述

　　能源,英文为 energy sources,即能量资源。关于能源的定义,目前还没有统一的说法。例如:《科学技术百科全书》说"能源是可从其获得热、光和动力之类能量的资源";《大英百科全书》说"能源是一个包括所有燃料、流水、阳光和风的术语,人类用适当的转换手段便可让它为自己提供所需的能量";《日本大百科全书》说"在各种生产活动中,我们利用热能、机械能、光能、电能等来做功,可利用来作为这些能量源泉的自然界中的各种载体,称为能源";我国的《能源百科全书》说"能源是可以直接或经转换提供人类所需的光、热、动力等任一形式能量的载能体资源"。由此可见,能源是一种形式多样、可以相互转换的能量资源,即自然界中能为人类提供某种形式能量(如热量、电能、光能和机械能等)的物质(如煤炭、石油、水力能、太阳能、地热能等)资源的统称。能源科学技术是研究各种能源的开发、生产、转换、传输、分配、贮存、节能以及综合利用等方面的理论和技术。

　　目前,自然界可供人类使用的能源各种各样。按能源的生成方式分类,有一次能源和二次能源;按能源的形成与再生性分类,有可再生能源和不可再生能源;按能源的性质分类,有燃料型能源和非燃料型能源;按能源的使用类型分类,有常规能源和新型能源;按能源消耗后对环境的影响分类,有污染型能源和清洁型能源等。人们最熟知的是按能源的形态特征分类,有煤炭、石油、天然气、可燃冰、水力能、电能、太阳能、生物质能、风能、核能、海洋能和地热能等。其中,煤炭、石油、天然气等又称为化石燃料或化石能源。一次能源是指自然界中以天然形式存在并没有经过加工或转换的能量资源;二次能源是指由一次能源直接或间接转换成其他种类和形式的能量资源。例如:电力、煤气、汽油、柴油、焦炭、洁净煤、激光和沼气等能源都属于二次能源。污染型能源主要有煤炭、石油,野外大量焚烧庄稼秸秆也会造成局域空气污染;清洁型能源主要有水力、电力、风力、太阳能、氢能以及核能等。

　　新能源是相对于常规能源(如煤炭、石油、天然气等)而言,在新技术基础之上新近利用或正在着手开发的可再生能源,如太阳能、风能、地热能、海洋能、生物质能、氢能、核能等。这些新能源的开发、转换、利用技术称为新能源技术,如太阳能的光热转换、光电转换技术,风力发电技术,潮汐、海浪发电技术,氢的制取、存储与利用技术,核能发电技术等。新能源技术所涉及的学科很广,有热物理学、核物理学、光学、化学、微生物学、电子学、气象学、空气动力学、材料科学、地质学、海洋学等。新能源的开发利用,可以使人类面临的不可再生能源日益枯竭的问题得到缓解,可以避免化石能源燃烧时对生态环境产生的污染。有朝一日,新能源将成为人类生存与发展的主要能源。

18.2　核能

核能,是指原子核结构发生变化时释放出来的能量。核能有两种,一种是重核(如铀核)裂变时产生的裂变能,另一种是轻核(如氘核)聚合时释放的聚合能。核能的开发与利用,是人类利用科学技术的结果,也使人类社会进入到原子能时代。

18.2.1　核裂变能

核裂变能的发现与利用源自科学家们对原子结构的探索。电子、中子的发现,导致了人工放射性、核裂变及链式反应的发现,开辟了人类利用核能的新时代。1934 年上半年,意大利物理学家费米(Eenrico Fermi,1901~1954)领导的实验小组计划按元素周期表的顺序对 92 种元素用中子逐一轰击,从氢到氧,一无所获,但从第 9 号元素氟开始,他们得到了放射性同位素。如此继续下去,只花了几个月的时间,他们得到了 37 种不同元素的放射性同位素。1934 年夏,费米小组依顺序用中子轰击当时所知道的最重的第 92 号元素——铀时,得到了半衰期为 13 min 的一种放射性产物。经过实验分析,这种元素的化学性质不从属于从铅

图 18 - 1　费米

到铀之间的那些元素。费米猜测是不是得到了超铀元素——第 93 号新元素。不过费米并没有做出定论。四年半之后,人们才知道,他们所发现的实际上就是铀的裂变现象。他们的发现开辟了获得放射性同位素更加有效的途径,同时也开启了核裂变研究的大门。

1934 年 10 月,费米和他的合作者在一次实验中意外地发现,当中子通过石蜡后再轰击原子核产生的核反应,要比用中子直接轰击原子核强 100 倍。费米对此分析后认为:由于石蜡中含有大量的氢核(质子),中子进入石蜡时与氢原子核发生碰撞而失去一部分能量,它的速度减慢而变成慢中子。慢中子经过氢原子核的时间变长,由此增加了中子被俘获的机会,这种中子也进而具有更强的激发核反应的能力。慢中子的发现为核能释放和利用提供了又一必要的条件。费米也因此发现而荣获 1938 年的诺贝尔物理学奖。

在费米的实验之后,德国化学家哈恩(Otto Hahn,1879~1968)与奥地利裔瑞典女物理学家迈特纳(L. Meitner,1878~1968)在研究用中子轰击铀的产物时,也认为新产物是超铀元素。1938 年,哈恩和物理化学家 F. 斯特拉斯曼做了一系列实验来鉴别这些放射性产物。经过精确分析,哈恩确认这是从铀中产生了一种新元素钡。1938 年 12 月 22 日,哈恩和斯特拉斯曼给德国的《自然杂志》寄去了第二篇实验报告,报告了他们的实验结果。

图 18 - 2　迈特纳

随即,哈恩给迈特纳写了信,通报了实验情况。迈特纳和她的外甥奥地利的物理学家弗里施(O. R. Frisch,1904~1979)认真讨论了哈恩的实验现象。迈特纳设想,钡是一次形成的,铀产生裂变一分为二,钡只是其中的一个产物;对这种现象,只有假设原子核分裂为两个或两个以上的碎块才能给予解释,"裂变"一词也就由此诞生。1939 年迈特纳和弗里施在《自然》杂志上发表了文章《中子诱发裂变:一种新型的核反应》,明确提出:"铀原子核的稳定性可能较小,俘获中子后,它可以自动分裂成大小相当的两个原子核。"[①]1939 年 1 月,这个消息通过玻尔带到美国华盛顿国际理论物理学术会议,立刻引起轰动。哈恩也因发现了铀核裂变而获 1944 年诺贝尔化学奖。

1942 年 10 月,在费米的领导下,世界上第一座试验性原子核反应堆在美国芝加哥大学的一个地下室中建成。费米和一大批物理学家设计了各种研究方案,最后他们选择铀-235 和石墨作为实验材料,并利用镉棒来控制反应速度。1942 年 12 月 2 日,这个反应堆实现第一次自持链式核反应,虽然当时得到的功率仅为 0.5 W,10 天后上升为 200 W,但却标志着人类进入了利用原子能的新纪元。图 18-3 显示,1942 年,科学家们在芝加哥大学的一座地下室里,观察原子核反应堆中的可控链反应情况。由于辐射无法拍下当时的现场照片,这是一位画家描绘的当初的情境。

图 18-3　科学家们正在观察原子核反应堆中的可控链反应情况(画)

18.2.2　核能的第一次利用

核能的第一次利用,不是为人类造福,而是用于制造对人类大规模屠杀的原子弹。第二次世界大战,成了原子弹的催产婆。1939 年 7 月,一些科学家迫于一旦法西斯德国掌握原子弹技术可能带来严重后果,找到爱因斯坦,借他的名义写信给美国总统,建议研制原子弹。爱因斯坦给总统罗斯福的信,引起了美国政府的注意,罗斯福下令成立了铀顾问委员会,但军方却没有引起重视。1941 年 12 月 7 日,日本袭击珍珠港;12 月 8 日,美、英对日本宣战;12 月 11 日,德、意对美宣战,太平洋战争爆发。正是这场战争的爆发,给了美国人加快制造原子弹的信心与决心。1942 年 8 月,美国在英国、加拿大的合作之下,开始实施代号为"曼哈顿工程"的原子弹研制计划,由著名科学家奥本海默主持实施。从 1943 年到 1945 年 7 月,美国政府动用了 50 多万人,15 万名科学家和工程技术人员,动用了全国的 1/3 电力,耗资 20 亿美元。在第二次世界大战即将结束时制成了 3 颗原子弹,使美国成为世界上第一个拥有原子弹的国家。1945 年 7 月 16 日,美国在新墨西哥州里阿拉莫戈多荒漠上,成功试爆了第一颗代号为"大男孩"的原子弹。这颗原子弹是铀弹,其爆炸力相当于 2 万吨 TNT 炸药,在爆炸半径 400 m 的范围内,沙石都熔化成黄绿色玻璃状物,半径 1 600 m 范围内,所有

①　仲扣庄主编.物理学史教程[M].南京:南京师范大学出版社,2009:265.

动植物都死亡。另外两颗总爆炸力相当于 35 000 吨 TNT 炸药。代号为"小男孩(铀弹)"(图 18-4)和"胖子(钚弹)"(图 18-5)的原子弹,分别于 8 月 6 日和 9 日投放在日本的广岛和长崎。造成广岛 71 000 人当场死亡,68 000 多人受伤,60% 的建筑物被炸毁;长崎 35 000 多人死亡,60 000 多人受伤,44% 的建筑物被炸毁。

图 18-4　美国投放到广岛的原子弹"小男孩"　　　图 18-5　美国投放到长崎的原子弹"胖子"

　　1950 年 1 月,美国总统杜鲁门下令加速研制氢弹,1952 年 10 月进行了氢弹试验。1949 年 8 月,苏联进行了原子弹试验,1953 年 8 月又进行了氢弹试验。英国、法国先后在 20 世纪的 50 年代和 60 年代各自进行了原子弹与氢弹试验。1964 年 10 月 16 日下午 3 时,中国自主研制的第一颗原子弹在新疆罗布泊爆炸成功(图 18-6)。1966 年 10 月 27 日,中国唯一一次携带核弹头实弹发射试验获得成功,一枚 2 万吨 TNT 爆炸当量的核弹头被东风-2型导弹运载到 900 km 外核试验场上空预定高度爆炸。1967 年 6 月 17 日,中国的第一颗氢弹爆炸成功(图 18-7)。这标志着由美国、苏联的核垄断被彻底打破。据联合国公布的资料,全世界已有核弹头数万个,爆炸当量约为 150 多亿吨 TNT。最大的核弹是苏联的SS-18第四代洲际战略核导弹,核爆炸力高达 5 000 万吨 TNT 当量,最小的战术核弹头只有数十吨 TNT 当量。

图 18-6　中国的第一颗原子弹爆炸成功　　　图 18-7　中国的第一颗氢弹爆炸成功(新华网)

18.2.3　核电站与核动力的应用

　　核电站又称原子能发电站,是利用一座或若干座核反应堆所产生的热能来发电或发电兼供热的动力设施。核反应堆是核电站的关键设备,链式裂变反应就在其中进行。目前,世界上核电站常用的反应堆有压水堆、沸水堆、重水堆和改进型气冷堆以及快堆等,其中应用最广泛的是压水反应堆(见图 18-8)。

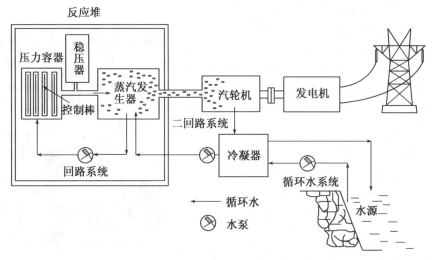

图 18-8　压水堆核电站原理示意图

　　1951 年 12 月 20 日,美国最先利用核能加热的高温蒸汽带动发电机发电的试验获得成功,而世界上第一座核电站却是苏联于 1954 年 6 月建成的奥伯宁斯克核电站。虽然它的发电功率只有 5 000 kW,但它开辟了人类和平利用核能的新纪元。此后,核电站如雨后春笋在世界各地兴建。目前,在全世界 30 多个国家中已建成的核电站有 400 多座;中国有浙江秦山核电站、广东大亚湾核电站、江苏省连云港的田湾

图 18-9　江苏连云港田湾核电站

核电站(图 18-9)、广东岭澳核电站共 11 台机组运行,年发电量 900 万千瓦时。到 2009 年底,全球的核电年产量估计在 372 673 兆瓦,世界各地在建的核反应堆总数达到 54 座,其中,中国在建的核反应堆达到 10 座;计划兴建的核反应堆有 57 座,中国以 20 座而名列第一[1]。据国家能源局公布的数据显示:截至 2018 年 2 月底,我国在建的核电机组共 18 台,装机容量达到 21 010 MW。截至 2018 年 12 月底,我国(大陆地区)投入商业运行的核电机组共 44 台,装机容量达到 44 645.16 MW(额定装机容量)。[2] 核动力是指核裂变或核聚变产生的能量在工业、国防等方面的应用。如炼钢、海水淡化处理、煤的液化和汽化、城市的供热采暖、动力机械的推动力等。美国和英国的潜艇及航空母舰都以核能为动力来推动。

　　① 中国经济社会调查中心.2010 中国核电设备及行业市场分析及投资研究报告. http://doc. mbalib. com/view/188927fe190a54ae175bb1e1c769affa. html.
　　② 百度百科. 中国核电站分布图. https://baike. baidu. com/item/中国核电站分布图/8366658.

1957年1月17日,美国制造的世界上第一艘核潜艇"鹦鹉螺"号开始试航,它宣告了核动力潜艇的诞生。目前,世界上拥有核潜艇的国家有美国、俄罗斯、中国、英国、法国和印度,其中美国和俄罗斯拥有的核潜艇数量为最多。

1961年11月,美国制造的世界上第一艘核动力航母"企业"号建成服役。美国是世界上核动力航空母舰最多的国家。图18-10为中国第二代攻击型核潜艇093型。目前,我国正在服役的核潜艇有094型和094A型。094型核潜艇可以搭载12枚巨浪-2弹道导弹,射程超过7 400 km,预计最大射程为8 000～10 000 km,每枚导弹最少可装备3～6枚分导式核弹头,每个分弹头爆炸当量估计为20万～30万吨TNT(不携带战略核弹头),圆概率偏差300 m内。①让中国真正拥有了可靠性高、隐蔽性能好、打击威力大的攻击性战略核潜艇。

图18-10　中国第二代攻击型
核潜艇093型(人民网)

利用原子核反应堆可以获得大量中子,所以核反应堆是最强的中子源。中子源是进行科学研究的一种十分重要的研究工具。目前,中子技术在物理学、化学、材料科学、生物技术、医疗等领域得到了广泛应用。如利用中子辐射杀死癌细胞,用中子束透射检验材料质量和无损探伤技术等。

18.2.4　核聚变能

核聚变能是指两个或两个以上轻原子核结合成较重的原子核时释放出来的能量。太阳每时每刻向外辐射的巨大能量就是由核聚变产生的。在人工控制下的核聚变称为受控核聚变;在受控核聚变情况下释放核能的装置,称为核聚变反应堆或核聚变堆。

最简单的核聚变就是氢核聚变。当氢(H)的同位素氘(D)、氚(T)在极高的温度和极大的压力下非常靠近时,它们就会聚合在一起形成一个较重的新原子核氦$_2^4$He,同时释放出巨大的能量。由于这种核反应是在极高(1亿～5亿摄氏度)的温度下进行,所以被称为热核反应。美国的第一颗氢弹就是以液态的氘(^{2}H)和氚(^{3}H)为热核燃料,爆炸力相当于300万吨TNT当量,把海底炸出一个深50 m、直径2 000 m的巨坑。苏联的第一颗氢弹是用固体化合物氘化锂为核燃料。

核聚变燃料主要有氢、氘和氚。水是由氢和氧两种元素组成的,将水电解就可以获得氢气和氧气;氘可以直接从海水里提取,1 L海水中含有0.03 g氘,释放的能量相当于300 L石油,而提取氘的费用远低于分离铀的费用。据计算,如果把海水中的氘全部提取出来,聚变产生的能量足够人类用上几百亿年。

既然氢与氘的提取比分离其他核燃料容易,资源又取之不尽用之不竭,为什么直到现在还没有被人们广泛利用?原因有二:其一,氢作为燃料使用"得不偿失"。因为用电解法很容易获得氢气,但获得的氢气产生的热能要少于电解耗费的电能,所以氢气除了

———————————
①　百度百科. 094型战略核潜艇. https://baike.baidu.com/item/094型战略核潜艇/747912.

用于工业需要与科学研究之外,没有人把它作为普通燃料来使用的。其二,可控核聚变的条件还不具备。人工轻核聚变已在氢弹的爆炸中实现,但这种巨大的爆炸性能量是在几百万分之一秒的瞬间产生,无法被人类控制利用。因此,可控核聚变反应就成为人们追求的奋斗目标。

实现可控核聚变需要特定的条件:

(1) 高温条件,也就是热核点火条件。轻核混合燃料首先要在极高温度下呈电中性的"等离子体",这种等离子体在上亿度高温下就能克服静电斥力发生聚变反应。如氘—氚混合核燃料的点火温度至少要上亿度,氘—氘混合核燃料的点火温度至少要达 4 亿~5 亿度。

(2) 约束条件,也就是装盛高温等离子体、防止高温等离子体逃逸的容器。然而,地球上没有制作这种容器的材料。科学家们想到,如果把高温等离子体约束在容器的中央进行聚变反应,就可以避免容器的烧毁。据此,科学家们找到了两种约束方法:磁约束法和惯性约束法。磁约束法就是利用磁场把高温等离子体约束在磁场之内,并沿磁力线方向做相对运动。目前,使用最为普遍的是由苏联科学家阿齐莫维奇等人于 1954 年发明的磁约束环流器——"托卡马克"装置(图 18 - 11)。1974 年 7 月,中国建成托卡马克装置——中国环流器 1 号,取得了不少成果。2006 年 9 月 8 日,我国自行设计、

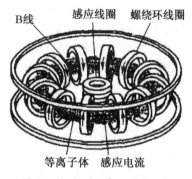

图 18 - 11　磁约束环流器——
"托卡马克"装置

自行研制的"人造太阳"实验装置——位于合肥的全超导非圆截面托卡马克核聚变实验装置(EAST)首次建成并投入运行,在第一轮物理放电实验过程中,成功获得电流 200 kA、时间接近 3s 的高温等离子体放电[1]。2006 年,中国投入了 10 亿美元,参加了由中国、欧盟、美国、韩国、日本、印度、俄罗斯共同参与的国际热核聚变实验堆(ITER)合作计划,将承担 10% 的责任。2008 年,ITER 在韩国大田的核聚变研究装置 KSTAR 在 1 000 万摄氏度条件下,以等离子体状态成功维持 0.3 s,实现了可贵的突破[2]。2008 年 12 月,中国科研人员在高温超导大电流引线试验中获得通过 90 kA 电流的成果,这是目前世界各国获得的最高纪录。这项成果不但使中国可以按时交付 ITER 所需的超导馈线系统,而且有利于解决聚变堆巨型超导磁体制冷节能的科学问题[3]。

惯性约束与磁约束不同,它是利用等离子体自身的惯性,在它们受热膨胀还来不及飞散之前就发生聚变反应,以取得足够的能量。1963 年,苏联的物理学家巴索夫首先提出用激光打靶的方法产生核聚变,我国物理学家王淦昌也同时提出过这一设想。苏联是最早进行激光核聚变研究的,其后的中国、美国、日本、法国、德国等国纷纷加入这一行列,并取得了一定的成果。1985 年 7 月,由中国科学院上海光机所研制的激光核聚变实验装置"神光-Ⅰ"获得成功。2001 年 8 月,"神光-Ⅱ"装置在上海建成,总输出能量达到 6 千焦耳/纳秒,或 8 万亿瓦/100 皮秒,总体性能达到国际同类装置的先进水平。2004 年 4 月,神光-Ⅱ装置成功

①　中国科学院. 2007 高技术发展报告[M]. 北京:科学出版社,2007:17.

②　中国科学院. 2009 高技术发展报告[M]. 北京:科学出版社,2009:18,19.

③　国家发展和改革委员会. 可再生能源中长期发展规划. 中国网 china. com. cn2007 - 09 - 04.

突破 100 万亿瓦大关,输出峰值功率达到 120 万亿/36 飞秒,是国内正式运行的最大规模的高功率激光实验装置。2007 年 2 月 4 日,我国新一代高功率激光实验装置——"神光-Ⅲ"工程破土动工。2015 年,神光-Ⅲ 主机装置基本建成。作为亚洲最大,世界第二大激光装置,神光-Ⅲ 可以输出 48 束激光,总输出能量为 18 万焦耳,峰值功率高达 60 万亿瓦。我国成为继美国国家点火装置后,第二个开展多束组激光惯性约束聚变实验研究的国家。[①]

18.3　太阳能

太阳能一般是指太阳以电磁辐射形式发射的能量,是地球上光和热的源泉。太阳每秒钟辐射到地球表面的总能量为 8.0×10^{13} kW,是一种巨大且对环境无污染的、可再生的清洁能源。太阳能的利用与转换方式有四种,即光-热转换、光-电转换、光-化学转换和光-生物利用。

18.3.1　太阳能光-热转换技术

太阳能光-热转换技术是指利用各种集热器件把太阳能直接转换成热能的技术。目前,太阳能光-热转换技术最为成熟,产品也最多,转换成本也相对较低,易于推广和普及。如:太阳能热水器、太阳能开水器、太阳能干燥器、太阳灶、太阳能温室、太阳能海水淡化装置以及太阳能采暖和制冷器等。

太阳能光-热转换分低温(40～300 ℃)转换和高温(300 ℃以上)转换。低温转换主要用于工业用热、居民生活用热、建筑物取暖、制冷、空调等方面;高温转换主要用于热发电、焊接、冶炼和材料高温处理等方面。

太阳能光-热转换效率与太阳能集热器、传热介质和光照时间有关。由于太阳能比较分散,必须设法把它集中起来,所以集热器是各种利用太阳能装置的关键部分。由于用途不同,集热器及其匹配的系统类型分为许多种,名称也不同,如用于炊事的太阳灶、用于产生热水的太阳能热水器、用于干燥物品的太阳能干燥器、用于熔炼金属的太阳能熔炉,以及太阳房、太阳能热电站、太阳能海水淡化器等。转换太阳能的传热介质通常有空气和液体(如水、油或防冻液等)。

最早的太阳能光-热转换器具是我国西周时期使用的阳燧:"司烜氏掌以夫遂(燧)取明火于日(《周礼·秋官》)。"这里的"燧"就是用青铜制作的凹面镜——阳燧。1995 年 4 月,在陕西扶风县西周墓藏中出土的一枚青铜阳燧是我国现存最早的实物,距今已有 3000 多年的历史。我国西汉(前 206～23 年)时期还出现了冰透镜取火的记载:"削冰令圆,举以向日,以艾承其影,则火生(《淮南万毕术》)。"利用凹面镜聚焦太阳能技术至今仍在使用,如伞式太阳灶、抛物柱面太阳能热水器等。

在太阳能光-热转换中,目前应用范围最广、技术最成熟、经济效益最好的就是真空管太阳能热水器。日本是目前使用太阳能热水器最多的国家,20 世纪 80 年代末已发展到 400多万台;以色列 90 年代初全国 60%的热水来自太阳能热水器。2007 年 9 月,国家发展和改革委员会在《可再生能源中长期发展规划》中提出:"在城市推广普及太阳能一体化建筑、太

① 腾讯网."人造太阳"追梦之旅:中国神光-Ⅲ主机基本建成. https://new.qq.com/rain/a/20150808020804.

阳能集中供热水工程,并建设太阳能采暖和制冷示范工程。到 2020 年,全国太阳能热水器总集热面积将达到约 3 亿平方米,加上其他太阳能热利用,年替代能源量达到 6 000 万吨标准煤。"[①]

在农业生产上直接利用太阳能的是太阳能塑料大棚,即使在我国北方寒冷的冬天,也能反季节生长蔬菜、瓜果以及苗木、花卉等。太阳能塑料大棚生产蔬菜,彻底改变了我国北方地区冬、春两季蔬菜供应的传统结构,极大地丰富了人们的物质生活。

太阳能热发电技术就是太阳能→热能→机械能→电能。世界上第一座太阳能热电站是法国的奥德纳太阳能热电站。此后,日本、美国、德国、意大利等国家也先后建立了太阳能热电站,发电量也有了大幅度提高。我国在内蒙古、甘肃、新疆等地选择荒漠、戈壁、荒滩等空闲土地,建设太阳能热发电示范项目,到 2010 年,太阳能热发电总容量为 5 万千瓦,2020 年将达到 20 万千瓦。

18.3.2　太阳能光-电转换技术

太阳能光-电转换技术是指把太阳光直接转换成电能的技术。把太阳光能转换成电能有两种方法,一种是直接利用太阳能电池蓄电,另一种是太阳能光伏发电。太阳能电池有许多种类,如单晶硅电池、多晶硅电池、非晶硅电池、硫化镉电池、碲化镉多晶电池、非晶硅薄膜电池、微晶硅薄膜电池、碲化镉多晶薄膜电池等。尤其是薄膜太阳能电池的出现,不仅使光电转换效率得到提高,而且还降低了电池的成本,大大扩展了太阳能电池的应用范围。1954 年,美国贝尔实验室研制成功世界第一批可供实用的单晶硅太阳能电池,光电转换效率为 6%。20 世纪 90 年代初,美国用砷化钾半导体与砷化锑半导体重合制成的太阳能电池,光电转换效率高达 36%。目前,商品太阳能电池的转换效率一般只有 10%~17%。

太阳能电池最早用于人造地球卫星,为保证卫星的正常工作提供电力,此后太阳能电池一直是空间各种宇航器的主力电源。现在,太阳能电池已被广泛用于卫星地面接收站、微波中继站、交通信号、广告照明、太阳能汽车、太阳能计算器、太阳能充电器、太阳能手机等。甚至,太阳能飞机也已研制成功,开始进入实用阶段。截至 2007 年底,我国太阳能电池总产量达到 1 088 兆瓦,占世界份额的 27.2%,位居世界第一。

太阳能光伏发电,就是利用半导体界面的光生伏特效应而将光能直接转变为电能的一种技术,这种技术的关键元件是太阳能电池板。太阳能光伏发电分为两种:一种是把单块和多块太阳能电池板产生的电能通过蓄电池储存,然后再输送给用电器,这种发电方式可以分散、独立进行;另一种是把许多块太阳能电池板产生的电能,通过转换装置直接输送到国家电网,成为电网的补充。图 18 - 12 为光伏发电系统示意图。目前,美国、欧洲、日本、以色列等国都建有这样的光伏发电厂。日本政府给予私人家庭安装太阳能发电装置进行政府补贴,同时还规定了一

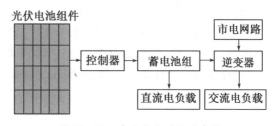

图 18 - 12　光伏发电系统示意图

①　国家发展和改革委员会. 可再生能源中长期发展规划. 中国网 china. com. cn 2007 - 09 - 04.

些有利于市民的政策法规。如家庭太阳能发电系统发出的电,白天自家用不完,多余的电可以通过电网卖给电力公司,晚上则从电网买电回来用。因此,安装了太阳能发电装置的家庭,不但用电不花钱,而且每个月还能赚到一笔钱。因为日本法律规定,电力公司必须无条件地回收个人的多余电力,必须购买市民多余的电[1]。2007年底,日本大约有40万户家庭采用太阳能发电。2010年日本国内市场太阳能电池出货量达99.2万千瓦,连续两年环比增加一倍[2]。

"十一五"期间,我国计划在北京、上海、江苏、广东、山东等地区开展城市建筑屋顶光伏发电试点。到2010年,全国建成1000个屋顶光伏发电项目,总容量5万千瓦;到2020年,全国建成2万个屋顶光伏发电项目,总容量100万千瓦[3]。据中国政府网2010年1月16日报道:宁夏5个企业的40兆瓦大型太阳能光伏电站成功并网发电;新华网2010年1月9日报道:山东也建成第一家并网发电的太阳能示范电站,年发电量约为130万度。

2017年,我国太阳能发电总量为647.5亿度,2018年1~3月底,我国太阳能发电总量为198.8亿度。[4]

18.4 风能

风能是地球表面大量空气流动所产生的动能,是一种无所不在、清洁无污染的可再生能源。太阳辐射到地球上的辐射能,大约有2%转化为风能。全世界的风能资源约为200亿千瓦,其中陆地上约占100亿千瓦,每年可发电13万亿千瓦时。中国的陆地可利用风能资源约3亿千瓦,加上近岸海域可利用风能资源,共计约10亿千瓦。我国的风能资源主要分布在东北、华北北部、西北地区、东部沿海陆地、岛屿及近岸海域以及内陆风能资源丰富的局部地区。

人类利用风能由来已久,早在公元前3000多年,古埃及人在尼罗河上就已经利用棕叶帆来推动船只航行。我国在夏商时期就有了风力推动的帆船,此后又有了提水用的风车、加帆手推车等。明清时期,风力灌溉已成为我国沿海地区的主要排灌动力,图18-13是我国所特有的用于排灌的立轴式八面风车。

利用风力发电始于19世纪,丹麦人拉库尔于1891年研制成功两台风力驱动的9 kW直流发电机组。1910年,丹麦已有微型、小型发电机组1万多台,荷兰约有2万多台,主要用于排灌、

图18-13 中国传统的立轴式八面风车

① 叶文虎主编. 可持续发展新进展(第1卷)[M]. 北京:科学出版社,2007:8.
② 2011年02月18日09:28来源:中国广播网.
③ 国家发展和改革委员会. 可再生能源中长期发展规划. 中国网 china. com. cn 2007-09-04.
④ 中商情报网讯 2018年3月中国太阳能发电量统计情况. http://www. askci. com/news/chanye/20180423/150605121999. shtml.

照明。由于风力发电远不如水力、火力发电安全、稳定、经济、可靠,所以风力发电一直不为人们所重视而被淘汰。由于能源短缺与环境保护,才使得风力发电重新引起许多国家的重视,并成为新能源开发利用的一个重要组成部分。材料科学与电力技术的发展,为风力发电提供了轻便、结实的优质材料和技术保证。20 世纪 80 年代末,风轮直径达 100 m、输出功率达 4 000 kW～5 000 kW 的风力发电机组已经问世。90 年代初,美国风力发电的装机容量已突破 200 万千瓦。到 2005 年底,全世界风电装机容量已达 6 000 万千瓦,最近 5 年来平均年增长率达 30%。利用风力发电的主要问题是造价和电力输出的不稳定性。随着制造技术的不断进步和应用规模的扩大,以及各个国家的政策扶持与法律干预,风电成本在持续下降,经济性与常规能源已十分接近。

到 2005 年底,我国已建成并网风电场 60 多个,总装机容量为 126 万千瓦。此外,在偏远地区还有约 25 万台小型独立运行的风力发电机(总容量约 5 万千瓦)。我国单机容量 750 千瓦及以下风电设备已批量生产,正在研制兆瓦级(1 000 kW)以上风力发电设备。2009 年 12 月中国陆上最大功率(3 兆瓦)风力发电机组在中国风谷——新疆达坂城风力发电厂正式安装。2010 年 10 月,我国首台最大功率——5 兆瓦永磁直驱海上风力发电机在湘潭成功下线[①]。据行业统计,2017 年,我国新增并网风电装机 1 503 万千瓦,累计并网装机容量达到 1.64 亿千瓦,占全部发电装机容量的 9.2%。风电年发电量为 3 057 亿度,占全部发电量的 4.8%[②]。2018 年,新增并网风电装机容量为 2 059 万千瓦,累计并网装机容量达到 1.84 亿千瓦,占全部发电装机容量的 9.7%。2018 年风电发电量3 660 亿度,占全部发电量的 5.2%。[③] 图18-14 为江苏盐城沿海滩涂的风力发电场。

图 18-14 江苏盐城沿海滩涂的风力发电场

18.5 生物质能

生物质能是指以生物质为载体所蕴藏的能量,是太阳能的一种表现形式。生物质能是世界上最丰富的可再生能源之一,它仅次于化石能而居世界能源消费总量的第四位。据有关专家估计,到 21 世纪中叶,采用新技术生产的各种生物质能替代燃料将占全球总能耗的 40%以上[④]。

生物质能与人类的生存、发展密不可分,火的使用不仅把人与动物作了最彻底的划分,同时也是人类把生物质能转化为热能的开端。直到现在,以树木、柴草、农作物秸秆等为燃料依然是发展中国家农村百姓生活的主要能源。生物质能的开发主要体现在两个方面:一是可利用绿色植物、微生物的生产;二是在现代科学技术基础之上,如何对生物质进行深加

① 长沙晚报. 我国首台最大功率海上风力发电机昨在湘潭下线. http://www. chinadaily. com. cn/dfpd/hunan/2010—10—22/content_1055970. html.

② 百度文库. 国家能源局. 2017 年风电并网运行情况. https://wenku. baidu. com/view/a.

③ 百度. 国家能源局. 2018 年风电并网运行情况. http://www. nea. gov. cn/2019-01/28/c_137780779. htm.

④ 刘金寿主编. 现代科学技术概论[M]. 北京:高等教育出版社,2008:325.

工,发挥更大的经济效益和社会效益。

沼气是指用家禽、牲畜粪便、农作物秸秆、食品加工废渣、废水等生物质,经微生物发酵、分解而产生的可燃气体,其主要成分是甲烷(占 60%～70%)。沼气生产技术与其他可再生能源相比,不仅具有投资少、见效快、设备简单、易于操作管理等优点,而且还能改变环境卫生。

生物柴油是指以动、植物油脂、餐饮垃圾油等为原料,用甲醇或乙醇在催化剂作用下经脂交换制成的可代替石化柴油的再生性燃油。许多植物体内含有与石油成分相类似的碳氢化合物,如大戟科、菊科、豆科植物等。生物质固体燃料是指以农作物秸秆、木材加工厂废弃物、造纸厂废弃物等松散的生物质原料,利用木质素充当黏合剂,在一定温度和压力作用下加工成棒状、块状或颗粒状的成型燃料。生物质固体燃料的能源密度相当于中等烟煤。这不仅提高了生物质的利用效率,而且还方便运输、储存和使用。生物质固体燃料既可用于家庭的炊事、取暖,也可以作为工业锅炉和电厂的燃料而取代化石燃料。

到 2005 年底,全世界生物质发电总装机容量约为 5 000 万千瓦,主要集中在北欧和美国;生物燃料乙醇年产量约 3 000 万吨,主要集中在巴西、美国;生物柴油年产量约 200 万吨,主要集中在德国。沼气已是成熟的生物质能利用技术,在欧洲、中国和印度等地已建设了大量沼气工程和分散的户用沼气池。

根据国家 2007 年制定的《可再生能源中长期发展规划》,到 2020 年,生物质发电总装机容量将达到 3 000 万千瓦,生物质固体燃料年利用量达到 5 000 万吨,沼气年利用量达到 440 亿立方米,生物燃料乙醇年利用量达到 1 000 万吨,生物柴油年利用量达到 200 万吨。

18.6　地热能与海洋能

地热能和海洋能是人类可以开发利用的自然资源,这两种能源不仅清洁卫生,不对环境造成任何化学污染,而且还可以再生,是未来能源开发与运用的重要组成部分。

18.6.1　地热能

地热能是来自地下深处的天然地热水或地热蒸汽,它产生于地球内部的熔岩,是人类可直接利用的且可再生的清洁能源。人类很早以前就开始利用地热能,如利用天然温泉沐浴、医疗疾病等。但真正认识地热资源并进行较大规模的开发利用却是始于 20 世纪中叶。

地热能利用包括发电和热利用两种方式,技术均比较成熟。1904 年,意大利人建造了世界上第一个地热发电站,由此揭开了人类利用天然地热能发电的序幕。到 2005 年底,全世界地热发电总装机容量约 900 万千瓦,主要分布在中国、美国、冰岛、墨西哥、意大利、新西兰、日本、菲律宾和印尼等 20 多个国家。

目前,我国最大的地热能发电站是西藏当雄县境内的羊八井地热电站(图

图 18-15　西藏羊八井地热电站

18-15)。羊八井位于拉萨市西北 90 多千米,海拔 4 300 m,其地热田地下深 200 m,地热蒸汽

温度高达 172℃。1977 年,地热电站的第一台 1 000 千瓦发电机组投入运行。到 1986 年,总装机容量已达 1.3 万千瓦。2010 年,装机容量已达 2.5 万千瓦,累计发电量已超过 24 亿千瓦时[①]。在冬季枯水季节水力发电不足时,羊八井地热发电就成为拉萨电网供电的主要来源之一。近年来,我国地热能的热利用发展较快,主要是热水供应及供暖、水源热泵和地源热泵供热、制冷等。随着地下水资源保护的不断加强,地热水的直接利用将受到更多的限制,地源热泵将是未来产业化的主要发展方向。据不完全统计,截至 2006 年底,中国地源热泵市场年销售额已超过 50 亿元,并以 20%的速度在增长。目前,全国已安装地源热泵系统的建筑面积超过 3 000 万平方米。[②]

据初步勘探,我国地热资源以中低温为主,适用于工业加热、建筑采暖、保健疗养和种植养殖等,资源遍布全国各地。适用于发电的高温地热资源较少,主要分布在藏南、川西、滇西地区,可装机潜力约为 600 万千瓦。初步估算,全国可采地热资源量约为 33 亿吨标准煤。截至 2017 年底,全国地源热泵装机容量达 2 万兆瓦,年利用浅层地热能折合 1 900 万吨标准煤,实现供暖制冷面积超过 5 亿平方米;中深层地热能供暖建筑面积超过 1.5 亿平方米。[③] 到 2020 年,地热供暖(制冷)面积预计累计达到 16 亿平方米左右,地热发电装机容量约 530 MW 左右。[④]

18.6.2 海洋能

海洋能一般是指因海水流动而产生的能量,是蕴藏在海洋中的可再生能源。海洋能主要有潮汐能、海流能、波浪能、海洋温差能和海洋盐度差能等。潮汐能源自月球、太阳的引力,其他海洋能则源自太阳辐射。海洋能蕴藏量巨大,且可再生永不枯竭,显然是十分理想的可供人类长期利用的自然资源。但由于海洋能流分布不均匀,能流密度低,其开发成本要远高于其他能源,所以在海洋能的利用方面,人类还处在探索阶段。近年来,由于受到化石燃料能源危机和环境保护的双重压力,在相关科学、技术的支持下,海洋能应用技术日趋成熟,为人类在 21 世纪充分利用海洋能展示了美好的前景。

在海洋能利用方面,以潮汐能发电最为成功。潮汐现象是指海水在月亮和太阳引力作用下产生的周期性运动,是沿海地区的一种自然现象。世界著名的大潮区是英吉利海峡,那里最高潮差为 14.6 m,大西洋沿岸的潮差也达 4～7.4 m。我国的杭州湾的"钱塘江潮"的潮差达 9 m。据初步估计,全世界潮汐能约有 10 亿多千瓦,每年可发电 2 万亿～3 万亿千瓦时。2007年,全世界潮汐发电总装机容量约为 30 万千瓦。图 18-16 为杭州湾的钱塘江潮情境。

图 18-16　钱塘江潮

① 新华网. 西藏羊八井地热电站累计发电超过 24 亿千瓦时. 2010-4-5.

② 国家发展和改革委员会. 可再生能源中长期发展规划. 中国网 china. com. cn 2007-09-04.

③ 搜狐财经. 2019～2024 年中国地热能市场概况及投资环境可行性专项调查研究报告. http://www. sohu. com/a/289326611_361162.

④ 湖北地大热能科技. 我国地热能未来发展趋势分析. http://www. hbddrn. com/news/hynews/8000. html.

目前,世界上最大的潮汐电站是法国于 1966 年建成的朗斯潮汐电站(图 18 - 17)。电站位于法国西北部英吉利海峡圣马洛湾的朗斯河口。此地的平均潮差约 8.5 m,最大潮差 13.5 m,最小潮差约 5.4 m。河口水库大坝全长 750 m,蓄水量达 1.84 亿立方米。电站装机容量为 24 万千瓦,安装有 24 台单机容量 1 万千瓦的可逆贯流式水轮发电机组,机组可作双向发电、双向泄水和双向抽水 6 种运行方式,每年发电量为 5.44 亿千瓦时。

图 18 - 17　法国朗斯潮汐电站　　　　　　图 18 - 18　浙江温岭江厦潮汐试验电站

我国 20 世纪 50～60 年代就已在沿海建过一些小型潮汐电站。70 年代我国出现了建潮汐电站的第二次高潮。其中最大的两座是浙江乐清湾的江厦潮汐试验电站(图 18 - 18)和山东乳山县的白沙口潮汐电站。到目前为止,我国正在运行发电的潮汐电站总装机容量为 6 000 kW,年发电量 1 000 万余度。仅次于法国、加拿大,居世界第三位。

除利用潮汐能发电外,海浪能也可以用来发电。我国海浪发电技术研究始于 20 世纪 70 年代,80 年代以来获得较快发展,航标灯用海浪发电装置已渐趋商品化,在沿海海域航标和大型灯船上推广应用。我国的小型岸边固定式海浪发电站、小型摆式海浪试验电站均已获得成功。

据中国评论新闻网报道:2007 年 2 月 17 日,英国政府批准建立一座海浪能发电站的计划,建成后其规模将为世界之最。发电站的设计装机容量为 20 兆瓦特,发电量能满足 7 500 个家庭的电力需求,可在 25 年内减少 30 万吨二氧化碳排放[①]。

海洋能中的海流能、温差能和盐度差能的利用,目前仍处于研究试验阶段。可以相信,人类完全能够凭借其聪明才智,在不远的将来逐步使海洋能造福于人类。

---

① 中国评论新闻网.英国要建世界最大海浪能发电站. http://www. chinareviewnews. com20070919.

第19章　新材料技术

材料是当代经济高速发展的基础。材料技术革命已成为推动社会发展的强大动力,材料与能源、信息构成现代社会发展的三大支柱。

19.1　新材料概述

材料是一切物质生产不可缺少的基本要素,是人类赖以生存和发展的物质基础。人类社会的发展与材料的应用密不可分,石器时代、青铜器时代、铁器时代的划分,就是以制造物品的材料为标志的。每一种重要新材料的发明与应用,都会引起生产工具、生产方式的变革,都会有许多新产品问世,产生巨大的经济效益。

新材料是指新近发展或正在研制的、比已知材料更具有优异性能或特定性能的一类材料。新材料技术通常是指生产新材料所需要的科学知识、生产工艺和检测手段。大多数新材料是物理学、化学、冶金学、陶瓷科学、生物学、微电子学、光电子学等多种学科的最新研究成就,是多学科相互交叉和渗透的结果。新材料具有知识、技术密集度高、与新工艺和新技术关系密切、产品更新换代快、品种式样变化多、产品经济价值高等特点。因此,新材料是21世纪的电子信息、能源、医疗、交通运输、航空航天、海洋开发、国防军事等领域的发展支柱,也是现代科学技术前进的突破口。

新材料的种类非常多,按照使用性能分为结构(主要是力学性能)材料和功能(具有光、电、热、磁、声等性能)材料;按照材料用途分为信息材料、能源材料、建筑材料、生物材料、医用材料、航空航天材料等;按材料的成分与属性分为新型金属材料、新型无机非金属材料、新型高分子合成材料、复合材料、超导材料(见本书第17章)和纳米材料等。

19.2　新型金属材料

新型金属材料主要有各种合金材料和非晶态金属材料等。

19.2.1　新型合金材料

新型合金材料有许多种类,它们的性能与用途各不相同,主要有铝合金、镁合金、钛合金、铁镍铬合金以及稀有金属合金等。新型铝合金具有重量轻、耐久性高、导电性好、易于加工、适用范围广等优点,被广泛用于生产和生活领域。德国研制的一种合金钢,含铝量高达15%～17%,具有很强的耐腐蚀性和抗氧化性,可耐1 000 ℃以上的高温,是制造发电设备、汽车发动机、航空发动机的新型金属材料。新型镁合金是实用金属中最轻的金属,具有高强度、高刚性特性,广泛用于携带式的器械和汽车行业,也是制造飞机等飞行器零部件的理想材料。新型钛合金具有强度高、密度小、机械性能好等特点，主要用来制造飞机的发动机，火箭、导弹和高速飞机的结构件，并在化学工业、电解工业和电力工业领域得到广泛应用。铁镍铬合金种类繁多，特性各异，用途也各不相同。如不锈钢、艾林瓦合金、全奥氏体镍铁铬合金等，其主要成分都是铁、镍、铬。稀有金属是指地壳中储藏量少，矿体分散的金属。如锂、铍、铷、钛、钒、钽、铌、镓、铟等。稀有金属化学性质十分活泼，其少量即能改善合金的性能，主要用于制造特种钢、超硬质合金和耐高温合金，广泛用于电气工业、化学工业、陶瓷工业、原子能工业及火箭技术等领域。形状记忆合金是指具有形状记忆效应的一类合金。形状记忆合金的特点在于合金的形状被改变之后，随着合金受热到特定温度区间时，合金的形状会

自动、完全恢复到原来的形状。例如，用钛-镍记忆合金制成的仿菊花，以热水、热风、光热等为热源，在 65～85 ℃温度区间菊花瓣完全展开，常温下则全部合拢并保持不变（见图 19 - 1）。目前，已经发现的形状记忆合金有几十种，应用最多的有镍-钛合金与铜基合金两大类。形状记忆合金的坚韧性极强，可反复变形和复原 500 万次而不产生疲劳断裂，因而被广泛应用于卫星、飞船和空间站的大型天线、飞机部件接头

图 19 - 1　用记忆合金制作的菊花

以及医疗临床等领域。例如，人造卫星上的天线可以用记忆合金制作。发射之前，将抛物面天线折叠起来装进卫星体内，火箭升空把人造卫星送到预定轨道后，只需加温，折叠的卫星天线因具有"记忆"功能而自然展开，恢复抛物面形状。记忆合金在临床医疗领域内被广泛应用，如人造骨骼、各类腔内支架、心脏修补器、血栓过滤器、牙科正畸器等，是一种理想的生物功能材料。

　　2006 年，我国科研人员首次发现了一类具有形状记忆效应和超弹性的"应变玻璃态合金"。产生这种全新的形状记忆效应和超弹性的机制与以往形状记忆效应截然不同，是由应变玻璃态到马氏体态的应力诱发相变这一全新的物理机制来实现的。这一发现，打破了几十年来一直认为这种效应只存在于一类特定的马氏体合金中的传统观点。应变玻璃态合金的发现，不仅扩大了形状记忆合金家族的范围，更重要的是为形状记忆合金的理论与实验研究开辟了一个崭新的方向，并有可能导致新的应用[①]。

19.2.2　非晶态金属

　　非晶态金属是指其内在结构——原子呈无序排列的一类金属。因其内部结构与玻璃相似，故又称"金属玻璃"。非晶态金属是由沸腾的钢液以极快的速率急剧冷却而成。非晶态金属兼有金属和玻璃的性能，具有高强度、高硬度、高导电性、良好的磁导率和软磁特性、良好的韧性和塑性，其耐磨性明显高于钢铁材料，化学耐腐蚀性超过不锈钢的 100 倍。非晶态金属大体分为铁系和钴系两大类，其用途十分广泛，适宜制作失真度小的高级磁头、能量损失少的变压器铁芯、能控制巨大电流的磁性开关、敏感电器元件以及金属表面镀层等。

　　① 朱效民. 2006 年高技术发展述评. 见中国科学院编. 2007 年高技术发展报告[M]. 北京:科学出版社,2007:16.

19.2.3　其他新金属材料

储氢合金是指在一定条件下能够吸收和释放出氢的合金。自 20 世纪 60 年代末,美国最早推出镁-镍储氢合金以来,储氢合金就一直受到人们的关注。正在开发的储氢合金有镁系、钛系、锆系、铁系、稀土系等。储氢合金用于氢动力汽车已获成功,可以消除因燃烧汽油、柴油而产生的污染。用储氢合金制成的镍氢电池具有容量大、体积小、无污染等优点,现已广泛用于移动通信、笔记本电脑等各种小型便携式电子设备的电源。利用储氢合金不但可以回收工业废气中的氢,而且可以使氢纯度达到 99.999 9% 以上。由于储氢合金具有吸氢时放热、放氢时吸热特性,可用于储热与制冷。美国、日本使用储氢合金制成的空调器已经商品化。我国利用储氢合金储放氢过程的吸放热循环效应,制造了一台可以制冷到 77 K 的制冷机,可用于工业、医疗等行业需要低温环境的场合①。

泡沫金属是指含有无数泡沫状气孔,并具有一定强度和刚度的金属材料。目前,已经研制出的泡沫金属有泡沫不锈钢、泡沫铸铁、泡沫镍、泡沫铝等。泡沫金属作为一种新型功能材料,由于其具有孔隙率高(可达 90% 以上)、密度小、重量轻、强度大、比表面积大等特征,因而在导电性、减振、吸音、隔热、阻燃、冷却、过滤、防爆、透气、冲击能量吸收以及电磁屏蔽等方面具有较好的性能,在能源、通信、化工、冶金、机械、建筑、交通、环保、航空航天、医疗器械等领域得到广泛应用。如泡沫铝被用于导弹、飞行器及其回收部件的冲击保护层、汽车缓冲器、电子机械减振装置、脉冲电源电磁波屏蔽罩等。泡沫镍因具有高孔隙率、高透气性、高

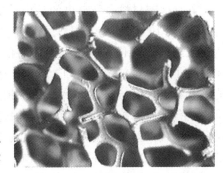

比表面积和毛细力,多作为功能材料,用于制作流体过滤器、雾化器、催化器、电池电极板和热交换器等。把泡沫镍作为电极材料,用于镍镉电池的电极时,电极的气液分离好,过电压低,能效可提高 90%,容量可提高 40%,并可快速充电②。镍镉电池、镍氢电池、可充电碱性电池一致趋向于采用泡沫镍作为正负极板以提高电池容量,以适应当今社会对高体积比容量、高质量比容量充电电池的需求。图 19-2 为具有抗菌、杀菌效果的抗菌泡沫金属。

图 19-2　抗菌泡沫金属金相显微图

19.3　新型无机非金属材料

新型无机非金属材料是 20 世纪中期在原有无机非金属材料基础上发展起来的具有特殊性能和用途的材料。常见的新型无机非金属材料主要有新型陶瓷材料、电子与光电子材料等。它们是现代高技术产业、现代通信、现代国防和现代生物医学不可缺少的物质基础。

新型陶瓷是在原有制陶工艺基础上逐渐发展起来的一种新型材料。与传统陶瓷相比,新型陶瓷的强度、硬度、耐磨损、耐高温、耐腐蚀等性能有很大程度的提高。新型陶瓷可分为结构陶瓷和功能陶瓷两大类。新型结构陶瓷目前主要用于热机的涡轮叶片、机械耐磨部件、

①　百度百科. 储氢合金. http://baike.baidu.com/view/556066.html.

②　陈雯,刘中华等. 泡沫金属材料的特性、用途及其制备方法[J]. 有色矿冶,1999,(1):33~35.

机械密封件、高温热交换器、涂层和生物医疗等领域。如果用新型结构陶瓷作为发动机的零部件,不仅可以使发动机的重量大大减轻,而且还可以节省燃料,提高输出功率。美国陆军曾用装有 500 马力的陶瓷柴油发动机的坦克与装有同样功率的钢质柴油发动机的坦克作对比试验。200 m 的赛程,前者用了 19 s,后者则用了 26 s[①]。新型功能陶瓷在电、磁、光、热、化学、生物等方面具有许多优异性能和实用价值。新型功能陶瓷主要有压电陶瓷、热敏陶瓷、光敏陶瓷、半导体陶瓷、导电与超导陶瓷、核燃料陶瓷、太阳能光转换陶瓷、生物陶瓷等。在自动控制、仪器仪表、电子信息、精密机械、航空航天等领域有着广泛的用途。

　　始于 20 世纪 70 年代发展起来的泡沫陶瓷材料,其泡沫孔径从纳米级到微米级不等,孔隙率在 20%～95% 之间,使用温度为常温～1 600 ℃。当时仅被用作铀提纯材料和细菌过滤材料。随着泡沫陶瓷技术的不断进展,泡沫陶瓷的应用逐渐扩大到隔热、吸音、电子、光电、传感、环境、生物、化学、医用材料、航空航天等领域。有一种叫做啤酒石的泡沫陶瓷,其重量只有同体积水泥的 1/5;另一种啤酒石泡沫陶瓷能承受激光产生的 2 316 ℃ 的高温达 1 个多小时之久。用泡沫陶瓷研制的人造骨等已经用于临床实验,其相互连通的孔隙有利于组织液的微循环,促进细胞的渗入和生长,引起了医学界和材料学界的关注[②]。

　　玻璃是一种特殊的陶瓷材料。现代科学技术使传统玻璃的特性发生了改变,出现了许多具有"特殊性能"的新型玻璃。如半导体玻璃、导电玻璃、磁性玻璃、玻璃钢、记忆玻璃、化学敏感性玻璃、激光玻璃、防弹玻璃、防辐射玻璃、防火防盗玻璃、超韧性增强玻璃、吸热与热反射玻璃等。

　　新型玻璃材料中最突出的是由玻璃纤维制成的光导纤维(图 19 - 3)。以光导纤维为传输介质、以光波作为信息载体的通信方式——光纤通信,使现代通信技术发生了根本性变化(参见 13.3.3 节有关内容)。通信光缆具有重量轻、通信容量大、传输损耗小、传输距离远、保密性能好、抗电磁干扰、抗腐蚀、制作材料硅(石英砂)价廉物丰等优点,使其已经成为当今世界最主要的有线通信方式。此外,光导纤维在医疗、遥感、遥测、传感、传能、数据处理等方面的应用也越来越多。用光

图 19 - 3　光导纤维

导纤维制成的医用内窥镜已成为当今医生诊断食道、胃、肠疾病的主要方法。

　　半导体材料是导电能力介于导体与绝缘体之间、用来制作半导体器件和集成电路的电子材料。半导体材料的种类很多,主要有硅、GaAs(砷化镓)和 InP(磷化铟)单晶材料,半导体超晶格、量子阱材料(半导体超薄层微结构材料)、一维量子线、零维量子点半导体微结构材料(低维半导体材料)、宽带隙半导体材料等[③]。这些新型半导体材料有的已经得到应用,有的还在研究、探索之中。这些新型半导体材料的出现,彻底改变了半导体器件、光电器件、计算机器件的设计思想。它们的发展将会推动现代通信、高速计算、大容量信息处理、空间

　　① 徐同文,于含云著. 知识创新——21 世纪高新技术[M]. 北京:北京科学出版社,2000:316、321.
　　② 百科词典. 泡沫陶瓷. http://hanyu.iciba.com/wiki/254408.shtml#13.
　　③ 王占国. 半导体材料研究的新进展[M]. 见王大中、杨叔子主编. 技术科学发展与展望——院士论技术科学(2002年). 济南:山东教育出版社,2002:318～323.

防御等领域加速向微型化、智能化方向迈进。我国半导体材料的研究与制备与国外相比，还有一定的差距，随着时间的推移，这种差距会逐渐缩小。

19.4　新型高分子合成材料

高分子是由许多结构相同的单体通过共价键连接、相对分子量高达几万甚至几千万的有机化合物。单体彼此结成长链，呈卷曲状的长链又相互缠绕成网状结构，分子之间吸引力强。自然界中有许多高分子材料，如淀粉、蛋白质、天然橡胶、棉花、羊毛、蚕丝、麻等。而现在所说的高分子材料，是指高分子物质通过化学方法合成的材料。高分子材料因具有电绝缘性高、可塑性好、弹性好、耐腐蚀、耐高温、耐辐射、耐磨、耐油、不透水、易加工等特点，已成为现代新型材料中的佼佼者。高分子合成材料主要有合成塑料、合成纤维、合成橡胶、合成薄膜、胶黏剂和涂料等。其中的合成塑料、合成纤维和合成橡胶被誉为现代三大新型合成材料。

塑料是一种以高分子量有机物质为主要成分的人工合成材料，它主要由合成树脂以及填料、增塑剂、稳定剂、润滑剂、色料等添加剂组成。人工合成塑料始于 20 世纪初，由实验室研制并逐渐形成工业化生产。20 世纪的 50～70 年代是塑料工业飞速发展时期，多系列、多品种、多性能、多用途的新型塑料纷纷问世，尤其是高性能的工程塑料、具有特殊性能的特种塑料的出现，使塑料在机械、电气、纺织、汽车、造船、建筑、日常生活等方面得到了广泛应用。新型塑料不断涌现，如可变色塑料薄膜、塑料血液、新型防弹塑料、可降低汽车噪声的塑料[①]等。以植物淀粉等天然物质为原料，经微生物作用生成的生物塑料，因其具有可降解和再生性能，在食品包装、塑料薄膜、购物袋、饮料瓶、手机与电脑外壳等方面的应用，逐步取代传统塑料已成趋势。

我国的塑料工业始于 20 世纪 20 年代，70 年代得到了高速发展。1982 年，我国的合成树脂年产量突破百万吨。进入 21 世纪，中国已经是名副其实的世界塑料生产、消费和进口大国。2010 年，中国的塑料制品在世界产量排名居于首位，其中多种塑料产品，如 PVC（聚氯乙烯）塑料制品、氨基模塑料等产量已位于全球首位[②]。

合成纤维是指以合成的高分子化合物为原料，通过拉丝工艺制成的化学纤维的统称。20 世纪初的合成纤维主要是粘胶纤维，它是以木浆、棉绒等天然纤维为原料经化学改性而成。1935 年，美国杜邦公司最先以煤、空气和水为原料合成了尼龙 66（聚酰胺）。1940 年，第一批尼龙丝袜投放市场，因其重量轻、耐磨、弹性好而震动纺织市场。1939 年，德国研制成功同属于聚酰胺纤维的锦纶，其性能更接近天然纤维。尼龙和锦纶成为合成纤维大发展的突破口，纺织品面貌也为之焕然一新。

20 世纪 60 年代以来，以石油为原料的合成纤维工业得到飞跃发展。除了锦纶、腈纶、涤纶、维纶、丙纶、氯纶等"六大纶"之外，一些具有特殊性能与用途的合成纤维不断出现，如耐高温纤维（如聚苯咪唑纤维）、耐高温腐蚀纤维（如聚四氟乙烯）、耐辐射纤维（如聚酰亚胺纤维）、阻燃纤维、高分子光导纤维、聚乳酸纤维等。如高强度纤维芳纶（聚对苯二甲酰对苯

---

① 百度百科. 新型塑料. 引自：http://baike.baidu.com/view/253753.html.

② 淘塑网资讯中心. 我国塑料制品产量位于世界各国前列. http://www.taosuw.com/TView.aspx?id=3934.

二胺),其强度是钢丝的 5～6 倍,模量为钢丝或玻璃纤维的 2～3 倍,韧性是钢丝的 2 倍,而重量仅为钢丝的 1/5 左右,在 560 ℃温度下不分解、不熔化,是制造防弹衣、防弹头盔的重要材料。

1958 年,我国试制成功第一种合成纤维原料己内酰胺。此后,我国又相继开发生产出了涤纶、腈纶、维尼纶等多种合成纤维,80 年代总生产能力达到百万吨以上。1996 年,世界合成纤维产量为 1 900 万吨,我国合成纤维产量为 291 万吨。2005 年,世界合成纤维总产量为 3 171.8 万吨,而我国的年产量为 1 445.8 万吨,跃居世界首位[①]。2018 年前 11 个月,合成纤维累计产量达到 4 110.20 万吨。[②]

合成橡胶在 20 世纪初开始工业化生产,从 40 年代起得到了迅速的发展。合成橡胶一般在性能上不如天然橡胶全面,但它具有高弹性、绝缘性、气密性、耐油、耐高温或低温等性能,因而广泛应用于工农业、国防、交通及日常生活中。橡胶的高分子已经突破了单体聚合的工艺,目前世界领先的橡胶工厂已经开始运用强度更大的橡胶,用超高分子聚集而成,而且成本相当低。合成橡胶是三大合成材料之一,其产量仅低于塑料和合成纤维。

合成橡胶分为通用型橡胶和特种橡胶两大类。通用型橡胶指可以部分或全部代替天然橡胶使用的橡胶。如丁苯橡胶、异戊橡胶、顺丁橡胶等,主要用于制造各种轮胎及一般工业橡胶制品,是合成橡胶的主要品种。特种橡胶是指具有耐高温或低温、耐油、耐臭氧、耐老化和高气密性等特点的橡胶。常用的特种橡胶有硅橡胶、氟橡胶、聚硫橡胶、氯醇橡胶、丁腈橡胶、聚丙烯酸酯橡胶、聚氨酯橡胶和丁基橡胶等,主要用于某些有特别要求的特殊场合。如硅橡胶,具有既耐低温又耐高温(可工作在 −100 ℃～300 ℃之间)、优异的耐气候性和耐臭氧性以及良好的绝缘性等特性,主要用于航空工业、电气工业、食品工业及医疗工业等方面。氟橡胶具有优异的耐热性、耐氧化性、耐油性和耐药品性等特性,主要用于航空、化工、石油、汽车等工业部门,作为密封材料、耐介质材料以及绝缘材料。

其他还有聚氨酯橡胶、聚醚橡胶、氯化聚乙烯、氯磺化聚乙烯、环氧丙烷橡胶、聚硫橡胶等,它们亦各具优异的独特性能,可以满足一般通用橡胶所不能胜任的特定要求,在国防工业、尖端科学技术、医疗卫生等领域有着重要作用。

我国合成橡胶工业化生产始于 20 世纪 50 年代后期,经过 50 多年的国内自主研发和引进世界先进技术相结合的发展历程,已成为产品体系较完整,年产量超过百万吨的重要产业。目前,我国已经建成丁苯橡胶(SBR)、聚丁二烯橡胶(PBR)、丁基橡胶(IIR)、氯丁橡胶(CR)、丁腈橡胶(NBR)和乙丙橡胶(EPR)等基本胶种的产品生产体系。此外,我国也大量生产丁苯热塑性弹性体(SBS)和丁苯胶乳,也生产丙烯酸酯橡胶、硅橡胶、氟橡胶以及氯化聚氯乙烯等特种橡胶产品。2017 年,中国合成橡胶行业累计产量 578.7 万吨,与 2016 年同期相比增长 4%[③]。2018 年,全国合成橡胶产量累计为 559 万吨,累计同比增长 7.1%。[④]

---

① 冉华. 世界合成纤维产量超过 3 000 万吨　我国合成纤维染料产量居全球之首[J]. 染料与染色. 2004,44(2):56.

② 中国报告网. 2018 年 1～11 月中国合成纤维行业产量达 4 110.2 万吨. http://data.chinabaogao.com/huagong/2019/0123Z95H019.html.

③ 中商情报网. 2017 年合成橡胶产量分析及 2018 年预测. http://www.askci.com/news/chanye/20180127/091411117021.shtml.

④ 中国产业信息研究网. 2018 年全年中国合成橡胶产量按月度分析. http://www.china1baogao.com/data/20190505/7981745.html.

19.5　复合材料

复合材料是指由两种或两种以上组分不同性质的材料,通过物理或化学方法人工复合而成的新型材料。由于参与复合的材料在性能上能各自克服缺点而发挥其优点,所以复合材料的综合性能如强度、刚度、韧性、耐高温等,要远远优于参与复合的每一组分原材料性能。复合材料的构成与一般材料的简便混合有本质上的区别。复合材料通常是由基体材料和增强材料复合而成。如钢筋混凝土就是最常见的复合材料,水泥与沙石是基体,钢筋为增强材料。新型复合材料的基体材料通常有金属、非金属和高分子材料。如铝、镁、铜、钛、合成树脂、橡胶、陶瓷、碳等。增强材料主要有玻璃纤维、碳纤维、芳纶纤维、碳化硅纤维、晶体、颗粒、金属丝等。

新型复合材料的品种非常多,用途也各不相同。按功用特点分有结构复合材料与功能复合材料两大类。前者主要利用其机械性能,后者主要利用其电学、化学性能。按基体材料分有金属基复合材料、树脂基复合材料与陶瓷基复合材料等。按增强材料分有纤维增强复合材料、颗粒增强复合材料、板状增强复合材料等。

新型复合材料的研发大约始于 20 世纪 40 年代,美国空军开始用玻璃纤维增强聚酯树脂复合材料(玻璃钢)制作飞机构件。60 年代以硼纤维为增强材料、金属铝为基体的硼-铝复合材料问世。这种复合材料能耐 1 200 ℃的高温,用作飞机机体可以减重 23%。70 年代出现的碳纤维、芳纶纤维(凯夫拉)-环氧树脂基复合材料,被用于飞机、火箭的主承力件上。用碳纤维-陶瓷基复合材料制作的高速喷气飞机涡轮叶片,可耐 1 400 ℃的高温和每分钟 3 万转的高速转动,其重量比钛合金叶片轻 1/2。80～90 年代,是纤维增强金属基复合材料时代,其中以铝基复合材料的应用最为广泛。90 年代以后,复合材料逐渐向多功能方向发展,如智能复合材料、梯度功能材料等。目前,发展速度快、应用范围广的新型复合材料是以各种纤维为增强材料和以各种树脂(高分子)为基体构成的高性能复合材料。如:纤维增强复合材料有高强度玻璃纤维、石英玻璃纤维、高硅氧玻璃纤维、碳纤维、芳纶纤维、超高分子量聚乙烯纤维等;树脂基复合材料有热固性树脂基复合材料和热塑性树脂基复合材料两大类。由于这些新型复合材料具有重量轻、强度高、耐高温、耐烧蚀、耐化学腐蚀、耐磨性好、弹性优良、加工成型方便等特点,被广泛应用于航空航天、化工、轻工、机械、电子、电力、水利、交通、建筑、家用电器、医疗器械、体育器材等各个领域。如火箭发动机壳体、飞机发动机涡轮叶片与整流罩、火箭和导弹的防热材料、各种高压容器、汽车制造、船舶制造、防弹头盔、防弹服、体育运动服装与运动器材、风力发电装置等。

我国的复合材料工业始于 20 世纪 50 年代,最初生产的复合材料是以玻璃纤维为增强材料的玻璃钢与玻璃钢制品。60 年代用于东风－2 号中程地地战略导弹耐烧蚀大面积防热部件就是由我国自主研制的复合材料制作而成的[①]。从 80 年代开始引进国外复合材料生产线,首开规模化大生产复合材料制品之先河,从而带动了我国整个复合材料工业的高层次、规模化发展。通过自主创新与吸收国际先进技术,复合材料在中国已成为星罗棋布的朝阳产业。进入 21 世纪以来,我国的复合材料制品得到长足发展,年产量仅次于美国,居世界

---

① 张贵学等. 我国复合材料工业的发展概况. 复合材料论坛. http://www.frpbbs.com/b2b/bencandy.php?

第二位。具有自主知识产权的高强度玻璃纤维、纤维缠绕管道与贮罐生产技术达到国际先进水平,我国生产的玄武岩纤维及制品已出口欧美、日本等国。

19.6　纳米材料

纳米是长度计量单位中的一个基本单位,1纳米是1米的十亿分之一,即1 nm＝10^{-9} m,相当于头发丝直径的十万分之一。纳米材料一般是指基本颗粒的尺寸在1 nm～100 nm范围内的超细材料;也有把它定义为基本颗粒在三维空间中至少有一维处于纳米尺度范围(1—100 nm)或由它们作为基本单元构成的材料,这大约相当于10～100个原子紧密排列在一起的尺度。

早在1959年,美国著名物理学家、诺贝尔物理学奖获得者费曼在一次演讲提出:"如果有一天可以按人的意志安排一个个原子,将会产生怎样的奇迹?"并预言:"我深信:当人们能操纵细微物体的排列时,将可以获得极其丰富的新的物质性质。"当年费曼提出的设想与预言,在20多年后终成现实,并由此诞生了一门新的学科——纳米科学与技术,简称为纳米技术。1993年,第一届国际纳米技术大会(INTC)在美国召开,将纳米技术划分为6大分支:纳米物理学、纳米生物学、纳米化学、纳米电子学、纳米加工技术和纳米计量学。纳米技术的诞生,使人类对微观世界的认识与利用迈上了新台阶,纳米技术无疑是21世纪的又一次产业革命。

纳米材料的研究始于20世纪80年代,德国物理学家格莱特(H. Gleiter)教授对此做出了重大贡献。格莱特长期从事晶体材料的研究,了解晶体晶粒大小对材料性能的影响:晶粒越小,强度就越高。1980年的一天,格莱特驾车在澳大利亚旅行,突然一个问题出现在他脑海之中:如果构成材料的晶粒细到只有几个纳米大小,材料会是什么样子?经过4年的艰苦工作,格莱特领导的研究小组终于成功制备只有几个纳米大小的超细粉末——纳米微粒。这些纳米微粒包括有各种金属、无机化合物和有机化合物。

纳米微粒一问世,它所具有的小尺寸效应、表面效应、量子尺寸效应以及宏观量子隧道效应表现出来的许多奇特性质,完全不同于传统材料所具有的物理、化学性能。例如:纳米金属的熔点要比普通块状金属低几百度,如纳米银微粒的熔点低于373K,而常规银的熔点高于1 173 K;纳米微粒很容易燃烧和爆炸,如纳米金属铜微粒或金属铝微粒,一遇到空气就会产生激烈的燃烧、爆炸;用纳米微粒作催化剂活性就高,可以加快化学反应;纳米金属微粒能使金属从良导电体变成非良导体,从绝缘体变为导电体;纳米铁材料的断裂应力比一般铁材高12倍;气体在纳米材料中的扩散速度比普通材料中的扩散速度要快几千倍;纳米磁性材料的磁记录密度可比普通的磁性材料提高17倍;纳米微粒能吸收99％以上的光而呈黑色,同时对电磁波的吸收能力极强,用其作外表涂层能使飞机、舰艇隐形;用纳米陶瓷粉末烧结成的陶瓷制品再也不会一摔就破等。

目前,纳米材料的种类非常多。按纳米材料的形体可分为:纳米颗粒、纳米管、纳米棒、纳米纤维、纳米膜和纳米块等;按纳米材料的化学组成可分为:纳米金属、纳米晶体、纳米陶瓷、纳米玻璃、纳米高分子材料和纳米复合材料等;按纳米材料的功能可分为:纳米半导体、纳米磁性材料、纳米非线性光学材料、纳米铁电体材料、纳米超导材料、纳米热电材料等;按纳米材料的应用可分为纳米电子材料、纳米光电子材料、纳米生物医用材料、纳米敏感材料、纳米储能材料等。

纳米颗粒是指空间三维尺度均在纳米尺度的超细微粒。主要用于制作红外线检测元件、红外线吸收材料、雷达隐形吸波材料、高密度磁记录材料、磁流体材料、防辐射材料、单晶硅和精密光学器件抛光材料、微芯片导热基片与布线材料、微电子封装材料、光电子材料、先进的电池电极材料、太阳能电池材料、高效催化剂、高效助燃剂、敏感元件、高韧性陶瓷材料、人体修复材料、抗癌制剂等。

纳米管是日本科学家饭岛澄男在 1991 年 1 月首次发现的多层同轴碳纳米管。几乎在同时，莫斯科化学研究所的研究者们也独立发现了碳纳米管和碳纳米束。此后，美国的研究者发现了单壁碳纳米管，并合成了成行排列的单壁碳纳米管；中国科学院物理研究所的解思深等人实现了碳纳米管的定向生长，成功地合成了超长（毫米级）的碳纳米管。现在，用其他材料合成的纳米管越来越多。碳纳米管具有强度高、韧性好、弹性高，能承受巨大的压力。它的强度约为钢的 100 倍，密度却只有钢的 1/6。用单根碳纳米管制成的纳米秤，最小可以称量一个病毒的质量（2×10^{-16} g，即亿亿分之一克）。图 19 - 4 为碳纳米管结构示意图。

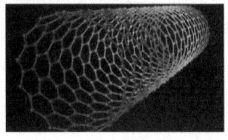

图 19 - 4　碳纳米管结构示意图

纳米纤维的工业化生产与商业化运转是近几年才得以实现的。特别是功能化纳米纤维、碳纳米纤维的出现，更是引起了人们的日益关注。例如：导电纳米纤维可用于微型电器与机械装备上，如计算机在普遍采用纳米材料后，可以缩小成为"掌上电脑"；用纳米纤维制成的纺织制品支架，能支撑和引导细胞组织生长，并呈三维空间帮助细胞再生；用纳米纤维做过滤材料，可以有效地屏蔽危害环境的工业灰尘，还可阻断威胁人们健康的细菌和病毒；用纳米纤维制成的织物具有中和化学制剂的能力，同时保持了较好的空气和水汽透过性，是十分理想的防护服面料。碳纳米纤维添加于增强复合材料中，可改变材料的物理与机械性能，如热传导性能、热膨胀性能、电磁辐射与吸收功能、电传导性能等；在聚合物基体中添加金属氧化物（催化组分）后，所纺制的功能化纳米纤维具有催化活性等。根据美国有关部门预测，美国的汽车车身及发动机气缸改用纳米材料制造后，因减轻重量及节油等，全行业每年可新创经济效益 1 000 亿美元。美国科学家使用一个碳纳米管制造出了世界上最小的白炽灯，灯丝长 1.4 μm、宽 13 nm。科学家将一个钯和金电极分别黏附于碳纳米管的两端，碳纳米管则穿过一个硅芯片上细小的洞，被置于真空中。当电流通过碳纳米管时，碳纳米管被加热并且开始发光，每秒释放出几百万个光子，其中的几千个光子进入人的眼睛。图 19 - 5 是用纳米技术把一个一个原子组装起来的纳米机器示意图。

图 19 - 5　未来的纳米机器

纳米膜有颗粒膜与致密膜之分。纳米膜主要用于气体催化（如汽车尾气处理）材料、过滤器材料、高密度磁记录材料、光敏材料、平面显示器材料、超导材料等。纳米纤维复合膜具有在低频下振荡的特征，可以将声能转变为热能而产生吸音效果；导电纳米纤维膜适用于多孔电极制造，这在开发高性能电池方面具有现实意义；导电纳米纤维膜还可用于静电消除器、电磁干扰防护以及新型光电装置等设备中。

纳米块体是指将纳米粉末高压成型或控制金属液体结晶而得到的纳米晶粒材料。主要用在超高强度材料、智能金属材料等方面。

我国是继美、德、英、日之后，第 5 个能批量生产纳米材料的国家，目前已能生产纳米二氧化硅、纳米氧化铝、纳米二氧化钛和纳米二氧化锆等。一些纳米器件也相继被研发成功。中国科学院微电子所张海英研究员领导的课题组，独立开发出一套全新的"由下至上"的纳米器件设计和制备方法，研制成功 ZnO 纳米棒场效应晶体管，获得了满意的器件测试结果，填补了国内在该领域的空白（见图 19 - 6）。

图 19 - 6　纳米器件照片（中国光学期刊网）

中国科学院物理研究所解思深研究员等人，利用化学气相法高效制备出孔径约 20 nm，长度约 100 μm 的碳纳米管。并由此制备出纳米管阵列，其大小达 3 mm×3 mm，碳纳米管之间间距为 100 μm。清华大学范守善教授等人，首次利用碳纳米管制备出直径 3～40 nm、长度达微米量级的半导体氮化镓一维纳米棒，并提出碳纳米管限制反应的概念。他们还与美国斯坦福大学戴宏杰教授合作，在国际上首次实现硅衬底上碳纳米管阵列的自组织生长。中国科学院固体物理研究所张立德研究员等人，利用碳热还原、溶胶－凝胶软化学法并结合纳米液滴外延等新技术，首次合成了碳化钽纳米丝外包绝缘体 SiO_2 纳米电缆。山东大学的钱逸泰教授等人，用催化热解法使四氯化碳和钠反应，以此制备出了金刚石纳米粉。

第五篇　科学技术与社会

人类社会的发展与科学技术的进步密切相关，尤其是近代、现代社会的发展更是如此。科学技术既是社会生产发展的产物，同时也是推动社会向前发展的重要推动力。深入了解科学技术与社会发展之间的关系，深刻理解科学技术是第一生产力的论断内涵，牢固树立和全面落实科学发展观，从思想认识上完全做到与时俱进，这对于我国现代化建设的宏伟目标与可持续发展有着重大的理论意义和实践意义。

第 20 章　科学技术与社会变革

科学技术是第一生产力，是推动社会向前发展的动力。科学技术在转化为现实生产力的过程中，不仅创造了大量的物质财富，改善了人们的物质生活条件，而且还创造了新的文化，丰富了人们的精神生活。科学技术的社会功能日益强大，使得社会的产业结构、经济结构、社会结构以及生活方式等许多领域发生了深刻变化。

20.1　科学技术是第一生产力

科学技术是生产力的要素之一，这个认识的形成经历了一个漫长的历史时期。我国东汉时期的王充(27～97?)在其著《论衡》中说："人有知学，则有力矣。文吏以理事为力，而儒生以学问为力。"[1]显然，王充已经认识到知识在社会活动中的地位与作用。英国著名哲学家弗朗西斯·培根(Francis·Bacon，1561～1626)在 1620 年出版的《新工具》一书中，明确提出了"知识就是力量"，这句口号曾产生过巨大的影响。马克思依据当时的蒸汽机技术与各种机械设备的使用，把科学技术同生产力有机地联系在一起，提出"生产力中也包括科学"的论说。他指出："自然界没有制造出任何机器……它们是人类的手创造出来的人类头脑的器官，是物化的知识力量。固定资本的发展表明，一般社会知识，已经在多么大的程度上变成了直接的生产力。"[2]马克思所说的"一般社会知识"显然是指能制造出各种机器的科学技术知识。邓小平继承并发展了马克思的"科学技术是生产力"思想，进而提出"科学技术是第

---

①　[东汉]王充. 论衡·效力篇. 引自：诸子集成(7)[M]. 北京：中华书局出版，1999.

②　马克思，恩格斯全集第 46 卷(下)[M]. 北京：人民出版社，1980：219～220.

一生产力"科学论断①,使人们对 20 世纪以来科学技术在生产力中的地位和作用有了全新的认识。

我国著名科学家、两院院士王大珩(Wang Daheng,1915～2011)先生在《科学技术工作者的使命》一文中对科学技术是第一生产力作了如此解说:"'生产力'是指整个社会生产力;'第一'是指科学技术在现代生产力发展中起着先导、主导或带头作用,或者说在整个生产力进军中起作排头兵的作用。科学技术是生产力的主要部分,是属于生产力内,不是生产力以外的部分。因此,科学技术的主要作用是要为生产力的进步开路或开拓创新。"②马克思依据蒸汽机技术引发的产业革命,把科学技术视为生产力的要素。100 多年后,邓小平提出科学技术是第一生产力。科学技术由生产力的一般要素转变为生产力的主导要素,这充分说明科学技术经过 100 多年的发展,使劳动者、劳动对象和劳动工具的内涵发生了彻底改变,这些变化主要体现在以下四个方面:

首先,当代生产力的发展水平和速度已不主要取决于劳动者的体力与劳动者的数量,而是由劳动者的智力与技能所决定。在原始社会、奴隶社会和封建社会,各种生产活动特别是农业生产主要依靠劳动者的体力,劳动力是当时生产力的主导。蒸汽机、内燃机与电力技术的广泛使用,千百年来的工场手工业生产很快就被机器大工业生产所取代。这不仅极大地提高了生产力,而且还降低了劳动者的劳动强度,同时也对劳动者的操作技能提出了更高的要求。据有关专家估算,机械化生产程度不同,劳动者的体力与脑力的消耗是完全不同的。机械化程度较低(如蒸汽动力机械化水平)时,劳动者体力与脑力消耗之比约为 9∶1;机械化程度中等水平(如电气化加机械化水平)时,劳动者体力与脑力消耗之比约为 6∶4;全面自动化(现代化生产水平)时,劳动者体力与脑力消耗之比约为 1∶9。这足以说明,现代化生产对劳动者的文化素质与智力因素提出了更高的要求。有资料表明,美国从 1930～1968 年间,蓝领职工增加 60%,工程技术人员却增加了 450%,科研人员则增加了 900%③。1975 年,美国的脑力劳动者占本国就业人数的比例为 49.8%,联邦德国为 51.4%;1977 年,美国达到 50.1%④。也就是说,在 20 世纪 70 年代,这两个国家的脑力劳动者已经超过本国全部就业人口的半数。

在我国,工程技术人员和科研人员所占就业人口的比例远不如发达国家。要迅速改变这种落后状态,除了充分利用各种学校大力培养科技人员外,职业培训不失为提高劳动者劳动技能的一种行之有效的方法。有资料表明,小学毕业水平的工人能提高劳动技能 43%;中学毕业的能提高 108%;大学毕业的能提高 300%。所以,劳动者通过教育、培训,促使科学技术转化为劳动者的技能,是科学技术直接转化为生产力的重要途径⑤。

其次,科学技术的发展,引起了劳动对象的质量提高、数量和品种的相应增长。劳动对象是人们把自己的劳动加在其上的一切物质资料。在以农业、畜牧业、渔业、工场手工业为主体的生产过程中,劳动对象基本上都是劳动者身边的自然之物(如土地、草场、山林、湖泊、

① 邓小平文选(第三卷)[M].北京:人民出版社,1993:377.
② 王大中,杨叔子主编.科学技术发展与展望——院士论技术科学(2002 年卷)[M].济南:山东教育出版社,2002:36.
③ 胡显章,曾国屏主编.李正风主持修订.科学技术概论(第二版)[M].北京:高等教育出版社,2006:294.
④ 陈忠伟等编.科学技术发展概述[M].上海:华东师范大学出版社,1997:337.
⑤ 孙海英主编.科学技术概论[M].南京:南京师范大学出版社,1998:107.

野生动植物、鱼类等)以及经过人们加工的原材料(如蚕丝、棉花、皮革、铜、铁等)。随着科学技术的发展,人类把越来越多的自然物转变为劳动对象。第一次产业革命把煤炭变成了推动蒸汽机和冶炼钢铁的燃料;第二次产业革命不仅把石油、天然气变成了内燃机的动力来源,而且还把它变成了化学工业的主要原料。19 世纪中叶有机化学工业的出现,开辟了人工合成材料的新途径,彻底改变了以往只能简单利用和加工自然原材料的生产方式。20 世纪以来,世界上的合成染料、合成橡胶、合成药品的产量分别占总产量的 99%、70% 和 75%;合成纤维已占纤维总产量的 35% 以上;一个年产万吨合成纤维的中型化纤厂,相当于 10 万亩棉田(亩产量 100 kg)一年的收成。目前,世界上各种合成材料有几十万种,并以每年 5% 的速率递增。科学技术不仅彻底改变了许多自然物的原有用途,而且还产生了巨大的经济效益。有研究资料显示:如以单位质量进行核算,从原油到 93 号汽油,每千克增值约 2 倍;以同一标准计算,从小麦到面包约为 10 倍,从棉花到牛仔裤约为 12 倍,从铁精粉到汽车约为 300 倍,而从石英石到集成电路的增值为 20 万~200 万倍。2006 年 12 月,石英石每千克价格为 0.25 元,而已封装的集成电路每千克价格为 45 万元,增值倍率为 180 万倍[1]。图 20-1 的左图为石英石,右图为神芯 1 号集成电路芯片(主要用于 3G 手机)。

图 20-1　石英石与神芯 1 号集成电路芯片

第三,科学技术的物化——劳动工具的改革与创新,对生产力的发展起到了巨大的促进作用。社会生产力的发展与劳动工具密切相关,近代以来的三次重大技术革命,都源于动力机、工具机的发明与革新,工具机已成为产业技术革命的标志。起源于 18 世纪初的第一次产业技术革命,蒸汽机与工具机的发明实现了工业生产从手工工具到机械化大生产的转变,使社会生产力产生了巨大飞跃。从 1770 年到 1840 年的 70 年间,英国工业的平均劳动生产率提高了 20 倍。从 1820 年至 1890 年,生铁年产量的增长量:英国为 21 倍,美国为 467.5 倍,法国为 23.6 倍,德国为 116.5 倍。从 1860 年至 1890 年,钢年产量的增长量:英国为 24 倍,美国为 435 倍,法国为 23 倍,德国为 43 倍。从 1840 年至 1890 年,铁路里程的增长量:英国为 24 倍,美国为 58.4 倍,法国为 69 倍,德国为 51.6 倍。1890 年,这四个国家的铁路总长度已达 370 900 km,比 1840 年增长 51.9 倍[2]。正如马克思所说:"资产阶级在它不到一百年的阶级统治中所创造的生产力,比过去一切时代创造的全部生产力还要高,还要大。"[3]以发电机、电动机、内燃机和无线电通信为主要标志的第二次电力技术革命,成为推进世界工业化快速发展的强大动力。电力技术革命大致从 19 世纪 70 年代开始到 20 世纪 40 年代基本完成,历时 70 余年。1867 年,德国工程师西门子(Ernst Werner von Siemens. 1816~1892)发明了第一台工业实用的自激式直流发电机,极大地提高了发电机的功率。1879 年,

① 王阳元,王水文.关于建设集成电路产业强国的思考.中国科学院编.2007 高技术发展报告[M].北京:科学出版社,2007:325.

② 段瑞华著.科学技术革命与社会主义之历史演进[M].武汉:华中理工大学出版社,1996:23.

③ 马克思恩格斯选集(第 1 卷)[M].北京:人民出版社,1980:525.

美国著名发明家爱迪生完成了实用白炽灯的发明,给世界带来了光明。此后不久,三相交流发电机、三相交流异步电动机、三相变压器和三相制相继问世。1891年,世界上第一个三相交流输电系统在德、奥两国建成并投入使用。从此,电力作为新能源的广泛应用,不仅为工业生产提供了快捷、方便、廉价且可以远距离和分散输送的新动力,而且还推动了许多与电有关的新兴工业的诞生,成为生产力的新的增长点。美国、德国由于最早实现了电气化而迅速走到了世界工业强国的前列。1914年,美国工厂设备的电气化已达30%,1929年增长到70%。1913年,全世界总发电量为500亿千瓦时,1950年增长到9 589亿千瓦时,1988年增至110 170亿千瓦时,其增长率远远高于同期煤炭消耗的增长率。20世纪60年代,电力在一次能源总消费中所占比重已达20%～30%,到80年代则高达35%～40%(中国由11%上升至23%)①。这足以证明电力不仅在生产力中占据重要的地位,而且人们的生活更是离不开它。

　　以电子技术、计算机技术为主导的第三次智能技术革命,最终形成了科学、技术、生产一体化经济体系,有力地推动了世界经济的快速向前发展。工业生产在机械化、电气化基础之上逐步向自动化过渡。计算机与互联网的广泛应用,使世界进入到一个以信息科学技术为核心的高技术发展时期。高科技领域的形成与发展,彻底改变了以往的产业结构。前两次产业革命形成的劳动密集型经济和资金密集型经济逐渐被知识密集型经济所取代。1998年,时任美国商务部长的威廉·达利在一份备忘录《浮现中的数字经济》中指出:"在过去5年中,信息技术在实际经济增长中的贡献已超过1/4。"②20世纪末期,美国的信息产业已经取代了汽车、建筑业等传统产业,成为全国最大的支柱产业,大约60%的美国工人是知识型工人,80%的就业岗位在知识密集型企业。这些事例充分说明:科学技术促进了劳动工具的改革与创新,促进了生产力的快速发展。

　　第四,现代生产力的发展离不开科学管理。随着科学技术在生产力发展过程中的作用越来越大,使得原先的生产力要素也随之发生了改变,科学管理已成为生产力的第四要素。早在战国时期成书的《战国策》中已有"劳心者治人,劳力者治于人"之说。秦始皇统一中国后,不仅统一了车轨、文字,而且还统一了度量衡制度,充分体现了统一管理思想。

　　在第一次产业革命过程中,工具机的出现,诞生了机器零部件的标准化、单一化和系列化生产模式。1787年,美国的惠特尼开始用标准化方法生产步枪零部件,然后组装成步枪的大规模生产方式,很快被推广到其他制造行业,使美国率先进入专业化、标准化的大规模生产方式。同时,生产过程中的管理问题也逐渐引起了人们的注意。1903年,美国管理科学家泰罗(F. W. Taylor,1856～1915)公开发表了论文《工厂管理法》,1911年,泰罗出版了《科学管理原理》一书,对企业在定额管理、作业规程管理、计划管理、专业管理、工具管理等方面,提出了系统的管理理论与标准化管理方法。泰罗提出的管理方法被称为"泰罗制",其根本目标就是把职工的积极性与管理者的责任心相结合,减少生产成本,提高生产效率。泰罗应用他的管理方法,在培波尔钢铁公司坚持了5年的试验,在条件不变,工资增加20%的

---

　　① 李佩珊,许良英主编. 20世纪科学技术简史(第二版)[M]. 北京:科学出版社,1999:546.
　　② 中国科学技术协会组织人事部,中国科学技术协会干部学院. 现代科技的兴起与发展[M]. 北京:科学普及出版社,2004:305.

情况下,生产提高了 80%,成本降低了 30%①。1913 年,美国的福特汽车公司用流水生产线生产汽车,使汽车日产量得到了很大的提高。

在当代,促进生产力加速发展的是科学技术。科学技术使生产力的诸要素发生了根本性变化。科技型人员逐渐成为主体劳动者,智能型机器、电子计算机逐渐成为主要劳动工具,再生型和扩展型资源逐渐成为劳动对象,智能型综合管理将成为主导管理体系。例如,日本松下电器公司属下有一个自行车公司,只有 20 名工作人员,却能生产 18 种型号、1 000 多种不同款式的自行车,并有 100 多种喷镀颜色和图案供用户选择。公司能按照客户的要求,利用计算机在 3 min 内绘制出自行车图样,3 h 时内就可以生产出客户所需要的自行车。如此快捷、充满个性的生产方式,只有在当代高技术条件下才能得以实现。

20.2　科学技术进步对产业结构的影响

产业结构,是指国民经济各产业部门的内部构成、彼此之间的相互联系以及在国民经济中所占的比例关系。因此,产业结构又称为国民经济的部门结构。在第一次产业技术革命之前,人们主要依靠体力和简陋的生产工具从事农牧渔业生产和手工制作日常生活用品。除了农业生产之外,还谈不上产业结构。当大规模的机器生产彻底改变了传统手工作坊的生产模式,于是便出现了以加工、制造业为主体的工业以及为社会进行各种劳动服务的服务业,加上原有的农业,统称为三大产业。

各国对三大产业的结构划分不完全一致。现在通常使用的三大产业结构划分方法是联合国使用的分类方法:第一产业包括农业、林业、牧业、渔业;第二产业包括制造业、采掘业、电力、燃气及自来水的生产与供应业、建筑业;第三产业包括了除第一、第二产业的所有产业,主要有商业、金融、保险、房地产业、交通运输、仓储、邮政通信、信息传输、计算机服务和软件业、教育、卫生、社会保障和社会福利业、文化、体育、娱乐等服务业及其他非物质生产部门。我国的三产划分基本与此相同。这三大产业之间的关系是相互依赖、相互制约、共同发展。第一产业为第二、三产业奠定基础;第一、二产业为第三产业创造条件;第三产业的发展促进第一、二产业的进步;第二、三产业的发展又带动了第一产业的发展。

自第二次技术革命以来,世界各主要资本主义国家先后完成了从农业社会向工业社会的转变,现代工业体系基本完成,第二产业得到了快速发展。第三次智能技术革命,使得世界范围内的产业结构在原来的基础之上发生了深刻变化。二战之前,美国的农业人口只占全国总人口的 30%,西欧和日本的农业人口要占总人口 49% 以上。二战之后,从事农业生产的人数在三大产业中的比例大幅度下降,美国从 1950 年的 13.8% 下降至 1991 年的 2.8%,日本从 1950 年的 44.5% 下降至 1992 年的 6.4%。20 世纪 50 年代后,美国的第三产业人员的比例已超过 50%,白领工人的比例也已超过蓝领工人。1980 年,在美国的国民生产总值中,服务业总产值首次超过产品生产总值。

①　段瑞华著.科学技术革命与社会主义之历史演进[M].武汉:华中理工大学出版社,1996:158.

表 20-1　1987 年英国 、法国、日本三国三产在国民经济中的比重①

国家	第一产业	第二产业	第三产业
英国	2%	38%	60%
法国	2%	38%	60%
日本	3%	40%	57%

　　自动化技术与智能技术革命,使得工业生产内部的结构发生了重大变化。以往的一些产业如食品加工、成衣制造、纺织、采矿、造船、钢铁等劳动密集型与资本密集型产业的比重逐步下降,电子工业与信息产业、原子能工业、航天工业、生物技术制药工业、人工合成材料工业等技术与知识密集型新型工业迅速崛起。自 1993 年以来,美国工业生产增长的 45% 是由信息产业带动的。1998 年 4 月,在美国商务部的一份报告中指出,信息技术产业 5 年来为美国创造了 1500 多万个新的就业机会,是使美国目前的失业率降至 30 年来最低水平的重要因素之一②。因此,有人将信息产业称之为第四产业。

　　我国是一个传统的农业国,农业生产在国民经济中一直占主导地位。在 1949 年之前,由于战乱和社会动荡,科学技术的发展不仅相当缓慢,而且也未能显示出其推动社会生产力发展的迹象。1949 年,中国的钢产量只有 15.8 万吨,原煤为 0.32 亿吨,发电量为 43 亿度,原油为 12 万吨,粮食为 11 320 万吨,棉花为 44.5 万吨,油料为 256.4 万吨,布料为 18.9 亿米③。人均占有量根本无法与西方国家相比较。由此可看出,当年中国的工业生产水平与西方国家的差距有多大。

　　新中国成立之后,给中国科学技术事业的发展带来了活力。到 1955 年,全国的科研机构由 1949 年前的 30 多个发展到 840 多个,科学技术人员从不足 5 万人增加到 40 多万人。这不仅为中国科学技术的迅速发展与应用打下了坚实基础,同时也为我国由传统的农业社会向现代化工业社会的转变提供了科学技术方面的保证。

　　随着工业的快速发展与第三产业的兴起,我国的产业结构发生了根本性改变。农业净产值在国民生产总值的比重在逐年下降,工业净产值则逐年上升。特别是 20 世纪 80 年代以来,大批乡镇工业的出现,彻底改变了我国的产业结构,促使我国的社会生产由农业型转变为工业型,传统的农业国亦转变成为工业国。第三产业的发展速度超过了第二产业的发展速度。1978~1989 年,我国第三产业的产值占国民生产总值的比重从 23% 提高到 26.5%,其从业人员从 11.7% 上升到 17.9%。1952 年、1978 年、1988 年中国三产就业人员比重情况见表 20-2。

表 20-2　1952 年、1978 年、1988 年中国三产就业人员比重表④

年份	第一产业	第二产业	第三产业
1952	83.5%	7.4%	9.1%
1978	70.7%	17.6%	11.7%
1988	59.5%	22.6%	17.9

①　张建华主编.世界现代史(1900-2000)[M].北京:北京师范大学出版社,2006:468.
②　徐同文,于含云著.知识创新——21 世纪高新技术[M].北京:科学出版社,2000:35.
③　引自《1981 中国经济年鉴》.
④　引自:中国统计年鉴 1989.105.

　　2004 年,我国第一、二产业在 GDP 中的比重分别为 13.1%和 46.2%,第三产业的产值则提高到 40.7%,已接近现代化国家的标准(45%以上)。2004 年我国国内的国民生产总值(GDP)超过了意大利,成为世界第六大经济体①。在"十一五"期间,我国国内生产总值年均实际增长率为 11.2%,不仅远高于同期世界经济年均增速,而且比"十五"时期年平均增速快 1.4 个百分点,是改革开放以来增长最快的时期之一。2010 年国内生产总值达到 39.8 万亿元,跃居世界第二位②。财政收入从 3.16 万亿元增加到 8.31 万亿元。

　　在我国第十一个五年规划纲要施行的前三年中,我国第三产业的发展水平很不平衡。2008 年底,全国只有 10 个地区的第三产业占 GDP 的比重达到或高于 40.1%的全国平均水平。其中,最高的是北京,达到 73.2%;最低的是河南,只有 28.6%。北京(73.2%)、西藏(55.5%)、上海(52.6%)、天津(60.1%)的第三产业占 GDP 的比重显然已超过了现代化国家的 45%以上的标准。

20.3　科学技术进步对经济结构的影响

　　经济结构是指一个国家或地区的国民经济的组成和构造,是衡量经济发展水平的一个重要尺度。一个国家或地区经济结构是否合理,主要看它是否建立在合理的经济可能性之上,是否满足社会对最终产品的需求。经济结构合理,就能充分发挥其经济优势,有利于国民经济各部门的协调发展,有利于社会生产力的发展,有利于增强国力和提高人民的生活水平,有利于可持续发展;反之,则能使社会发展停滞不前。影响经济结构合理性的因素很多,不同的政治体制与经济体制,不同的经济发展趋向,不同的科学技术水平等,都能使经济结构状况产生很大的差异。在当代高技术迅猛发展时期,科学技术的进步对经济结构的影响显得尤为重要。

　　蒸汽机与工具机的出现,纺织、煤炭、钢铁、贸易给社会带来了前所未有的经济效益,对人类的生活产生了直接影响。自 1760 年到 1830 年,英国的大机器工业生产体制已经建立,工业资本在国民经济中占据了优势地位,最先完成了产业革命。在此期间,由于资本主义市场正在形成中,生产表现为一种无限扩张的趋势,几乎所有的工业品都赚钱,商品经济成为主体经济。与这种形势相适应,新技术备受瞩目与青睐,发明家成为社会"贵族",是生产的决定力量。谁拥有了新技术,并在生产中广泛推广,谁就拥有了在世界经济与政治中的话语权。直至 19 世纪末,英国的工业生产和对外贸易在世界上始终处于遥遥领先的地位,国家财富达到世界总财富的 50%,成为世界经济的中心。起步远远落后于英国的德国,依靠自身发展起来的化学工业,用了约 40 年的时间(1860～1900),完成了英国 100 多年的事业,实现了工业化。1895 年,世界经济中心由英国转移到了德国。与德国相比,美国用了不到 40 年的时间,彻底改变了处于殖民地的经济落后状态。从 1860～1890 年,美国通过工业技术革命与创新,使工业产值上升了 9 倍。1900 年,美国的工业产值占世界工业产值的 30%,跃居世界首位。

　　内燃机与电力技术的广泛使用,进一步推动了世界经济的发展。1913 年,美国的工业

　　① 连玉明,吴建忠主编.2007 中国国力报告[M].北京:中国时代经济出版社,2007:57.
　　② 新浪新闻.我国国民经济和社会发展"十二五"规划纲要(全文).http://news.sina.com.cn/c/2011-03～17.

产值占世界工业产值的 38%,比德国(16%)、英国(14%)、法国(6%)和日本(1%)四国的总和还要多[①]。1920~1929 年,美国工业总产值大约增长了 53%,平均年增长率为 5.4%左右。20 世纪 20 年代,美国的汽车制造业、电机与电器制造业、房屋建筑业已成为美国工业发展的三大支柱。1929 年,美国在资本主义世界工业生产的比重为 48.5%,超过了当时英、德、法三国总和。1945 年二战结束时,美国在资本主义世界工业生产的比重上升为 53.4%,并成为世界上最大的资本输出国。这一时期的工业生产,仍然是技术精神的反映,这种局面一直持续到 20 世纪五六十年代。

从 20 世纪 80 年代开始,美国的经济经历了二战以来规模较大的第三次结构性调整,它不仅包括了三大产业和工业内部结构的变化,而且还包括了地区经济结构和企业内部结构的变革。通过这一次结构调整,以信息产业为代表的高新技术产业得到了迅猛的发展,第三产业的产值占其 GDP 的 2/3 以上,遥遥领先于第一、二产业的产值。汽车、钢铁等一些传统产业的技术改造步伐也大大加快,美国企业在国际市场上的竞争地位也由此得到了极大的加强。90 年代以来美国经济能得以持续稳定地增长,在很大程度上要归因于经济结构的良性发展。

计划经济(又称指令型经济),是一种按照国家统一计划指令进行生产的经济体制。在这种体制下,国家在生产、资源分配以及产品消费等方面,事先由政府部门提出计划,然后交出生产、销售等部门去完成内容。计划经济具有几个明显的特征:其一,适应社会主义国家生产力的发展。因为所有的社会主义国家,原有的经济基础都比较薄弱,经济结构简单,建设目标比较集中易于实现。其二,可以集中力量办大事。苏联的航天成就、核武器的研制取得的一系列科技成就,我国的大规模水利建设、"两弹一星"等就是最好的说明。其三,生产资料公有制。自然资源属国家所有,可以做到合理开采与利用,而不像资本主义市场经济那样严重消耗自然资源。其四,劳动者的工作稳定,不存在失业问题。其五,有计划的产、供、销,保证了经济发展与社会的稳定。由于生产的计划性,从而避免了资本主义市场经济经常发生经济危机。有资料显示,苏联从 1917 年至 1938 年的 20 年间,制造业产量增加了 7.5 倍,居欧洲第一位,世界第二位。中国的钢产量从 1949 年的 15.8 万吨提高到 1979 年的 3 448 万吨,增长了约 218 倍,用了 30 年时间。日本从 1910 年的 16.8 万吨提高到 1963 年的 3 150 万吨,增长了约 187 倍,用了 53 年时间。印度从 1950 年的 146 万吨提高到 1983 年的 1 010 万吨,增长了约 7 倍,用了 33 年时间[②]。历史证明,中央集权的计划经济体制,在一定的发展阶段和一定的历史条件下,对社会主义国家的经济发展曾发挥过积极的推动作用,使经济发展速度超过了同期发达的资本主义国家。

1978 年以前的中国经济,农业基础薄弱,轻工业和重工业比例失衡。1978 年改革开放以后,通过优先发展轻工业,加强基础产业、基础设施建设,大力发展第三产业等一系列政策和措施,使中国的经济结构趋于协调,并向优化方向发展。1992 年,中共十四大提出发展社会主义市场经济。目前,已经基本上建立了国有经济、集体经济、私营经济、个体经济、联营经济、股份制经济、外商投资经济、港澳台投资经济、其他经济等多种经济类型并存的市场经济体系,步入了市场经济国家的行列。

---

① 张建华主编. 世界现代史(1900~2000)[M]. 北京:北京师范大学出版社,2006:5.
② 段瑞华著. 科学技术革命与社会主义之历史演进[M]. 武汉:华中理工大学出版社,1996:111,112.

20.4　科学技术进步引起社会结构的变化

社会结构,是指人力资源在教育水平、文化类别、宗教、职业、社会地位阶层、组织内雇佣等方面的结构。也就是说,是指一个国家或地区占有一定资源、机会的社会成员组成方式及其关系格局,包含人口结构、家庭结构、社会组织结构、城乡结构、区域结构、就业结构、收入分配结构、消费结构、社会阶层结构等若干重要子结构,其中社会阶层结构是核心。社会结构具有复杂性、整体性、层次性、相对稳定性等重要特点。一个理想的现代社会结构,应具有公正性、合理性、开放性的重要特征。

科学技术的进步是引起社会体制变革的主要原因。例如,与石器时代相对应的是原始社会,与青铜器时代相对应的是奴隶社会,与铁器时代相对应的是封建社会。以蒸汽机和工具机广泛使用为标志的第一次产业革命,不仅成为社会发展的强大推动力,而且还使社会结构出现了新的明显特征:商品经济在社会经济中占据了主导地位,生产社会化与生产资料私人占有的社会矛盾已经形成,雇佣劳动制成为根本的经济制度,资产阶级在政治思想上的统治地位已经确立,这些特征标志着资本主义体制的确立。19 世纪六七十年代,资本主义的世界体系已经形成。

1917 年 10 月,列宁领导的俄国布尔什维克武装力量推翻了资产阶级临时政府,建立了世界上第一个无产阶级专政的社会主义国家,这标志着生产资料全民所有制和以计划经济为主导的社会主义体制的确立。资本主义与社会主义,这两种互相敌对、相互竞争的社会体制的并存,使人类社会进入到一个新的历史发展时期。

二战以后,亚洲、非洲、拉丁美洲大批国家摆脱了帝国主义的殖民统治,建立起独立的民族国家。这些国家在政治上取得独立之后,都面临迅速发展本国经济,改变贫困落后面貌,缩短同发达国家在经济和物质生活方面的差距,巩固已经取得的独立地位的重大任务。因此,这些发展中国家都选择了"社会现代化"的道路,将其视为本国社会发展的必由之路。社会现代化,是指人们利用近、现代的科学技术,全面改造自己生存的物质条件和精神条件的过程。简略地说,是指一个国家实现工业化和民主化的过程。日本、韩国、新加坡的崛起就是最好的说明。社会现代化这一过程到至今还在继续。

生产自动化与智能技术革命,加速了社会结构的变革。计算机与智能技术革命,使得一些工业先进的资本主义国家进入到后工业社会并向福利国家转变。在这些国家中,大多数劳动力不再从事农业和制造业,而是从事服务业——第三产业。体力劳动者越来越少,掌握现代科技知识与管理技术的高级技术工人、中层管理人员、产品研发人员则越来越多。生产亦由过去科技含量较低的劳动力密集型和资金密集型向科技含量较高的知识密集型转变,劳动生产率得到较大提高,劳动者的收入也相应得到提高。同时,福利国家采取的高税收、高福利、高就业原则,极大地推进了中产阶级的发展。蓝领人数逐渐减少与白领人数相对增多的就业趋势,使中产阶级的人数迅速扩张,完全改变了传统资本主义的社会结构,逐渐形成了两端小中间大的菱形社会结构。

改革开放以来,三产化、工业化和城镇化成为我国经济的增长力量,我国的社会结构也随之发生了明显变化。1952 年,我国职工、城镇个体劳动者、乡村劳动者所占比例分别为

7.73％、4.46％、和88.01％。1992年三者之间的比例分别为26.3％、1.25％和73.70％[①]。从表20-2中可以看出,1952年我国第一、二、三产业人员的比重为83.5：7.4：9.1,1988年则为59.5：22.6：17.9。2009年的统计资料表明:2009年我国经济活动人口为79 812万人,就业人员合计为77 995万人。其中第一、二、三产业人员分别为29 708万、21 684万和26 608万,分别占就业人员的比重为38.1：27.8：34.1[②]。2017年,我国国内生产总值82万亿元,比上年增长6.9％。第一、二、三产业在国内生产总值的比重分别为7.9％、40.5％和51.6％。[③] 2018年,我国国内生产总值突破90万亿元大关,三产所占的比重分别为7.2％、40.65％和52.15％[④]。我国第三产业所占的比重,与美国(75.3％)、日本(68.1％)、韩国(55.1％)、法国(72.4％)等发达国家[⑤]相比较,说明我国的社会结构和产业结构,还有很大的优化空间。

20.5 科学技术进步对社会生活的影响

科学技术进步缩小了工农、城乡、脑体三大差别,改变了人们的衣食住行,对人们的社会生活产生了前所未有的影响。

第一、第二次技术革命,促使大批农村人口涌向城市,加快了城市化进程,城乡差别逐渐缩小。1800年前,城市人口一直稳定在世界总人口的3％左右。1914年,英、美等西方国家,城市人口已经占到总人口的绝对多数。1950年,城市人口占世界总人口的比重为28.2％,1980年达到39％。千万人口的大都市比比皆是。1989年,我国的市镇人口已接近50％,这说明,我国的大部分人口已属于城镇生活范围。同时,我国农村居民的住房普遍得到改善、四通八达的农村公路交通、生产与生活的正常供电、大部分村民能饮用到自来水、村村开通有线数字电视、计算机网路、各种家用电器进农村等,城乡差别正日益缩小。在2011年3月发布的《我国国民经济和社会发展"十二五"规划纲要》(以下简称《"十二五"规划纲要》)中提出:城镇居民人均可支配收入和农村居民人均纯收入分别年均增长7％以上。加大引导和扶持力度,提高农民职业技能和创收能力,千方百计拓宽农民增收渠道,促进农民收入持续较快增长,进一步缩小城乡差别。

科学技术的进步,缩小了体力劳动与脑力劳动之间的差别。科学技术与生产的直接结合,使得从事脑力劳动(白领)的人数迅速增加而从事体力劳动(蓝领)的人数则相应减少。在发达的工业国家,白领工人已经超过蓝领工人。20世纪60年代后期,美国的白领工人在就业总人数中占50％以上,其中的专业与技术类人员的比重增加明显。据统计,20世纪的70年代初期到80年代后期,每万人口中拥有的科技人员,世界平均为444人,发达国家为1 405人,发展中国家为97人。我国每万人口中拥有的科技人员从1952年的7.4人增加到

① 李芹,马来平主编.中国科技发展与人的现代化[M].济南:山东科学技术出版社,1995:89.

② 中华人民共和国统计局编.中国统计年鉴——2010[M].北京:中国统计出版社,2010:117.

③ 搜狐财经.从第三产业占比,看中国城市距离发达国家水平究竟还有多远.https://www.sohu.com/a/247523761_99964340.

④ 国家统计局.2018年四季度和全年国内生产总值(GDP)初步核算结果.http://www.stats.gov.cn/tjsj/zxfb/201901/t20190122_1646082.html.

⑤ 百度知道.美国等发达国家的第三产业比重.https://zhidao.baidu.com/question/40983768.html.

1988 年的 88.1 人;在每万名职工中从 269.0 人增加到 967.7 人。这个比例与发达国家相比显然有很大差距,但其增长的速度是很快的。此外,现在的就业岗位,绝大部分劳动者都必须接受一定的教育,具备一定的科技文化知识,方可胜任。科学技术与生产的直接结合,从事脑力劳动人数的迅速增加,脑力劳动与体力劳动之间的差别越来越小。

人工合成化学纤维技术,把人们的衣着引入了五彩缤纷的大世界。始于 20 世纪 50 年代出现的人工合成纤维,替代了棉、麻、羊毛、蚕丝等有限的几种传统服装质料,使服装世界呈现出服装质地多样化、服饰种类多样化、服饰颜色多样化、服装款式更新快、世界知名品牌多的大发展、大变化时期。人工合成纤维彻底解决了数十亿中国人的穿衣问题。当前,中国是世界上最大的纺织品服装生产和出口国。纺织品服装出口的持续稳定增长对保证中国外汇储备、国际收支平衡、人民币汇率稳定、解决社会就业及纺织业可持续发展起到了至关重要的作用。

现代化农业生产,优化了人们的食品结构。优化改良农作物的"绿色革命"与培育近海养殖业的"蓝色革命",不仅满足了人类生存的需要,而且还改善了人们的食品结构和生活质量。曾广为流行的高蛋白、高脂肪、高热量、低纤维食品,正逐渐被高蛋白、高纤维、低脂肪、低热量的食品所取代。由于优化了食品结构,人类的平均身高在增加,平均寿命在延长。1946~1987 年,日本 20 岁青年男女的平均身高分别增加了 8.9 cm 和 6.6 cm,达到 170.4 cm和 157 cm,男女平均寿命分别为 76 岁和 82 岁。我国人口的平均寿命已从 1949 年的 40 岁提高到 2002 年的 71.2 岁,2008 年又提高到 73 岁,2010 年则为 73.5 岁,达到了中等发达国家的水平。2017 年,我国居民人均预期寿命由 2016 年的 76.5 岁提高到 76.7 岁。超过了《"十二五"规划纲要》中预期的人均寿命 74.5 岁。

科学技术的发展,改变了人们的居住环境与居住条件。在西方发达国家,城市郊区化现象日益凸显。1970 年,美国居住在郊区的人口超过了市区人口。现代建筑材料与建筑风格,使城市建筑向高层化、多样化、舒适化发展。改革开放以来,我国城乡居民的住房条件发生了重大变化。2009 年我国城镇化水平为 46.59%,比"十五"期末提高了 3.6 个百分点。在"十二五"规划期间,我国城镇化率要提高 4 个百分点,使城乡区域发展的协调性得到进一步增强。1978 年,我国城市人均住宅面积 6.7 m²,农村人均住房面积 8.1 m²。2009 年底,我国城市人均住宅建筑面积约 30 m²,农村人居住房面积 33.6 m²,分别比 1978 年提高了 4倍多。城市建筑由钢筋混凝土取代了数千年以来袭用的秦砖汉瓦,乡村住房亦由过去的土墙草房过渡到砖瓦房,并逐渐向楼房发展。在"十二五"规划期间,全国规划城镇保障性安居工程建设 3 600 万套,将极大地改善城镇贫困家庭的住房条件。

科学技术的进步推动了交通运输与通信方式的发展,方便了人们的出行与交往。美国早在 20 世纪二三十年代,就已成为"装在汽车轮子上的国家"。此后,汽车在工业发达国家得到了普及。1994 年,美国平均拥有一辆汽车的人数为 1.3 人,德国、加拿大、澳大利亚平均不到 2 人,英、法、意、日、韩等国平均 2~3 人。航空运输缩短了各大城市之间的距离,现在许多大型飞机的航程都在 1 万千米以上,时速在 2 500 km 左右。中国的汽车拥有量目前正在急剧增长,2008 年是 4 975 万辆,2009 年激增至 6 300 万辆,突破年销售量千万辆大关。据公安部统计,2018 年我国新注册登记机动车 3 172 万辆,机动车保有量已达 3.27 亿辆,其中汽车 2.4 亿辆,小型载客汽车首次突破 2 亿辆;机动车驾驶人达 4.09 亿人,其中汽车驾驶人 3.69 亿人①。到 2018 年底,我国高速公路总里程已突破 14 万千米。截至 2018 年底,中国高铁营业里程达到 2.9 万千米以上,超过世界高铁总里程的三分之二。中国高铁动车组累计运输旅客突破 90 亿人次,中国高铁的安全可靠和运输效率世界领先。2018 年 9 月 23 日,广深港高铁香港段通车,标志着香港正式接入国家高铁网络,不仅令粤港澳大湾区"1 小时生活圈"成真,还通过与之相连的武广、贵广、南广、厦深等高铁网络,拓宽了中国香港与内地城市间的"4 小时旅游圈"。从上海到北

图 20-2　京沪高铁线上的动车组——复兴号

京的路程为 1 318 km,最快的一班动车组用时 4 小时 18 分钟。图 20-2 为运行于京沪高铁的动车组——复兴号。

现代各种通信方法,缩短了人与人之间的距离。无线通信、光纤通信、卫星通信、因特网已把人类居住的地球变成了一个"地球村"。有资料显示,2010 年我国网民规模达到 4.57 亿②,手机用户突破 8 亿,手机上网用户数近 3 亿③。到 2018 年底,我国网民规模达 8.29 亿,手机网民规模达 8.17 亿。网民通过手机接入互联网的比例高达 98.6%。网民中,网络购物用户规模已达 6.1 亿,网上外卖用户也持续增长至 4.06 亿,其中有 3.97 亿也就是近 4 亿人通过手机网上点外卖。网络视频用户规模已达 6.12 亿,手机网络视频用户规模达 5.9 亿④。截至 2019 年 4 月底,我国三家基础电信企业的移动电话用户总数达 15.9 亿户,手机上网用户规模达 12.9 亿户。⑤ 我国已成为名副其实的世界互联网大国与手机普及使用大国。

家庭电气化改变了我国城乡居民的生活方式与生活节奏。彩色电视机、洗衣机、电冰箱、电饭煲、微波炉、电磁炉、电风扇、空调等家用电器在一般家庭中得到普及。城市中的管道煤气(天然气)、液化气逐渐取代了千家万户的煤炭炉,以往冬季弥漫在城市上空的煤灰烟尘与呛人刺鼻的煤气味(二氧化硫)也随之消失。以往城乡居民出行的主要交通工具自行车已逐渐被摩托车、电动助力车和个人汽车所取代。个人电脑、因特网、影视光碟等使人们的视野更加开阔,业余生活也更加丰富多彩。

①　搜狐网. 公安部:2018 全国小汽车保有量突破 2 亿辆,驾驶人突破 4 亿. http://www. sohu. com/a/289093749_390500.

②　新浪财经. 中国网民已达 4.57 亿手机网民超 3 亿网购用户增长近 50%. http://finance. sina. com. cn/roll/20110120/02133582578. shtml.

③　腾讯科技. 互联网协会黄澄清:2010 年中国手机用户破 8 亿. http://finance. qq. com/a/20110118/005302. html.

④　新华网. 我国网民规模达 8.29 亿. http://www. xinhuanet. com/info/2019-03/01/c_137859275. html.

⑤　IDC 新闻资讯. 三大运营商移动电话用户总数为 15.9 亿 4G 用户突破 12 亿. http://news. idcquan. com/tx/163821. shtml.

第 21 章　科学技术与可持续发展

人类利用科学技术与自然资源,创造了前所未有的物质财富,极大地丰富了人们的物质生活与精神文化。然而,科学技术是一把双刃剑,人类在开发利用自然界物质资源的同时,也给自身带来了环境污染、能源危机、人口激增、粮食短缺等一系列全球问题。这意味着数百年来所遵循的经济、社会发展方式存在弊端,需要进一步的改变与完善。为了人类的未来,人们应采取什么样的方式去发展生产,去实现人与自然的和谐共处、协同发展。这是全世界所有国家都必须作出回答的现实问题。

21.1　可持续发展的定义与内涵

21.1.1　可持续发展理论形成的历史背景

可持续发展概念的形成,源自科学技术的进步对自然生态环境产生的破坏,源自人们对科学技术的重新认识。蒸汽机、内燃机和电力技术彻底改变了人类历史的进程,千百万年以来一直深埋于地下的煤炭、石油、天然气及许多矿藏因此而被开采,大工业机器生产给社会创造了更多的物质财富,给工厂主带来了丰厚的经济利润,同时也给我们共同的家园——地球生物圈带来了严重危害。许多大江、大河被拦截发电;工厂高耸烟囱排放烟尘、内燃机排出废气;农药、化肥、杀虫剂对生态环境造成直接污染。从 20 世纪 30 年代到 60 年代发生的八大公害事件和其后发生的十大污染事件(见本书第 11 章有关内容),使人们认识到环境污染给人类造成的危害是显而易见的。

"可持续发展"一词最早出现在 1980 年,由国际自然保护同盟(IUCN)制定的《世界自然资源保护大纲》中,首先用到了这个词:"必须研究自然的、社会的、生态的、经济的以及利用自然资源过程中的基本关系,确保全球的可持续发展。"①

1981 年,美国世界观察研究所所长、农学家布朗(Brown)出版了《建设一个可持续发展的社会》,首次对"可持续发展"作出了系统的论述,提出解决人口爆炸、经济衰退、环境污染、资源匮乏等世界性难题的出路在于建立一个"可持续发展的社会";提出以控制人口增长、保护资源基础和开发再生能源来实现可持续发展。

1983 年秋,联合国成立"世界环境与发展委员会"(WCED),任命挪威首相布伦特兰夫人为主席,苏丹外交部长卡利德为副主席。他们联合任命其余的 21 位委员会成员,成员中包含了科学、生态环境、教育、经济、社会、政治以及法律等方面的代表。委员会中有 14 人来自发展中国家,其中也包括了中国科学院院士、中国科学院生态研究中心主任马世骏。委员

---

① 张坤民主编. 可持续发展论[M]. 北京:中国环境科学出版社,1999:25～26.

会对世界面临的八个关键问题以及应采取的战略进行研究,这八个问题是:① 人口、环境和可持续发展的前景;② 能源:环境和发展;③ 工业:环境和发展;④ 粮食保障、农业、林业:环境和发展;⑤ 人类居住:环境和发展;⑥ 国际经济关系:环境和发展;⑦ 环境管理决策支持系统;⑧ 国际合作。1987 年,该委员会把经过长达 4 年的研究与充分论证的报告《我们共同的未来》提交给联合国大会。该报告以"可持续发展"为基本纲领,从保护和发展环境资源、满足当代和后代的需要出发,提出了一系列政策目标和行动建议。报告的最后表示:"我们的信念是一致的:安全、福利和地球的生存取决于现在就开始的这种变革。"报告中所提出的可持续发展理论,很快就得到了全世界不同经济水平、不同文化背景国家的普遍认同。1992年 6 月,联合国在巴西里约热内卢召开第二次人类环境大会,通过了以可持续发展为核心的《联合国里约环境与发展宣言》、《21 世纪议程》等文件,将可持续发展由概念、理论研究推向世界各国的实际行动。可持续发展模式终将取代传统发展模式,进而实现"公正合理地满足当代和世世代代的发展与环境需要"。

21.1.2　可持续发展的定义

最早对"可持续发展"作出明确定义的是《我们共同的未来》这部著作。该书的第二章"走向可持续发展"首先对可持续发展下了定义:"可持续发展是指既满足当代人的需要,又不对后代人满足其需要的能力构成危害的发展。"[1]此后,相继出现与上述不同表述的定义就有数百种之多。在张坤民主编的《可持续发展论》一书中就列举了 11 种不同的定义表述[2]。如:从经济属性出发,把"可持续发展"定义为:"在不损害后代人的利益时,从资产中可能得到的最大利益。""在保持能够从自然资源中不断得到服务的情况下,使经济增长的净利益最大化。"以自然属性为出发点的定义为:"在生存不超出维持生态系统涵容能力的情况下,改善人类的生活品质。"以科学技术属性为出发点的定义:"可持续发展就是建立极少废料和污染物的工艺和技术系统。"以社会属性为出发点的定义为:"为全世界而不是为少数人的特权而提供公平机会的经济增长,不进一步消耗世界自然资源的绝对量和涵容能力。"北京大学叶文虎等人认为,可持续发展一词的比较完整的定义是:"不断提高人群生活质量和环境承载能力的、满足当代人需求又不损害子孙后代满足其需求能力的、满足一个地区或一个国家的人群需求又不损害别的地区或别的国家的人群满足其需求能力的发展。"总之,对可持续发展的表述虽然不尽相同,但在"发展"与"持续"的大方向上是完全一致的。

21.1.3　可持续发展的内涵

对于可持续发展的内涵,《我们共同的未来》中做了如此说明:"它包括两个重要的概念:'需要'的概念,尤其是世界上贫困人民的基本需求,应将此放在特别优先的地位来考虑;'限制'的概念,技术状况和社会组织对环境满足眼前和将来需要的能力施加的限度。"这两个关于可持续发展的重要"概念"已明确提出发展是必要的,尤其是穷人要发展;同时发展是有限度的,不能危及后代人的需要与发展。

由于对"需求"、"发展"、"持续"、"持续性"等概念的认识不同,所以,对可持续发展概念

---

① 世界环境与发展委员会著. 王之佳,柯金良等译. 我们共同的未来[M]. 长春:吉林人民出版社,1997:52.
② 张坤民主编. 可持续发展论[M]. 北京:中国环境科学出版社,1999:25～28.

的内涵也就各不一样。例如,二战以来,人们把发展与经济增长等同,即发展＝经济;20 世纪 70 年代,有人提出了发展＝经济＋自然;80 年代先后有人提出了发展＝经济＋自然＋社会,发展＝经济＋自然＋社会＋人的综合发展观[①]。这里的"自然"是指生态环境与自然资源;"社会"是指社会关系,包含国家、地区、区域之间的相互关系;"人"是指人口与人的作用。由于发展的内涵不是一成不变的,所以可持续发展是一个综合的动态概念,是由人口、经济、政治、环境资源、科学技术以及相关系统组成的、不断变化的有机整体。

可持续发展的基本内涵可概括为:健康的经济发展应建立在生态平衡、社会公平和公众积极参与自身发展决策的基础之上,使人口增长、物质生产与环境资源保护相互协调,促进经济发展与社会进步,在满足当代人生存需求和生活水平得到改善的同时,为后代人留有生存和发展的权利。可持续发展的核心是发展,但要求在严格控制人口、提高人口素质和保护环境、资源永续利用的前提下进行经济和社会的发展。

可持续发展充分体现了公平性、持续性和共同性三个基本原则。公平性原则包含有本代人的公平(代内公平)、代际间的公平和有限资源的分配公平。因为经济发展的主要目标是满足人类生存的需求和欲望,但人类在需求方面存在许多不公平因素。例如,"需求"对于一个贫困的、正在挨饿的家庭,意思很清楚;而对一个已经拥有了 2 辆小汽车、3 台电视机的家庭意味着什么? 而且恰恰是这些后一类家庭,他们的人口不到世界的 25%,却正在消费着超过世界 80% 的资源。这就出现了"需求"对物质资源和社会财富分配的公平性问题。目前,发达国家与发展中国家、人与人之间的贫富差距依然存在,有限资源的分配就不可能做到真正公平。因此,可持续发展中提出的消除贫困更具有现实意义。在当代人共同分享物质财富和社会进步所带来好处的同时,不能以牺牲子孙后代的利益为代价,要给后人留有公平的生存权与发展权。持续性原则是指发展的过程应该是连续、无间断地进行。即发展不能损害支持地球生命的自然生态系统,也就是说人类的经济发展和社会发展不能超越地球上自然资源与环境的承载能力。共同性原则是指可持续发展作为全球发展的总体目标,其公平性和持续性原则应是共同的。因为地球是我们人类的共同家园,要把它建设成一个美好的家园,只有在全球共同努力的情况下才能得以实现。

可持续发展的内涵及其原则有三个明显特征。其一,可持续发展鼓励经济增长。因为只有经济发展,才能消除贫困而实现共同富裕的目的。这里的发展已不再是过去的单纯经济增长模式,而是以经济、社会、生态环境为一体的可持续的综合发展模式。事实上,如果经济发展不了,社会发展、环境保护、资源持续利用只能是句空话。其二,可持续发展以自然资源为基础,突出经济发展与生态环境的承载能力相协调。自然资源有可持续利用的再生资源与不可再生资源,也就是生物资源与矿物资源。合理开发、利用资源,保护环境、保持地球生态系统的完整性,维护地球的生命支持体系,实际上就是维系了人类自身的延续。其三,可持续发展以提高生活质量为目标,与社会基本相适应。可持续发展的最终体现是人类社会,即创造了美好的生活环境,改善了人类的生活质量,提高了人类的健康水平,丰富了人类的精神文化,真正体现了以人为本的思想以及人与社会在可持续发展中的地位与作用。

可持续与发展之间互为因果、相辅相成。没有发展,无可持续可言;只有发展而不考虑

[①]　科学技术部社会发展科技司,中国 21 世纪议程管理中心著.国家可持续发展实验区报告(1986～2006)[M].北京:社会科学文献出版社,2007:1～3.

持续,长远发展也是不可能的。可持续发展关系到全人类的共同命运,在全球范围内真正做到可持续发展,不是一件容易的事,它需要整个社会的共同努力。目前,无论是发达国家还是发展中国家,都把可持续发展作为发展目标和发展模式并开展广泛实践。科学技术把世界变成了全球化世界,也把气候异常、环境污染、物种灭绝、生态破坏带到了这个世界,可持续发展能否改变这些现状,还有待于时间和实践的检验。

21.2 中国的可持续发展

在以农耕为主的"黄色文明"时代,经济、社会和人口不可能对生态环境造成严重的污染。当大工业生产的"黑色文明"时代创造出前所未有的物质财富时,伴随而来的环境污染,已经影响到人类的生存与发展,西方、日本工业化发展过程中出现许多环境污染事件就是最好的例证,使得工业化国家普遍出现了先发展、后治理的发展模式。20 世纪 80 年代出现的可持续发展理论,为世界的经济发展指明了道路,同时也标志着"黑色文明"时代的即将结束,取而代之是"绿色文明"时代的到来。中国的工业化发展要不要走可持续发展这条道路?如何走好这条道路? 中华民族在面对生存与发展的重要时刻,必须要作出明智的抉择。

21.2.1 中国可持续发展战略的确定

我国是一个发展中国家。1978 年党的十一届三中全会以来,特别是改革开放的不断深入,加快了我国工业化发展进程的步伐,经济获得了前所未有的发展。但是,工业的发展给生态环境带来的压力,再加上人口快速增长、经济发展转型带来的压力,这三大压力如果得不到及时释放,将会导致我国生态环境的进一步恶化而使经济发展陷入困境。1986 年,我国开始了城镇社会发展综合示范点工作,探索有中国特色的社会发展道路[①]。

1987 年,联合国环境与发展委员会发表了《我们共同的未来》报告。这个报告在我国产生了非常重大的影响。1988 年 9 月 22 日,时任国务委员兼国家科委主任的宋健院士为该书的中文版作序:"我们热烈祝贺《我们共同的未来》中文版问世。它的出版,对于中国公众了解世界环境与发展中所面临的重大问题,提高全社会的环境意识,吸收和借鉴世界各国有益的政策思想,推动经济建设与环境保护的协调发展,必将起到积极作用。""中国政府把保护环境作为一项基本国策,列入了各级政府的议事日程。根据中国国情,我们制定了一系列环境保护的方针、政策和措施,有计划有步骤地加以实施。"[②]

中国政府于 1991 年 6 月在北京率先发起了发展中国家环境与发展部长级会议,会议通过了《北京宣言》,表明了中国政府对环境与发展的原则立场。

1992 年,联合国召开环境与发展大会,通过了可持续发展的全球行动计划——《21 世纪议程》,得到了中国政府的积极支持与响应。大会以后,我国有关部门根据《21 世纪议程》的全球规划,结合中国的具体情况,提出了十条对策,其中的第一条就是"实行持续发展战略"。[③]

---

① 段瑞华著. 科学技术革命与社会主义之历史演进[M]. 武汉:华中理工大学出版社,1996.
② 世界环境与发展委员会著. 王之佳,柯金良等译,夏堃堡校. 我们共同的未来[M]. 长春:吉林人民出版社,1997: 序,1,2.
③ 胡显章,曾国屏主编. 李正风主持修订. 科学技术概论(第二版)[M]. 北京:高等教育出版社,2006:318.

　　1994 年 3 月,我国政府发布了《中国 21 世纪议程——中国 21 世纪人口、环境与发展白皮书》(简称《中国 21 世纪议程》),成为世界上第一个制定国家级 21 世纪议程的国家。《中国 21 世纪议程》内容分为可持续发展总战略、社会可持续发展、经济可持续发展、资源的合理利用四大部分,系统地提出了促进经济、社会、资源、环境以及人口、教育相互协调、可持续发展的总体战略和政策措施方案,是制定中国国民经济和社会发展中长期计划的一个指导性文件。

　　1996 年 3 月,第八届全国人民代表大会第四次会议通过的《中华人民共和国国民经济和社会发展"九五"计划和 2010 年远景目标纲要》,明确提出"实施可持续发展,推进社会主义事业全面发展"作为中国今后经济和社会发展的基本战略之一。至此,把可持续发展作为我国的发展战略正式确定。

　　2002 年中国政府向可持续发展世界首脑会议提交了《中华人民共和国可持续发展国家报告》,该报告全面总结了自 1992 年,特别是 1996 年以来,中国政府实施可持续发展战略的总体情况和取得的成就,阐述了履行联合国环境与发展大会有关文件的进展和中国今后实施可持续发展战略的构想,以及中国对可持续发展若干国际问题的基本原则立场与看法。

　　2003 年 10 月,党的十六届三中全会在《中共中央关于完善社会主义市场经济体制若干问题的决定》中明确提出:"坚持以人为本,树立全面、协调、可持续的发展观,促进经济社会和人的全面发展。"胡锦涛总书记把这样的发展观称为"科学发展观"。科学发展观符合我国国情,进一步明确了我国可持续发展的内涵与目标,为我国全面建设小康社会开拓了新思路。

21.2.2　中国可持续发展战略的实施与成效

21.2.2.1　实施

　　1996 年,我国把推进地方实施可持续发展战略作为政府工作的重要内容。此后,由各级地方政府参照《中国 21 世纪议程》,结合本地实际情况,纷纷制定出本地方的 21 世纪议程和行动方案,为全面推动我国可持续发展战略的贯彻与实施打下了坚实的基础。

　　到 2000 年,全国有 25 个省(区、市)成立了地方 21 世纪议程领导小组并设立了办事机构,半数以上的省(区、市)制定了地方 21 世纪议程和行动计划。1997 年,我国开始在四川省等 8 省、安徽省池州市等 8 市共 16 个省、市、地区开展《中国 21 世纪议程》地方试点工作,制定了《国家可持续发展实验区管理办法》、《国家可持续发展实验区验收管理办法》,这标志着中国的可持续发展已经从国家层面推进到地方层面[①]。

　　制定与可持续发展相适应的法律、法规,确保可持续发展正常、顺利进行。截止到 2001 年底,我国制定和完善了人口与计划生育法律 1 部,环境保护法律 6 部,自然资源管理法律 13 部,防灾减灾法律 3 部。国务院制定了人口、资源、环境、灾害方面的行政规章 100 余部,为可持续发展的实施提供了一系列切实可行的制度。全国人大常委会专门成立了环境与资源保护委员会,在法律起草、监督实施等方面发挥了重要作用。

---

　　① 科学技术部社会发展科技司,中国 21 世纪议程管理中心著.国家可持续发展实验区报告(1986~2006)[M].北京:社会科学文献出版社,2007:10.

21.2.2.2　成效

我国从 1996 年发布的《中华人民共和国可持续发展国家报告》开始,每年都有关于可持续发展工作的年度报告出台。从这些报告中可以看到我国实施可持续发展战略所取得的成就。如:从 1994 年开始,经过三年努力,全国农村贫困人口已经由 8 000 万人降至 5 800 万人,2000 年又降至 3 000 万人。1990 年以来,全国已完成人工造林 2 410 万公顷,飞播造林 1 274万公顷,封山育林 2 626 万公顷,森林覆盖率从 12.98% 提高到现在的 13.92%。1995年,国家修订颁布了《大气污染防治法》,在一些污染较严重的城市实行大气污染物排放许可证制度和试行二氧化硫排放收费制度,以控制烟尘和限制二氧化硫的排放。1996 年 8 月,国务院作出了《关于环境保护若干问题的决定》,对超标排放污染物的单位提出了限期治理的要求,对逾期没有完成治理的,责令其关闭、停业或转产;对 15 类污染严重的小企业作出了取缔、关停的规定,到 1996 年底,已取缔、关停的"15 小"达 60 700 多家,占应取缔、关停的86%。到 2000 年为止,全国已建成了 20 个国家级园林城市、102 个生态农业示范县和 2 000多个生态农业示范点。大规模开展防治沙漠化工作,确定了 20 个重点县,建立了 9 个试验区和 22 个试验示范基地。从 1997 年到 2000 年,全国通过开发、整理和复垦增加耕地 164万公顷,高于同期建设占用耕地数量,实现了占补平衡;全国草原围栏面积达到 1 500 万公顷,每年新增约 200 万公顷。到 2000 年底,我国已建立海洋自然保护区 69 个,总面积 13.1万平方千米。1991～2000 年,工业固体废物排放量下降了 69.2%,综合利用率提高了15.1%。据统计,2008 年全国自然保护区个数达到 2 538 个,总面积达 14 894.3 万公顷。其中国家级自然保护区为 303 个,总面积为 9 120.3 万公顷。

目前,我国在实施可持续发展战略方面仍然面临着众多的困难和挑战,主要体现在庞大的人口压力还没有得到完全释放、自然资源相对紧缺、国民经济整体素质仍然较低、农业发展滞后状态改善缓慢、地区间经济发展不平衡仍在加大、土地城市化快于人口城市化、环境污染和生态破坏还没有得到遏制等方面。例如在环境治理方面,温室气体人均排放量虽然低于世界平均水平,但总排量却居于世界第二位,且有可能超过美国而成为世界第一;2007年的统计数据显示,废气中主要污染物排放量:二氧化硫为 2 468.1 万吨,烟尘为 986.3 万吨,工业粉尘为 699 万吨,均比 2006 年有所下降;2008 年的报告显示,我国七大水系的水污染状况改善甚微,其Ⅳ类、Ⅴ类和劣Ⅴ类水共占 50.1%,而在全国水资源调查评价范围内的地区,Ⅳ～Ⅴ类水质占 59.49%;水污染带来的是水资源短缺,直接影响到人们的生活和生产。因此,环境治理不仅是各级政府应该管好的事,也是每个企业应做好的事,每一个公民都应该关心、维护的事。

在全面实施可持续发展战略过程中,以上的诸多问题是难免的,西方工业化国家的发展过程就是最好的例证。因此,借鉴国外成功的发展经验是非常重要的。首先,要结合我国的实际情况,制定切实可行的发展规划与建设目标;其次,要不断完善各项法律、法规,强化职能部门的管理水平,把发展生产同环境管理结合在一起;第三,贯彻落实科学发展观,坚持以人为本,促进经济社会和人的全面发展。总之,只要我们坚持走中国特色的可持续发展道路,在实践中不断总结、创新,实现经济发展和人口、资源、环境相协调,人民的健康一定会得到充分保证,人民的生活也一定会变得更加美好。

主要参考文献

[1] [英]丹皮尔著.李珩译.科学史及其与哲学和宗教的关系.桂林:广西师范大学出版社,2001.

[2] [英]贝尔纳著.历史上的科学.北京:科学出版社,1959.

[3] [美]戴维·林德伯格著.王珺,刘晓峰等译.西方科学的起源.北京:中国对外翻译出版公司,2001.

[4] 王玉仓著.科学技术史.北京:中国人民大学出版社,1993.

[5] 李艳平,申先甲主编.物理学史教程.北京:科学出版社,2003.

[6] 郭奕玲,沈慧君编著.物理学史(第2版).北京:清华大学出版社,2005.

[7] [美]杰里·本特利,赫伯特·齐格勒著.魏凤莲等译.新全球史——文明的传承与交流(上).北京:北京大学出版社,2007.

[8] [美]弗·卡约里著.戴念祖译.物理学史.桂林:广西师范大学出版社,2002.

[9] 黄洋,赵立行,金寿福著.世界古代中世纪史.上海:复旦大学出版社,2005.

[10] 王鸿生编著.世界科学技术史.北京:中国人民大学出版社,1996.

[11] 卢嘉锡总主编,戴念祖著.中国科学技术史·物理学卷.北京:科学出版社,2001.

[12] 卢嘉锡总主编,陈美东著.中国科学技术史·天文学卷.北京:科学出版社,2003.

[13] 卢嘉锡总主编,赵匡华,周嘉华著.中国科学技术史·化学卷.北京:科学出版社,1998.

[14] 卢嘉锡总主编,周魁一著.中国科学技术史·水利卷.北京:科学出版社,2002.

[15] 卢嘉锡总主编,赵承泽主编.中国科学技术史·纺织卷.北京:科学出版社,2002.

[16] 卢嘉锡总主编,潘吉星著.中国科学技术史·造纸与印刷卷.北京:科学出版社,1998.

[17] 卢嘉锡总主编,廖育群,傅芳,郑金生著.中国科学技术史·医学卷.北京:科学出版社,1998.

[18] 申先甲,张锡鑫,祁有龙编著.物理学史简编.济南:山东教育出版社,1985.

[19] 仲扣庄主编.物理学史教程.南京:南京师范大学出版社,2009.

[20] 仓孝和.自然科学史简编.北京:北京出版社,1988.

[21] 邹海林,徐建培编著.科学技术史概论.北京:科学出版社,2004.

[22] 王士舫,董自励编著.科学技术发展简史.北京:北京大学出版社,1997.

[23] [英]约翰·O.E.克拉克,迈克尔·阿拉比等著.马小茜,张晓博,张海译.世界科学史.哈尔滨:黑龙江科学技术出版社,2009.

[24] 李佩珊,许良英主编.20世纪科学技术简史(第二版).北京:科学出版社,1999..

[25] 胡显章,曾国屏主编·李正风主持修订.科学技术概论(第二版).北京:高等教育出版社,2006.

[26] 刘金寿主编.现代科学技术概论.北京:高等教育出版社.2008.

[27] 中国科学院.2007高技术发展报告.北京:科学出版社,2007.

[28] 中国科学院.2009高技术发展报告.北京:科学出版社,2009.

[29] 王大中,杨叔子主编.科学技术发展与展望——院士论技术科学(2002年).济南:山东教育出版社,2002.

[30] 何立居主编.海洋观教程.北京:海洋出版社,2009.

[31] 蒋树声主编.海洋科技发展战略报告.北京:群言出版社,2007.

[32] 童鹰著.现代科学技术史.武汉:武汉大学出版社,2000.

[33] [美]洛伊斯·N.玛格纳著.李难等译.生命科学史.天津:百花文艺出版社,2002.

[34] [英]莱伊尔著.徐韦曼译.地质学原理.北京:北京大学出版社,2008.

[35] 周嘉华,张黎,苏永能著.世界化学史.长春:吉林教育出版社,1998.

[36] [英]J.R.柏廷顿著.胡作玄译.化学简史.桂林:广西师范大学出版社,2003.

[37] 张红主编.数学简史.北京:科学出版社,2007.

[38] 潘永祥,李慎著.自然科学发展史纲要.北京:首都师范大学出版社,1996.

[39] [美]詹姆斯·E.麦克莱伦第三,哈罗德·多恩著.王鸣阳译.世界史上的科学技术.上海:上海科技教育出版社,2003.

[40] 赵君亮著.人类怎样认识宇宙.上海:上海科学技术出版社,2008.

[41] 约翰·巴罗著.卞毓麟译.宇宙的起源.上海:上海世纪出版集团,2007.

[42] 余明主编.简明天文学教程.北京:科学出版社,2003.

[43] [英]斯蒂芬·霍金著.郑亦明,葛凯乐译.宇宙简史.长沙:湖南少年儿童出版社,2006.

[44] 袁运开主编.现代自然科学概论.上海:华东师范大学出版社,2002.

[45] 张家治主编.化学史教程(第二版).太原:山西教育出版社,1999.

[46] [日]桜井弘.修文复译.关于111种元素的新知识.北京:科学出版社,2006.

[47] 解相吾,解文博编著.现代通信网络概论.北京:清华大学出版社,2008.

[48] 高小玲,吴刚,刘作学编著.数字通信技术.北京:科学出版社,2006.

[49] 刘仲敏,林兴兵,杨生玉主编.现代应用生物技术.北京:化学工业出版社,2004.

[50] 段瑞华著.科学技术革命与社会主义之历史演进.武汉:华中理工大学出版社,1996.

[51] 叶文虎主编.可持续发展新进展(第1卷).北京:科学出版社,2007.

[52] 张建华主编.世界现代史(1900~2000).北京:北京师范大学出版社,2006.

[53] 世界环境与发展委员会著.王之佳,柯金良等译.我们共同的未来.长春:吉林人民出版社,1997.

[54] [美]雷切尔·卡逊著.吕瑞兰,李长生译.寂静的春天.长春:吉林人民出版社,1997.

[55] [美]芭芭拉·沃德,勒内·杜博斯著.《国外公害丛书》编委会译校.只有一个地球.长春:吉林人民出版社,1997.

[56] 科学技术部社会发展科技司,中国21世纪议程管理中心著.国家可持续发展实验区报告(1986~2006).北京:社会科学文献出版社,2007.

[57] 张坤民主笔.可持续发展论.北京:中国环境科学出版社,1999.

[58] 中国科学院可持续发展战略研究组.2005中国可持续发展战略报告.北京:科学出版社,2005.

[59] 中华人民共和国国家统计局编.2007中国发展报告.北京:中国统计出版社,2007.